EUL VERLAG

Reihe: Rechnungslegung und Wirtschaftsprüfung · Band 23

Herausgegeben von Prof. (em.) Dr. Dr. h. c. Jörg Baetge, Münster, Prof. Dr. Hans-Jürgen Kirsch, Münster, und Prof. Dr. Stefan Thiele, Wuppertal

Dr. Christoph Berentzen

# Die Bilanzierung von finanziellen Vermögenswerten im IFRS-Abschluss nach IAS 39 und nach IFRS 9

## Eine vergleichende Untersuchung der Entscheidungsnützlichkeit unter besonderer Berücksichtigung des Komplexitätsgrads

Mit einem Geleitwort von Prof. Dr. Hans-Jürgen Kirsch, Westfälische Wilhelms-Universität Münster

EUL VERLAG

**Bibliografische Information der Deutschen Nationalbibliothek**

Die Deutsche Nationalbibliothek verzeichnet diese Publikation in der Deutschen Nationalbibliografie; detaillierte bibliografische Daten sind im Internet über <http://dnb.d-nb.de> abrufbar.

**Dissertation, Westfälische Wilhelms-Universität Münster, 2010**

D 6 (2010)

ISBN 978-3-89936-950-2
1. Auflage August 2010



JOSEF EUL VERLAG GmbH
Brandsberg 6
53797 Lohmar
Tel.: 0 22 05 / 90 10 6-6
Fax: 0 22 05 / 90 10 6-88
E-Mail: info@eul-verlag.de
http://www.eul-verlag.de

**Bei der Herstellung unserer Bücher möchten wir die Umwelt schonen. Dieses Buch ist daher auf säurefreiem, 100% chlorfrei gebleichtem, alterungsbeständigem Papier nach DIN 6738 gedruckt.**

## Geleitwort

Durch die internationale Finanzkrise, die gegen Ende des aktuellen Jahrzehnts zu starken Verwerfungen der globalen Finanzmärkte geführt hat, ist auch die Bilanzierung von Finanzinstrumenten in den Fokus von politischen Bestrebungen zur künftigen Abwendung derartiger Ereignisse geraten. In der Rechnungslegung nach IFRS ist in diesem Zusammenhang insbesondere IAS 39 relevant, der als Ergebnis umfassender Diskussionen im Jahr 1998 verabschiedet wurde. Nachdem diesem Standard bereits vor der Finanzkrise eine unangemessen hohe Komplexität nachgesagt wurde, die der Verständlichkeit der Bilanzierung schade, ist der Forderung nach einer Verringerung der Komplexität nach Ausbruch der Finanzkrise starker politischer Nachdruck verliehen worden. Konkret hat die G 20 im April 2009 den Standardsetter dazu aufgefordert, die Bilanzierung von Finanzinstrumenten zu überarbeiten, und hat hierfür einen Zeithorizont von sechs Monaten festgelegt. Als Reaktion auf diesen politischen Druck hat der IASB zugesagt, IAS 39 zeitnah durch einen neuen, weniger komplexen Standard zu ersetzen. Im Rahmen des IASB-Projekts „Replacement of IAS 39" ist in einem ersten Teilschritt IFRS 9 entstanden, der zunächst isoliert die Kategorisierung und Bewertung finanzieller Vermögenswerte neu regelt. Der Verfasser nimmt dies zum Anlass, die Regelungen des IFRS 9 und des IAS 39 vergleichend zu analysieren, wobei neben der Entscheidungsnützlichkeit der Rechnungslegung ein zusätzlicher Fokus auf die Komplexität gelegt wird.

Im zweiten Abschnitt werden zunächst die Grundlagen der externen Rechnungslegung auf Basis der Prinzipal-Agenten-Theorie hergeleitet. Die Notwendigkeit einer normierten externen Rechnungslegung begründet der Verfasser hierbei durch die asymmetrisch verteilten Informationen zwischen dem Management und den Kleininvestoren, die als relevanter Adressatenkreis herausgestellt werden. Die konkrete Lösung dieses Informationsproblems durch die IFRS wird im weiteren Verlauf des Abschnitts beschrieben, wobei die Generierung entscheidungsnützlicher Informationen als primäres Ziel der IFRS herausgearbeitet wird. Um dieses Ziel zu erreichen, sind im Framework der Rechnungslegung nach IFRS vier qualitative Kriterien vorgegeben, die sukzessive beschrieben werden. Anschließend wird der Begriff „Komplexität" für die weitere Analyse definiert, wobei auf Basis von bestehenden Definitionen eine Arbeitsdefinition von Komplexität hergeleitet wird. Abschließend werden die Aspekte zu einem zusammengefassten Kriterienkatalog für die Beurteilung der Entscheidungsnützlichkeit und der Komplexität eines Rechnungslegungsstandards zusammengefasst.

Abschnitt 3 thematisiert den Ansatz und die Kategorisierung finanzieller Vermögenswerte. Einleitend werden hierfür wesentliche Definitionen dargestellt, die sowohl für IFRS 9 als auch für IAS 39 relevant sind. Im Anschluss werden die Kategorisierungskonzeptionen der alternativen Standards dargestellt, wobei zunächst die erstmalige Kategorisierung und anschließend Möglichkeiten zum Wechsel der Kategorien beschrieben werden. Im Rahmen dieser Beschreibung werden auch die Besonderheiten der Bilanzierung hybrider Finanzinstrumente berücksichtigt.

Die kritische Würdigung basiert auf dem im zweiten Abschnitt hergeleiteten Kriterienkatalog. In der Analyse werden die alternativen Kategorisierungskonzeptionen zunächst in Bezug auf die Relevanz und Vergleichbarkeit der Rechnungslegung komparativ analysiert, wobei ein Schwerpunkt auf der Trennschärfe der Kategorisierung liegt. Nach dieser Systematik werden zunächst die allgemeinen Kategorisierungskonzeptionen beurteilt, anschließend werden die jeweiligen Umgliederungsmöglichkeiten beziehungsweise Umgliederungspflichten und die Behandlung hybrider Finanzinstrumente thematisiert. Hierbei stellt der Verfasser fest, dass die Kategorisierung nach IFRS 9 zu einer trennschärferen Aufteilung der Finanzinstrumente in die Kategorien führen könnte, was sowohl der Relevanz als auch der Vergleichbarkeit zuträglich ist. Auch für die Umkategorisierung ergibt sich ein positives Bild für IFRS 9, was insbesondere auf die verpflichtende Umgliederung zurückzuführen ist – die Wahlrechte des IAS 39 in diesem Bereich sieht der Verfasser zu Recht kritisch. Auch die Neuregelung der Bilanzierung hybrider Finanzinstrumente wird vor dem Hintergrund der Relevanz und der Vergleichbarkeit kritisch beurteilt, da wirtschaftlich identische Transaktionen durch die rechtliche Umsetzung unterschiedlich bilanziert werden. Die Analyse des Kriteriums der Verlässlichkeit erfolgt anschließend nach derselben Vorgehensweise. Auch hierbei stellt der Verfasser fest, dass die Kategorisierung nach IFRS 9 nunmehr stärker objektiv ist und daher zu einem verlässlicheren Ergebnis führen kann. Insgesamt wird in einem Zwischenfazit in Bezug auf die Entscheidungsnützlichkeit der Kategorisierung festgehalten, dass IFRS 9 Vorteile im Vergleich zu IAS 39 aufweist, da IFRS 9 auf einem eher prinzipienbasierten Prozess beruht und so zu einer trennschärferen und objektiveren Aufteilung der Instrumente in die Kategorien führen kann. Lediglich hinsichtlich der Behandlung hybrider Finanzinstrumente stellt der Verfasser Nachteile der neuen Regelung fest. Auch für die Komplexität der Kategorisierung wird ein insgesamt positives Zwischenfazit gezogen. Bedingt durch die bessere Abstimmung der Anzahl der Kategorien auf die relevanten Umweltvorgaben und durch den klareren Kategorisierungsprozess sieht der Verfasser in diesem Bereich Vorteile des IFRS 9.

Im vierten Abschnitt werden die Bewertung und der Ausweis finanzieller Vermögenswerte dargestellt und analysiert. Für die Bewertung von Finanzinstrumenten kommen in der Rechnungslegung nach IFRS der Fair Value und die (fortgeführten) Anschaffungskosten zum Einsatz, wobei die Frage, welcher Bewertungsmaßstab für ein Instrument angewandt wird, wesentlich von der Kategorisierung abhängt. Der Verfasser beschreibt daher in diesem Abschnitt zunächst die relevanten Bewertungsmaßstäbe, die sich für den IAS 39 und den IFRS 9 nicht unterscheiden. Hierbei werden zunächst der Fair Value und dessen Ermittlung in der Fair Value-Hierarchie beschrieben. Bei der Beschreibung der Bewertung zu (fortgeführten) Anschaffungskosten werden auch die Regelungen zur außerplanmäßigen Abschreibung dargestellt. Anschließend wird die konkrete Nutzung der alternativen Bewertungsmaßstäbe durch IAS 39 und IFRS 9 für die jeweiligen Kategorien sukzessive vorgestellt, wobei auch die Ausweisvorschriften beleuchtet werden.

Die kritische Würdigung basiert wiederum auf den im zweiten Abschnitt herausgearbeiteten Kriterien. Der Verfasser beurteilt hierfür zunächst die Relevanz der implementierten Bewertungsmaßstäbe, wobei die Relevanz des Fair Value differenziert in Abhängigkeit von der Fair

Value-Hierarchie betrachtet wird. Hierbei werden Vorteile eines marktbasierten Fair Value deutlich, allerdings wird der Fair Value auf den übrigen Stufen der Fair Value-Hierarchie kritisch gesehen. Um diese Erkenntnisse zu einer Aussage über die Relevanz der Bewertung durch die alternativen Standards zu verdichten, untersucht der Verfasser danach den Umfang der Nutzung der Bewertungsmaßstäbe vergleichend. Hierfür wird die Frage betrachtet, wie finanzielle Vermögenswerte, die einer der Kategorien des IAS 39 zugeordnet wurden, nach IFRS 9 kategorisiert worden wären. Die Übergangsregelungen fließen nicht in die Betrachtung ein, vielmehr werden die grundsätzlichen Kategorisierungskriterien vergleichend analysiert. Dieser Vergleich wird jeweils durch konkrete Sachverhalte veranschaulicht, um die veränderte Behandlung einzelner Finanzinstrumente zu verdeutlichen. Hierbei stellt der Verfasser fest, dass es zu sich kompensierenden Verschiebungen zwischen den Bewertungsmaßstäben kommt, allerdings für viele Unternehmen die Fair Value-Bewertung eher ausgeweitet wird.

Auf der Basis dieser Ergebnisse wird anschließend wiederum zunächst die Verlässlichkeit der alternativen Bewertungsmaßstäbe beurteilt, um auch in Bezug auf dieses qualitative Kriterium eine Gesamtaussage für die Bewertung von finanziellen Vermögenswerten durch die alternativen Standards zu entwickeln. Hierbei werden Schwächen eines nicht marktbasierten Fair Value herausgearbeitet. Der Verfasser kommt daher insgesamt zu dem Ergebnis, dass die Verlässlichkeit der Bewertung durch IFRS 9 eher sinkt, da die Fair Value-Bewertung in vielen Unternehmen ausgeweitet wird. Ob dieser gesunkenen Verlässlichkeit eine tendenziell höhere Relevanz gegenübersteht, bleibt in Abhängigkeit von der Stufe der Fair Value-Ermittlung abzuwarten. Der Verfasser legt allerdings dar, dass der Fair Value häufig auf einer unteren Stufe der Fair Value-Hierarchie ermittelt werden muss, wodurch die Relevanz der Bewertung negativ beeinflusst werden könnte. Die Komplexität der Bewertung wird durch die zunehmende Nutzung von Fair Values eher steigen.

In Bezug auf die Analyse der Ausweiskonzeptionen äußert sich der Verfasser generell kritisch gegenüber einer erfolgsneutralen Folgebewertung, da in der Rechnungslegung nach IFRS eine systematische Trennung erfolgswirksamer und erfolgsneutraler Bestandteile fehlt. Zudem könnte die erfolgsneutrale Folgebewertung des IFRS 9 zu einer verzerrten Ergebnisdarstellung führen. Der Verfasser schlägt daher vor, diesen Themenkomplex zeitnah einer Überarbeitung zu unterziehen, wobei zunächst eine systematische Trennung der erfolgsneutralen und erfolgswirksamen Bestandteile der Rechnungslegung nach IFRS insgesamt entwickelt werden sollte.

Im fünften Abschnitt werden die Regelungen zur Ausbuchung finanzieller Vermögenswerte behandelt, wobei die aktuellen Regelungen des IAS 39 und die Vorschläge des ED 2009/3, der später in IFRS 9 integriert werden soll, betrachtet werden. Zunächst stellt der Verfasser die alternativen Ausbuchungskonzeptionen dar, anschließend werden diese einer vergleichenden Analyse unterzogen, die wiederum auf den in Abschnitt zwei erarbeiteten Kriterien basiert. Hierbei wird deutlich, dass ED 2009/3 in Bezug auf die Verlässlichkeit zu einer Verbesserung führen könnte, die Relevanz durch die Überarbeitung allerdings eher negativ beeinflusst wird. In Bezug auf die Komplexität sieht der Verfasser leichte Vorteile durch die vorgeschlagene Neuregelung.

Insgesamt bietet die vorgelegte Arbeit somit nicht nur einen theoretisch fundierten Einblick in die Bilanzierung von Finanzinstrumenten und die Entwicklung der Diskussion auf diesem Feld. Darüber hinaus werden diese Ansätze vor dem Hintergrund des vom IASB selbst gesetzten Ziels der Entscheidungsnützlichkeit von Informationen und der Komplexitätsreduktion umfassend gewürdigt. Die Arbeit leistet damit einen wichtigen Beitrag für die Diskussion um die Bilanzierung von Finanzinstrumenten. Sie ist dabei nicht nur theoretisch konzeptionell überzeugend, sondern liefert schon jetzt eine Reihe von Ansatzpunkten für die konkrete Umsetzung und Anwendung von IFRS 9. Insofern wünsche ich der Arbeit eine weite Verbreitung sowohl in der nach wie vor aktuellen theoretischen Diskussion als auch in der praktischen Weiterentwicklung der Rechnungslegung zu diesem Bereich.

Münster, im Juli 2010 — Prof. Dr. Hans-Jürgen Kirsch

## Vorwort des Verfassers

Die vorliegende Arbeit entstand während meiner Tätigkeit als wissenschaftlicher Mitarbeiter am Institut für Rechnungslegung und Wirtschaftsprüfung (IRW) der Westfälischen Wilhelms-Universität Münster und meiner Tätigkeit als fachlicher Mitarbeiter bei der Ernst & Young GmbH Wirtschaftsprüfungsgesellschaft, Niederlassung Düsseldorf. Sie wurde von der Wirtschaftswissenschaftlichen Fakultät in Münster im Juli 2010 als Dissertation angenommen.

An dieser Stelle möchte ich mich bei all jenen bedanken, die mich bei der Anfertigung dieser Arbeit auf vielfältige Weise unterstützt haben. Im Besonderen gilt dies für meinen verehrten akademischen Lehrer und Doktorvater, Herrn Prof. Dr. Hans-Jürgen Kirsch. Ihm danke ich sowohl für die Möglichkeit zur Promotion als auch für die ständige Diskussionsbereitschaft und die wertvollen fachlichen Hinweise, die erheblich zum Gelingen dieser Arbeit beigetragen haben. Für die Unterstützung der Ernst & Young GmbH Wirtschaftsprüfungsgesellschaft bedanke ich mich stellvertretend herzlich bei den Herren WP/StB Dirk Egbers, WP/StB Eugen Rukes, WP/StB Stefan Schmitz und WP Alkiviadis Vlachos. Weiterhin gilt mein Dank Herrn Prof. Dr. Peter Kajüter für die Übernahme des Zweitgutachtens und Herrn Prof. Dr. Aloys Prinz für seine Mitwirkung in der Promotionskommission.

Großer Dank gilt auch Herrn Prof. Dr. Dr. h. c. Jörg Baetge und den Mitarbeitern seines Forschungsteams für die stets gute Zusammenarbeit und die fachlichen Anregungen in zahlreichen Doktorandenseminaren. Weiterhin ist es mir ein Anliegen, all meinen (ehemaligen) Kollegen am Institut in Münster – sowohl für die fachliche Unterstützung als auch für die notwendige Ablenkung von der Forschung – zu danken. Namentlich erwähnen möchte ich die Herren Dipl.-Kfm. Tim Hoffmann, Dr. Peter Koelen, Dr. Hannes Köhrmann, Dr. Lüder Kurz, Dr. Sebastian Nimwegen und Dipl.-Kfm. Alexander Olbrich. Mein besonderer Dank gilt zudem meinem Promotionskollegen, Herrn Dr. Oliver Tinz, der neben den Höhen und Tiefen der Dissertationsphase auch das Büro mit mir geteilt hat. Zudem danke ich den wissenschaftlichen Hilfskräften des Instituts für die Unterstützung bei der Literaturrecherche.

Ganz besonders möchte ich mich bei meinen Eltern bedanken. Ohne ihre vielfältige und bedingungslose Unterstützung auf meinem bisherigen Lebensweg wäre diese Arbeit sicherlich nicht möglich gewesen. Der größte Dank gebührt meiner Freundin Corinna, die mich in der Dissertationsphase durch ihre fröhliche und aufmunternde Art stets neu motiviert hat und so maßgeblich zum Gelingen dieser Arbeit beigetragen hat. Sie hat mir in den vergangenen Jahren den Rückhalt gegeben, der nicht nur für die Promotion essenziell war. Ihr ist diese Arbeit gewidmet.

Münster, im Juli 2010 — Christoph Berentzen

## Inhaltsübersicht

## Inhaltsverzeichnis

## Abbildungsverzeichnis

## Tabellenverzeichnis

## Abkürzungsverzeichnis

| | |
|---|---|
| a. A. | anderer Auffassung |
| ABS | Asset Backed Securities |
| Abschn. | Abschnitt |
| Abt. | Abteilung |
| AfS | Kategorie Available-for-Sale (IAS 39) |
| AG | Application Guidance (i. V. m. IFRS-Fundstellen verwendet)/ Aktiengesellschaft |
| AktG | Aktiengesetz |
| Art. | Artikel |
| Aufl. | Auflage |
| | |
| BB | Betriebs-Berater (Zeitschrift) |
| BBK | Buchführung, Bilanzierung, Kostenrechnung (Zeitschrift) |
| BC | Basis for Conclusion (i. V. m. IFRS-Fundstellen verwendet) |
| BFA | Bankenfachausschuss (des IDW) |
| BFuP | Betriebswirtschaftliche Forschung und Praxis (Zeitschrift) |
| BGBl. | Bundesgesetzblatt |
| BilMoG | Bilanzrechtsmodernisierungsgesetz |
| BMJ | Bundesministerium der Justiz |
| | |
| CDO | Collateralized Debt Obligation |
| CERS | Committee of European Securities Regulators |
| CL | Comment Letter |
| CNdlC | Conseil National de la Comptabilité |
| c. p. | ceteris paribus (unter sonst gleichen Bedingungen) |
| CPA | Certified Public Accountant |
| | |
| DAX | Deutscher Aktienindex |

| | |
|---|---|
| DBW | Die Betriebswirtschaft (Zeitschrift) |
| DCF | Discounted Cashflow-Verfahren |
| DB | Der Betrieb (Zeitschrift) |
| DIW | Deutsches Institut für Wirtschaftsforschung |
| DO | Dissenting Opinions |
| DP | Discussion Paper |
| DStZ | Deutsche Steuerzeitung |
| | |
| ED | Exposure Draft |
| EFRAG | European Financial Reporting Advisory Group |
| EG | Europäische Gemeinschaft |
| EU | Europäische Union |
| | |
| F | Framework (Rahmenkonzept der Rechnungslegung nach IFRS) |
| f. | folgende(s) (Seite/Jahr) |
| FASB | Financial Accounting Standards Board |
| FCAG | Financial Crisis Advisory Group |
| ff. | fortfolgende (Jahre) |
| FI | Finanzinstrumente |
| Fn | Fußnote |
| FVO | Fair Value-Option |
| FVtPF | Kategorie At Fair Value through Profit or Loss (IAS 39) |
| fVW | finanzielle Vermögenswerte |
| | |
| GAAP | Generally Accepted Accounting Principles |
| GE | Geldeinheiten |
| GG | Grundgesetz |
| GoB | Grundsätze ordnungsmäßiger Buchführung |
| GoR | Grundsätze ordnungsmäßiger Rechnungslegung |
| GuV | Gewinn- und Verlustrechnung |

| | |
|---|---|
| HFA | Hauptfachausschluss (des IDW) |
| HGB | Handelsgesetzbuch |
| Hrsg. | Herausgeber |
| hrsg. v. | herausgegeben von |
| HtM | Kategorie Held-to-Maturity (IAS 39) |
| | |
| IAS | International Accounting Standard |
| IASB | International Accounting Standards Board |
| IASC | International Accounting Standards Committee |
| IASCF | International Accounting Standards Committee Foundation |
| IDW | Institut der Wirtschaftsprüfer in Deutschland (e. V.) |
| IFRIC | International Financial Reporting Interpretations Committee |
| IFRS | International Financial Reporting Standard |
| IG | Guidance on Implementing (i. V. m. IFRS-Fundstellen verwendet) |
| i. d. R. | in der Regel |
| InsO | Insolvenzordnung |
| IRZ | Zeitschrift für internationale Rechnungslegung |
| i. V. m. | in Verbindung mit |
| | |
| JWG | Joint Working Group of Standard Setters |
| | |
| KoR | Zeitschrift für internationale und kapitalmarktorientierte Rechnungslegung |
| KPMG | Klynveld Peat Marwick Goerdeler |
| KWG | Gesetz über das Kreditwesen (Kreditwesengesetz) |
| | |
| LaR | Kategorie Loans and Receivables (IAS 39) |
| | |
| M&A | Mergers and Acquisitions (Zeitschrift) |

| | |
|---|---|
| No. | Number |
| Nr. | Nummer |
| n. w. N. | mit weiteren Nennungen |
| | |
| OB | Objective (i. V. m. IFRS-Fundstellen verwendet) |
| OCI | Other Comprehensive Income |
| o. O. | ohne Ortsangabe |
| | |
| PAAinE | Pro-Active Accounting Activities in Europe |
| PAT | Prinzipal-Agent-Theorie |
| PiR | Praxis der internationalen Rechnungslegung (Zeitschrift) |
| PwC | PricewaterhouseCoopers |
| | |
| QC | Qualitative Characteristic |
| | |
| u. a. | unter anderem/und andere (Herausgeber) |
| USA | United States of America |
| US-GAAP | United States Generally Accepted Accounting Principles |
| | |
| RGBl. | Reichsgesetzblatt |
| Rz. | Randziffer |
| | |
| SBR | Schmalenbach Business Review |
| SEC | (United States) Securities and Exchange Commission |
| SFAS | Statement of Financial Accounting Standard (US-GAAP) |
| SME | Small and Medium-sized Entities |
| sog. | so genannte(n/s) |
| SPE | Special Purpose Entity |

| | |
|---|---|
| TK | Transaktionskosten |
| Tz. | Textziffer |
| | |
| vgl. | vergleiche |
| Vol. | Volume |
| | |
| WISU | Das Wirtschaftsstudium (Zeitschrift) |
| WpG | Die Wirtschaftsprüfung (Zeitschrift) |
| WPK | Die Wirtschaftsprüferkammer |
| | |
| ZCG | Zeitschrift für Corporate Governance |
| ZfB | Zeitschrift für Betriebswirtschaft |
| ZfbF | Zeitschrift für betriebswirtschaftliche Forschung |
| ZGR | Zeitschrift für Unternehmens- und Gesellschaftsrecht |

# 1 Problemstellung und Gang der Untersuchung

*If you understand IAS 39,*
*you haven't read it properly.*[1]

Durch die Rechnungslegung soll den Adressaten ein Einblick in die wirtschaftliche Lage eines Unternehmens ermöglicht werden.[2] Der IFRS-Rechnungslegung ist hierbei das konkrete Ziel auferlegt worden, **entscheidungsnützliche Informationen** für die Abschlussadressaten bereitzustellen.[3] Die Ursprünge der IFRS reichen in die 70er-Jahre zurück, seitdem sind diverse Standards zur Rechnungslegung veröffentlicht worden, die das Ziel der Generierung entscheidungsnützlicher Informationen verfolgen sollen.[4] Eine besondere Stellung hat hierbei seit jeher die Entwicklung eines Standards zur **Bilanzierung von Finanzinstrumenten** eingenommen: Bedingt durch die komplexen abzubildenden Sachverhalte war die Regulierung in diesem Bereich von einer hohen Dynamik gekennzeichnet.[5] Im Jahr 1998 hat das IASC nach mehrjährigen Vorarbeiten mit IAS 39 einen eigenen Standard für diesen Bereich veröffentlicht, der (nachdem die erste Überarbeitung bereits vor dem Inkrafttreten vorgenommen wurde)[6] erstmals auf Geschäftsjahre anzuwenden war, die nach dem 01.01.2001 begonnen haben.[7] Der Standard wurde allerdings vom IASC[8] bereits damals lediglich als **„Interim Standard"** bezeichnet.[9] Trotz zahlreicher Überarbeitungen von Teilbereichen[10] in den Folgejahren konnte bis dato keine dauerhafte und zufriedenstellende Lösung gefunden werden.[11]

---

1 TWEEDIE, D. S., IASCF Trustees and Monitoring Board Meeting, S. 15.

2 Vgl. BAETGE, J./KIRSCH, H.-J./THIELE, S., Bilanzen, S. 1-6; LEFFSON, U., GoB, S. 58-81 sowie MOXTER, A., GoR, S. 5-7. Die Autoren gehen hierbei auch auf weitere Ziele der Rechnungslegung ein, hierbei ist im Kontext der deutschen Rechnungslegung insbesondere das Konzept der Ausschüttungsbemessung relevant, vgl. BAETGE, J./THIELE, S., Gesellschafterschutz, S. 12-17.

3 Vgl. F.12; KOELEN, P., Investitionstheoretische Bewertungskalküle, S. 27-31 sowie PELLENS, B./FÜLBIER, R. U./GASSEN, J./SELLHORN, T., Internationale Rechnungslegung, S. 112 f.

4 Vgl. PELLENS, B./FÜLBIER, R. U./GASSEN, J./SELLHORN, T., Internationale Rechnungslegung, S. 80-88. Von 1975 bis 2001 wurden vom IASC insgesamt 41 sog. IAS entwickelt, einige dieser Standards sind allerdings bereits aufgehoben worden. Ab 2001 wurde die weitere Entwicklung vom IASB geführt. Die von diesem neuen Gremium hervorgebrachten Standards werden als IFRS bezeichnet. Bis heute sind 9 IFRS veröffentlicht worden. Für eine Arbeit werden die Standards jeweils als IAS/IFRS X zitiert, für eine Zusammenstellung aller Standards vgl. IASB (Hrsg.), IFRS 2010. Lediglich IFRS 9 ist hierbei noch nicht enthalten, vgl. daher für diesen Standard IASB (Hrsg.), IFRS 9.

5 Vgl. ERNST & YOUNG (Hrsg.), International GAAP 2010, S. 2103-2115; BELLAVITE-HÖVERMANN, Y./BARCKOW, A., in: Baetge u. a., Rechnungslegung nach IFRS, Rz. 1-4; WATRIN, C./SCHOLZ, A., in: HdJ, Abt. II/8 (2006), Rz. 3-15 sowie OERTZEN, C. V., in: Beck IFRS-HB, Rz. 1-23.

6 Vgl. OERTZEN, C. V., in: Beck IFRS-HB, Rz. 1.

7 Vgl. PELLENS, B./FÜLBIER, R. U./GASSEN, J./SELLHORN, T., Internationale Rechnungslegung, S. 88.

8 Zum IASC vgl. KIRSCH, H.-J., IAS.

9 Vgl. SCHMIDT, M., Rechnungslegung von Finanzinstrumenten, S. 224 sowie OERTZEN, C. V., in: Beck IFRS-HB, Rz. 1.

10 Eine grundlegende Überarbeitung des IAS 39 hat noch nicht stattgefunden, vgl. SCHMIDT, M., Das IASB Diskussionspapier, S. 643.

11 NIEMEYER kritisiert das Vorgehen des IASB und verlangt in diesem Zusammenhang, dass der Standard aufgrund der über 50 Überarbeitungen einem neuen öffentlichen Diskussionsprozess unterzogen werden müsste, vgl. NIEMEYER, K., Bilanzierung von Finanzinstrumenten nach IAS, S. 9.

IAS 39 ist seit der Veröffentlichung häufig in die Kritik geraten, insbesondere die Komplexität der Regelung wurde wiederholt als nicht angemessen bezeichnet.[12] Im März 2008 hat der IASB daraufhin ein **Diskussionspapier** veröffentlicht, in dem zur Vorbereitung einer umfassenden Überarbeitung des IAS 39 Vereinfachungsvorschläge vorgebracht wurden.[13] Zeitlich war eine Zweiteilung in lang- und mittelfristige Änderungen vorgeschlagen, wobei die mittelfristigen Änderungsvorschläge nur optional, verbunden mit der Frage nach der Notwendigkeit und Effizienz zwischenzeitlicher Überarbeitungen, zur Diskussion gestellt wurden.[14] **Mittelfristig** wurden drei mögliche Vereinfachungen vorgeschlagen:[15]

1. Die Veränderung der bestehenden Bewertungsvorschriften,
2. der Ersatz der bestehenden Bewertungsvorschriften durch eine grundsätzliche Fair Value-Bewertung mit Ausnahmen sowie
3. die Vereinfachung des Hedge-Accounting.

Als **langfristige Lösung** war eine vollständige Bewertung sämtlicher Finanzinstrumente zum Fair Value vorgesehen.[16] Insgesamt war für die Umsetzung des Projekts wohl ein längerer Zeithorizont angesetzt, zur Umsetzung der langfristigen Lösungsmöglichkeiten waren nach Ansicht des IASB zuvor Fragen zu klären, „[that] may take a long time to resolve“[17].

Bevor diese Bestrebungen weiter vorangetrieben werden konnten, sind gegen Ende des aktuellen Jahrzehnts akute Verwerfungen der internationalen Finanzmärkte zutage getreten, die als die sog. „**Finanzkrise**“ die Tagespresse beherrschten.[18] Als politische Reaktion auf diese Krise wurde einerseits von der Europäischen Union Druck auf den IASB ausgeübt, um kurzfristige spezifische Änderungen des IAS 39 durchzusetzen.[19] Andererseits formulierte die G20[20] im April 2009 neue Anforderungen an die gesamte Rechnungslegung; neben der **internationalen Konvergenz** der Standards wurde eine zeitnahe und umfassende Überarbeitung der Bilanzierung von Finanzinstrumenten gefordert, um die **nicht angemessene Komplexität**

---

12 Kritisch hierzu äußerte sich aktuell etwa die FINANCIAL CRISIS ADVISORY GROUP – ein Expertengremium, das die Standardsetter in Fachfragen der Rechnungslegung von Finanzinstrumenten berät – die eine Schwäche der Rechnungslegung von Finanzinstrumenten in „the extraordinary complexity of accounting standards for financial instruments“ sieht, FCAG (Hrsg.), Report of the FCAG, S. 3. Bereits zuvor wurde die Komplexität des IAS 39 indes an anderer Stelle kritisiert, vgl. etwa SCHMIDT, M., Das IASB Diskussionspapier, S. 643 f.

13 Vgl. IASB (Hrsg.), DP: Reducing Complexity.

14 Vgl. IASB (Hrsg.), DP: Reducing Complexity, Question 2, S. 40 sowie SCHMIDT, M., Das IASB Diskussionspapier, S. 644.

15 Vgl. IASB (Hrsg.), DP: Reducing Complexity, Tz. 2.4.

16 Vgl. IASB (Hrsg.), DP: Reducing Complexity, Tz. 3.1-3.6.

17 IASB (Hrsg.), DP: Reducing Complexity, Tz. 2.1 [hinzugefügt durch den Autor].

18 Vgl. umfassend zu der Finanzkrise SCHÄFER, D., Neue Finanzmarktarchitektur, S. 808-817.

19 Die Europäische Union hat konkret spezielle Umgliederungsmöglichkeiten gefordert. Das Anliegen wurde in bisher nicht dagewesener Schnelligkeit beschlossen und umgesetzt, vgl. GILGENBERG, B./WEISS, J., Bilanzierung von Finanzinstrumenten, S. 182.

20 Die G20 ist die Gruppe der wichtigsten Industrie- und Schwellenländer, der neben den westlichen Industrienationen auch aufstrebende Schwellenländer wie China, Brasilien und Indien angehören.

der Regelung zu beseitigen.[21] Der IASB hat daraufhin zugesagt, IAS 39 kurzfristig durch einen neuen, weniger komplexen Standard zu ersetzen.[22] Die Reformbestrebungen bauen hierbei auf dem Diskussionspapier zur Komplexitätsreduzierung auf.[23] Im November 2009 ist in einem ersten Überarbeitungsteilschritt der IFRS 9 erschienen, der zunächst lediglich Kategorisierung und Bewertung von finanziellen Vermögenswerten neu regelt.[24] Im Wesentlichen werden die **bestehenden Bewertungsvorschriften ersetzt**, eine vollständige Bewertung aller Finanzinstrumente zum Fair Value wird nicht gefordert. Insofern ist der neue Standard inhaltlich an den zweiten Vorschlag des Diskussionspapiers zur Komplexitätsreduzierung angelehnt.

Ziel dieser Arbeit ist es, die Neuregelung des IFRS 9 zur Kategorisierung, Bewertung und Ausweis von finanziellen Vermögenswerten in Vergleich zu den bisherigen Regelungen des IAS 39 vorzustellen und zu beurteilen. Die Beurteilung basiert hierbei auf den **Zielen** und den **qualitativen Kriterien des Framework** der Rechnungslegung nach IFRS. Zu analysieren ist somit, ob durch die bilanzielle Abbildung der finanziellen Vermögenswerte ein entscheidungsnützliches Bild für den Abschlussadressaten geliefert wird.[25] Zudem wird ein weiterer Fokus auf den **Komplexitätsgrad** der Standards gelegt um festzustellen, ob das von der G20 vorgegebene Ziel der Komplexitätsreduzierung durch IFRS 9 erreicht werden kann. Abschließend werden die Vorschläge bezüglich einer veränderten Ausbuchungsprüfung in die Betrachtung einbezogen und auf Basis derselben Kriterien analysiert. Die Untersuchung werden die Anhangangaben und die Übergangsvorschriften nicht in die Betrachtung einfließen.

Dazu wird zunächst im **zweiten Kapitel** dieser Arbeit die theoretische Begründung für eine normierte externe Rechnungslegung hergeleitet. Hierfür wird zunächst der relevante Adressatenkreis der externen Rechnungslegung mit seinen spezifischen Informationsbedürfnissen abgegrenzt. Interessenkonflikte zwischen den Abschlussadressaten und dem Management werden durch die Prinzipal-Agenten-Theorie strukturiert und zusammen mit effizienztheoretischen Überlegungen als ein wesentlicher Grund für die Normierung der externen Rechnungslegung hergeleitet. Darauf aufbauend wird der konkrete Lösungsansatz dieser Probleme durch das Framework der Rechnungslegung nach IFRS vorgestellt, wobei flankierend auf ausgewählte Aspekte des aktuellen Exposure Draft zum gemeinsamen Conceptual Framework-Projekt des IASB und des FASB eingegangen wird. Da als ein wesentliches Beurteilungskriterium die Komplexität in die Betrachtung einfließt, wird anschließend der Begriff der Komplexität definitorisch abgegrenzt. Aufbauend auf den qualitativen Kriterien des Framework

21 Vgl. G20 (Hrsg.), Declaration G20 Summit, S. 4 sowie „Action Plan to Implement Principles for Reform". Vgl. für eine Zusammenfassung des politischen Einflusses auf die Rechnungslegung von Finanzinstrumenten ANDRÉ, P./CAZAVAN-JENY, A./DICK, W./RICHARD, C./WALTON, P., Fair Value Accounting and the Banking Crisis, S. 9-19. MEYER kritisiert die generelle Komplexität der IFRS als wesentlichen Grund für die hohe Fehlerquote in IFRS-Abschlüssen, vgl. MEYER, H., Komplexität der IFRS.

22 Vgl. IASB (Hrsg.), Letter in response to the G20 requirements.

23 Vgl. KUHN, S., IFRS 9, S. 103 sowie NAUMANN, K.-P., IFRS 9, S. I.

24 Vgl. IFRS 9.2.1.

25 Vgl. F.12.

der Rechnungslegung nach IFRS und der Begriffsabgrenzung der Komplexität werden abschließend Kriterien zur Beurteilung der Rechnungslegung von Finanzinstrumenten entwickelt.

Im **dritten Kapitel** werden der Ansatz und die Kategorisierung von finanziellen Vermögenswerten thematisiert. Zunächst wird die bisherige Entwicklung der Rechnungslegung von Finanzinstrumenten nach IFRS erörtert, bevor grundlegende Definitionen, die sowohl für IAS 39 als auch für IFRS 9 relevant sind, dargestellt werden. Der erstmalige Ansatz und insbesondere die Kategorisierungskonzeptionen werden anschließend sukzessive für IAS 39 und für IFRS 9 dargestellt. Die alternativen Konzepte werden abschließend einer kritischen Würdigung auf Basis der im vorigen Kapitel hergeleiteten Kriterien unterzogen. Die Würdigung bezieht sich in diesem Kapitel isoliert auf die **Trennschärfe der Kategorisierungskonzeptionen**.

Die Rechnungslegung für Finanzinstrumente folgt in den IFRS einem sog. Mixed Model, in dem zum einen der Fair Value und zum anderen die (fortgeführten) Anschaffungskosten zum Einsatz kommen. Die Bewertungsentscheidung basiert hierbei sowohl nach IAS 39 als auch nach IFRS 9 auf der vorgelagerten Kategorisierungsentscheidung. In **Kapital vier** werden daher zunächst die Bewertungsmaßstäbe unabhängig von den Standards dargestellt. Hierbei werden flankierend ausgewählte Teilaspekte des Exposure Draft des IASB zum Fair Value Measurement aufgegriffen, um mögliche künftige Auswirkungen dieses Vorschlags auf die Rechnungslegung von Finanzinstrumenten zu eruieren. Anschließend wird die konkrete Umsetzung der Bewertungskonzeptionen durch IAS 39 und IFRS 9 sukzessive dargestellt, wobei auch die unterschiedlichen Herangehensweisen hinsichtlich des Ausweises eruiert werden. Abschließend werden die alternativen Konzepte wiederum einer kritischen Würdigung auf Basis der im zweiten Kapitel hergeleiteten Kriterien unterzogen. Hierfür werden zunächst die relevanten Wertmaßstäbe kritisch beurteilt, um anschließend den veränderten Umfang der Nutzung der jeweiligen Bewertungsmaßstäbe darzulegen. Darauf aufbauend wird die Würdigung zu einem Urteil in Bezug auf die **gesamte Bewertungskonzeption** verdichtet. Auch der Ausweis von Finanzinstrumenten fließt in diesem Zusammenhang in die Beurteilung ein.

Im **fünften Kapitel** wird die Ausbuchung von Finanzinstrumenten in der Rechnungslegung nach IFRS beleuchtet. Hierbei werden die aktuellen Vorgaben des IAS 39 mit den Reformvorschlägen des Exposure Draft Derecognition, der im Rahmen der weiteren Überarbeitung der Rechnungslegung von Finanzinstrumenten in IFRS 9 aufgehen soll, verglichen. Die alternativen Ausbuchungskonzeptionen werden hierfür zunächst sukzessive dargestellt, die kritische Würdigung basiert anschließend wiederum auf den in Kapitel zwei hergeleiteten Kriterien.

Die wesentlichen Ergebnisse der Untersuchung werden abschließend im **sechsten Kapitel** zusammengefasst.

# 2 Anforderungen an die Rechnungslegung von Finanzinstrumenten unter Berücksichtigung der hiermit verbundenen Komplexität

## 21 Grundlagen der externen Rechnungslegung

### 211. Ökonomische Begründung für eine normierte Rechnungslegung

#### 211.1 Überblick

Jede Regulierung stellt einen Eingriff in die **individuelle Handlungsfreiheit** von Personen beziehungsweise Organisationen dar.[26] Auch eine normierte Rechnungslegung stellt eine Regulierung dar, durch die die Berichterstattung eines Unternehmens standardisiert wird. Durch Regulierung wird deren Handlungsfreiheit eingeschränkt, Vorgänge können nur innerhalb des eingegrenzten Bereichs unternommen werden. Dieser bedarf daher einer Legitimation.[27]

Daher ist auch für die Regulierung der Rechnungslegung eine Legitimation nötig.[28] Die Legitimation für den Eingriff wird in diesem Fall durch **effizienztheoretische Überlegungen** geführt, zudem werden **Gerechtigkeitsüberlegungen** angeführt.[29]

Unter **Effizienzgesichtspunkten** ist eine Normierung vor dem Hintergrund ihres Einflusses auf die gesamtwirtschaftliche Wohlfahrt zu beurteilen.[30] Das Wohlfahrtsmaximum wird dann nicht realisiert, wenn Marktversagen vorliegt und knappe Mittel aus diesem Grund nicht effizient allokiert werden können.[31] Zu Marktversagen kommt es u. a. aufgrund von Unteilbarkeiten, externen Effekten oder Informationsasymmetrien.[32] Im Bereich der Normierung einer externen Rechnungslegung ist insbesondere das letztgenannte Problem asymmetrisch verteilter Informationen relevant. Ein Investor verfügt über schlechtere Informationen über das Unternehmen als das Management. Daher soll durch die normierte Rechnungslegung ein noch zu identifizierender Adressatenkreis geschützt werden, der als besonders schutzbedürftig angesehen werden kann.

Die Begründung der Normierung der Rechnungslegung durch **Gerechtigkeitsüberlegungen** stellt insbesondere auf den Schutz der jeweils schwächeren Partei ab, sodass der normierten Rechnungslegung Informations- und Schutzfunktionen zugewiesen werden.[33] Im folgenden Abschnitt werden daher die Adressaten der normierten Rechnungslegung hergeleitet, um aus

---

26 Vgl. PELLENS, B./FÜLBIER, R. U., Rechnungslegungsregulierung, S. 576 f.

27 PELLENS/FÜLBIER/GASSEN/SELLHORN verweisen in diesem Zusammenhang darauf, dass die Vertragsfreiheit in einem marktwirtschaftlichen System generell vorzuziehen ist, vgl. PELLENS, B./FÜLBIER, R. U./GASSEN, J./SELLHORN, T., Internationale Rechnungslegung, S. 8. In Deutschland ist die allgemeine Handlungsfreiheit auch im Grundgesetz festgeschrieben, vgl. Art. 2 Abs. 1 GG.

28 Vgl. METH, D., IFRS for SME, S. 9 f.

29 Vgl. STREIM, H., Entscheidungsnützliche Informationen, S. 116.

30 Vgl. METH, D., IFRS for SME, S. 9 f.

31 Vgl. EIERLE, B., Differenzierung, S. 21.

32 Vgl. FRITSCH, M./WEIN, T./EWERS, H.-J., Marktversagen und Wirtschaftspolitik, S. 89, mit weiteren Verweisen auf Folgekapitel. Dort werden weitere mögliche Gründe für ein Versagen des Markts diskutiert.

33 Vgl. BAETGE, J./THIELE, S., Gesellschafterschutz, S. 16.

diesem Kreis die besonders schutzbedürftigen Adressaten abzuleiten. Anschließend wird das Problem der asymmetrischen Informationsverteilung analysiert, um abschließend mögliche Lösungen vor dem Hintergrund der Effizienz zu betrachten.

### 211.2 Adressaten der normierten Rechnungslegung

#### 211.21 An externer Publizität interessierte Adressatengruppen

Das Unternehmen steht mit diversen Akteuren in äußerst heterogenen Beziehungen. Um die Anforderungen an eine normierte Rechnungslegung herzuleiten, wird daher im Folgenden zunächst der mögliche Adressatenkreis dargestellt. In einem zweiten Schritt wird der Kreis der hier relevanten **besonders schutzbedürftigen** Adressaten abgegrenzt.

Dazu ist zunächst zu analysieren, welche Gruppen mit dem Unternehmen in einer Beziehung stehen. Für diese Abgrenzung stehen im Wesentlichen zwei Konzepte bereit, die sich in der Literatur durchgesetzt haben: der **Shareholder-Ansatz** und der **Stakeholder-Ansatz**.[34] Nach dem Shareholder-Ansatz hat das Unternehmen primär den Eigenkapitalgebern des Unternehmens zu dienen – dementsprechend wäre auch die externe Rechnungslegung primär nach den Interessen der Eigenkapitalgeber auszurichten. Der Stakeholder-Ansatz ist weiter gefasst.[35] BAETGE beschreibt Stakeholder als „Person oder Gruppe, die etwas in die Unternehmung eingesetzt haben, die im Zusammenhang mit der Unternehmung ein Risiko tragen oder ganz allgemein, die ein Interesse in Bezug auf die Unternehmung verfolgen“[36]. Nach dem Stakeholder-Ansatz ist der mögliche Adressatenkreis der externen Rechnungslegung also deutlich weiter gefasst.[37] Zu den potenziellen Adressaten[38] eines Abschlusses gehören somit neben den Kapitalgebern (bei denen nach dem Stakeholder-Ansatz auch die Fremdkapitalgeber relevant sind) weitere Adressatengruppen – etwa die Kunden, die Lieferanten, der Fiskus sowie die allgemeine Öffentlichkeit.[39]

Die Informationsbedürfnisse dieser Gruppen divergieren stark. So sind Kapitalgeber primär an finanziellen Unternehmensdaten interessiert, während sich Kunden eher für gänzlich andere Größen, etwa die Produktqualität, interessieren werden.[40] Zudem sind die Informationsbedürfnisse der Gruppen teils auch innerhalb dieser nicht konsistent: In der Gruppe der Kapitalgeber sind Eigenkapitalgeber insbesondere an dem Gewinn, den ein Unternehmen in den folgenden Perioden voraussichtlich erwirtschaften kann, interessiert, da diese einen Anspruch

---

34 Vgl. zum Shareholder-Ansatz RAPPAPORT, A., Shareholder Value und zum Stakeholder Value-Ansatz WÖHE, G./DÖRING, U., Allgemeine BWL, S. 55 f. sowie BAETGE, J., Gesellschafterorientierung, S. 106.

35 Vgl. FREEMAN, E., Strategic Management, S. 24-26.

36 BAETGE, J., Gesellschafterorientierung, S. 106.

37 Vgl. METH, D., IFRS for SME, S. 12.

38 Vgl. zu den möglichen Adressaten eines Abschlusses umfassend BAETGE, J./THIELE, S., Gesellschafterschutz, S. 14 f. Den Adressatenkreis von dem speziellen Hintergrund mittelständischer Unternehmen diskutieren KIRSCH/METH, vgl. KIRSCH, H.-J./METH, D., Adressaten, S. 9-11.

39 Vgl. BAETGE, J./THIELE, S., Gesellschafterschutz, S. 15.

40 Vgl. KOELEN, P., Investitionstheoretische Bewertungskalküle, S. 7; HEPERS, L., Entscheidungsnützlichkeit, S. 13 sowie BRINKMANN, J., Informationsfunktion, S. 231. Weitergehend zu den Adressaten und ihren Bedürfnissen vgl. AITKEN, M., A General Theory of Financial Reporting, S. 222-225.

auf den Gewinn als Residualgröße des wirtschaftlichen Handelns haben.[41] Fremdkapitalgeber hingegen haben einen ex ante festgelegten Rückzahlungsanspruch, der in seiner Höhe oder dem zeitlichen Anfall von den künftigen Jahresergebnissen nicht (unmittelbar) abhängig ist.[42] Die Informationsinteressen der Adressatengruppe der Kapitalgeber können daher nicht ohne Weiteres zusammengefasst und als gleichläufig betrachtet werden.[43]

Diese divergierenden Informationsinteressen können nicht durch ein einzelnes Informationsinstrument bedient werden.[44] MOXTER spricht in diesem Zusammenhang von „sinnentleerten" Informationen, die eine Kompromisslösung hervorbringen würde.[45] Daher wird im Folgenden der für diese Arbeit relevante Adressatenkreis aus dem hier aufgespannten weiten Kreis der potenziellen Adressaten abgegrenzt. Auf deren Informationsinteressen wird die spätere Würdigung basieren.

### 211.22 Abgrenzung des relevanten Adressatenkreises für die weitere Analyse

Die bisherige Betrachtung hat gezeigt, dass diverse Gruppen in Beziehungen zu einem Unternehmen stehen und als Adressaten der Berichterstattung infrage kommen. Daher muss im Folgenden die Gruppe der besonders schutzwürdigen Adressaten genauer konkretisiert werden, an deren Bedürfnissen die Qualität von Rechnungslegungsstandards gemessen werden soll. Hierbei sollen in erster Linie die **Risikoposition** sowie die **Zugangsmöglichkeit zu unternehmensinternen Informationsquellen** der jeweiligen Adressaten ausschlaggebend sein.[46] In Bezug auf die eingegangene Risikoposition sind insbesondere die Kapitalgeber durch mögliche Ausfälle einem erhöhten Risiko ausgesetzt. Die Gruppe der Kapitalgeber ist in Eigen- und Fremdkapitalgeber zu unterteilen. Da der Anspruch der Eigenkapitalgeber nachrangig ist, ihnen also der Gewinn des Unternehmens als erfolgsabhängige Residualgröße zusteht,[47] ist die Risikoposition der Eigenkapitalgeber höher als die der Fremdkapitalgeber; deren Informationsinteressen sind somit c. p. stärker zu berücksichtigen.

---

41 Vgl. WÖHE, G./DÖRING, U., Allgemeine BWL, S. 588-590. Dem Eigenkapitalgeber steht hierbei der Gewinn nicht unbedingt direkt zu, bei Aktiengesellschaften wird etwa – neben der Gewinnverwendungsentscheidung, die vom Vorstand getroffen werden kann, oder satzungsmäßigen Gewinnverwendungsbestimmungen – in der Hauptversammlung über die Ausschüttung oder Thesaurierung der Gewinne entschieden. Hierbei hat der Kapitalgeber (wenn er über stimmberechtigte Aktien verfügt) die Möglichkeit, die Entscheidung im Rahmen seines Kapitalanteils zu beeinflussen, vgl. § 58 Abs. 4 AktG sowie BAYER, W., in: Münchener Kommentar zum Aktiengesetz, § 58 Rz. 98 f.

42 Künftige Jahresergebnisse können indes einen Einfluss auf die Sicherheit der Rückzahlungen haben. Vgl. zu den unterschiedlichen Informationsinteressen der Kapitalgeber BAETGE, J./KIRSCH, H.-J./THIELE, S., Bilanzanalyse, S. 14-24. KIRSCH analysiert die unterschiedlichen Informationsinteressen der Gesellschafter eines Konzernabschlusses ausführlich, vgl. KIRSCH, H.-J., Equity-Methode, S. 14-20.

43 Vgl. PETERS, S., Leasingbilanzierung, S. 14 f.

44 Vgl. WATRIN, C./POTT, C., Komplexität von Rechnungslegungsinformationen, S. 438.

45 Vgl. MOXTER, A., Fundamentalgrundsätze, S. 95.

46 Vgl. KOELEN, P., Investitionstheoretische Bewertungskalküle, S. 8 f. in Anlehnung an NIEMEYER, K., Bilanzierung von Finanzinstrumenten nach IAS, S. 18 sowie RUHWEDEL, F., Eigentümerstruktur, S. 39-42.

47 Vgl. Fn. 41 sowie explizit zur Nachrangigkeit RUHWEDEL, F., Eigentümerstruktur, S. 39.

Die zweite zu berücksichtigende Komponente bezieht sich auf **die Zugangsmöglichkeiten zu unternehmensinternen Informationen**. Nachdem im vorigen Abschnitt eine Fokussierung auf die Informationsinteressen der Eigenkapitalgeber hergeleitet wurde, ist nunmehr zu analysieren, inwiefern innerhalb dieser Gruppe Unterschiede in Bezug auf die Zugangsmöglichkeiten zu unternehmensinternen Informationen bestehen. BAETGE/KIRSCH/THIELE unterscheiden in diesem Zusammenhang zwischen Klein- und Großaktionären.[48] Letztere werden im Zusammenhang mit der Kategorisierung von Bilanzanalytikern der Gruppe der „internen Bilanzanalytiker" zugeordnet, Kleinaktionäre sind dagegen als unternehmensexterne Bilanzanalytiker zu interpretieren.[49] Dieser Aufteilung liegt die Annahme zugrunde, dass Großaktionäre aufgrund ihrer Machtposition eher die Möglichkeit haben, auch unternehmensinterne, also nicht publizierte Informationen, einzusehen.[50] Die Machtposition erlangen Großaktionäre hierbei durch ihren wesentlichen Stimm- und Kapitalanteil am Unternehmen, der vom Management nicht mehr vernachlässigt werden kann. Durch diese Machtposition können Großaktionäre einen wesentlichen Einfluss auf unternehmenspolitische Entscheidungen ausüben und auch individuelle Informationen erlangen.[51] Daher müssen sie sich bei ihren wirtschaftlichen Entscheidungen nicht primär auf die normierte Rechnungslegung stützen.[52] Diese Möglichkeit steht Kleinaktionären indes nicht offen, da sie – bedingt durch ihren individuell nicht wesentlichen Stimm- beziehungsweise Kapitalanteil – nicht den nötigen Druck auf das Management ausüben können und somit eben nicht über eine ausreichende Machtposition verfügen.[53] Kleinanleger müssen sich also ausschließlich auf die publizierten Unternehmensinformationen verlassen und sind folglich primär auf den Abschluss des Unternehmens als Informationsinstrument angewiesen. Hinsichtlich der Wahl des Investitionsobjekts sind die Investoren indes frei.[54]

Die vorstehenden Ausführungen haben gezeigt, dass Kleinanleger in einer besonders schutzwürdigen Position sind, da sie zum einen ein hohes Risiko tragen und zum anderen keinen Zugang zu unternehmensinternen Informationen haben. Sie sind somit in besonderem Maße auf publizierte Informationen angewiesen.[55] Daher soll diese Gruppe hier als die primär schutzbedürftige Adressatengruppe angesehen werden. Durch die Erfüllung der breiten Informationsinteressen der Kleinanleger kann zudem davon ausgegangen werden, dass die Informationsinteressen der restlichen Kapitalgeber und weiterer potenzieller Adressaten im

48 Vgl. BAETGE, J./KIRSCH, H.-J./THIELE, S., Bilanzanalyse, S. 15.

49 Vgl. BAETGE, J./KIRSCH, H.-J./THIELE, S., Bilanzanalyse, S. 15 sowie RUHWEDEL, F., Eigentümerstruktur, S. 39-43.

50 Vgl. BECHT, M./RÖELL, A., Blockholdings, S. 1052 f. sowie HILLEBRANDT, F., Entflechtung, S. 714.

51 Vgl. SCHEELE, A., Strategieorientierte Lageberichterstattung, S. 19 sowie RUHWEDEL, F., Eigentümerstruktur, S. 39-43.

52 ERNST/GASSEN/PELLENS haben in einer Untersuchung festgestellt, dass 52 % der Großaktionäre persönliche Kontakte für die Informationsgewinnung nutzen, vgl. ERNST, E./GASSEN, J./PELLENS, B., Verhalten und Präferenzen deutscher Aktionäre, S. 34.

53 Vgl. NIEMEYER, K., Bilanzierung von Finanzinstrumenten nach IAS, S. 18 f.

54 Vgl. KRÖNERT, B., Grundsätze informationsorientierter Rechnungslegung, S. 35.

55 Vgl. HEUMANN, R., Value Reporting in IFRS-Abschlüssen und Lageberichten, S. 23.

Wesentlichen abgedeckt und befriedigt werden.[56] Dies ist auf den relativ hohen Informationsbedarf von Kleinanlegern zurückzuführen, der durch den fehlenden Zugang zu internen Informationen begründet ist. Das Informationsinteresse der Großaktionäre wird daher eine Teilmenge der von den Kleinanlegern benötigten Informationen darstellen. Darüber hinaus kann angenommen werden, dass die Informationsinteressen vieler weiterer Adressatengruppen eine Teilmenge der Informationsinteressen der Eigenkapitalgeber darstellen.[57] So sind beispielsweise Fremdkapitalgeber an Informationen zu der künftigen Zahlungsfähigkeit des Unternehmens interessiert, dieses Informationsinteresse wird indes eine Teilmenge des Informationsinteresses der Kleinanleger darstellen. Folglich wird durch die Fokussierung auf Kleinaktionäre ein vergleichsweise umfassender Adressatenkreis abgedeckt.[58] Daher wird bei der weiteren Analyse von Rechnungslegungsstandards auf die Bedürfnisse der Kleinanleger[59] abgestellt.

Durch die Betrachtung der Informationsinteressen der Kleinaktionäre ist zudem deren Fähigkeit zur Informationsverarbeitung zu klären. Im Vergleich zu den Großaktionären werden Kleinaktionäre über eingeschränkte Ressourcen sowie meist über geringere Kenntnisse verfügen.[60] Da diese Größen indes zwischen verschiedenen Kleininvestoren schwanken werden, ist für den weiteren Verlauf der Arbeit eine Typisierung nötig. Hierfür wird auf das Konzept des **Average Prudent Investor**[61] zurückgegriffen. Ein Average Prudent Investor wird als durchschnittlich kompetenter Wertpapieranleger interpretiert, der nicht über Insiderinformationen verfügt und keine besondere Risikoneigung[62] oder Präferenzen hat.[63] Der Wertpapieranleger informiert sich über finanzielle Unternehmensdaten lediglich im Zuge der allgemeinen Publizität und nutzt diese als wesentliche Entscheidungsgrundlage.[64]

Nachdem der relevante Adressatenkreis abgegrenzt wurde, ist die Frage, warum Unternehmensinformationen in Form einer externen Rechnungslegung normiert werden müssen, noch nicht beantwortet. Dieser Frage wird im folgenden Abschnitt 211.3 nachgegangen. Hierfür werden in einem ersten Schritt die Ziele der Investoren hergeleitet, um anschließend die Ziele des Managements darzulegen. Die sich hieraus ergebenden Probleme werden im weiteren Verlauf des Kapitels analysiert.

---

56 Vgl. BAETGE, J./THIELE, S., Gesellschafterschutz, S. 16 f.; HEPERS, L., Entscheidungsnützlichkeit, S. 16; SCHEELE, A., Strategieorientierte Lageberichterstattung, S. 18 sowie HEUMANN, R., Value Reporting in IFRS-Abschlüssen und Lageberichten, S. 23.

57 Vgl. SCHEELE, A., Strategieorientierte Lageberichterstattung, S. 18 sowie BÖCKING, H.-J., Rechnungslegung und Kapitalmarkt, S. 22.

58 Vgl. BAETGE, J./THIELE, S., Gesellschafterschutz, S. 17 f.

59 Im weiteren Verlauf der Arbeit werden die Begriffe Kleininvestor, Investor, Anleger und Eigenkapitalgeber synonym verwandt.

60 Vgl. SCHEELE, A., Strategieorientierte Lageberichterstattung, S. 20 f.

61 Vgl. zum Begriff JUNG, U., Average Prudent Investor, S. 68; BEAVER, W., Perspectives, S. 464; SPERL, A., Prüfungsplanung, S. 45 sowie m. w. N. LEFFSON, U., GoB, S. 183 f.

62 Der Investor ist daher weder besonders risikoscheu noch besonders risikofreudig. Diese Annahne impliziert indes keine Risikoneutralität, vielmehr wird eine gewisse Risikoscheu bestehen, vgl. LEFFSON, U., GoB, S. 184.

63 Vgl. HEPERS, L., Entscheidungsnützlichkeit, S. 17.

64 Vgl. JUNG, U., Average Prudent Investor, S. 68.

### 211.3 Das Problem asymmetrisch verteilter Informationen

#### 211.31 Zielfunktion der Abschlussadressaten

Investoren beteiligen sich an Unternehmen, um ihre persönliche Zielvorstellung zu erreichen.[65] Diese determiniert das Handeln und somit auch die Investitionsentscheidungen der Anleger. Nachdem im vorigen Abschnitt Kleininvestoren als relevante Adressaten der Rechnungslegung festgelegt wurden, sind nunmehr die Ziele, die ein Kleininvestor durch seine Handlungen verfolgt, zu explizieren. Die Ziele könnten finanzieller oder nicht finanzieller Natur sein. Nicht finanzielle Ziele umfassen etwa Prestige oder Macht.[66] Für die im Rahmen dieser Arbeit relevanten Kleininvestoren werden diese Größen allerdings nicht von wesentlicher Bedeutung sein, da sie keine ausreichend große Beteiligung an einem Unternehmen erreichen, um hierdurch Macht oder Prestige zu erlangen.[67] Daher werden im Folgenden ausschließlich die finanziellen Ziele genauer analysiert.

Im Bereich der finanziellen Ziele müssen sich Investoren zwischen den Alternativen „**Anlage**" und „**Konsum**" entscheiden. **Konsum** beschreibt hierbei den Einsatz von finanziellen Mitteln für den Gebrauch beziehungsweise Verbrauch von Gütern und Dienstleistungen zur Bedürfnisbefriedigung. **Anlage** beschreibt die Investition finanzieller Mittel mit dem Ziel, in späteren Perioden einen höheren Rückfluss zu erreichen, um so die Konsummöglichkeiten auszuweiten. Der Investor richtet seine Handlungen somit langfristig immer an der Zielgröße Konsum aus,[68] eine Anlage kann nur als Unterziel in Betracht kommen, wenn hierdurch der mögliche Konsum in der Zukunft gesteigert werden kann. Für die Beurteilung einer Investitionsmöglichkeit ist demnach der in der Zukunft zu erwartende Zahlungsstrom relevant.[69]

Eine Anlageentscheidung stellt sich für einen Kleininvestor als Buy-Hold-Sell-Entscheidung zwischen verschiedenen Anlagealternativen dar. Um eine fundierte Entscheidung zwischen den verschiedenen Alternativen fällen zu können, sind Informationen nötig, die eine Schätzung des zu erwartenden künftigen Zahlungsstroms ermöglichen. In diesem Zusammenhang wird bewusst der Terminus Schätzung verwendet, da die Zukunft naturgemäß unsicher ist und eine exakte Berechnung der künftigen Zahlungsströme nur in einer fiktiven Idealwelt möglich

---

65 Vgl. MOXTER, A., Stand der Bilanztheorie, S. 37 sowie SCHEELE, A., Strategieorientierte Lageberichterstattung, S. 22-24.

66 Vgl. MOXTER, A., Präferenzstruktur, S. 10.

67 Andere Quellen begründen eine gleichlautende Fokussierung teils auch mit einer schwer möglichen Operationalisierung der nicht finanziellen Ziele, vgl. SCHEELE, A., Strategieorientierte Lageberichterstattung, S. 23 unter Verweis auf MOXTER, A., GoR, S. 225 sowie SCHILDBACH, T., Analyse des betrieblichen Rechnungswesen, S. 15.

68 Vgl. SCHILDBACH, T., Analyse des betrieblichen Rechnungswesen, S. 16.

69 Vgl. SCHEELE, A., Strategieorientierte Lageberichterstattung, S. 23 sowie WAGENHOFER, A., PAT und Rechnungslegung, S. 439 f.

ist.[70] Wesentliche Variablen des künftigen Zahlungsstroms sind seine Höhe, seine zeitliche Struktur sowie der Unsicherheitsgrad.[71]

Der Zahlungsstrom aus einer Investition kann ferner in die Komponenten **Nettoausschüttungsstrom** und **Wiederveräußerungserlös** zerlegt werden. Der Nettoausschüttungsstrom bezieht sich auf die künftig zu erwartenden Dividenden, der Wiederveräußerungserlös wird beim Verkauf der Anteile erzielt. Für die weitere Analyse im Rahmen dieser Arbeit wird allerdings lediglich das Aggregat dieser Größen betrachtet.

Zusammenfassend hat der Investor das Ziel, künftige Zahlungsströme zu prognostizieren, um hierdurch eine Anlagealternative auszuwählen, die seine künftigen Konsummöglichkeiten maximiert.[72] Hierfür benötigt der Investor Informationen über die Anlagealternativen, um seine Schätzung der Zahlungsströme konkretisieren zu können.

### 211.32 Zielfunktion des Managements

Das Management eines Unternehmens ist mit der Führung der Geschäfte betraut. Hierbei wird das Management häufig nicht mehr aus den Reihen der Unternehmenseigner selbst gestellt, sondern wird extern rekrutiert und ist nicht (oder nicht wesentlich) am Kapital des Unternehmens beteiligt. Es kommt somit zu einer Trennung von Kapital und Entscheidung.[73] Diese Trennung führt auch dazu, dass die Interessen des Managements (als Entscheidungsträger) und der Unternehmenseigner (hier abgegrenzt als Kleinanleger) nicht unbedingt deckungsgleich sind.[74] Das Management wird teils auch eigene Interessen verfolgen, die nicht mit denen des Unternehmens und damit der Unternehmenseigner gleichläufig sind.[75]

Auch die Zielfunktion des Managements bezieht sich auf die Erreichung persönlicher Ziele; die Mitglieder des Managements werden versuchen, ihre Konsummöglichkeiten zu maximieren. Auf den ersten Blick wären damit die Interessen der Investoren und des Managements identisch. Unterschiede ergeben sich durch die zur Zielerreichung notwendigen Maßnahmen.[76] Während der Investor eine möglichst gute Investitionsmöglichkeit identifizieren muss, die durch ihren attraktiven Zahlungsstrom die Konsummöglichkeiten in der Zukunft verbessert, müssen die Mitglieder des Managements zunächst ihre Vergütung optimieren, um dasselbe Ziel zu erreichen. Die Vergütung des Managements ist häufig an die Ergebnisse des

70 Vgl. SCHEELE, A., Strategieorientierte Lageberichterstattung, S. 23 sowie RICHTER, M., Bewertung des Goodwill, S. 52.

71 Vgl. MOXTER, A., GoR, S. 251. MOXTER spricht in diesem Zusammenhang von einem „Zielstrom". Vgl. zu diesem Thema auch KAHLE, H., Informationsversorgung, S. 96.

72 Vgl. auch KIRSCH, H.-J./KOELEN, P./KÖHLING, K., Möglichkeiten und Grenzen, S. 201.

73 Vgl. BAETGE, J., Möglichkeiten der Objektivierung, S. 16 sowie RICHTER, R./FURUBOTN, E., Neue Institutionenökonomik, S. 420-435.

74 Für die Analyse könnten auch Großanleger in die Betrachtung einbezogen werden, da die relevante Interessenlage innerhalb der Gruppe der Unternehmenseigner nicht divergieren wird. Indes soll an dieser Stelle aus didaktischen Gründen an der zuvor abgeleiteten Fokussierung auf Kleinanleger festgehalten werden. Vgl. zu den konfliktären Zielen HELLER, S., Bilanzierung von Versicherungsverträgen, S. 44-48.

75 Vgl. EIERLE, B., Differenzierung, S. 20.

76 Vgl. WATRIN, C., Internationale Rechnungslegung, S. 32-37.

Unternehmens gekoppelt, sodass ein Anreiz besteht, die Ergebnisse des Unternehmens möglichst positiv darzustellen, um die persönliche Vergütung zu verbessern.[77] Durch eine eventuell zu positive Darstellung würde das Unternehmen aus Sicht eines Investors attraktiver eingeschätzt und eher als Investitionsobjekt herangezogen. Wenn sich der Erfolg jedoch langfristig nicht einstellt, wird der Zahlungsstrom, den der Investor aus dem Investitionsobjekt erhält, nicht seiner auf Basis des Abschlusses ermittelten Erwartung entsprechen.

Die bisherige Argumentation unterstellt, dass das Management stets einen Anreiz hat, die Ergebnissituation besser darzustellen, als die fundamentalen Unternehmensfakten es erlauben würden. Indes kann es auch Situationen geben, in denen das Management genau das Gegenteil erreichen möchte.[78] Da der Investor zur Vorbereitung seiner Investitionsentscheidung allerdings ein Interesse an einem möglichst realistischen Bild der wirtschaftlichen Lage des Unternehmens hat, sind auch durch Einflussnahme des Managements zu pessimistische (wie auch zu optimistische) Darstellungen nicht wünschenswert.

Zusammenfassend kann daher festgehalten werden, dass das Management einen Anreiz haben kann, den Ergebnisausweis in seinem Sinne zu beeinflussen, um so die Reaktionen der Kapitalgeber zu steuern.

### 211.33 Informationsverteilung zwischen Management und Investoren

Die bisherige Ausarbeitung hat gezeigt, dass die Ziele beziehungsweise die zur Erreichung des Ziels notwendigen Handlungen zwischen den Investoren und dem Management stark divergieren und sich teils diametral entgegenstehen. An Brisanz gewinnt diese Situation durch die zwischen dem Management und den Investoren ungleich verteilten Informationen – während das Management sämtliche unternehmensinternen Informationen einsehen kann, um sich so ein umfassendes Bild über die wirtschaftliche Lage des Unternehmens zu machen, sind Investoren, vor allem die hier betrachteten Kleinanleger, auf die publizierten Unternehmensinformationen angewiesen.[79] Somit kann der Investor die Leistung des Managements beziehungsweise den Erfolg des Unternehmens schlechter einschätzen. Die Informationen sind zwischen dem Management und den Investoren asymmetrisch verteilt.

---

[77] Ansätze aus der Neuen Institutionenökonomik rechnen der Zielfunktion des Managements weitere Variablen zu, etwa den persönlichen Einsatz, der für den Erfolg nötig ist, vgl. stellvertretend für viele ERLEI, M./LESCHKE, M./SAUERLAND, D., Neue Institutionenökonomik, S. 109-118. Da die Analyse sich durch die Betrachtung der weiteren Variablen für den hier relevanten Zusammenhang nicht ändern würde, wird auf eine nähere Betrachtung verzichtet.

[78] Vgl. zur Bilanzpolitik im Allgemeinen BAETGE, J., Möglichkeiten der Objektivierung, S. 42-48 sowie zu den Zielen, die durch Bilanzpolitik verfolgt werden, TANSKI, J., Bilanzpolitik und Bilanzanalyse, S. 8-13, der auch auf den Einfluss der Rechnungslegung auf die persönliche Vergütung des Managements verweist.

[79] Vgl. zum Zugang der Investoren zu unternehmensinternen Informationen Abschn. 211.22 sowie BUSSE VON COLBE, W., Unternehmenskontrolle durch Rechnungslegung, S. 42.

Mit dem Problem der asymmetrischen Informationsverteilung hat sich in der Wissenschaft insbesondere die Principal-Agent-Theorie befasst.[80] Drei mögliche Problemfälle werden im Rahmen der Principal-Agent-Theorie unterschieden: die **verborgenen Eigenschaften** (hidden characteristic), die **verborgenen Handlungen** (hidden action) und die **verborgenen Absichten** (hidden intention).[81] Zur Modellierung der Situation der Investoren ist der Fall der **verborgenen Eigenschaften** und der **verborgenen Handlungen** von wesentlicher Bedeutung. Die Gefahr der verborgenen Absichten ergibt sich insbesondere dann, wenn eine spezifische, irreversible Investition stattgefunden hat. Da Investoren ihr Investment indes theoretisch jederzeit weiterveräußern können, sind die aus verborgenen Absichten resultierenden Gefahren nur eingeschränkt relevant.[82] Auf eine nähere Betrachtung dieses Problemfelds wird daher im Rahmen dieser Arbeit verzichtet.

Im Fall der **verborgenen Eigenschaften** besteht Unsicherheit über die Qualität eines bestimmten Guts oder einer Dienstleistung, die sich hier auf die Güte des Unternehmens bezieht. Der Verkäufer verfügt i. d. R. über Informationen, die denen des Käufers überlegen sind. Für diese Problemform entwickelte AKERLOF mit seinem Modell „Markets for Lemons" ein klassisches Beispiel, das im weiteren Verlauf der Untersuchung von Bedeutung sein wird.[83] Er modelliert die Situation auf einem Gebrauchtwagenmarkt, auf dem Fahrzeuge von unterschiedlicher Güte gehandelt werden. Der Käufer kann diese unterschiedlichen Qualitäten allerdings nicht unterscheiden und bietet daher immer den Preis für einen Wagen von durchschnittlicher Qualität.[84] Dies führt dazu, dass sich Verkäufer mit guter Qualität aus dem Markt zurückziehen, da das Geschäft für sie nicht lohnenswert ist. Infolgedessen sinken die durchschnittliche Qualität und hierdurch auch der Preis, was zu einem sukzessiven Zusammenbrechen des Markts führt. Das Ausscheiden der guten Qualität aus dem Markt wird „adverse Selektion" genannt.[85]

Die Situation stellt sich aus Sicht der hier relevanten Beziehung zwischen dem Management und dem Investor ähnlich dar. Das Management verfügt über die besseren Informationen über

80 Vgl. zur Prinzipal-Agent-Theorie FRITSCH, M./WEIN, T./EWERS, H.-J., Marktversagen und Wirtschaftspolitik, S. 282-329; ALPARSLAN, A., Strukturalistische PAT, S. 11-47; RICHTER, R./FURUBOTN, E., Neue Institutionenökonomik, S. 218-312; ERLEI, M./LESCHKE, M./SAUERLAND, D., Neue Institutionenökonomik, S. 69-198; FRANKE, G./HAX, H., Finanzwirtschaft, S. 477-488 sowie WAGENHOFER, A., PAT und Rechnungslegung, S. 439-486 mit einem speziellen Bezug zur Rechnungslegung.

81 Vgl. FRITSCH, M./WEIN, T./EWERS, H.-J., Marktversagen und Wirtschaftspolitik, S. 294-299. Diesen Themenbereich analysiert KÖHRMANN im Zusammenhang mit der Rechnungslegung von Gebietskörperschaften, vgl. KÖHRMANN, H., NKF und IPSAS, S. 22-30.

82 Im Zusammenhang mit verborgenen Absichten laufen die Prinzipale Gefahr, durch spezifische Investitionen, die sie zur Aufgabenerfüllung unternehmen, in ein Abhängigkeitsverhältnis von dem Agenten als Auftraggeber zu geraten. Der Agent könnte diese Situation ausnutzen, indem er die Vertragsbedingungen zu seinem Vorteil anpasst, der Prinzipal wäre durch seine spezifische Investition an den Agenten gebunden. Diese Gefahr besteht für einen Investor, der seine Beteiligung an dem Unternehmen jederzeit wieder veräußern kann, nicht. Vgl. zu verborgenen Absichten FRITSCH, M./WEIN, T./EWERS, H.-J., Marktversagen und Wirtschaftspolitik, S. 299.

83 Vgl. AKERLOF, G., Market for Lemons.

84 Vgl. AKERLOF, G., Market for Lemons, S. 489-491.

85 Vgl. auch ERLEI, M./LESCHKE, M./SAUERLAND, D., Neue Institutionenökonomik, S. 148-167.

die Qualität des Unternehmens, sodass der Investor nicht ohne Weiteres eine fundierte Investitionsentscheidung treffen kann, er wird folglich stets eine durchschnittliche Rendite fordern. Gute Unternehmen würden vom Investor nicht als solche erkannt und könnten sich auf dem Kapitalmarkt nicht ausreichend und zu angemessenen Konditionen refinanzieren. Die guten Unternehmen würden sich daher nach Möglichkeit alternativer Finanzierungsformen bedienen. Das Problem der adversen Selektion kann also – übertragen auf die Unternehmensfinanzierung – weitreichende Konsequenzen nach sich ziehen. Wenn „gute“ Unternehmen an der Kapitalbeschaffung scheitern, kann dies zu gesamtwirtschaftlich relevanten Verwerfungen führen.[86] Aus Sicht des Investors würden Investitionen in Unternehmen mit einem zu hohen Risiko verbunden sein, da er stets Gefahr liefe, in eine „Lemon“, also ein schlechtes Unternehmen, zu investieren.[87]

Im Fall der **verborgenen Handlungen** hat der Prinzipal nicht die Möglichkeit, die Handlungen des Agenten ausreichend zu beobachten.[88] Der Agent kann durch seinen persönlichen Einsatz das Endresultat beeinflussen. Indes besteht für ihn ein Anreiz, seinen persönlichen Einsatz zu minimieren, da dieser mit Nutzeneinbußen verbunden ist. Weil das Resultat der Handlungen des Agenten auch von zufälligen Umweltfaktoren abhängig ist, kann der Prinzipal nicht beurteilen, wie stark der Agent zu dem Endergebnis beigetragen hat und welcher Teil auf nicht beeinflussbare Umweltfaktoren zurückzuführen ist.[89] Diese Konstellation führt dazu, dass der Agent einen Anreiz und die Möglichkeit hat, sich durch die Minimierung seines persönlichen Einsatzes opportunistisch zu verhalten.[90] Übertragen auf die Situation eines Unternehmens besteht hier die Gefahr, dass die Investoren den Einfluss des Managements auf das Unternehmensergebnis nicht mit Sicherheit einschätzen können. Das Management könnte daher ein schlechtes Unternehmensergebnis stets auf nachteilige Umweltfaktoren zurückführen.[91]

---

86 Ähnliche Auswirkungen waren im Zusammenhang mit der globalen Finanzkrise gegen Ende dieses Jahrzehnts zu beobachten. Nach dem Zusammenbruch beziehungsweise der starken Schieflage diverser Kreditinstitute kam es zu einem massiven Vertrauensverlust, wodurch der Geldkreislauf zwischen den Kreditinstituten zum Erliegen kam. Die Gefahr, in eine „Lemon“ zu investieren, wurde zu groß. Auch die Kreditvergabe in der Realwirtschaft geriet ins Stocken. Als Folge hieraus entwickelte sich eine globale Wirtschaftskrise. Vgl. hierzu HELLERFORTH, M., Finanzmarktkrise sowie WAGNER, C.-P., Die Subprime-Krise, S. 163-170. Zur Kapitalallokationsaufgabe der Rechnungslegung vgl. KAHLE, H., Informationsversorgung, S. 96.

87 Vgl. DOHRN, M., Entscheidungsrelevanz des Fair Value-Accounting, S. 207.

88 Vgl. JOST, P.-J., PAT, S. 25-27. In diesem Zusammenhang könnte der Prinzipal seinen Handlungsspielraum auch ausnutzen, um wirtschaftskriminell zu seinem eigenen Vorteil zu handeln. Vgl. umfassend zur Problematik der wirtschaftskriminellen Handlungen sowie für Möglichkeiten zur Vermeidung derselben NIMWEGEN, S., Vermeidung und Aufdeckung von Fraud, S. 14-20 sowie die Kapitel 3 und Kapitel 4 für die Vermeidung wirtschaftskrimineller Handlungen durch den Vorstand und durch den Aufsichtsrat.

89 Vgl. ERLEI, M./LESCHKE, M./SAUERLAND, D., Neue Institutionenökonomik, S. 112-123.

90 Vgl. PAARZ, M., Investororientierte Bankrechnungslegung, S. 14-16.

91 Vgl. WATRIN, C./SCHOLZ, A., Bilanzrecht und Kapitalschutz, S. 350 f. sowie WAGENHOFER, A./EWERT, R., Externe Unternehmensrechnung, S. 132-142.

### 211.34 Mögliche Lösungen des Problems asymmetrisch verteilter Informationen

Investoren haben ein Interesse an Informationen über die wirtschaftliche Lage des Unternehmens. Gleichzeitig haben die Unternehmen und das Management ein Interesse daran, die Investoren in einem gewissen Rahmen zu informieren, um sich zu angemessenen Konditionen refinanzieren zu können.[92] Indes besteht für das Management eine Anreizsituation, in der nicht unbedingt die für die Investoren relevanten Informationen publiziert werden. Vielmehr wird das Management versuchen, die Informationen zu filtern, um eine bestimmte Reaktion des Investors zu erreichen. Daher können die Anleger den vom Management herausgegebenen Informationen nicht ohne Weiteres Glauben schenken. Diesem Problem kann durch die Definition von „Regeln für die Informationsvermittlung" begegnet werden, an die sich das Management halten muss.[93] Hierdurch wird der Handlungsspielraum des Managements im Zusammenhang mit der externen Rechnungslegung beschränkt und die Informationen werden c. p. verlässlicher für den Investor.

## 211.4 Die Bedeutung von Transaktionskosten für die Normierung der externen Rechnungslegung

### 211.41 Theorie der Transaktionskosten

In Abschnitt 211.3 wurden die Probleme behandelt, die sich aus asymmetrisch verteilten Informationen ergeben. Hierdurch wurde die Notwendigkeit einer normierten, externen Rechnungslegung hergeleitet. Flankierend wirkt sich in diesem Zusammenhang die Nebenbedingung der **effizienten Umsetzung** der Normierung aus. Dieses Themengebiet wird im Rahmen der Analyse der Transaktionskosten untersucht.[94]

Transaktionskosten beschreiben die Kosten, die zur Anbahnung und Durchführung einer Transaktion nötig sind. Sie umfassen etwa Informationskosten, Verhandlungskosten und Vertragsabschlusskosten.[95] Für die Analyse der Rechnungslegung sind Informationskosten als wesentlicher Bestandteil der Transaktionskosten herauszustellen.

---

92 Vgl. KAHLE, H., Informationsversorgung, S. 96 sowie Fn. 86.

93 Vgl. BUSSE VON COLBE, W., Jahresabschluss als Informationsinstrument, S. 14 sowie EPSTEIN, M./PAVA, M., Shareholders Use, S. 13-25. An dieser Stelle sei auch auf die Überprüfung der Regeleinhaltung durch den Wirtschaftsprüfer hingewiesen. Das Management muss sich dementsprechend an die Vorgaben halten, da es von einer neutralen Instanz überprüft wird. In Bezug auf die Unwägbarkeiten, die in diesem Zusammenhang entstehen können, sei auf die entsprechende weitergehende Literatur verwiesen, vgl. KIRSCH, H.-J., Erwartungslücke sowie MARTEN, K.-U./QUICK, R./RUHNKE, K., Wirtschaftsprüfung. Derartige Probleme sollen hier ausgeblendet werden, es wird von einer effektiven Überprüfung der Regeleinhaltung ausgegangen.

94 Vgl. zum Themenbereich der Transaktionskostentheorie WILLIAMSON, O., Marktes and Hierarchies; WILLIAMSON, O., Transaction Cost, S. 23-58 sowie RICHTER, R./FURUBOTN, E., Neue Institutionenökonomik, S. 55-86.

95 Vgl. COASE, R., The Problem of Social Costs, S. 15 f. COASE führte schon im Jahr 1960 an, dass Transaktionskosten einen wesentlichen Einfluss auf wirtschaftliche Entscheidungen haben können: „[transaction costs], may be so great that this optimal arrangement of rights, and the greater value of production which it would bring, may never be achieved", COASE, R., The Problem of Social Costs, S. 16 [eingefügt durch den Autor].

Für die Analyse von Transaktionskosten ist zunächst relevant, wer die Rechnungslegungsnormen determiniert. In dem Fall, dass die Rechnungslegung nicht durch einen staatlichen oder privaten Normengeber festgelegt wird, müssen die Kapitalmarktteilnehmer selbst Bilanzierungsregeln mit dem Unternehmen erarbeiten.[96] Dieser Prozess wäre mit vergleichsweise hohen Transaktionskosten verbunden.[97] Zudem erscheint eine solche Vorgehensweise nur dann erwägenswert, wenn das Unternehmen mit wenigen Investoren zusammenarbeitet – bei einer großen Zahl an Investoren werden individuelle Vereinbarungen schnell ineffizient.[98] Da die Investoren in jedem Fall Informationen über ihr Investitionsobjekt benötigen, sollte aus wohlfahrtsmaximierenden Erwägungen die kostengünstigste Alternative zur Informationsvermittlung gewählt werden.[99] An die Stelle individuell ausgehandelter Lösungen tritt daher die Rechnungslegung als extern normiertes Regelsystem, durch das die Informationsbereitstellung allgemein vorgegeben wird.[100] Regeln können hierbei durch staatliche oder private Normengeber festgelegt[101] und durchgesetzt[102] werden.

Ein weiterer Einflussfaktor auf die Effizienz der Informationsbeschaffung liegt, neben der Festlegung auf eine zentrale Institution als Normengeber, in der genauen Umsetzung der Regelungen. Durch die im Einklang mit der Norm erstellte externe Berichterstattung soll der Investor als Abschlussadressat informiert werden. Aus Effizienzgesichtspunkten ist daher auch die Frage zu stellen, wie viele Informationen ein eingeschränkt rational handelndes Individuum verarbeiten kann[103] beziehungsweise wie viele und welche Informationen benötigt werden.[104] Die Informationsmenge ist mit dem Informationsnutzen nicht ausschließlich positiv korreliert, es kann auch ein Information Overload eintreten.[105] In diesem Fall korreliert der Informationsnutzen gerade nicht mehr positiv mit der Informationsmenge, die Informationsverarbeitungskosten überwiegen den zusätzlichen Nutzen, wodurch der Gesamtnutzen sinkt. Der Zusammenhang soll durch die folgende Abbildung 2-1 verdeutlicht werden.

---

96 Vgl. DOHRN, M., Entscheidungsrelevanz des Fair Value-Accounting, S. 34; WAGENHOFER, A./EWERT, R., Externe Unternehmensrechnung, S. 13 f. sowie PELLENS, B./FÜLBIER, R. U./GASSEN, J./SELLHORN, T., Internationale Rechnungslegung, S. 8 f.

97 Vgl. HAX, H., Rechnungslegungsvorschriften, S. 192; PELLENS, B./FÜLBIER, R. U./GASSEN, J./SELLHORN, T., Internationale Rechnungslegung, S. 14 f. sowie PELLENS, B./FÜLBIER, R. U., Rechnungslegungsregulierung, S. 578.

98 Vgl. PELLENS, B./FÜLBIER, R. U./GASSEN, J./SELLHORN, T., Internationale Rechnungslegung, S. 14 f. BALLWIESER, W./KUHNER, C., Rechnungslegungsvorschriften, S. 30 f.; FELDHOFF, M., Staat und Rechnungslegung, S. 530; KIRCHNER, C., Bilanzrecht und neue Institutionenökonomik, S. 267 sowie KING, R./WAYMIRE, G., Accounting Standard-Setting Institutions, S. 591.

99 Vgl. DOHRN, M., Entscheidungsrelevanz des Fair Value-Accounting, S. 34.

100 Vgl. KIRCHNER, C., Wettbewerbsfaktor Entscheidungsnützlichkeit, 44 sowie HAX, H., Rechnungslegungsvorschriften, S. 191-193.

101 Die Vorteilhaftigkeit privater Standardsetter diskutieren KING/WAYMIDE, vgl. KING, R./WAYMIRE, G., Accounting Standard-Setting Institutions, S. 592-601.

102 Die Problematik der Durchsetzung diskutieren LENZ/BAUER, vgl. LENZ, H./BAUER, M., Durchsetzung, S. 247-252.

103 Vgl. WAGENHOFER, A./EWERT, R., Unternehmensrechnung und ökonomische Theorie, S. 57 f.

104 Auch im deutschen HGB sind aus diesem Grund Vereinfachungen implementiert, vgl. etwa KIRSCH, H.-J./BERENTZEN, C., in: Baetge/Kirsch/Thiele, § 293.

105 Vgl. BALARAM, P., Information overload, S. 533 f.

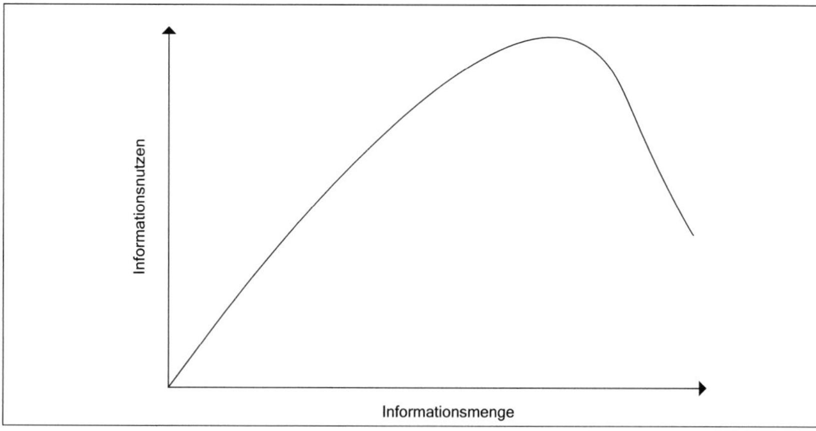


**Abbildung 2-1: Informationsnutzen**[106]

## 211.42 Transaktionskosten und Komplexität

Im Zusammenhang mit der Analyse der Transaktionskosten nimmt die Komplexität[107] der Regelung eine bedeutende Position ein. Eine komplexere Regelung wird c. p. zu höheren Transaktionskosten führen, da der Investor mehr Zeit aufwenden muss, um die Regelung zu interpretieren. Zudem ist hier der Einfluss auf das Unternehmen zu beachten: Komplexe Rechnungslegungsstandards können nur unter Einsatz von Ressourcen erfüllt werden und führen daher bei dem bilanzierenden Unternehmen zu Kosten. Indes ist eine gewisse Komplexität unabdingbar, um reale Sachverhalte durch die Rechnungslegung abbilden zu können.[108] Somit kann Komplexität im Bereich der Rechnungslegung in gewissen Maßen einen positiven Nutzeneffekt für den Abschlussadressaten generieren, da sie dazu beiträgt, die Abbildung der realen Geschäftsvorfälle zu verbessern. Zugleich sind mit steigender Komplexität aber auch steigende Transaktionskosten verbunden. Daher stellt sich die Frage nach dem optimalen Komplexitätsgrad.

Der Zusammenhang soll anhand der folgenden Abbildung 2-2 verdeutlicht werden. Die linear steigende Gerade stellt die Grenzkosten der Komplexität dar. Der lineare Verlauf soll hier als Vereinfachung unterstellt werden – andere Verläufe der Kostenkurve würden die Implikationen nicht verändern. Die fallende Kurve stellt den Grenznutzen dar, der durch die Komplexität generiert wird.[109] Dem Verlauf der Kurven liegt somit die Annahme zugrunde, dass steigende Komplexität einen gewissen Nutzen hat.[110] Der Grenznutzen der Komplexität fällt mit

106 In Anlehnung an DOHRN, M., Entscheidungsrelevanz des Fair Value-Accounting, S. 36.

107 Eine weitergehende Operationalisierung des Begriffs Komplexität wird in Abschn. 22 vorgenommen.

108 Vgl. Abschn. 224.

109 Bei einer weiter steigenden Komplexität wäre auch ein negativer Grenznutzen vorstellbar.

110 Die Realitätsnähe dieser Annahme ist kritisch zu hinterfragen, da es durchaus Komplexitätselemente geben kann, die keinerlei Nutzen stiften. An dieser Stelle ist die Annahme indes notwendig, um den idealtypischen Einfluss von Komplexität auf ein Gesamtsystem zu beschreiben.

zunehmendem Komplexitätsgrad. Diese Tatsache ist der Betrachtung eines beschränkt rational handelnden Individuums geschuldet. Ein gewisser Komplexitätsgrad ist für die Abbildung eines realen Geschäftsvorfalls nötig, allerdings steigt auch die Gefahr des Information Overload. Auf Basis eines Optimierungskalküls ist die Komplexität nur so lange zu steigern, bis die Grenzkosten dem Grenznutzen entsprechen.[111] Jede weitere Steigerung der Komplexität würde zu einer Verringerung des Gesamtnutzens führen, weil der zusätzliche Nutzen der weiteren Komplexitätseinheit durch die hiermit verbundenen Kosten überkompensiert würde.[112] Der optimale Komplexitätsgrad würde sich folglich im Schnittpunkt der beiden Linien einstellen.

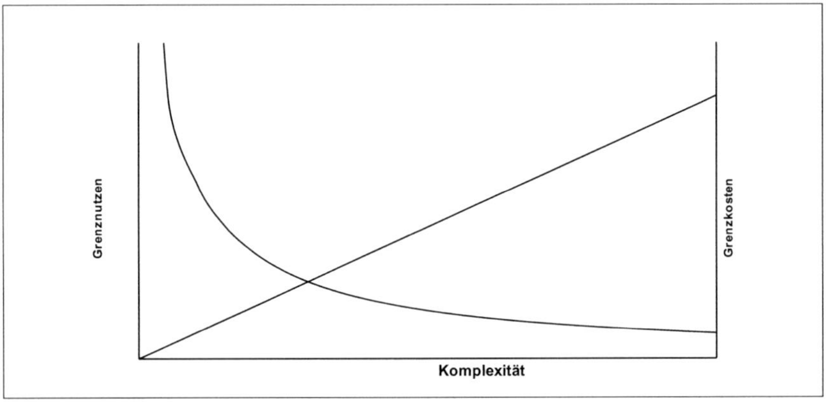


**Abbildung 2-2: Komplexität und Transaktionskosten**

Zusammenfassend ist festzuhalten, dass Komplexität einen Einfluss auf die Höhe der Transaktionskosten hat. Mit steigender Komplexität steigen c. p. auch die Transaktionskosten. Die Transaktionskosten sind im Interesse einer effizienten Rechnungslegung möglichst gering zu halten. Folglich muss auch die Komplexität des Rechnungslegungssystems auf ein ökonomisch angemessenes Maß begrenzt werden. Der Komplexitätsgrad einer Regelung kann daher als Nebenbedingung einer effizienten Rechnungslegung interpretiert werden.[113]

## 212. Anforderungen und Ziele der Rechnungslegung nach IFRS

### 212.1 Überblick

Nachdem im vorangegangenen Abschnitt die Ziele und Adressaten der externen Rechnungslegung im Allgemeinen hergeleitet wurden, wird in diesem Abschnitt die konkrete Umsetzung

[111] Vgl. SCHUMANN, J./MEYER, U./STRÖBELE, W., Grundzüge der mikroökonomischen Theorie, S. 22-30 sowie Abschn. 224. zum Komplexitätsmanagement im Zusammenhang mit Rechnungslegungsstandards.

[112] Vgl. WATRIN, C./POTT, C., Komplexität von Rechnungslegungsinformationen, S. 442 f.

[113] Vgl. hierzu weiterführend Abschn. 23.

der Vorgaben durch die IFRS-Rechnungslegung analysiert.[114] Hierfür werden zunächst einige grundlegende, institutionelle Rahmenbedingungen der IFRS-Rechnungslegung erläutert, um anschließend die konkrete Festlegung der Adressaten und Ziele darzustellen.

Die Rechnungslegung nach den IFRS wurde mit dem Ziel entwickelt, international akzeptierte Standards zu schaffen, um eine globale Harmonisierung der Rechnungslegungsgrundsätze, -methoden und -verfahren zu erreichen.[115] Dieser Aufgabe hat sich das im Juni 1973 gegründete IASC gestellt und in den folgenden Jahren diverse Standards zu einzelnen Bilanzierungssachverhalten entwickelt und publiziert.[116] Die Standards waren stark von der angloamerikanischen Rechnungslegungstradition geprägt und vornehmlich kasuistisch umgesetzt – eine Systematik wiesen die Standards hierbei nicht auf.[117] So befassten sich einige IAS[118] mit einzelnen Bilanzpositionen, andere regelten ganze Berichtselemente.[119] Zudem waren die Regelungen durch viele Wahlrechte geprägt, die wohl als Ergebnis der Kompromissfindung zwischen den im IASC vertretenen Staaten und Institutionen zu sehen sind.[120] Ein allgemeines **Rahmenkonzept der IFRS** (Framework), in dem die Grundlagen der Rechnungslegung nach IFRS festgeschrieben sind, wurde erst im Jahr 1989 verabschiedet.[121]

### 212.2 Adressaten und Ziele der IFRS-Rechnungslegung

Die IFRS-Rechnungslegung verfolgt das generelle Ziel, dem **Adressaten** entscheidungsnützliche Informationen zu vermitteln (decision usefulness).[122] Als **Adressaten** werden Investoren, Arbeitnehmer, Kreditgeber, Lieferanten und andere Gläubiger, Kunden, Regierungen und ihre Institutionen sowie die Öffentlichkeit genannt. Diese Aufzählung schließt praktisch niemanden aus.[123] Da die Informationsbedürfnisse dieser Personen nicht alle gleichermaßen befriedigt werden können,[124] wird im Framework die Annahme getroffen, dass Informationen, die die Bedürfnisse von Risikokapitalgebern befriedigen, auch die Informationsbedürfnisse der meisten anderen Investoren befriedigen werden.[125] Diese Annahme entspricht der in

---

114 Die IFRS sind im europäischen Kontext für Konzernabschlüsse kapitalmarktorientierter Unternehmen relevant, vgl. KIRSCH, H.-J., IAS in Konzernabschlüssen, S. 1773-1775 sowie PELLENS, B./FÜLBIER, R. U./GASSEN, J./SELLHORN, T., Internationale Rechnungslegung, S. 45-52.

115 Vgl. PELLENS, B./FÜLBIER, R. U./GASSEN, J./SELLHORN, T., Internationale Rechnungslegung, S. 81.

116 Vgl. ERNST & YOUNG (Hrsg.), International GAAP 2010, S. 4 f.

117 Vgl. PELLENS, B./FÜLBIER, R. U./GASSEN, J./SELLHORN, T., Internationale Rechnungslegung, S. 81 sowie WÜSTEMANN, J./KIERZEK, S., IFRS für den Mittelstand?, S. 365 f. zu bestehenden Inkonsistenzen innerhalb der Rechnungslegung nach IFRS.

118 Die von 1973 bis 2001 entwickelten Standards wurden mit der Abkürzung IAS tituliert; nach 2001 entwickelte Standards werden IFRS genannt.

119 So regelt IAS 16 etwa die Bilanzierung von Sachanlagen, IAS 7 hingegen enthält Vorgaben zur Kapitalflussrechnung.

120 Vgl. PELLENS, B./FÜLBIER, R. U./GASSEN, J./SELLHORN, T., Internationale Rechnungslegung, S. 82.

121 Vgl. WIEDMANN, H./SCHWEDLER, K., Die Rahmenkonzepte von IASB und FASB, S. 687 sowie ERNST & YOUNG (Hrsg.), International GAAP 2010, S. 107-110.

122 Vgl. F.12; KAHLE, H., Informationsversorgung, A. S. 96, KLAHOLZ, T., Rückbau- und Wiederherstellungsverpflichtungen, S. 17-19; HOEHNE, F., Veräußerung von Anteilen, S. 20-31 sowie auch im folgenden Absatz KIRSCH, H.-J./KOELEN, P., IFRS-Rechnungslegung und Unternehmensbewertung, S. 281 f.

123 Vgl. ERNST & YOUNG (Hrsg.), International GAAP 2010, S. 109.

124 Vgl. MOXTER, A., Fundamentalgrundsätze, S. 95.

125 Vgl. F.10 sowie EFRAG, et al. (Hrsg.), The Needs of Users, S. 2.

Abschnitt 211.22 getroffenen Abgrenzung, wobei dort zusätzlich eine Fokussierung auf Kleininvestoren hergeleitet wurde. Diese stärkere Konzentration widerspricht dem Framework der IFRS nicht; in F.11 wird mit der Begründung der **Zugangsmöglichkeit zu internen Informationen** explizit argumentiert, dass das Management zwar auch an den Informationen aus dem Abschluss interessiert sein kann, allerdings nicht ausdrücklich zu den Abschlussadressaten gehört. Die IFRS sehen daher Personen als stärker schutzbedürftig an, die keinen Zugang zu internen Informationen haben. Dies deckt sich mit der in dieser Arbeit getroffenen Fokussierung auf Kleinanleger.

Die **Ziele** der Rechnungslegung nach IFRS werden im Framework beschrieben.[126] Als wesentliches Ziel wird dort die Generierung von **entscheidungsnützlichen Informationen** festgeschrieben.[127] Die Funktion der Informationen wird definitorisch in der Literatur weiter untergliedert.[128] Der Zusammenhang wird durch die folgende Abbildung 2-3 verdeutlicht:

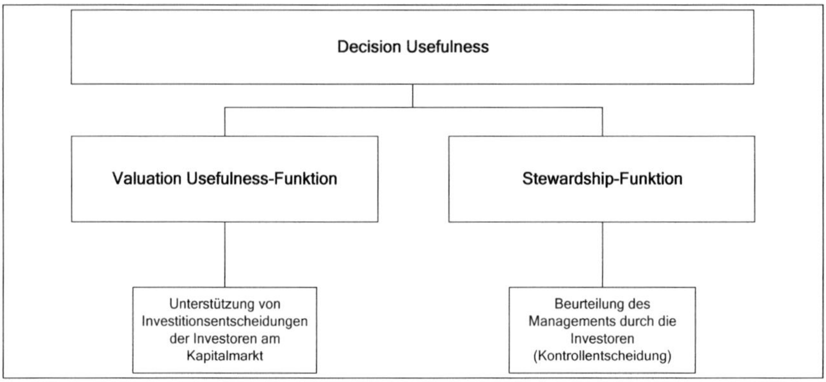


**Abbildung 2-3: Informationsfunktion in der Rechnungslegung**[129]

Unter die **Valuation Usefulness-Funktion** werden direkt prognoserelevante Daten subsumiert.[130] Hiernach sind die Daten immer dann entscheidungsrelevant, wenn sie die subjektive Einschätzung der Wahrscheinlichkeitsverteilung über entscheidungsrelevante künftige Umweltzustände verändern können.[131] Derartige Daten werden etwa in prognostizierten künftigen Zahlungsströmen bestehen, die ein Unternehmen aus einem Geschäft erwartet. Die Rechnungslegung soll dem Abschlussadressaten somit nach der Valuation Usefulness-Funktion die

126 Vgl. F. 12-21.

127 Vgl. OBERDÖRSTER, T., Finanzberichterstattung und Prognosefehler, S. 23 f. sowie KIRSCH, H.-J./EWELT, C., Konvergenz, S. 308-310.

128 Vgl. KOELEN, P., Investitionstheoretische Bewertungskalküle, S. 27-39.

129 In Anlehnung an PAARZ, M., Investororientierte Bankrechnungslegung, S. 11.

130 Diese Informationsfunktion ist im Framework in F.12 kodifiziert, dort wird als Ziel der Rechnungslegung nach IFRS angegeben, dass entscheidungsrelevante – also prognoseorientierte Daten – generiert werden sollen.

131 Vgl. BUSSE VON COLBE, W., Jahresabschluss als Informationsinstrument, S. 13.

Möglichkeit verschaffen, Prognosen über die künftig zu erwartenden Ergebnisse des Unternehmens zu erstellen.[132]

Die **Stewardship-Funktion** soll den Abschlussadressaten in die Lage versetzen, die Handlungen des Managements in der vergangenen Periode beurteilen zu können.[133] Um den Abschlussadressaten eine Beurteilung zu ermöglichen, müssen die Informationen frei von subjektiven Einschätzungen sein und somit das Kriterium der Objektivität erfüllen.[134] Die Stewardship-Funktion soll dazu beitragen, die Informationsasymmetrien bezüglich der **Handlungen des Managements** (Moral Hazard) zu vermindern.[135] Derartige Informationen können entscheidungsnützlich sein, weil hierdurch die Qualität des Managements verdeutlicht wird – die Qualität des Managements hat wiederum einen Einfluss auf die künftigen Zahlungsströme des Unternehmens und ist daher entscheidungsrelevant.[136] Konkret wird der Adressat in späteren Perioden daran interessiert sein, ob die zuvor prognostizierten Zahlungsströme aus dem obigen Geschäft tatsächlich so eingetreten sind.

Eine weitere inhaltliche Aufteilung der Informationsfunktion wird durch die **Art der kommunizierten Daten** vorgenommen. Hierbei wird zwischen Informationen zu der Vermögens-, Finanz- und Ertragslage sowie Veränderungen dieser Größen unterschieden.[137] Informationen über die Vermögens- und Finanzlage stellen die Verfügungsmacht über wirtschaftliche Ressourcen dar, die ein Unternehmen zur Erzielung der Zahlungsströme benötigt.[138] Die Struktur des Vermögens und der Finanzen, der Liquidität und Solvenz sowie die Anpassungsfähigkeit dieser Größen an ein verändertes Tätigkeitsumfeld bilden die Grundlage für die Generierung künftiger Zahlungsströme.[139] Derartige vergangenheitsbezogene Informationen können die Entscheidungsfindung eines Abschlussadressaten beeinflussen und können daher entscheidungsnützlich sein, weil sie Einfluss auf die möglichen Erträge der Zukunft haben. Die Bilanz stellt in diesem Bereich das primäre Berichtsinstrument dar.[140] Die Ertragskraft, die hauptsächlich in der Gesamtergebnisrechnung[141] dargestellt wird,[142] manifestiert sich in der poten-

---

132 Vgl. zur ökonomischen Brauchbarkeit von vergangenheits- und zukunftsorientierten Informationen BAETGE, J., Möglichkeiten der Objektivierung, S. 168 f.

133 Die Rechenschaftsfunktion ist im Framework in F.14 festgeschrieben. Vgl. hierzu auch BREKER, N., Rechenschaftsfunktion und Verlässlichkeit, S. I.

134 Vgl. zur Objektivität BAETGE, J., Möglichkeiten der Objektivierung, S. 16 f. sowie BUSSE VON COLBE, W., Rechnungswesen, S. 717.

135 Vgl. Abschn. 211.33 sowie PAARZ, M., Investororientierte Bankrechnungslegung, S. 13-16 und BUSSE VON COLBE, W., Unternehmenskontrolle durch Rechnungslegung S. 39-42.

136 Vgl. auch LENNARD, A., Stewardship, S. 52 f. sowie S. 57. A. A. BRINKMANN, der in Anlehnung an WITTMANN die Meinung vertritt, dass eine Information nur dann entscheidungsrelevant sein kann, wenn sie zukunftsorientiert ist, vgl. BRINKMANN, J., Informationsfunktion, S. 230 sowie WITTMANN, W., Unternehmung und unvollkommene Information, S. 14.

137 Vgl. F.12 sowie ERNST & YOUNG (Hrsg.), International GAAP 2010, S. 109 f.

138 Vgl. BAETGE, J./KIRSCH, H.-J./THIELE, S., Bilanzanalyse, S. 191 sowie S. 225-228.

139 Vgl. F.16.

140 Vgl. F.19.

141 Die Gesamtergebnisrechnung besteht in der Rechnungslegung nach IFRS aus der Gewinn- und Verlustrechnung und der Zusammenstellung der sonstigen Ergebnisbestandteile, vgl. hierzu auch ERNST & YOUNG (Hrsg.), International GAAP 2010, S. 195-211 sowie KAJÜTER, P., Eigenkapitalveränderungsrechnung, S. 109.

ziellen künftigen Änderung von wirtschaftlichen Ressourcen, über die das Unternehmen Verfügungsmacht besitzt.[143] Mit anderen Worten wird im Zusammenhang mit der Beurteilung der Ertragskraft eines Unternehmens dessen Möglichkeit, aus bestehenden Ressourcen Zahlungsmittel zu generieren, betrachtet.[144]

Um diese Ziele zu erreichen, werden im Framework weitere Bedingungen formuliert, die im Folgenden einer genaueren Betrachtung unterzogen werden. Zunächst werden zwei zugrunde liegende Annahmen formuliert, die als **Basisannahmen**[145] in die Bilanzierung einfließen. Das Konzept der **Periodenabgrenzung** determiniert den Zeitpunkt der Erfassung eines Geschäftsvorfalls. Demnach sind Geschäftsvorfälle und andere Ereignisse dann zu erfassen, wenn sie stattgefunden haben, der Zahlungsmittelfluss ist nicht direkt relevant. Durch die Rechnungslegung werden die Zahlungsströme folglich unter wirtschaftlichen Gesichtspunkten periodisiert. Die zweite Basisannahme determiniert, dass bei der Bilanzierung von der **Fortführung des Unternehmens** (going concern) für den absehbaren Zeitraum auszugehen ist, solange nichts anderes bekannt beziehungsweise geplant ist.

Das Framework legt darüber hinaus weitere, konkretere Voraussetzungen fest, denen die Rechnungslegung nach IFRS genügen sollte. Diese **qualitativen Anforderungen** werden in den folgenden Abschnitten genauer analysiert.

### 212.3 Qualitative Anforderungen an den Abschluss

#### 212.31 Überblick

Im Framework werden nach der Festlegung der grundlegenden Ziele und der Basisannahmen vier qualitative Kriterien formuliert, die als Voraussetzung für die Generierung entscheidungsnützlicher Informationen angesehen werden.[146] Diese sind:

- Verständlichkeit,
- Relevanz,
- Verlässlichkeit und
- Vergleichbarkeit.

Zwischen den Kriterien besteht keine hierarchische Ordnung, vielmehr wird eine „angemessene Ausgewogenheit“ zwischen den Kriterien verlangt.[147] Die Bedeutung der Kriterien wird in den folgenden Abschnitten sukzessive vorgestellt.

---

142 Vgl. F.19.

143 Vgl. F.17. Bezüglich der Informationsvermittlung durch die einzelnen Berichtselemente wird gleichwohl darauf hingewiesen, dass zwischen den Berichtselementen eine Verbindung besteht und die isolierte Interpretation eines der Berichtselemente kein vollständiges Bild vermitteln kann, vgl. hierzu F. 20. Dem Anhang wird eine Ergänzungsfunktion zugestanden, vgl. hierzu F.21.

144 Vgl. F.17.

145 Vgl. zu den Basisannahmen ERNST & YOUNG (Hrsg.), International GAAP 2010, S. 109 f.

146 Vgl. F.24 sowie KIRSCH, H.-J./STEINHAUER, L., Rechnungslegung und Controlling, S. 417-419.

147 Vgl. F.45.

### 212.32 Das qualitative Kriterium Verständlichkeit

Verständlichkeit wird als erstes qualitatives Kriterium beschrieben. Danach ist es „für die Qualität der im Abschluss erteilten Informationen wesentlich, dass diese für die Adressaten leicht verständlich sind“[148]. Der Adressat muss hierbei über angemessene Kenntnisse geschäftlicher und wirtschaftlicher Tätigkeiten des Unternehmens sowie über Rechnungslegung im Allgemeinen verfügen. Des Weiteren wird von ihm die Bereitschaft gefordert, die Informationen sorgfältig zu lesen.[149] Einschränkend wird angemerkt, dass Informationen, die aufgrund ihrer Wesentlichkeit für die Entscheidungsfindung des Abschlussadressaten von Bedeutung sind, nicht lediglich wegen der schwierigen Verständlichkeit weggelassen werden dürfen.[150]

Eine konkretere Beschreibung des Kriteriums der Verständlichkeit wird durch das Framework nicht gegeben. Es bleibt also Interpretationsspielraum: Zunächst kann die Formulierung, dass der Abschlussadressat über „angemessene Kenntnisse“ verfügen muss, unterschiedlich ausgelegt werden. Was genau unter „angemessen“ zu verstehen ist, muss zwangsläufig subjektiv beurteilt werden.[151] Falls das vollständige Verständnis aller Einflussgrößen und Standards gemeint ist, würde hierdurch der Adressatenkreis auf Spezialisten begrenzt. Auch die Anforderung, dass der Abschlussadressat die Bereitschaft besitzen muss, die Abschlussinformationen mit „entsprechender Sorgfalt“ zu lesen, bedarf der weiteren Auslegung. Eine zu restriktive Auslegung dieses Kriteriums würde zugleich dazu führen, dass der mögliche Adressatenkreis auf professionelle Analysten, Bilanzierungsexperten und Wissenschaftler reduziert würde.[152] Dies würde die meisten Risikokapitalgeber ausschließen, insbesondere die Kleininvestoren dürften nicht über ausreichende Ressourcen verfügen, um bei einer restriktiven Auslegung des Kriteriums noch als Abschlussadressat angesehen zu werden. Indes würde diese Auslegung einen Widerspruch zu dem im Framework festgelegten Adressatenkreis darstellen, der sehr weit gefasst ist und zudem eine Fokussierung auf die Risikokapitalgeber vorsieht.[153]

Im Zusammenhang mit der Verständlichkeit einer Abschlussinformation ist die Komplexität der Regelung von wesentlicher Bedeutung. Eine komplexere Regelung wird die Verständlichkeit beeinträchtigen.

148 F.25.

149 Vgl. F.25 sowie BAETGE, J./KIRSCH, H.-J./THIELE, S., Bilanzen, S. 145.

150 Vgl. F.25 sowie ähnlich KÜMMEL, J., Fair Value-Ermittlung, S. 118, der in diesem Zusammenhang von dem „Grundsatz der Vollständigkeit“ der relevanten Daten spricht. HEPERS verlangt für komplexe Sachverhalte die „Offenlegung flankierender Informationen“, um dem Grundsatz der Verständlichkeit zu entsprechen, vgl. HEPERS, L., Entscheidungsnützlichkeit, S. 105.

151 Vgl. ERNST & YOUNG (Hrsg.), International GAAP 2010, S. 110 f.

152 Vgl. hierzu auch ERNST & YOUNG (Hrsg.), International GAAP 2010, S. 110 f.

153 Vgl. zum Adressatenkreis der Rechnungslegung nach IFRS Abschn. 212.2.

### 212.33 Das qualitative Kriterium Relevanz

Als zweites qualitatives Kriterium wird die Relevanz angeführt. Eine Information kann danach nur dann entscheidungsnützlich sein, wenn sie für den Adressaten relevant ist. Dieses Kriterium wird weiter konkretisiert: Das Framework beschreibt, dass eine Information relevant ist, wenn sie die Entscheidung des Adressaten beeinflusst, indem durch sie die Beurteilung vergangener, derzeitiger oder künftiger Ereignisse verändert oder eine frühere Beurteilung der Ereignisse korrigiert oder bestätigt wird.[154]

Weitergehend stellt das Framework fest, dass die Prognose künftiger Ereignisse mit der Bestätigung vergangener Ereignisse verknüpft ist.[155] Folglich sind auch Informationen über vergangene Ereignisse für die Prognose von künftigen Ereignissen relevant. Beispielhaft wird angeführt, dass die Fähigkeit des Unternehmens, in der Zukunft Gewinne zu erwirtschaften, durch den Bestand und die Struktur des derzeitigen Vermögens beeinflusst wird.[156] Durch die Bestätigung früherer Prognosen kann sich ein Abschlussadressat zudem ein Urteil über die Qualität der bisherigen Prognosen bilden. Daneben stellen Informationen über vergangene Ereignisse häufig den Ausgangspunkt für eine Prognose dar.

Die konsequente Anwendung der qualitativen Anforderung der Relevanz hätte zur Folge, dass ein Unternehmen praktisch alle verfügbaren Informationen angeben müsste. Die hieraus resultierende Informationsmenge wäre jedoch vor dem Hintergrund der hiermit verbundenen Bereitstellungs- und Analysekosten weder aus Sicht des Managements noch aus Sicht des Abschlussadressaten optimal.[157] Daher ist zu dem Kriterium der Relevanz einschränkend der Sekundärgrundsatz der Wesentlichkeit eingefügt worden.

Die Relevanz einer Information bestimmt sich somit zum einen aus ihrer **Art** und zum anderen ihrer **Wesentlichkeit**.[158] Die Art einer Information kann teilweise allein ausreichend sein, um das Kriterium der Relevanz zu erfüllen. Beispielhaft hierfür führt das Framework den Eintritt in ein neues Marktsegment an.[159] Diese Information wird für den Abschlussadressaten auch ohne weitere Betrachtung der hiermit unmittelbar verbundenen finanziellen Auswirkungen relevant sein, da sich die strategische Ausrichtung des Unternehmens ändert. Andere Informationen sind indes nur unter Berücksichtigung der Wesentlichkeit für den Abschlussadressaten relevant. Beispielhaft hierfür kann die Buchung eines einzelnen, kleinen Geschäftsvorfalls innerhalb einer Bilanzposition gesehen werden, durch den sich keine weiteren Auswirkungen auf das Unternehmen ergeben. Wenn eine Information nur unter Einbezug der Wesentlichkeit Relevanz erlangen kann, ist der Begriff der Wesentlichkeit näher zu definieren. Das Framework nimmt diese Konkretisierung vor, indem eine Information dann als

154 Vgl. F.26.
155 Vgl. F.27.
156 Vgl. F.28.
157 Vgl. PELLENS, B./FÜLBIER, R. U./GASSEN, J./SELLHORN, T., Internationale Rechnungslegung, S. 115.
158 Vgl. BAETGE, J./KIRSCH, H.-J./WOLLMERT, P./BRÜGGEMANN, P., in: Baetge u. a., Rechnungslegung nach IFRS, Rz. 42.
159 Vgl. F.29.

wesentlich beschrieben wird, wenn „ihr Weglassen oder ihre fehlerhafte Darstellung die auf der Basis des Abschlusses getroffenen wirtschaftlichen Entscheidungen der Adressaten beeinflussen könnten“[160]. Bezüglich der Festlegung einer exakten Grenze wird auf die Notwendigkeit einer Einzelfallbetrachtung verwiesen, eine weitere Konkretisierung wird nicht vorgenommen.[161]

### 212.34 Das qualitative Kriterium Verlässlichkeit

Das Kriterium der Verlässlichkeit beschreibt allgemein, dass Informationen nur dann nützlich sein können, wenn „sie keine wesentlichen Fehler enthalten und frei von verzerrenden Einflüssen sind und sich die Adressaten darauf verlassen können, dass sie glaubwürdig darstellen, was sie vorgeben, darzustellen, oder was vernünftigerweise inhaltlich von ihnen erwartet werden kann“[162]. Somit können Informationen zwar relevant sein, allerdings kann ihre Angabe aufgrund der nicht ausreichenden Verlässlichkeit für den Abschlussadressaten eher irreführend wirken.[163] Der Konflikt zwischen dem Kriterium der Relevanz und dem der Verlässlichkeit kann anhand von prognoseorientierten Daten verdeutlicht werden: Diese Daten sind für Abschlussadressaten relevant, da sie hierauf basierend eine Erwartung über die künftigen Zahlungsströme bilden. Prognoseorientierte Daten sind indes per se mit einer stärkeren Unsicherheit behaftet als vergangenheitsorientierte. Das Verhältnis soll durch die folgende Abbildung 2-4 verdeutlicht werden.

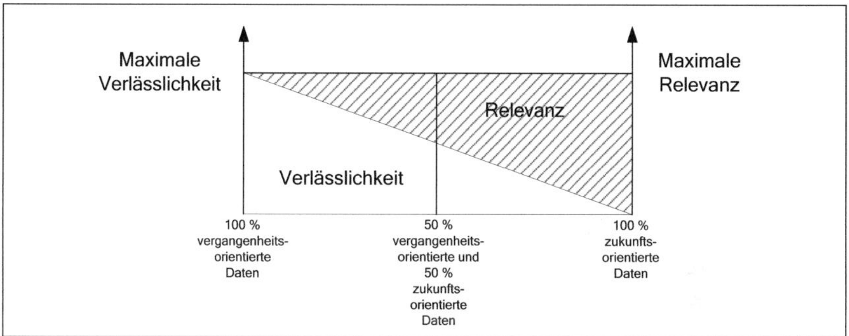


**Abbildung 2-4: Zielkonflikt zwischen Relevanz und Verlässlichkeit**[164]

---

160 F.30.

161 LEFFSON verweist in diesem Zusammenhang darauf, dass eine trennschafte Linie schon aufgrund des unterschiedlichen Wissens und der unterschiedlichen kognitiven Fähigkeiten der Abschlussadressaten nicht festgelegt werden kann, vgl. LEFFSON, U., Wesentlichkeit, S. 435 f.

162 F.31.

163 Zu dem Spannungsverhältnis zwischen Relevanz und Verlässlichkeit vgl. BAETGE, J., Möglichkeiten der Objektivierung, S. 168 f. Diese Diskussion aufgreifend vgl. MOXTER, A., Bilanzlehre, S. 256-258 und S. 274-276, BUSSE VON COLBE, W., Unternehmenskontrolle durch Rechnungslegung, S. 48; KESSLER, H., Ist der Fair Value fair?, S. 63 f. sowie BALLWIESER, W., IFRS-Rechnungslegung, S. 14. Auch das Framework betont diesen Zielkonflikt, vgl. ERNST & YOUNG (Hrsg.), International GAAP 2010, S. 111 f.

164 In Anlehnung an BAETGE, J., Möglichkeiten der Objektivierung, S. 169.

Vollständig vergangenheitsorientierte Daten stellen somit zwar eine sehr verlässliche Basis dar, weil die vergangenen Ereignisse bekannt sind und hinreichend sicher dargestellt werden können. Indes sind derartige Daten zur Prognose künftiger Zahlungsströme eher nicht relevant.[165] Sofern eher zukunftsorientierte Daten verwendet werden, steigt die Relevanz entsprechend an. Allerdings sind dann die Ereignisse nicht mehr vollständig bekannt, daher nimmt die Verlässlichkeit der Bilanzierung gleichzeitig ab. Somit ist eine Abwägung zwischen den Kriterien nötig.[166]

Für eine verlässliche Bilanzierung ist eine **objektive, d. h. intersubjektiv nachprüfbare, Berichterstattung** erforderlich:[167] Objektive Informationen müssen bestimmten Gesetzmäßigkeiten folgen, um so intersubjektiv nachprüfbar zu sein.[168] Abzugrenzen hiervon sind subjektive Überzeugungen, die sich (noch) nicht zu Gesetzmäßigkeiten konkretisiert haben.[169] Damit ein ursprünglich nicht objektiver Sachverhalt objektiv wird, bedarf es der **Objektivierung**,[170] der Umfang der Objektivierung bestimmt schließlich den erreichten Objektivierungsgrad.[171]

In der Rechnungslegung nach IFRS werden für das Kriterium der Verlässlichkeit fünf konkretisierende Sekundärgrundsätze formuliert:[172]

- glaubwürdige Darstellung,
- wirtschaftliche Betrachtung,
- Neutralität,
- Vorsicht und
- Vollständigkeit.

Um eine verlässliche Bilanzierung zu erreichen, müssen Geschäftsvorfälle und Ereignisse des Geschäftsjahres **glaubwürdig**, d. h. den tatsächlichen Verhältnissen entsprechend, abgebildet werden. Allerdings unterliegen die meisten Finanzinformationen eines Abschlusses dem Risiko, dass sie eine weniger glaubwürdige Darstellung dessen, was sie vorgeben darzustellen, liefern.[173] Begründet liegt diese Gefahr in der inhärenten Notwendigkeit zur Schätzung

---

165 Vgl. BAETGE, J., Möglichkeiten der Objektivierung, S. 167-173.

166 Vgl. zu der hier notwendigen Abwägung auch BRINKMANN, J., Informationsfunktion, S. 231.

167 Eine verlässliche Berichterstattung wird für diese Arbeit als eine objektive, d. h. intersubjektiv nachprüfbare, Berichterstattung interpretiert. Im Schrifttum ist das Begriffsverständnis an dieser Stelle unterschiedlich, zu der hier vertretenen Ansicht vgl. BAETGE, J., Möglichkeiten der Objektivierung, S. 170; KOELEN, P., Investitionstheoretische Bewertungskalküle, S. 16 f.; BRINKMANN, J., Zweckadäquanz, S. 43; BRINKMANN, J., Informationsfunktion, S. 231; KÜMMEL, J., Fair Value-Ermittlung, S. 90 sowie SCHEELE, A., Strategieorientierte Lageberichterstattung, S. 28 f.

168 Vgl. BAETGE, J., Möglichkeiten der Objektivierung, S. 16 f.

169 Vgl. POPPER, K., Logik der Forschung, S. 23.

170 Vgl. BAETGE, J., Möglichkeiten der Objektivierung, S. 16 sowie KOELEN, P., Investitionstheoretische Bewertungskalküle, S. 17. Mögliche Objektivierungen am Beispiel von Kundenbeziehungen diskutiert KAJÜTER, vgl. KAJÜTER, P., Bilanzierung von Kundenbeziehungen, S. 564 f.

171 Vgl. IJIRI, Y./JAEDICKE, R., Reliability, S. 476.

172 Vgl. F.33-38 sowie BAETGE, J./KIRSCH, H.-J./WOLLMERT, P./BRÜGGEMANN, P., in: Baetge u. a., Rechnungslegung nach IFRS, Rz. 48-64.

173 Vgl. F.34.

bezüglich der künftigen Entwicklung und Anwendung von Bewertungstechniken für die Abbildung von Ereignissen und Geschäftsvorfällen. Teilweise kann diese Gefahr der nicht glaubwürdigen Bilanzierung von Finanzinformationen derart groß werden, dass auf eine Abbildung der Information im Abschluss verzichtet wird. Der IASB nennt in diesem Zusammenhang beispielhaft den originären Firmenwert, den ein Unternehmen im Laufe seiner Geschäftstätigkeit generiert.[174] Die generelle Notwendigkeit von Schätzungen stellt allerdings per se keinen Grund dafür dar, dass die Information nicht in den Abschluss aufgenommen wird.[175] Eine genaue Abgrenzung, ab wann eine Information nicht mehr glaubwürdig ermittelbar ist, bleibt das Framework indes schuldig.[176]

Der Sekundärgrundsatz der **wirtschaftlichen Betrachtungsweise** besagt, dass die bilanzielle Abbildung von Geschäftsvorfällen oder Ereignissen nicht allein nach den rechtlichen Verhältnissen, sondern gemäß ihrem wirtschaftlichen Gehalt und ihrer wirtschaftlichen Realität vorgenommen werden soll.[177] Etwa im Zusammenhang mit Leasinggeschäften, die im Framework beispielhaft genannt werden,[178] kann dieses Kriterium ausschlaggebend sein. Eine Veräußerung wäre demnach bilanziell nicht als solche abzubilden, falls der Veräußernde den veräußerten Vermögenswert durch vertragliche Gestaltungen weiterhin nutzen kann (Sale and Lease Back-Transaktion).[179] Neben der Zuordnung des wirtschaftlichen Eigentums können sich nach dem Grundsatz der wirtschaftlichen Betrachtungsweise weitere inhaltliche und formale Konsequenzen für den IFRS-Abschluss ergeben.[180] Beispielhaft sei etwa im hier relevanten Zusammenhang auf die detaillierten Regelungen zur Ausbuchung von Finanzinstrumenten verwiesen, die unabhängig von der rechtlichen Umsetzung eines Verkaufs die wirtschaftlichen Verhältnisse betrachten. So muss eine Ausbuchung unterbleiben, wenn ein Finanzinstrument zwar veräußert wurde, die wirtschaftlichen Risiken allerdings nicht übertragen wurden.[181]

Der dritte Sekundärgrundsatz fordert die **Neutralität** der Berichterstattung. Neutralität wird als Freiheit von verzerrenden Einflüssen definiert; ein Abschluss ist insbesondere dann nicht neutral, wenn die Auswahl oder Darstellung der Abschlussinformationen Entscheidungen oder Beurteilungen gezielt beeinflussen soll, um ein festgelegtes Resultat zu erzielen.[182]

Unsichere Erwartungen machen es in vielen Situationen unerlässlich, Schätzungen im Rahmen der Bilanzerstellung zu verwenden. Aufgrund dieser unsicheren Erwartungen darf es

174 Vgl. F.34.

175 Vgl. PELLENS, B./FÜLBIER, R. U./GASSEN, J./SELLHORN, T., Internationale Rechnungslegung, S. 116.

176 Vgl. LÜDENBACH, N./HOFFMANN, W.-D., in: Haufe IFRS-Kommentar, § 1, Rz. 21 f.

177 Vgl. BAETGE, J./KIRSCH, H.-J./WOLLMERT, P./BRÜGGEMANN, P., in: Baetge u. a., Rechnungslegung nach IFRS, Rz. 53 sowie LÜDENBACH, N./HOFFMANN, W.-D., in: Haufe IFRS-Kommentar, § 1, Rz. 80.

178 Vgl. F.35.

179 Vgl. F.35 sowie zu Sale and Lease Back-Transaktionen PFERDEHIRT, H., Die Leasingbilanzierung. Die Abbildung der Veräußerung würde auch dem Grundsatz der glaubwürdigen Darstellung entgegenstehen.

180 Vgl. BAETGE, J./KIRSCH, H.-J./WOLLMERT, P./BRÜGGEMANN, P., in: Baetge u. a., Rechnungslegung nach IFRS, Rz. 54.

181 Vgl. Abschn. 53.

182 Vgl. F.36 sowie LORSON, P./GATTUNG, A., Faithful Representation, S. 559 f.

indes nicht zu einer unzutreffenden Bewertung kommen.[183] Vielmehr muss nach dem **Vorsichtsprinzip** die Bewertung zutreffend, d. h. vorsichtig, vorgenommen werden, um ein zutreffendes Bild von der Vermögens-, Finanz- und Ertragslage zu liefern.[184] Dieses Prinzip nimmt in der IFRS-Rechnungslegung keine übergeordnete Position ein, es handelt sich lediglich um einen Sekundärgrundsatz zur Erreichung des Oberziels der Verlässlichkeit.[185] Vorsicht wird vom Framework als Einbezug eines gewissen Maßes an Sorgfalt definiert, was dazu führen soll, dass Vermögenswerte oder Erträge nicht zu hoch und Schulden oder Aufwendungen nicht zu niedrig angesetzt werden.[186] Gleichzeitig darf dies nicht darin resultieren, dass bewusst stille Reserven durch eine Unterbewertung von Aktiva oder eine Überbewertung von Passiva gelegt werden, da ein derartiges Vorgehen dem Grundsatz der Neutralität (Sekundärgrundsatz der Verlässlichkeit) widersprechen würde.[187] Bei Bewertungsspielräumen ist daher nicht generell auf den ungünstigsten Wert abzustellen.

Das Vorsichtsprinzip der IFRS tritt somit

- im Zusammenhang mit **Schätzungen** in Erscheinung und
- untersagt die **Erfolgsglättung** durch die Bildung von stillen Reserven.[188]

Der letzte Sekundärgrundsatz der **Vollständigkeit** fordert, dass Informationen innerhalb der Grenzen von Wesentlichkeit und Kosten vollständig wiedergegeben werden. Das Weglassen von Informationen verfälscht das Bild der Vermögens-, Finanz- und Ertragslage des Unter-

183 Vgl. F.37.

184 Vgl. BAETGE, J./KIRSCH, H.-J./WOLLMERT, P./BRÜGGEMANN, P., in: Baetge u. a., Rechnungslegung nach IFRS, Rz. 56.

185 Vgl. BAETGE, J./KIRSCH, H.-J./WOLLMERT, P./BRÜGGEMANN, P., in: Baetge u. a., Rechnungslegung nach IFRS, Rz. 57 sowie BAETGE, J./BEERMANN, T., Bilanzierung von Vermögenswerten, S. 161 f.

186 Vgl. F.37 sowie PELLENS, B./FÜLBIER, R. U./GASSEN, J./SELLHORN, T., Internationale Rechnungslegung, S. 116 f.

187 Vgl. F.37.

188 Vgl. ERNST & YOUNG (Hrsg.), International GAAP 2010, S. 112 f. Hier besteht ein Unterschied zur Interpretation von Vorsicht im HGB: Das Vorsichtsprinzip des HGB steht zusätzlich im direkten Zusammenhang mit dem Imparitätsprinzip, das besagt, dass Erträge erst nach der tatsächlichen Realisation auszuweisen, künftige Aufwendungen hingegen zu antizipieren sind, um eine ausreichende Kapitalerhaltung zu gewährleisten, vgl. BAETGE, J./KIRSCH, H.-J./THIELE, S., Bilanzen, S. 136-139 sowie ERNST & YOUNG (Hrsg.), International GAAP 2010, S. 112. Die strengere Auslegung ist durch die Ausschüttungsbemessungsfunktion des HGB zu begründen, die die Rechnungslegung nach IFRS nicht erfüllt, vgl. BRINKMANN, J., Informationsfunktion, S. 229. Die Bildung stiller Reserven wird indes auch im HGB abgelehnt, vgl. LEFFSON, U., GoB, S. 84-88 und S. 466 f. Insgesamt ist das Vorsichtsprinzip in den IFRS relativ schwach und dient primär als Bewertungsregel bei Ermessensspielräumen, vgl. PELLENS, B./FÜLBIER, R. U./GASSEN, J./SELLHORN, T., Internationale Rechnungslegung, S. 116 unter Bezugnahme auf WOLLMERT, P./ACHLEITNER, A.-K., Konzeptionelle Grundlagen (Teil II), S. 248. Für eine Gegenüberstellung der Ziele des HGB und der IFRS vgl. KIRSCH, H.-J./DOHRN, M., Internationale Rechnungslegung, S. 164-166. Die Auswirkungen des BilMoG auf das Grundsatzsystem des HGB analysiert SOLMECKE, vgl. SOLMECKE, H., Auswirkungen des BilMoG, insbesondere S. 243-252, für die Implikationen des BilMoG auf das Vorsichtsprinzip des HGB. Vgl. auch BAETGE, J./KIRSCH, H.-J./SOLMECKE, H., Auswirkungen des BilMoG, insb. S. 1214.

nehmens und kann der Generierung von relevanten und verlässlichen Informationen entgegenstehen.[189]

### 212.35 Das qualitative Kriterium Vergleichbarkeit

Die **Vergleichbarkeit** der Abschlussinformationen wird auf zwei Ebenen definiert. Zum einen müssen die Abschlüsse von Unternehmen über die Zeit vergleichbar sein, um Tendenzen in der Entwicklung der Vermögens-, Finanz- und Ertragslage erkennen zu können (**intertemporale Vergleichbarkeit**).[190] Zur Erfüllung der Anforderung ist insbesondere eine stetige Bilanzierung essenziell,[191] ergänzend wird die Angabe von Vorjahreswerten gefordert; diese Anforderungen erstrecken sich auch auf den Anhang.[192] Zum anderen müssen Abschlussadressaten die wirtschaftliche Lage **unterschiedlicher Unternehmen** vergleichen können. Um diese beiden Ziele zu erreichen, müssen ähnliche Geschäftsvorfälle und andere Ereignisse sowohl im Zeitablauf als auch für verschiedene Unternehmen stetig bilanziert werden.

Um dem Abschlussadressaten die Möglichkeit zu eröffnen, Abschlüsse zu vergleichen, muss dieser über die angewendeten Bilanzierungs- und Bewertungsmethoden informiert sein. Daher wird die Angabe entsprechender Informationen gefordert; zudem sind Änderungen der Bilanzierungs- und Bewertungsmethoden sowie deren Auswirkungen zu erläutern.[193]

Einschränkend wird angemerkt, dass nicht aufgrund von Vergleichbarkeitserwägungen auf eine Anpassung der Rechnungslegungsstandards verzichtet werden darf, wenn sich durch die Änderung relevantere und verlässlichere Informationen ergeben.[194] Vergleichbarkeit kann daher nicht mit der bloßen Einheitlichkeit von Abschlussinformationen gleichgesetzt werden.[195] Auch soll ein Unternehmen eine Bilanzierungsalternative nicht aufgrund von Vergleichbarkeitserwägungen beibehalten, wenn die qualitativen Kriterien Relevanz und Verlässlichkeit durch eine andere Abbildung besser erfüllt werden.[196]

### 212.4 Beschränkungen für relevante und verlässliche Informationen

Zwischen den beiden Kriterien Relevanz und Verlässlichkeit besteht – wie bereits dargelegt – ein Zielkonflikt. Da häufig nicht beide Kriterien zufriedenstellend erfüllt werden können,[197]

---

189 Vgl. F.38 sowie PELLENS, B./FÜLBIER, R. U./GASSEN, J./SELLHORN, T., Internationale Rechnungslegung, S. 117.

190 Vgl. F.39.

191 Vgl. BAETGE, J./KIRSCH, H.-J./WOLLMERT, P./BRÜGGEMANN, P., in: Baetge u. a., Rechnungslegung nach IFRS, Rz. 66.

192 Vgl. F.42 sowie BAETGE, J./KIRSCH, H.-J./WOLLMERT, P./BRÜGGEMANN, P., in: Baetge u. a., Rechnungslegung nach IFRS, Rz. 65.

193 Vgl. F.40. Änderungen von Bilanzierungs- und Bewertungsmethoden sind nur innerhalb der Regeln des IAS 8.44 möglich, vgl. WAWRZINEK, W., in: Beck IFRS-HB, Rz. 38.

194 Vgl. F.41.

195 Vgl. PELLENS, B./FÜLBIER, R. U./GASSEN, J./SELLHORN, T., Internationale Rechnungslegung, S. 117.

196 Vgl. F.41 sowie ERNST & YOUNG (Hrsg.), International GAAP 2010, S. 113.

197 Vgl. Abschn. 212.34.

werden zur Operationalisierung der Abwägung zwischen den Kriterien im Framework drei Beschränkungen für relevante und verlässliche Informationen angeführt:[198]

- Zeitnähe,
- Abwägung von Nutzen und Kosten sowie
- Abwägung der qualitativen Anforderungen an den Abschluss.

Zunächst wird eine Abwägung der jeweiligen Vor- und Nachteile einer Berichterstattung, die zeitlich nah am Bilanzstichtag liegt, gefordert. Durch eine **zeitnahe** Berichterstattung wird die Relevanz der Information tendenziell gestärkt, indes ist hierin eine Schwächung der Verlässlichkeit zu sehen, weil unter Umständen noch nicht alle Informationen zu einer abschließenden Beurteilung der Geschäftsvorfälle vorliegen.[199] Das Framework liefert allerdings keine weiteren Entscheidungshilfen hinsichtlich dieser Abwägung, es wird lediglich eine Orientierung an den übergeordneten Bedürfnissen des Abschlussadressaten verlangt.[200]

In Bezug auf die **Abwägung von Kosten und Nutzen** wird gefordert, dass den Nutzen einer Information die Kosten der Informationsgenerierung nicht übersteigen dürfen. Somit verlangt das Kriterium, dass der quantitative Informationsbedarf des Abschlussadressaten gegen die hiermit verbundenen Informationsbeschaffungskosten abgewogen wird. Nach der These der Nicht-Negativität des Informationsnutzens können Zusatzinformationen keine negativen Konsequenzen nach sich ziehen.[201] Adressaten werden nach dieser These stets ein Informationssystem bevorzugen, wenn dieses im Vergleich zu einem anderen Informationssystem feiner ist, also mehr Informationen liefert.[202] Durch die These der Nicht-Negativität des Informationsnutzens werden indes Transaktionskosten vernachlässigt. BALLWIESER bezeichnet diese Erkenntnis daher als trivial, denn es wurde nur festgestellt, „daß [sic!] bei kostenloser Informationsproduktion und -verarbeitung mehr Informationen besser sind als weniger“[203]. Die Vernachlässigung von Transaktionskosten widerspricht jedoch der in Abschnitt 211.4 hergeleiteten Bedeutung von Transaktionskosten.[204] Da sich Transaktionskosten negativ auf das gesamtwirtschaftliche Wohlfahrtsmaximum auswirken, wurde auch im Framework die Kosten-Nutzen-Abwägung als Nebenbedingung des Metaziels der Entscheidungsnützlichkeit formuliert. Hierbei müssen die aus Sicht des Abschlusserstellers zu quantifizierenden Kosten

198 Vgl. F.43-45.
199 Vgl. PELLENS, B./FÜLBIER, R. U./GASSEN, J./SELLHORN, T., Internationale Rechnungslegung, S. 118.
200 Vgl. F.43.
201 Vgl. SCHREDELSEKER, K., Grundlagen der Finanzwirtschaft, S. 277.
202 Vgl. SCHEELE, A., Strategieorientierte Lageberichterstattung, S. 31.
203 BALLWIESER, W., Informationsökonomie, S. 50 f.
204 Vgl. auch Abbildung 2-2 in Abschn. 211.42. Neben der fehlenden Berücksichtigung von Transaktionskosten wird kritisch angemerkt, dass die These der Nicht-Negativität von Informationen nur im Individualkontext aufrechterhalten werden kann. In einem Mehrpersonenkontext, in dem sich die Entscheidungen der Akteure gegenseitig beeinflussen, werden Abschlussadressaten teilweise gegen die Veröffentlichung möglichst weitgehender Unternehmensinformationen votieren. Vgl. SCHEELE, A., Strategieorientierte Lageberichterstattung, S. 31.

der Informationsgenerierung dem Nutzen, den die Information für den Abschlussadressaten generieren kann, gegenübergestellt und nach Möglichkeit ausgeglichen werden.[205]

Die Abwägung der qualitativen Anforderungen verlangt eine generelle **Ausgewogenheit der qualitativen Anforderungen**, von der lediglich abgewichen werden kann, wenn dies im Einzelfall vor dem Hintergrund einer fachkundigen Beurteilung erforderlich wird.[206]

### 212.5 Zusammenfassender Überblick der Systematik des Framework der IFRS

Die folgende Abbildung 2-5 fasst die Systematik des Framework der IFRS zusammen.

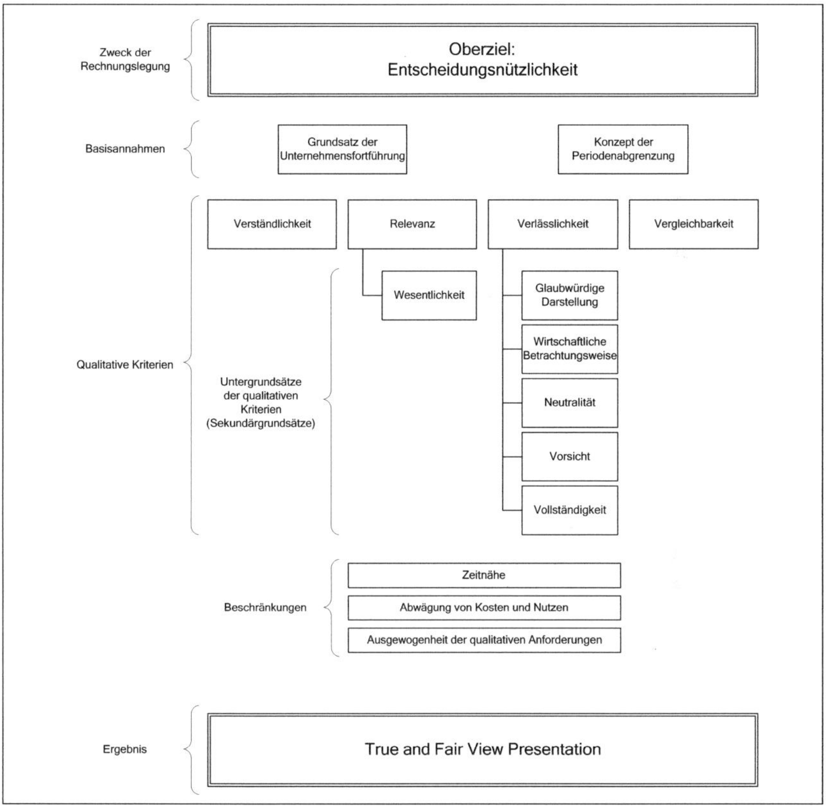


**Abbildung 2-5: Das System der Rechnungslegungsgrundsätze des IASB (Framework der IFRS)**

---

205 Vgl. BRÖTZMANN, I., Güterwirtschaftliche Sicherungsbeziehungen nach IAS 39, S. 44.

206 Vgl. F.45.

Sofern der Bilanzierende die Basisannahmen, die qualitativen Anforderungen sowie die Nebenbedingungen im Framework beachtet und des Weiteren die relevanten Standards – namentlich die IAS/IFRS und die Interpretation des IFRIC[207] – anwendet, sollte dies i. d. R. zu einem Abschluss führen, der ein den tatsächlichen Verhältnissen entsprechendes Bild der Vermögens-, Finanz- und Ertragslage (True and Fair View) vermittelt.[208]

### 212.6 Geplante Änderungen des Systems des Framework

#### 212.61 Vorgeschlagene Neuordnung der Adressaten und Ziele der Rechnungslegung

Seit Oktober 2004 arbeitet der IASB gemeinsam mit dem FASB daran, ein einheitliches Framework für beide Rechnungslegungswerke zu entwickeln.[209] Das Projekt ist in acht Phasen aufgeteilt, innerhalb derer jeweils sachlich abgegrenzte Teilbereiche des neuen Framework erarbeitet werden sollen, die abschließend zu einem neuen Gesamtwerk zusammengeführt werden sollen.[210] Derzeit werden die einzelnen Phasen sukzessive im Rahmen von Discussion Paper und Exposure Draft erarbeitet und jeweils zur Kommentierung veröffentlicht. Eine Fertigstellung des Projekts ist vor 2011 nicht zu erwarten.[211] Im Mai 2008 hat der IASB einen Exposure Draft zu der ersten Überarbeitungsphase veröffentlicht, die Kommentierungsfrist ist im September 2008 abgelaufen.[212] Hierbei werden zunächst die **Ziele, Adressaten** und **qualitativen Anforderungen** thematisiert. Die Vorschläge werden im Folgenden kurz dargestellt, um einen Überblick über mögliche Anpassungen des Framework zu liefern.

Die **Zielsetzung** der Rechnungslegung nach IFRS soll auf die Generierung von entscheidungsnützlichen Informationen beschränkt werden.[213] Dieses Ziel wird durch die Subziele

- Prognose künftiger Zahlungsströme und
- Rechenschaftsfunktion

operationalisiert.[214]

---

207 Das IFRIC hat die primäre Aufgabe, die IFRS hinsichtlich ihrer Anwendung zu interpretieren. Die vom IFRIC publizierten Interpretationen sind von IFRS-Bilanzierern verpflichtend anzuwenden, vgl. ERNST & YOUNG (Hrsg.), International GAAP 2010, S. 28.

208 Vgl. F.46 sowie LORCHHEIM, U., Zuverlässigkeit als qualitative Eigenschaft, S. 126 f.

209 Vgl. zum sog. Conceptual Framework-Projekt GASSEN, J./FISCHKIN, M./HILL, V., Das Rahmenkonzept-Projekt des IASB und des FASB, S. 874.

210 Vgl. KAMPMANN, H./SCHWEDLER, K., Rahmenkonzept, S. 521; ZÜLCH, H./GEBHARDT, R., Anmerkungen zum Entwurf, S. 203 sowie PELGER, C., Entscheidungsnützlichkeit, S. 157.

211 Auf der Homepage des IASB (http://www.iasb.org/Current+Projects/IASB+Projects/IASB+Work+-Plan.htm, Abrufdatum 09.07.10) werden derzeit Informationen zu dem Projekt bis in das zweite Halbjahr 2011 aufgeführt, für das zweite Halbjahr 2011 ist noch ein Exposure Draft angekündigt.

212 Vgl. IASB (Hrsg.), ED: Conceptual Framework.

213 Vgl. IASB (Hrsg.), ED: Conceptual Framework, OB.2.

214 Ob hierin eine Schwächung der Rechenschaftsfunktion zu sehen ist, die nicht mehr direkt in den Zielen der Rechnungslegung angesprochen wird, wird in der Literatur kritisch gesehen. Vgl. LENNARD, A., Stewardship, S. 62; KIRSCH, H., Conceptual Framework Phase A, S. 512; COENENBERG, A. G./STRAUB, B., Rechenschaft versus Entscheidungsunterstützung, S. 25; ACCOUNTING STANDARDS BOARD (Hrsg.), Strong Support for Stewardship, S. 1 f.; PAAINE (Hrsg.), Stewardship; DOBLER, M./HETTICH, S., Geplante Änderungen, S. 32 und wohl auch GASSEN, J./FISCHKIN, M./HILL, V., Das Rahmenkonzept-Projekt des IASB und des FASB, S. 876 f. Allerdings kann argumentiert werden, dass die beiden Subziele auf der

In dem aktuell gültigen Framework wurde in Bezug auf die relevante **Adressatengruppe** eine Fokussierung auf Risikokapitalgeber, also auf die Eigenkapitalgeber, festgeschrieben.[215] Dahingegen werden in dem vorgeschlagenen Framework potenzielle Eigen- und Fremdkapitalgeber sowie sonstige Gläubiger als primäre Nutzergruppe genannt.[216] Aus der Perspektive dieser Adressaten nützliche Informationen werden nach Ansicht des IASB auch die Interessen der meisten weiteren Abschlussadressaten befriedigen. Die nunmehr vorgeschlagene Festlegung wäre daher deutlich weiter gefasst als die bisherige.

### 212.62 Vorgeschlagene Neuordnung der qualitativen Anforderungen an die Rechnungslegung

In dem vorgeschlagenen Framework werden die qualitativen Anforderungen an die Rechnungslegung überarbeitet, insbesondere die Rangordnung und das Verhältnis der Kriterien zueinander sollen angepasst werden. Auf der ersten Stufe sollen nunmehr die fundamentalen Anforderungen „**Relevanz**“ und „**glaubwürdige Darstellung**“ als Voraussetzung für die Generierung entscheidungsnützlicher Informationen festgeschrieben werden.[217]

Das Kriterium der **Relevanz** wird im vorgeschlagenen Framework weiter gefasst als in der derzeit gültigen Fassung, weil dort eine Information als relevant eingestuft wird, wenn sie die Entscheidung eines Investors **möglicherweise** beeinflussen kann.[218] In der aktuell gültigen Fassung wird von einer relevanten Information verlangt, dass sie die Entscheidung des Investors tatsächlich beeinflusst.[219] Der IASB begründet diese Anpassung damit, dass es praktisch nicht möglich sei, festzustellen ob und wie Informationen die Entscheidungen von Jahresabschlussadressaten tatsächlich beeinflussen.[220] Relevanz kann weitergehend durch einen Prognosewert (Predictive Value) oder durch die Bestätigung beziehungsweise Korrektur früherer Prognosen (Confirmative Value) realisiert werden.[221]

Das bisherige Kriterium der Verlässlichkeit soll durch das Kriterium der **glaubwürdigen Darstellung** ersetzt werden.[222] Eine Information wird dann als glaubwürdig beschrieben, wenn die ihr zugrunde liegenden ökonomischen Sachverhalte möglichst getreu widergespiegelt werden.[223] Nach Ansicht des Standardsetters wird durch dieses Kriterium die im aktuell

gleichen Gliederungsebene stehen und daher als gleichgewichtig angesehen werden können, vgl. KOELEN, P., Investitionstheoretische Bewertungskalküle, S. 41. Dieser Meinung wird hier gefolgt.

215 Vgl. F.10. Vgl. hierzu auch KAJÜTER, P./BACHERT, K./BLAESING, D., Management Commentary-Projekt, S. 184.

216 Vgl. IASB (Hrsg.), ED: Conceptual Framework, Objective.2, S. 14.

217 Vgl. IASB (Hrsg.), ED: Conceptual Framework, QC2-11, S. 35-37 sowie KIRSCH, H., Conceptual Framework Phase A, S. 514.

218 Vgl. IASB (Hrsg.), ED: Conceptual Framework, QC3, S. 35.

219 Vgl. F.26. Zu dieser Erweiterung des Relevanzkriteriums vgl. auch KIRSCH, H., Conceptual Framework Phase A, S. 514.

220 Vgl. IASB (Hrsg.), ED: Conceptual Framework, BC2.4.

221 Vgl. IASB (Hrsg.), ED: Conceptual Framework, QC3, S. 35. Zur Stellung der Stewardship-Funktion in dem vorgeschlagenen Framework vgl. LENNARD, A., Stewardship, S. 52-62.

222 Vgl. IASB (Hrsg.), ED: Conceptual Framework, QC7 f. An dieser Veränderung wurde in den Comment Lettern heftige Kritik geübt, vgl. IASB (Hrsg.), Comment Letter Summary Conceptual Framework, S. 7 f.

223 Vgl. IASB (Hrsg.), ED: Conceptual Framework, QC7.

gültigen Framework geforderte Verlässlichkeit abgedeckt, woran in der Literatur indes Zweifel aufgeworfen werden.[224] Die glaubwürdige Darstellung wird durch drei Untergrundsätze konkretisiert. Zunächst wird die **Vollständigkeit** der Informationen gefordert, die besagt, dass alle ökonomisch relevanten Informationen im Abschluss enthalten sein müssen.[225] Weitergehend wird die **Neutralität** der Informationen gefordert, die verlangt, dass keine gezielten Absichten des Managements zur Verhaltenssteuerung des Adressaten im Abschluss enthalten sein dürfen.[226] Im Rahmen der letzten Konkretisierung, der **Freiheit von wesentlichen Fehlern**, geht der Standardsetter auf die Notwendigkeit der Verwendung von Schätzungen bei der Abschlusserstellung ein. Aus Praktikabilitätsgründen wird dargelegt, dass für eine glaubwürdige Darstellung keine vollständige Fehlerfreiheit eines Abschlusses erforderlich ist. Vielmehr sind alle verfügbaren Informationen bei der Schätzung zu verwenden, um so glaubwürdige Informationen zu generieren.[227]

Nach den fundamentalen Anforderungen werden zudem vier **fördernde qualitative Kriterien** formuliert. Sie umfassen **Vergleichbarkeit**, **Nachprüfbarkeit**, **Zeitnähe** und **Verständlichkeit**. Durch die Kriterien soll der Grad der Nützlichkeit der Informationen unterschieden werden. Die fördernden Kriterien entscheiden indes nicht darüber, ob eine Information entscheidungsnützlich ist oder nicht.[228] Die Kriterien der Vergleichbarkeit und der Verständlichkeit sind im aktuell gültigen Framework bereits als qualitative Kriterien enthalten. Diese sind in die fördernden Kriterien verschoben worden, darüber hinaus ergeben sich einige inhaltliche Änderungen. So soll die **Vergleichbarkeit** als Möglichkeit zur Identifikation von Unterschieden zwischen verschiedenen ökonomischen Sachverhalten beschrieben werden. Hierfür wird auch die Stetigkeit der Bilanzierung verlangt.[229] Die Definition von **Verständlichkeit** soll im Wesentlichen unverändert bleiben, allerdings ist eine Anpassung im Detail zu erkennen: Durch die vorgeschlagenen Veränderungen soll von einem Abschlussadressaten nun die Konsultation eines Beraters gefordert werden, falls die Abschlussinformationen für ihn zu komplex sind.[230] Zuvor waren lediglich eine angemessene Sachkenntnis und die Bereitschaft zum sorgfältigen Studium der Rechnungslegungsinformationen notwendig.[231] Die Kriterien der Zeitnähe und der Nachprüfbarkeit sind neu in das vorgeschlagene Framework aufgenommen worden beziehungsweise waren zuvor lediglich als Beschränkungen für relevante und verlässliche Informationen enthalten.[232] **Zeitnähe** soll lediglich neu eingeordnet werden, die Definition bleibt inhaltlich unverändert. Das Kriterium der **Nachprüfbarkeit** wird als die

---

224 Vgl. IASB (Hrsg.), ED: Conceptual Framework, BC2.15, S. 47. Kritisch äußert sich etwa KIRSCH, H., Conceptual Framework Phase A, S. 514.

225 Vgl. IASB (Hrsg.), ED: Conceptual Framework, QC9, S. 37.

226 Vgl. IASB (Hrsg.), ED: Conceptual Framework, QC10, S. 37.

227 Vgl. IASB (Hrsg.), ED: Conceptual Framework, QC11, S. 37.

228 Vgl. IASB (Hrsg.), ED: Conceptual Framework, QC15 und 25, S. 41 sowie GASSEN, J./FISCHKIN, M./HILL, V., Das Rahmenkonzept-Projekt des IASB und des FASB, S. 878.

229 Vgl. IASB (Hrsg.), ED: Conceptual Framework, QC16.

230 Vgl. IASB (Hrsg.), ED: Conceptual Framework, QC24 sowie KIRSCH, H., Conceptual Framework Phase A, S. 515.

231 Vgl. Abschn. 212.32.

232 Vgl. zu den Beschränkungen für relevante und verlässliche Informationen Abschn. 212.4.

Möglichkeit definiert, dass ein sachkundiger und unabhängiger Beobachter zu dem Ergebnis kommt, dass die ökonomischen Sachverhalte ohne wesentliche Fehler dargestellt wurden, beziehungsweise dass angemessene Bilanzierungs- und Bewertungsmethoden ohne wesentliche Fehler für die Abbildung genutzt wurden.[233]

### 212.63 Vorgeschlagene Neuordnung der Beschränkungen

Die bisherigen „Beschränkungen für relevante und verlässliche Informationen" sollen durch „Beschränkungen für die Finanzberichterstattung" ersetzt werden. Wie im aktuellen Framework werden weiterhin die Kosten der Bilanzierung als einschränkende Nebenbedingung genannt. Danach muss der Nutzen einer Information die Kosten der Informationsgenerierung überkompensieren.[234] Als zweite Einschränkung wird die Wesentlichkeit genannt. Eine Information ist nur dann wesentlich, wenn ihr Fehlen die Entscheidung des Investors beeinflussen kann.[235] Die Wesentlichkeit ist derzeit als Unterkriterium der Relevanz im Framework enthalten. Die aktuell geforderte Ausgewogenheit der Kriterien ist in dem vorgeschlagenen Framework nicht mehr explizit vorgesehen.

## 22 Begriffsabgrenzung Komplexität

### 221. Überblick

Die Beschreibung der Grundlagen einer normierten Rechnungslegung hat bereits an einigen Stellen die Bedeutung von Transaktionskosten, die wesentlich von der Komplexität beeinflusst werden, verdeutlicht. Daher soll im Folgenden der Begriff der Komplexität für diese Arbeit operationalisiert werden. Gegen Mitte der 1970er-Jahre ist Komplexität verstärkt als Teil der Umgangssprache aufgetreten, um schwer verständliche Informationen zu beschreiben.[236] Auch in der Wissenschaft wurden schwer verständliche Sachverhalte als komplex eingestuft, wobei sich für die jeweiligen Wissenschaftszweige unterschiedliche Definitionen ergeben haben.[237] Eine einheitliche Begriffsbestimmung von Komplexität hat sich bisher auch

---

233 Vgl. IASB (Hrsg.), ED: Conceptual Framework, QC20.

234 Vgl. IASB (Hrsg.), ED: Conceptual Framework, QC29.

235 Vgl. IASB (Hrsg.), ED: Conceptual Framework, QC28.

236 Vgl. LA PORTE, T., Complexity and uncertainty, S. 3 f.; LA PORTE, T., Organized social complexity, S. 332 f.; BANDTE, H., Komplexität, S. 47 sowie RIEDL, R., Strukturen der Komplexität, S. 4 f.

237 Vgl. für einen Überblick BANDTE, H., Komplexität, S. 47-51. Im Bereich der Naturwissenschaften haben insbesondere RIEDL und GELL-MANN wesentliche Beiträge geleistet, vgl. RIEDL, R., Strukturen der Komplexität; GELL-MANN, M., What is Complexity? Interdisziplinär sowie disziplinübergreifend mit dem Thema der Komplexität haben sich HAYEK, BLEICHER, ULRICH/PROBST, ASHBY, WIENER sowie MALIK beschäftigt, vgl. HAYEK, F. V., Recht, Gesetzgebung und Freiheit, S. 57-60; BLEICHER, K., Konzept integriertes Management, S. 44-49; ULRICH, H./PROBST, G., Anleitung zum ganzheitlichen Denken und Handeln, S. 57; ASHBY, W., Kybernetik, S. 317-325; WIENER, N., Cybernetics in History, S. 31-36 sowie MALIK, F., Management komplexer Systeme, S. 329-335. Für die weitere Analyse ist der Bereich der Sozialwissenschaften – hierbei insbesondere die Wirtschaftswissenschaften – wesentlich. Die hier genannten weiteren Forschungsansätze werden daher nicht weiter untersucht. Die Möglichkeit der Lösung komplexer betriebswirtschaftlicher Probleme durch kybernetische Modelle beschreibt BAETGE, vgl. BAETGE, J., Betriebswirtschaftliche Systemtheorie, S. 23-93 sowie BAETGE, J., Test dynamischer Eigenschaften, S. 116-131. KAJÜTER berücksichtigt den Einfluss von Komplexität auf die Kostenrechnung eines Unternehmens, vgl. KAJÜTER, P., Kostenmanagement, S. 42 f. sowie KAJÜTER, P., Vereinfachung des Controllings, S. 347-364.

deshalb nicht entwickelt, weil die inhärente Aussage des Begriffs Komplexität einer einheitlichen Definition entgegensteht. Vielmehr ist die Festlegung vom jeweiligen Wissenschaftszweig und somit vom Betrachtungsobjekt abhängig. Um Komplexität als Betrachtungskriterium für diese Arbeit nutzen zu können, ist allerdings eine exakte Begriffsabgrenzung erforderlich. Daher wird im Folgenden ein kurzer Überblick über eine mögliche Begriffsabgrenzung aus der betriebswirtschaftlichen Forschung vorgestellt, um anschließend eine Arbeitsdefinition von Komplexität für diese Arbeit herzuleiten.

### 222. Begriffsabgrenzung aus dem Bereich der betriebswirtschaftlichen Forschung

Im Bereich der **Wirtschaftswissenschaften** hat sich insbesondere die sog. **Münchener Schule** mit dem Begriff Komplexität befasst.[238] Dort wird Komplexität in den folgenden Dimensionen beschrieben:[239]

1. Gesamtzahl der Elemente eines Systems (Vielzahl),
2. Anzahl der unterschiedlichen Elemente eines Systems (Varietät),
3. Grad der Unterschiedlichkeit der Elemente,
4. Freiheitsgrade zwischen den Elementen und
5. Veränderlichkeit des Systems (Dynamik).

Im Folgenden werden zunächst die Definitionen der einzelnen obigen Bestandteile vorgestellt. Im anschließenden Abschnitt 223. wird aufbauend hierauf eine Arbeitsdefinition von Komplexität hergeleitet.

Auf den ersten Blick erscheint die getrennte Untersuchung der **ersten beiden Dimensionen** überflüssig, weil die zweite Dimension die erste abdeckt. Indes kann die Unterscheidung relevant sein, da auch viele gleichartige Elemente die Komplexität steigern können. Die Münchener Schule erläutert dies anhand der Entscheidungsfindung in einer Gruppe: Eine große Gruppe gleichartiger[240] Personen wird für eine Entscheidung mehr Zeit beanspruchen als eine entsprechend kleinere Gruppe gleichartiger Personen.[241] Vor diesem Hintergrund sind beide Dimensionen – und deren Unterscheidung – für die Analyse einer Entscheidungssituation relevant.

Der **Grad der Unterschiedlichkeit** der Systemelemente wird häufig nicht deterministisch ermittelbar sein. In einigen Situationen wird allerdings die Definition von „Größer-kleiner-Beziehungen" möglich sein. So ist beispielsweise die Unterschiedlichkeit der Systemelemente

---

238 Vgl. BANDTE, H., Komplexität, S. 58.

239 Vgl. KIRSCH, W., Handhabung von Entscheidungsproblemen, S. 142 f. in Anlehnung an LUHMANN, N., Rechtssoziologie 1. Aufl., S. 6. Das letzte Element der Aufzählung wurde von KIRSCH in Anlehnung an MCFARLAND angefügt, vgl. MCFARLAND, A., Power and leadership, S. 16. Die Begriffe in den Klammern wurden vom Verfasser dieser Arbeit ergänzt. Ähnlich, wenn auch mit einer geringeren Anzahl an Dimensionen, wird Komplexität von MILLING definiert, vgl. MILLING, P., Systemtheoretische Grundlagen, S. 91 f.

240 Gleichartig wird in Bezug auf den fachlichen Hintergrund einer Person verstanden.

241 Vgl. KIRSCH, W., Handhabung von Entscheidungsproblemen, S. 142.

größer, wenn in einer Gruppe etwa Wirtschaftswissenschaftler und Ingenieure vertreten sind, als in einer sonst identischen Gruppe, in der entweder nur Wirtschaftswissenschaftler oder nur Ingenieure vertreten sind. Eine Entscheidungsfindung wird in der erstgenannten Gruppe entsprechend komplexer sein.[242]

Durch die **Freiheitsgrade** eines Systems wird definiert, inwieweit eine Entscheidung durch Vorentscheidungen beeinflusst wird. Wenn die Entscheidungsfreiheit durch Vorentscheidungen eingeschränkt ist, sinkt der Freiheitsgrad eines Systems. In Bezug auf ein Entscheidungsproblem kann hierdurch die Komplexität gesenkt werden, da die Varietät der Entscheidungen aus Sicht einzelner Systemelemente durch frühe Festlegungen sinkt.[243] Die Komplexität einer Entscheidung ist aus Sicht eines Individuums geringer, wenn es sich – bedingt durch den geringen Freiheitsgrad seiner Entscheidung – nur zwischen wenigen, klar definierten Alternativen entscheiden muss.

Die **Dynamik** eines Systems – also die Intensität und Häufigkeit der Veränderungen – wirkt sich wiederum erhöhend auf den Komplexitätsgrad aus. Wenn das System durch eine hohe Dynamik gekennzeichnet ist, ergeben sich hierdurch neue Probleme, da ständig neue Rahmenbedingungen zu berücksichtigen sind. Durch die Dynamik werden definitorisch auch zufällige Schwankungen abgedeckt.

Darüber hinaus kann zwischen Problemkomplexität und Eigenkomplexität des Entscheidungssystems unterschieden werden.[244] Erstere beschreibt hierbei die Komplexität des zugrunde liegenden Problems, die zweite Komponente bezieht sich auf die Komplexität, die der Reaktion innewohnt. Nach LUHMANN sollen sich in diesem Zusammenhang die Weltkomplexität (im Sinne der Komplexität des Problems) und die Lösungskomplexität (im Sinne der Eigenkomplexität des Lösungssystems) entsprechen.[245] Dies impliziert, dass die Lösung eines Problems lediglich gerade so komplex sein sollte, wie es durch die gegebene Weltkomplexität erforderlich ist. Weniger eng formuliert besteht ein positiver Zusammenhang zwischen der Problemkomplexität und der Komplexität des Entscheidungssystems.

### 223. Eine Arbeitsdefinition von Komplexität

#### 223.1 Überblick

In der vorliegenden Arbeit sollen Regeln zur Bilanzierung finanzieller Vermögenswerte beurteilt werden, wobei ein besonderer Fokus auf den Komplexitätsgrad gelegt wird. Zur Feststellung des Komplexitätsgrads der jeweiligen Regelungen sind möglichst exakte Kriterien erforderlich. Darüber hinaus ist in diesem Zusammenhang die im vorigen Abschnitt 222.

242 Vgl. KIRSCH, W., Handhabung von Entscheidungsproblemen, S. 142.

243 Vgl. KIRSCH, W., Handhabung von Entscheidungsproblemen, S. 142 f.

244 Vgl. KIRSCH, W., Unternehmenspolitik, S. 215.

245 Vgl. LUHMANN, N., Soziologische Aufklärung, S. 152 f. sowie LUHMANN, N., Rechtssoziologie, S. 354-363 für eine Beschreibung der nötigen Reaktion auf eine sich ändernde Umwelt aus Sicht der Rechtssoziologie.

angesprochene Unterscheidung der Ebenen der Komplexität von Bedeutung, wobei die beiden Ebenen

- Komplexität des realen Sachverhalts (Problemkomplexität) und
- Komplexität des Entscheidungsprozesses[246]

zu konkretisieren sind. Die Problemkomplexität ergibt sich durch den **abzubildenden realen Geschäftsvorfall**. Die Komplexität des Entscheidungsprozesses wird durch die Reaktion auf die extern gegebene Problemkomplexität determiniert. Relevant ist hier indes nicht das Entscheidungssystem selbst, vielmehr wird ein **Rechnungslegungsstandard** beurteilt. Die Rechnungslegung stellt hierbei eine Entscheidungsunterstützung für den Abschlussadressaten bereit und fließt folglich in den Entscheidungsprozess ein.[247] Somit stellt ein Rechnungslegungsstandard zwar nicht direkt die zweite Ebene der Komplexität dar, wirkt sich aber auf diese aus. Die kriterienbasierte Arbeitsdefinition von Komplexität tangiert daher die zweite Komplexitätsebene, die Komplexität des Entscheidungsprozesses, weil die Komplexität der Rechnungslegungsinformationen betrachtet wird, die den Entscheidungsprozess unterstützt.

Die Kriterien zur Beurteilung des Komplexitätsgrads einer Regelung werden in Anlehnung an die Münchener Schule hergeleitet;[248] die Abgrenzung der Kriterien wird indes an die oben beschriebenen Anforderungen angepasst. Für diese Arbeit werden die Kriterien

- Vielzahl,
- Vielfalt,
- Vieldeutigkeit und
- Veränderlichkeit

analysiert.[249] Die Bedeutung der einzelnen Kriterien wird in den folgenden Abschnitten sukzessive hergeleitet.

### 223.2 Das Kriterium Vielzahl

Das erste Kriterium betrachtet die **Anzahl** möglicher Ausprägungen in einem System. Hierbei ist irrelevant, wie unterschiedlich die Alternativen sind. Durch das Kriterium der Vielzahl wird keine Wertung in Bezug auf die Ausprägung der Alternativen vorgenommen. Für diese Arbeit wird die Anzahl möglicher Bilanzierungsalternativen betrachtet. Ein Bilanzierungs-

---

246 Vgl. hierzu etwa ADAM, D./JOHANNWILLE, U., Die Komplexitätsfalle; REIß, M., Komplexitätsmanagement (I); REIß, M., Komplexitätsmanagement (II) sowie WILDEMANN, H., Komplexitätsmanagement durch Prozeß- und Produktgestaltung.

247 Vgl. Abschn. 211.34.

248 Vgl. KIRSCH, W., Handhabung von Entscheidungsproblemen, S. 142 f. sowie Abschn. 222. Die Kriterien wurden so auch bereits von BERENS/SCHMITTING verwendet, vgl. BERENS, W./SCHMITTING, W., Controllinginstrumente für das Komplexitätsmanagement, S. 98.

249 Die Kriterien wurden in dieser Ausprägung bereits von weiteren Autoren zur Analyse organisatorischer Fragestellungen verwendet, vgl. etwa PICOT, A./FREUDENBERG, H., Organisatorische Ansätze; ULRICH, H./PROBST, G., Anleitung zum ganzheitlichen Denken und Handeln, S. 105; REIß, M., Komplexitätsmanagement (I) sowie REIß, M., Komplexitätsmanagement (II).

standard, der z. B. drei mögliche Bilanzierungsalternativen zulässt, hat eine höhere Vielzahl als ein Bilanzierungsstandard, der lediglich zwei Bilanzierungsalternativen vorsieht. Der erste Standard wird daher sowohl für den Bilanzadressaten als auch aus dem Blickwinkel des Bilanzierenden bei isolierter Betrachtung der Anzahl der komplexere sein. Die inhaltliche Umsetzung der Bilanzierungsmöglichkeiten fließt hierbei nicht in die Bewertung ein.

Das Kriterium wird durch die folgende Abbildung 2-6 verdeutlicht, die Abbildung soll insbesondere die Abgrenzung zu der im nächsten Abschnitt beschriebenen Vielfalt vereinfachen. Das Kriterium der Vielzahl würde in dem dargestellten System auf die Anzahl der unterschiedlichen Merkmalsausprägungen abstellen, die Anzahl der Merkmalsausprägungen beträgt hier neun.[250]

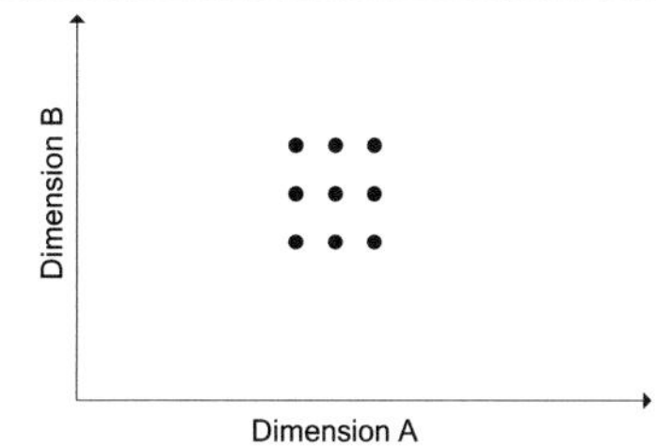


**Abbildung 2-6: Kriterium der Vielzahl**

### 223.3 Das Kriterium Vielfalt

Mit dem zweiten Kriterium wird die Unterschiedlichkeit der Alternativen abgebildet. Hierbei wird nicht – wie beim Kriterium der Vielzahl – die Anzahl der Alternativen in den Fokus gestellt. Es werden vielmehr die Ausprägungen der Alternativen untersucht, um festzustellen, wie **unterschiedlich** die Alternativen sind. Im Zusammenhang mit der Beurteilung von Bilanzierungsregeln soll das Kriterium der Vielfalt die Unterschiedlichkeit der Bilanzierungsmöglichkeiten beschreiben. So besteht beispielsweise ein größerer Unterschied zwischen den Bilanzierungsalternativen „Aktivierung zu Vollkosten" und „Nichtaktivierung" als zwischen den Alternativen „Aktivierung zu Vollkosten" und „Aktivierung zu Teilkosten".

Die Ausprägung des Kriteriums und die Abgrenzung zum Kriterium der Vielzahl werden durch die folgende Abbildung 2-7 verdeutlicht. Das hier dargestellte System weist die gleiche Vielzahl auf wie das in Abschnitt 223.2 vorgestellte System, wiederum existieren neun unterschiedliche Merkmalsausprägungen. Allerdings liegen die Alternativen in diesem Beispiel

[250] Das Kriterium entspricht dem ersten Kriterium der Münchener Schule, der Gesamtzahl der Elemente eines Systems. Vgl. hierzu Abschn. 222.

weiter auseinander.[251] Diese größere Entfernung der Alternativen im Koordinatensystem bei gleichem Maßstab stellt die stärkere Unterschiedlichkeit dar.

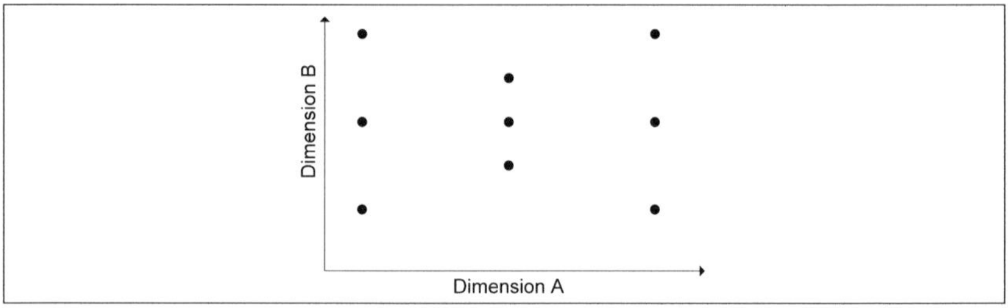


**Abbildung 2-7: Kriterium der Vielfalt**

Durch das Beispiel wird deutlich, dass allein das Kriterium der Vielzahl nicht in der Lage wäre, die tatsächliche Situation angemessen abzubilden. Denn danach wären die beiden in Abbildung 2-6 und Abbildung 2-7 dargestellten Systeme von einer identischen Komplexität geprägt. Indes wird das zuletzt gezeigte System das komplexere sein, da hier die starke Unterschiedlichkeit der Ausprägungen zusätzliche Schwierigkeiten mit sich bringt.[252] Ein vielfältigeres Rechnungslegungssystem wird daher sowohl für den Bilanzadressaten als auch aus dem Blickwinkel des Bilanzierenden das komplexere sein.

### 223.4 Das Kriterium Vieldeutigkeit

Die Aussage des Kriteriums der Vieldeutigkeit kann anhand eines einfachen Beispiels verdeutlicht werden: „Staatsanwaltschaft ermittelt gegen Spendensammler in Clownskostümen“[253] titelte eine regionale Zeitung vor einiger Zeit. Diese Aussage kann zu zwei unterschiedlichen Interpretationen des Lesers führen:

- Es wird gegen Spendensammler ermittelt, die Clownskostüme tragen.
- Die Staatsanwaltschaft ermittelt in Clownskostümen gegen Spendensammler.

---

251 Die numerische Ausprägung der Alternativen soll hier aus didaktischen Gründen lediglich die stärkere Unterschiedlichkeit darstellen, die Werte haben keine weitere Aussage.

252 Das hier vorgestellte Kriterium der Vielfalt umfasst mehrere Kriterien des Systems der Münchener Schule. Das zweite und dritte Kriterium – die Varietät und der Grad der Unterschiedlichkeit – werden für die weitere Analyse in dem Kriterium der Vielfalt zusammengefasst. Im Rahmen der Komplexitätsforschung im Bereich der Wirtschaftswissenschaften werden die beiden Kriterien separat betrachtet, da die Analyse Entscheidungsprozesse in einer Organisation abbilden soll. Hier steigt die Komplexität durch mehrere gleichartige Elemente, etwa mehrere Entscheidungsträger, die aufgrund ihres identischen fachlichen Hintergrunds als gleichartig bezeichnet werden. Daher kann es für diesen Wissenschaftszweig relevant sein, die Anzahl gleichartiger Elemente – also die Varietät – zu betrachten. Im Zusammenhang mit der Analyse einer Bilanzierungsnorm wird dieser Fall indes nicht relevant sein, da ein Bilanzierungsstandard nicht mehrfach komplett gleichartige Bilanzierungsmöglichkeiten kodifiziert. Daher werden durch das Kriterium der Vielzahl lediglich Alternativen berücksichtigt, die per se unterschiedlich sind. Vielzahl und Varietät können daher in diesem Zusammenhang gleichgesetzt werden. Das Kriterium der Vielfalt deckt daher lediglich den Grad der Unterschiedlichkeit ab. Vgl. hierzu Abschn. 222.

253 Vgl. THOENES, B., Spendensammler in Clownskostümen.

Die Aussage ist daher vieldeutig – der Leser hat mehrere Interpretationsmöglichkeiten. Komplexität entsteht dadurch, dass der Leser aus dem Kontext ermitteln muss, welche Interpretationsmöglichkeit die richtige ist.

Im Zusammenhang mit der Analyse eines Bilanzierungsstandards wird durch das Kriterium der Vieldeutigkeit die **Interpretierbarkeit** der Norm analysiert. Eine nicht exakt formulierte Norm kann durch Auslegung zu teils unterschiedlichen Bilanzierungsfolgen führen. Derartige Sachverhalte werden auch als implizite Wahlrechte bezeichnet.[254] Übertragen auf das Thema der Arbeit stellen Rechnungslegungsstandards, die vom Bilanzierenden ausgelegt werden können (und müssen), auch für den Abschlussadressaten eine Komplexitätsquelle dar, weil er dazu gezwungen ist, die Anreizsituation des Bilanzierenden einzuschätzen, um die wahrscheinliche Ausübung des Interpretationsspielraums zu beurteilen.[255]

### 223.5 Das Kriterium Veränderlichkeit

Mit dem Kriterium der Veränderlichkeit wird die **Dynamik** eines Systems betrachtet. Generell hat die Veränderung eines Systems zunächst Einfluss auf die Komplexität, da sich die Systemelemente auf die veränderte Umwelt einstellen müssen und ihre gewohnten Prozesse nicht mehr routiniert durchlaufen können. Ein System, das Änderungen unterliegt, wird daher c. p. komplexer sein als ein stabiles System.

Im Rahmen der Analyse einer Rechnungslegungsvorschrift ist hier die Häufigkeit der Veränderungen der Vorschriften zu betrachten. Durch eine veränderte Vorschrift muss der Bilanzleser seine Bilanzanalyse an die neuen Vorschriften anpassen, um die für ihn relevanten Informationen aus der Bilanz selektieren zu können.[256] Der Bilanzierende selbst wird ebenfalls mit neuen Komplexitätsquellen durch die Umstellung seines Rechnungslegungssystems konfrontiert sein.

---

254 Vgl. etwa KAWLATH, A., IFRS versus HGB, S. 312 f.

255 Das Kriterium der Vieldeutigkeit findet sich nicht in der Systematisierung von Komplexität der Münchener Schule. Das Kriterium kann am ehesten mit den Freiheitsgraden zwischen Systemelementen verglichen werden. Durch die Freiheitsgrade wird beschrieben, inwieweit ein System durch vordefinierte Entscheidungen limitiert ist. So werden die Handlungsspielräume der einzelnen Mitglieder einer Organisation begrenzt. Ähnlich verhält sich die Vieldeutigkeit im hier hergeleiteten Kontext. Durch eine vieldeutige Bilanzierungsvorschrift wird der Handlungsspielraum des Bilanzierenden erweitert. Genau diese Handlungsfreiheit muss der Abschlussadressat im Rahmen seiner Bilanzanalyse einschätzen und ist hierdurch mit ähnlichen Problemen konfrontiert wie der Bilanzierende selbst. Der Bilanzierende muss die für sich optimale Interpretation einer Vorschrift ermitteln – dies würde durch eine weniger vieldeutige Vorschrift entfallen. Der Abschlussleser muss – nachgelagert und aus einer externen Perspektive – genau diese Entscheidung reproduzieren, um die Bilanz interpretieren zu können. Vgl. hierzu Abschn. 222.

256 Das Kriterium entspricht dem fünften Kriterium der Münchener Schule, der Veränderlichkeit eines Systems. Vgl. hierzu Abschn. 222.

### 224. Komplexitätsmanagement

Nachdem eine mögliche Definition von Komplexität dargestellt wurde, stellt sich die Frage nach dem Umgang mit der Komplexität. Auch in der Wissenschaft hat eine Diskussion um das richtige **Management von Komplexität** stattgefunden.[257]

Das Ziel des Komplexitätsmanagements von Organisationen besteht darin, die unternehmensinterne Eigenkomplexität des Entscheidungsprozesses an die unternehmensexterne Problemkomplexität anzupassen.[258] Lediglich Erstgenannte kann von den Akteuren beeinflusst werden, die Problemkomplexität stellt eine exogene Größe dar.[259] Für ein effizientes Komplexitätsmanagement müssen daher zunächst die Anforderungen, die durch die Problemkomplexität determiniert werden, analysiert werden. Diese Größen bestimmen die notwendige Umsetzung der internen Reaktion, also die notwendige Eigenkomplexität des Entscheidungsprozesses. Zwischen diesen beiden Größen muss zur effizienten Umsetzung des Gesamtsystems ein Ausgleich angestrebt werden.[260] Darüber hinaus muss eine Organisation die Entscheidung treffen, welcher Problemkomplexität sie sich überhaupt stellen will. „Komplexität [...] [ist] nur dann vertretbar, wenn der Nachfrager bereit ist, die Kosten zunehmender Komplexität zu tragen"[261]. Neben dem Match der internen und externen Komplexität muss die Organisation daher zudem den Nutzen in die Betrachtung einbeziehen, der durch die Bewältigung der Komplexität generiert wird. Das Kernproblem dieses Vorgehens liegt in der fehlenden Messbarkeit der jeweiligen Größen, die Problemkomplexität kann nicht ohne Weiteres anhand einer Größe festgestellt werden, an die dann die Eigenkomplexität des Entscheidungsprozesses, die ihrerseits auch nicht deterministisch messbar ist, angeglichen werden könnte. Auch der Nutzen ist subjektiv und kann nicht objektiv und eindeutig gemessen werden. Daher ist eine exakte Ermittlung der optimalen internen Komplexität nicht möglich.[262] Die Zusammenhänge des Komplexitätsmanagements von Organisationen soll die folgende Abbildung verdeutlichen.

---

257 Vgl. hierzu etwa ADAM, D./JOHANNWILLE, U., Die Komplexitätsfalle; REIß, M., Komplexitätsmanagement (I); REIß, M., Komplexitätsmanagement (II) sowie WILDEMANN, H., Komplexitätsmanagement durch Prozeß- und Produktgestaltung.

258 Vgl. REIß, M., Komplexitätsmanagement (I), S. 56-59. Im Zusammenhang mit der Komplexität von Unternehmensbewertungen äußert sich BALLWIESER ähnlich, vgl. BALLWIESER, W., Komplexitätsreduktion bei einer prognose-orientierten Unternehmensbewertung, S. 50 f. sowie BALLWIESER, W., Aggregation, Komplexion und Komplexitätsreduktion, S. 56.

259 Vgl. WILDEMANN, H., Komplexitätsmanagement durch Prozeß- und Produktgestaltung, S. 47.

260 Vgl. KIESER, A./KUBICEK, H., Organisation 2. Aufl., S. 322 f.

261 ADAM, D./JOHANNWILLE, U., Die Komplexitätsfalle, S. 9 [eingefügt/ausgelassen durch den Autor].

262 Im Zusammenhang mit Komplexitätsmanagement von Organisationen werden die drei Alternativen „Komplexitätsreduzierung", „Komplexitätsbeherrschung" und „Komplexitätsvermeidung" vorgeschlagen, vgl. WILDEMANN, H., Komplexitätsmanagement durch Prozeß- und Produktgestaltung, S. 55. Andere Autoren gehen häufig primär auf die Methoden „Komplexitätsreduzierung" und „Komplexitätsbeherrschung" ein, ohne allerdings die Bedeutung der letzten Komponente zu negieren, vgl. etwa BECKER, J./ROSEMANN, M., Informationsmanagement; ADAM, D./JOHANNWILLE, U., Die Komplexitätsfalle sowie PICOT, A./FREUDENBERG, H., Organisatorische Ansätze.

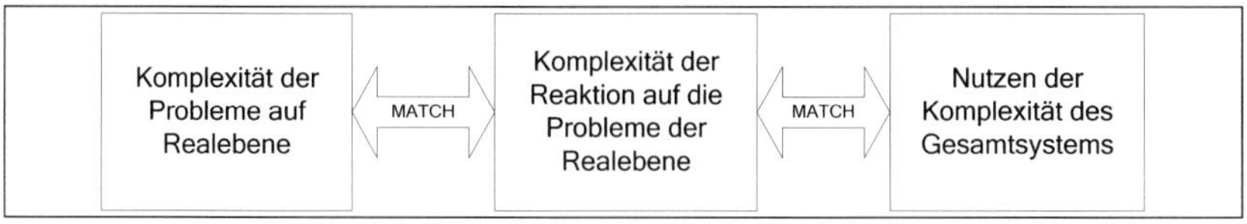


**Abbildung 2-8: Komplexitätsmanagement von Organisationen**

Im Zusammenhang mit der Analyse eines Rechnungslegungsstandards stellen sich die Rahmenbedingungen ähnlich dar. Die Komplexität einer Rechnungslegungsnorm sollte sich an der Komplexität des zugrunde liegenden Geschäftsvorfalls orientieren, weil diese als exogene Größe vorgegeben ist.[263] Daher liegt es nahe, auch für die Bilanzierungsvorschriften eine Gleichheit[264] der Komplexität des realen Sachverhalts, der abgebildet werden soll, und der Komplexität des Rechnungslegungsstandards[265] zu fordern.[266] Zudem muss auch hier der Nutzen, der durch die Rechnungslegung generiert wird, in die Betrachtung einfließen.

Die Rechnungslegung nach IFRS betrachtet den wirtschaftlichen Einfluss von Komplexität im Zusammenhang mit den „Beschränkungen für relevante und verlässliche Informationen".[267] Dort wird das **Kosten-Nutzen-Postulat** definiert, nach dem im Zusammenhang mit der Bilanzierung und mit der Definition von Rechnungslegungsvorschriften jeweils die Kosten der Rechnungslegung dem Zusatznutzen der gewonnenen Information gegenüberzustellen ist. Zwischen den Kosten der Informationsgenerierung und dem Informationsnutzen wird eine Entsprechung gefordert.[268] Da für eine effiziente Umsetzung der Rechnungslegung die Problemkomplexität des abzubildenden Geschäftsvorfalls der Eigenkomplexität des Entscheidungssystems, also hier dem Rechnungslegungsstandard, entsprechen muss, kann diese Forderung implizit aus dem Kosten-Nutzen-Postulat abgeleitet werden. Durch die folgende Abbildung werden die Zusammenhänge des Komplexitätsmanagements von Rechnungslegungssystemen verdeutlicht.

---

263 Die Komplexität von Finanzinstrumenten als zugrunde liegender Geschäftsvorfall bei der Bilanzierung nach IAS 39 wird vom IASB als eine Komplexitätsquelle genannt, indes werden auch weitere Komplexitätsquellen aufgeführt, vgl. SMITH, J./FRANCIS, G., Onlinepräsentation DP: Reducing complexity. Vor diesem Hintergrund wird der derzeitige IAS 39 von vielen Abschlusserstellern, Abschlussprüfern und Abschlussadressaten als zu komplex eingestuft, vgl. IASB (Hrsg.), DP: Reducing Complexity, S. 4.

264 Gleichheit ist hier im Sinne von Angemessenheit zu interpretieren. Die Reaktion auf die externe Problemkomplexität muss so wenig komplex wie möglich aber so komplex wie nötig sein.

265 Hierbei wird die Annahme getroffen, dass derartige Komplexität immer „nützlich" ist, also einer besseren Abbildung des Geschäftsvorfalls zuträglich ist. Allerdings wird es auch „unnützliche" Komplexität geben, die generell zu vermeiden ist, da hierdurch kein Zusatznutzen generiert werden kann.

266 Aus diesem Grund hat der IASB speziell für kleine und mittelständische Unternehmen Standards entwickelt, die besser an die geringere Komplexität dieser Unternehmen angepasst ist, vgl. IASB (Hrsg.), IFRS for SME. Für eine kritische Analyse des Exposure Draft, aus dem die Standards hervorgegangen sind vgl. KAJÜTER, P./SCHOBERTH, J./ZAPP, P./LÜBBIG, M., IFRS im Mittelstand, S. 592-601 sowie KAJÜTER, P./BARTH, D./DICKMANN, T., IFRS im deutschen Mittelstand, S. 1877-1884.

267 Vgl. F.43-45 sowie Abschn. 212.4. Es ergeben sich indes weitere Anknüpfungspunkte der Komplexität an das Framework, die im folgenden Abschn. 231. eruiert werden. Hier werden zunächst fokussiert die Kosten der Abschlusserstellung betrachtet.

268 Vgl. hierzu auch Abschn. 211.42.

**Abbildung 2-9: Komplexitätsmanagement im Zusammenhang mit Rechnungslegung**

Als Kernaussage kann festgehalten werden, dass Komplexitätsmanagement **nicht aus einer reinen Komplexitätsreduktion** bestehen kann.[269] Die exogen gegebene Problemkomplexität des abzubildenden Geschäftsvorfalls determiniert die notwendige Komplexität des Rechnungslegungsstandards, die auch unter Betrachtung des durch die zusätzliche Information generierten Nutzens festzulegen ist. Somit kann es nicht das Ziel von Reformvorhaben der Rechnungslegung sein, ohne weitere Nebenbedingungen die Komplexität der Rechnungslegungsvorschriften zu reduzieren. Vielmehr ist zu untersuchen, ob diese Komplexität in Teilbereichen der Rechnungslegung über den durch die Problemkomplexität gerechtfertigten Grad gestiegen ist. Lediglich in diesem Fall kann die Reduktion der Komplexität ein Ziel von Reformvorhaben der Rechnungslegung sein.

## 23 Zusammengefasste Kriterien zur Beurteilung eines Rechnungslegungsstandards

### 231. Beurteilungskriterien aus Sicht des Abschlussadressaten

Nachdem in der bisherigen Untersuchung der Begriff der Komplexität abgegrenzt wurde und die ökonomische Begründung sowie die Ziele der Rechnungslegung im Allgemeinen und im Speziellen für die Rechnungslegung nach IFRS hergeleitet wurden, werden diese Aspekte in diesem Abschnitt zu Kriterien zusammengeführt, anhand derer Rechnungslegungsstandards beziehungsweise Reformvorschläge eines Rechnungslegungsstandards beurteilt werden können. Die Kriterien werden hierbei auf den speziellen Fall der Rechnungslegung nach IFRS bezogen und unter Berücksichtigung der im Framework dargelegten Grundsätze hergeleitet. Hierbei wird das derzeit geltende Framework zugrunde gelegt; das in Abschnitt 212.6 vorgestellte, geplante neue Framework befindet sich noch in der Erstellungsphase und stellt daher nicht die Basis des nunmehr erschienenen IFRS 9 dar. Der IASB hat zudem selbst das aktuelle Framework als Beurteilungsgrundlage für den IFRS 9 herangezogen.[270]

Die Kriterien werden zunächst aus Sicht des Abschlussadressaten hergeleitet, da die Generierung von Informationen, „die für […] **Adressaten** […] bei dessen wirtschaftlichen Entscheidungen nützlich sind“[271], das primäre Ziel der Rechnungslegung nach IFRS darstellt.[272] Die Berücksichtigung der Sichtweise des Managements in diesem Zusammenhang wird im folgenden Abschnitt 232. dargestellt. Die Güte eines Rechnungslegungsstandards wird daher anhand der im Framework der IFRS festgelegten Kriterien beurteilt, zudem sind die Ein-

[269] Vgl. auch Société Generale (Hrsg.), CL: Classification and Measurement, S. 1.
[270] Vgl. IFRS 9.BC79(a).
[271] F.12 [ausgelassen durch den Autor].
[272] Dieses Ziel wird auch von IFRS 9 verfolgt, vgl. IFRS 9.1.1. sowie .BC 9.

schränkungen der relevanten und verlässlichen Informationen zu berücksichtigen.[273] Somit sind Rechnungslegungsstandards und deren Änderungen auf Basis der folgenden Kriterien zu beurteilen:

- Verständlichkeit,
- Relevanz,
- Verlässlichkeit,
- Vergleichbarkeit.

Zudem wird bei der Beurteilung ein weiterer Fokus auf den Komplexitätsgrad gelegt. Dessen Analyse wird anhand der in Abschnitt 223. hergeleiteten Arbeitsdefinition von Komplexität vorgenommen. Dort wurde Komplexität in den Kriterien

- Vielzahl,
- Vielfalt,
- Vieldeutigkeit und
- Veränderlichkeit

konkretisiert. Da im Framework keine spezielle Zielsetzung in Bezug auf die Komplexität der Rechnungslegung festgeschrieben wurde, bietet es sich an diese als Subkriterium der qualitativen Kriterien der Rechnungslegung nach IFRS heranzuziehen. Der Komplexitätsgrad weist an einigen Stellen Berührungspunkte mit den Kriterien des Framework auf. Insbesondere die Verständlichkeit kann durch den Komplexitätsgrad der Regelung **approximiert** werden, zudem ergibt sich ein Einfluss auf die Nebenbedingung der Ausgewogenheit von Kosten und Nutzen. Das Kosten-Nutzen-Postulat muss indes aus der Sichtweise des Bilanzerstellers beurteilt werden, weil hier die Kosten für die Bereitstellung der Information zu betrachten sind.[274] Die Kosten, die bei den Abschlussadressaten im Rahmen der Interpretation des Abschlusses anfallen, werden durch die qualitativen Kriterien – insbesondere durch das Kriterium der Verständlichkeit – berücksichtigt. Insofern wird für die Analyse der Komplexität eines Rechnungslegungsstandards diese als Konkretisierung des qualitativen Kriteriums der Verständlichkeit interpretiert. Für die Analyse des Kriteriums der Verständlichkeit wird daher auf die Betrachtung der Komplexität verwiesen. Einflüsse in Bezug auf das einschränkende Kosten-Nutzen-Postulat müssen eher aus der Perspektive des Managements betrachtet werden. Das Komplexitätskriterium der Vieldeutigkeit, durch das die Interpretierbarkeit analysiert werden soll, **ähnelt** zudem dem qualitativen Kriterium der Verlässlichkeit, weil letzteres ebenfalls wesentlich durch die Objektivität beeinflusst wird.[275] Das Kriteriensystem wird durch die folgende Abbildung 2-10 verdeutlicht.

---

273 Vgl. Abschn. 212.3 sowie Abschn. 212.4.

274 Vgl. F.44 sowie Abschn. 232.

275 Die Verlässlichkeit kann durch Wahlrechte oder Interpretationsspielräume beeinflusst werden, für die Vieldeutigkeit wird im Wesentlichen das Vorliegen von Interpretationsspielräumen von Bedeutung sein. Vgl. zu den Begriffen SCHMIDT, M., Rechnungslegung von Finanzinstrumenten, S. 43-49. Verknüpfungen könnten auch zwischen der Komplexität und der Vergleichbarkeit gesehen werden, da implizite

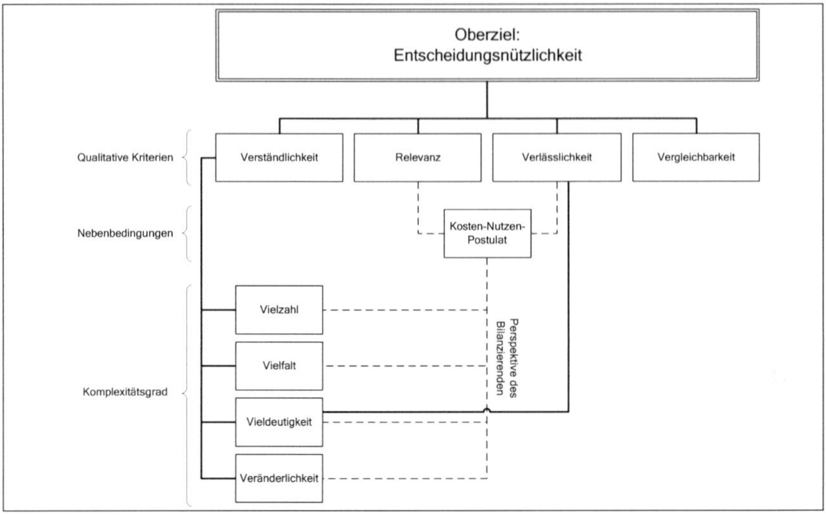


**Abbildung 2-10: Kriteriensystem zur Beurteilung von Rechnungslegungsstandards**

## 232. Berücksichtigung der Sichtweise des Managements

Nachdem die Kriterien aus der Sichtweise der Adressaten hergeleitet wurden, wird nunmehr der Blickwinkel des Managements eingenommen. Durch das in den Nebenbedingungen festgeschriebene **Kosten-Nutzen-Postulat** ist auch diese Perspektive für die Beurteilung von Rechnungslegungsnormen grundsätzlich relevant. Die theoretische Grundlage für derartige Überlegungen kann in der effizienztheoretischen Begründung für eine extern normierte Rechnungslegung gesehen werden.[276] Durch eine komplexere Regelung werden i. d. R. auch höhere Kosten beim Bilanzersteller verursacht. Daher sind durch die vom Kosten-Nutzen-Postulat ausgehende Berücksichtigung des Blickwinkels des Managements hier die Komplexitätskriterien relevant.

Zur Beurteilung der Komplexitätskriterien aus der Sichtweise des Managements stellt sich zunächst die Frage, ob ein Unterschied zwischen der Komplexitätseinschätzung des Abschlussadressaten und des Bilanzierenden vorliegen wird. In Bezug auf die einzelnen Kriterien ist zu erwarten, dass die Anstoßrichtung (positive oder negative Einschätzung des Akteurs) zumeist identisch sein wird. So wird beispielsweise eine Regelung mit einer höheren Vieldeutigkeit für den Adressaten schwerer zu interpretieren sein, da er die alternativen Auslegungsmöglichkeiten kennen und deren Auswirkung einschätzen muss. Auch aus Sicht des

Wahlrechte auch der Vergleichbarkeit schaden. Allerdings schaden auch explizite Wahlrechte der Vergleichbarkeit, somit ist die Verknüpfung an dieser Stelle nicht so eindeutig. Die Vergleichbarkeit wird daher in der folgenden Analyse unabhängig von der Komplexität betrachtet.

276 Vgl. Abschn. 211.1 sowie Abschn. 211.4 sowie STREIM, H., Entscheidungsnützliche Informationen, S. 116.

Bilanzierenden ergibt sich eher eine negative Einschätzung, da auch dieser die Alternativen kennen und sich nach fundierten Überlegungen für eine entscheiden muss.[277] Für die weiteren Kriterien der Komplexität können ähnliche Überlegungen angestellt werden. Bezüglich der Intensität der Einschätzung (sehr negativ oder leicht negativ) können sich indes Unterschiede ergeben, die vom individuellen Einzelfall abhängen und schwer quantifizierbar sind.

Im Rahmen der Analyse wird daher im Folgenden zunächst die Sichtweise des Abschlussadressaten eingenommen. Erst im Anschluss wird die Sichtweise des Managements eingenommen, um zu untersuchen, ob sich **Unterschiede** in Bezug auf die Einschätzung des Komplexitätsgrads ergeben können.

In den folgenden Kapiteln wird die Bilanzierung von Finanzinstrumenten unter Berücksichtigung der mit den jeweiligen Rechnungslegungsstandards verbundenen Komplexität zunächst vorgestellt und dann kritisch analysiert. Als Würdigungsgrundlage werden die in diesem Abschnitt erarbeiteten Kriterien herangezogen. Der Fokus der Untersuchung liegt auf der Entscheidungsnützlichkeit, zudem wird der Einfluss auf den Komplexitätsgrad einer kritischen Untersuchung unterzogen.

[277] Allerdings ist in diesem Zusammenhang auch der Match zwischen der Komplexität des abzubildenden Geschäftsvorfalls und der Komplexität des Rechnungslegungsstandards relevant, vgl. hierzu Abschn. 224.

# 3 Ansatz und Kategorisierung finanzieller Vermögenswerte

## 31 Überblick und bisherige Entwicklung der relevanten Standards

### 311. Entwicklung des IAS 39

Die Bilanzierung von Finanzinstrumenten wird in IAS 32 und IAS 39 beziehungsweise IFRS 9 geregelt; IFRS 7 normiert Vorgaben über die im **Anhang** erforderlichen Angaben. Das IASC war seit den 80er-Jahren bemüht, die Bilanzierung von Finanzinstrumenten zu regeln.[278] Zunächst wurde hierfür im Jahr 1985 IAS 25 verabschiedet, der grundsätzlich die Definition und Klassifikation von Finanzinvestitionen regelte.[279] Der Standard wurde später durch IAS 39 ersetzt. Im Jahr 1995 wurde dann IAS 32 veröffentlicht, der im Jahr 2005 überarbeitet wurde und nunmehr nur noch den **Ausweis** von Finanzinstrumenten regelt. Die ursprünglich auch in IAS 32 geregelten Anhangangaben wurden in IFRS 7 ausgelagert, der im Jahr 2005 veröffentlicht wurde.[280]

Im Jahr 1998 wurde die erste Version des IAS 39 veröffentlicht, die zwischenzeitlich verschiedentlich überarbeitet wurde.[281] In IAS 39 sind der **Ansatz und die Bewertung** von Finanzinstrumenten geregelt. Zudem normiert IAS 39 Regelungen zum Hedge Accounting[282]. Schon bei der Verabschiedung des Standards wurde dieser vom damaligen IASC lediglich als Interimslösung beschrieben, weil die bereits damals vorgeschlagene Lösung der vollständigen Bewertung aller Finanzinstrumente zum Fair Value[283] nicht durchgesetzt werden konnte.[284] Auch der Vorschlag, die Vorschriften für die Bilanzierung von Finanzinstrumenten entsprechend der US-amerikanischen Regelung festzuschreiben (hier insbesondere SFAS 115, 133 und 140), fand keine ausreichende Zustimmung, in der Literatur wird jedoch eine inhaltliche und terminologische Anlehnung von IAS 39 an die US-GAAP-Regelungen festgestellt.[285] Eine endgültige Lösung sollte im Konsens mit der **Joint Working Group of Standard Set-**

---

278 Vgl. OERTZEN, C. V., in: Beck IFRS-HB, Rz. 1. Für einen internationalen Vergleich der Entwicklung der Bilanzierung von (insbesondere derivativen) Finanzinstrumenten vgl. BARCKOW, A., Bilanzierung derivativer Finanzinstrumente.

279 Vgl. STEINER, M., in: Baetge u. a., Rechnungslegung nach IFRS, Rz. 1.

280 Vgl. BEINE, F./MEYER, C., in: Wiley-Handbuch 2010, Abschn. 7, Rz. 311.

281 Vgl. zur Entwicklung des IAS 39 OERTZEN, C. V., in: Beck IFRS-HB, Rz. 1-23 sowie BARCKOW, A., Bilanzierung von derivativen Finanzinstrumenten und Sicherungsbeziehungen, S. 194-200, insbesondere S. 199 für die Überarbeitungsschritte in einem früheren Stadium bis zum Jahr 2004.

282 Vgl. umfassend zum Hedge Accounting für güterwirtschaftliche Sicherungsbeziehungen nach IAS 39 BRÖTZMANN, I., Güterwirtschaftliche Sicherungsbeziehungen nach IAS 39, S. 103-187 und für die Bilanzierung von finanzwirtschaftlichen Sicherungsbeziehungen NIEMEYER, K., Bilanzierung von Finanzinstrumenten nach IAS, S. 235-254. Zwischenzeitlich wurden einige Änderungen an den Regelungen zum Hedge Accounting in den IFRS umgesetzt, vgl. zu den Änderungen SCHMIDT, M., ED: Identification of Exposures Qualifying for Hedge Accounting, S. 63-66. Zum aktuellen Rechtsstand vgl. LÜDENBACH, N., in: Haufe IFRS-Kommentar, § 28, Rz. 41-49. Die Regelungen des Hedge Accounting sollen auch durch die aktuellen Überarbeitungen modifiziert werden, vgl. Tabelle 3-2 in diesem Abschnitt.

283 Zum Begriff des Fair Value vgl. weitergehend Abschn. 421. Die Begriffe Fair Value und beizulegender Zeitwert werden in dieser Arbeit synonym verwendet, vgl. WOLLMERT, P./DOLECZIK, G./WAGNER, T./KELLER, A., in: Baetge u. a., Rechnungslegung nach IFRS.

284 Vgl. BELLAVITE-HÖVERMANN, Y./BARCKOW, A., in: Baetge u. a., Rechnungslegung nach IFRS, Rz. 2; SCHMIDT, M., Rechnungslegung von Finanzinstrumenten, S. 224.

285 Vgl. BARCKOW, A./ROSE, S., Bilanzierung von Derivaten und Hedge-Strategien, S. 799 f.

**ters on Financial Instruments**[286] gefunden werden.[287] Die von diesem Expertengremium entwickelten Vorschläge, die im Wesentlichen eine vollständige Bilanzierung zum Fair Value vorsahen,[288] haben indes bis dato nicht zu einer vollumfänglichen Überarbeitung des IAS 39 geführt.

Im März 2008 hat der IASB ein Diskussionspapier veröffentlicht, in dem Möglichkeiten zur Komplexitätsreduzierung der Bilanzierung von Finanzinstrumenten vorgetragen wurden.[289] Bei dem Projekt zur Reduktion der Komplexität handelt es sich um ein gemeinsames Projekt mit dem US-amerikanischen FASB. Der FASB hat das Diskussionspapier des IASB übernommen und ebenfalls im März 2008 veröffentlicht und zur Diskussion gestellt.[290] In dem Papier wurde eine mittel- und eine langfristige Lösungsmöglichkeit vorgeschlagen: Während langfristig die Full Fair Value-Bilanzierung vorgeschlagen wurde, in der alle Finanzinstrumente zu ihrem beizulegenden Zeitwert angesetzt werden,[291] waren die mittelfristigen Vereinfachungsmöglichkeiten differenzierter. Hierbei sind drei grundsätzliche Herangehensweisen zu unterscheiden:[292]

1. Vorhandene Bewertungsvoraussetzungen ändern,
2. vorhandene Bewertungsvoraussetzungen abschaffen,
3. Hedge Accounting vereinfachen.

Bevor allerdings diese Bestrebungen, die einen sehr langfristigen Umsetzungshorizont hatten, weiter verfolgt werden konnten, hat die sog. „Finanzkrise“[293] zu zwischenzeitlichen Änderungen des IAS 39 geführt. Das langfristige Projekt zur Reduktion der Komplexität wurde schlussendlich durch das Projekt „Replacement of IAS 39“ ersetzt.[294] Diese Überarbeitung baut allerdings teils auf den Vorschlägen aus dem Diskussionspapier auf.

Zunächst sind als Reaktion auf die Finanzkrise einige kurzfristige Änderungen an IAS 39 vorgenommen worden. So wurde durch einen Exposure Draft aus dem Oktober 2008 – auch auf Druck durch die Europäische Union – der IAS 39 dahin gehend geändert, dass die Re-

---

286 Der IASC hat sich nach der Veröffentlichung von IAS 39 dazu bereit erklärt, in einer „Joint Working Group of Standard Setters on Financial Instruments“ mitzuarbeiten, um die Möglichkeiten einer vollständigen Bilanzierung aller Finanzinstrumente zum beizulegenden Zeitwert weiter zu untersuchen. Der Gruppe gehörten Standardsetter aus 13 Nationen an. Vgl. JOINT WORKING GROUP OF STANDARD SETTERS (Hrsg.), Financial Instruments.

287 Vgl. BELLAVITE-HÖVERMANN, Y./BARCKOW, A., in: Baetge u. a., Rechnungslegung nach IFRS, Rz. 200-205.

288 Vgl. NIEMEYER, K., Bilanzierung von Finanzinstrumenten nach IAS, S. 10-12.

289 Vgl. IASB (Hrsg.), DP: Reducing Complexity.

290 Vgl. FASB (Hrsg.), DP: Reducing Complexity in Reporting Financial Instruments.

291 Vgl. IASB (Hrsg.), DP: Reducing Complexity, S. 43-66 sowie OERTZEN, C. V., in: Beck IFRS-HB, Rz. 20.

292 Vgl. IASB (Hrsg.), DP: Reducing Complexity, S. 21.

293 Vgl. für eine Chronik der Finanzkrise HELLERFORTH, M., Finanzmarktkrise, S. 138-157 sowie SCHÄFER, D., Neue Finanzmarktarchitektur, S. 808-817. Die Auswirkungen der Krise auf die Bilanzierung von Finanzinstrumenten analysieren BAETGE/BREMBT/BRÜGGEMANN, vgl. BAETGE, J./BREMBT, T./BRÜGGEMANN, P., Mark-to-Model-Bewertung.

294 Vgl. zu den Projektfortschritten des Projekts zum Ersatz von IAS 39 Tabelle 3-2.

striktionen zur Umklassifizierung von Finanzinstrumenten gelockert wurden.[295] Die Änderungen waren rückwirkend zum 01.07.2008 anwendbar.[296] Nach der bis dato geltenden Vorschrift war es nicht möglich, ein Finanzinstrument, das zum Fair Value als Finanzinstrument des Handelsbestands bilanziert wurde, aus dieser Kategorie in eine zu (fortgeführten) Anschaffungskosten zu bewertende Kategorie umzugliedern. Diese Restriktion wurde durch die Überarbeitung gelockert. Unternehmen konnten es so vermeiden, durch die Finanzkrise relativ hohe Kursverluste vollständig erfolgswirksam zu erfassen.[297] Die genaue Umsetzung der nunmehr geltenden Umgliederungsmöglichkeiten nach IAS 39 wird in Abschnitt 331.27 näher beschrieben.

Im gleichen Monat erschien ein weiterer Exposure Draft, durch den die geforderten Anhangangaben des IFRS 7 überarbeitet wurden.[298] Insbesondere wurden Erläuterungen im Zusammenhang mit der Fair Value-Hierarchie implementiert, sodass nunmehr die Ermittlung der beizulegenden Zeitwerte auf unterschiedlichen Stufen offengelegt werden muss.[299] Zudem wurden weitere Erläuterungen zum Liquiditätsrisiko im Anhang aufgenommen. Hierdurch – und durch die weiteren Änderungsvorschläge – wurden auch die Konvergenzbestrebungen zwischen den IFRS und den US-GAAP weitergeführt.[300] Die Änderungen sind erstmalig zum 01.01.2009 zur Anwendung gekommen.[301]

Weitere Änderungsvorschläge im Zusammenhang mit den geforderten Anhangangaben wurden im Dezember 2008 auf den Weg gebracht.[302] Durch die vorgeschlagenen Änderungen wären weitere Angaben zu Schuldinstrumenten in den IFRS 7 aufgenommen worden. Das Projekt ist indes vom IASB im Januar 2009 verworfen worden und wird derzeit nicht weiter verfolgt.[303]

---

295 Vgl. IASB (Hrsg.), Reclassification of Financial Assets; ERNST & YOUNG (Hrsg.), International GAAP 2010, S. 2110; PETERSEN, K./ZWIRNER, C., Aktuelle Änderungen, S. 65-70; THEILE, C., Finanzmarktkrise, S. 21-24 sowie insbesondere zu der politischen Komponente dieser Entscheidung HALLAUER, P./SCHMID, T., IASB im Banne der Finanzkrise, S. 794-798.

296 Vgl. EFRAG (Hrsg.), Status Endorsement Report June 2009.

297 Die Auswirkungen des ED werden auch von GILGENBERG/WEISS beschrieben, vgl. GILGENBERG, B./WEISS, J., Bilanzierung von Finanzinstrumenten, S. 182-186. Die Bewertungsregeln für Finanzinstrumente werden im folgenden Kapitel 4 näher erläutert. Der CESR hat ermittelt, dass in einer Stichprobe aus 100 europäischen Firmen durch die Umgliederungen im Jahr 2008 Fair Value-Minderungen in Höhe von insgesamt 28 Mrd. Euro nicht ausgewiesen werden mussten, vgl. CESR (Hrsg.), CESR Statement Reclassification, S. 6 f. Das Zusammenwirken von Fair Value-Bilanzierung von der Finanzkrise wird von der SEC in einem detaillierten Bericht für den US-amerikanischen Bankenmarkt analysiert. Dort wird festgestellt, dass nicht die Fair Value-Bilanzierung Auslöser der Finanzkrise war, vgl. SEC (Hrsg.), Report, S. 136.

298 Vgl. IASB (Hrsg.), ED: Improving Disclosures about Financial Instruments.

299 Der Vorschlag für die Einführung einer Fair Value-Hierarchie wurde aus der entsprechenden US-amerikanischen Regelung übernommen, vgl. SFAS 157.22-31.

300 Vgl. IASB (Hrsg.), ED: Improving Disclosures about Financial Instruments, Introduction.2 f.

301 Vgl. IASB (Hrsg.), Project Summary Improving Disclosures, S. 3 f. sowie EFRAG (Hrsg.), Status Endorsement Report June 2009.

302 Vgl. IASB (Hrsg.), ED: Investments in Debt Instruments.

303 Vgl. Projektübersicht auf der Homepage des IASB (http://www.iasb.org/Current+Projects/IASB+Projects/Financial+Instruments/Exposure+Draft+and+Com

Ebenfalls im Dezember 2008 wurde ein weiterer Exposure Draft veröffentlicht, der die Bilanzierung von eingebetteten Derivaten[304] vor dem Hintergrund der neu geschaffenen Umgliederungsmöglichkeiten thematisiert.[305] Der Exposure Draft hat nach Ansicht des IASB klarstellenden Charakter und soll von dem Standardsetter nicht gewünschte Konsequenzen der neuen Umgliederungsmöglichkeiten eingrenzen. Die Änderungen sind zum 30.06.2009 wirksam geworden.[306]

Als vorerst letzter Änderungsvorschlag wurde im April 2009 ein Exposure Draft veröffentlicht, durch den die Ausbuchung von Finanzinstrumenten neu geregelt werden soll.[307] Mit diesem Vorschlag will der IASB Unklarheiten und Komplexitätstreiber aus IAS 39 eliminieren, die Bilanzierungsergebnisse wären indes aus Sicht des IASB zumeist identisch.[308] Eine Finalisierung dieses Änderungsvorschlags ist vom IASB für die zweite Hälfte des Jahres 2010 vorgesehen.[309]Ein Überblick über die verschiedenen Überarbeitungen im Zusammenhang mit der Finanzkrise soll durch die folgende Tabelle 3-1 gegeben werden.

| **Exposure Draft (seit Oktober 2008)** | **Wesentlicher Inhalt** |
|---|---|
| Oktober 2008<br>Reclassification of Financial Assets | Ausweitung der<br>**Umgliederungsmöglichkeiten** |
| Oktober 2008<br>Improving Disclosures about Financial Instruments | Ausweitung der **Anhangangaben** (insbesondere zur **Fair Value-Hierarchie** und zum **Liquiditätsrisiko**) |
| Dezember 2008[310]<br>Investments in Debt Instruments | Ausweitung der **Anhangangaben** (insbesondere für **Schuldinstrumente**) |
| Dezember 2008<br>Embedded Derivatives | **Umgliederung** von Finanzinstrumenten mit **eingebetteten Derivaten** |
| April 2009[311]<br>Derecognition | Überarbeitung der<br>**Ausbuchungsvorschriften** |

**Tabelle 3-1: Exposure Drafts im Zusammenhang mit Finanzinstrumenten seit Oktober 2008**

ment+Letters+-+IFRS+7/Exposure+Draft+and+Comment+Letters+-+IFRS+7.htm, Abrufdatum 09.07.10).

304 Vgl. zu eingebetteten Derivaten Abschn. 331.3 sowie KUHN, S./SCHARPF, P., Rechnungslegung von Financial Instruments, S. 477.

305 Vgl. IASB (Hrsg.), ED: Embedded Derivatives sowie OERTZEN, C. V., in: Beck IFRS-HB, Rz. 11.

306 Vgl. EFRAG (Hrsg.), Status Endorsement Report June 2009, S. 1.

307 Vgl. IASB (Hrsg.), ED: Derecognition sowie OERTZEN, C. V., in: Beck IFRS-HB, Rz. 12. Vgl. hierzu umfassend Kapitel 5, wobei zunächst in Abschn. 53 die aktuelle Regelung und in Abschn. 54 die geplante Neuregelung dargestellt wird.

308 Vgl. IASB (Hrsg.), ED: Derecognition, Introduction.10 f. Der Exposure Draft wird in Abschn. 54 analysiert.

309 Vgl. Projektübersicht auf der Homepage des IASB (http://www.iasb.org/Current+Projects/-IASB+Projects/Derecognition/Derecognition.htm, Abrufdatum 09.07.10)

310 Das Projekt wurde zwischenzeitlich verworfen.

311 Dieser Exposure Draft wurde bis dato nicht in den Standard umgesetzt.

Im weiteren Verlauf der Arbeit wird der nach diesen Überarbeitungen erreichte Stand des IAS 39 als IAS 39 (2009) bezeichnet.

### 312. Projekt Replacement of IAS 39

Im April 2009 hat die G20 die Standardsetter aufgefordert, die Komplexität der Bilanzierung von Finanzinstrumenten zu reduzieren, weil die Bilanzierung als zu undurchsichtig angesehen wurde.[312] Daraufhin hat der IASB beschlossen, keine vorläufigen Änderungen mehr an IAS 39 vorzunehmen und in einem Gesamtprojekt die Bilanzierung von Finanzinstrumenten neu zu regeln.[313] Dieses Gesamtprojekt setzt auf dem Projekt zur Reduktion der Komplexität der Bilanzierung von Finanzinstrumenten auf.[314] Das Projekt zur Neufassung von IAS 39 wurde in drei Teilphasen zerlegt:[315]

| Projektschritt (Exposure Drafts) | Ursprünglich geplanter Veröffentlichungstermin | Konsequenzen (bis dato) |
|---|---|---|
| Classification and Measurement | Juli 2009 | IFRS 9: Financial Instruments |
| Impairment | Oktober 2009 | ED 2009/12: Financial Instruments: Amortised Cost and Impairment |
| Hedge Accounting | Dezember 2009 | ED steht noch aus |

**Tabelle 3-2: Projektschritte „Replacement of IAS 39"**

Final soll die Gesamtheit der Projektschritte den IAS 39 vollständig ersetzen. Der IASB rechnet mit der Finalisierung des Projekts im Laufe des Jahres 2010.[316] Hierfür ist am 14.07.2009 der Exposure Draft „Financial Instruments: Classification and Measurement" erschienen, die Kommentierungsfrist endete am 14.09.2009.[317] Der Exposure Draft sah eine umfassende Neuregelung der Bilanzierung von Finanzinstrumenten vor; der bisherige Kategorisierungsansatz des IAS 39 (2009) wurde hierbei komplett neu gefasst.[318] In der Folge

312 Vgl. G20 (Hrsg.), Declaration G20 Summit, S. 4 sowie „Action Plan to Implement Principles for Reform". Vgl. für eine Zusammenfassung des politischen Einflusses auf die Rechnungslegung von Finanzinstrumenten ANDRÉ, P./CAZAVAN-JENY, A./DICK, W./RICHARD, C./WALTON, P., Fair Value Accounting and the Banking Crisis, S. 9-19. Die politischen Reaktionen auf die Finanzmarktkrise insgesamt beschreibt WAGNER, vgl. WAGNER, S., Das Finanzmarktstabilisierungsergänzungsgesetz.

313 Vgl. IASB (Hrsg.), Letter in response to the G20 requirements.

314 Vgl. zum weiteren Ablauf des Projekts MÄRKL, H./SCHABER, M., IFRS 9, S. 66.

315 Vgl. LIEBFRIED, P./JASKOLSKI, T., Klassifizierung von Finanzinstrumenten, S. 469.

316 Vgl. IASB, Replacement of IAS 39 sowie KUHN, S., IFRS 9, S. 103 f.

317 Vgl. IASB (Hrsg.), ED: Classification and Measurement. Die Kommentierungsfrist ist zur Beschleunigung des Projekts von sechs auf drei Monate verkürzt worden.

318 Vgl. hierzu ERCHINGER, H./MELCHER, W., Geplante Neuerungen der Phase 1 (Teil 1); ERCHINGER, H./MELCHER, W., Geplante Neuerungen der Phase 1 (Teil 2) sowie MÄRKL, H./SCHABER, M., Nachfolgeregelung des IAS 39.

ergeben sich auch neue Anforderungen an die Bewertung von Finanzinstrumenten, die sowohl in IAS 39 (2009) als auch nach den Vorschlägen des Exposure Draft eng mit der Kategorisierung verknüpft ist.[319] Aus diesem Exposure Draft wurde der **IFRS 9** entwickelt, der im November 2009 (vorab als near final draft und bereits kurz darauf als finale Version)[320] erschienen ist. IFRS 9 enthält zunächst nur Vorschriften zur **Kategorisierung und Bewertung von finanziellen Vermögenswerten**.[321] Vorschriften für finanzielle Verbindlichkeiten sollen, wie auch die weiteren Projektschritte und der Exposure Draft zur Ausbuchung von Finanzinstrumenten, später in diesem Standard zusammengefasst werden.[322] Der Standard ist für Perioden, die nach dem 01.01.2013 beginnen, verpflichtend anzuwenden, eine frühere Anwendung ist möglich.[323] Die EFRAG, die die EU hinsichtlich der Übernahme von IFRS-Standards in verbindliches europäisches Recht (Endorsement)[324] berät, hat ihre Stellungnahme zum Endorsement von IFRS 9 allerdings vorerst verschoben.[325] Die Entscheidung wird wahrscheinlich nach der Finalisierung der weiteren Projektschritte gefällt, da sich die EFRAG bereits in ihrem Comment Letter zu dem Exposure Draft kritisch in Bezug auf den Phasenansatz geäußert hat.[326]

Für diese Arbeit wird der aktuelle Stand des IFRS 9 betrachtet. Daher wird die Bilanzierung von finanziellen Vermögenswerten nach diesem neuen Standard mit der bisherigen Vorgehensweise verglichen, wobei anhand der in Abschnitt 23 hergeleiteten Kriterien eine Aussage zu der Vorteilhaftigkeit der jeweiligen Alternativen getroffen werden soll. Ein Fokus wird in diesem Zusammenhang auf den Einfluss der Neuregelung auf die Komplexität des gesamten Regelwerks gelegt.

## 32 Definitionen und Anwendungsbereich

### 321. Definitionen im Zusammenhang mit dem Anwendungsbereich

Für das Verständnis des IAS 39 (2009) und des IFRS 9 sind diverse terminologische Grundlagen zu klären, um den Anwendungsbereich abzugrenzen. IFRS 9 verweist sowohl für die

---

319 Fragestellungen in Bezug auf die Bewertung von Finanzinstrumenten nach IFRS 9 werden in Abschn. 432. behandelt.

320 Der near final draft ist am 02.11.2009 erschienen, vgl. IASB (Hrsg.), Near final Draft IFRS 9. Der finale Standard folgte am 12.11.2009.

321 Vgl. IFRS 9.IN7 sowie MÄRKL, H./SCHABER, M., IFRS 9, S. 65. Der IFRS 9 ist aus dem ED 2009/7 entwickelt worden, vgl. IASB (Hrsg.), ED: Classification and Measurement.

322 Vgl. IFRS 9.IN12(a).

323 Vgl. IFRS 9.8.1.

324 Um für europäische Unternehmen verbindlich zu sein, müssen die Standards des IASB noch von einem demokratisch legitimierten Gremium in europäisches Recht übernommen werden. Dieser Vorgang wird als Endorsement bezeichnet und ist in der Verordnung (EG) Nr. 1606/2002 des Europäischen Parlaments und des Rates vom 19. Juli 2002 betreffend die Anwendung internationaler Rechnungslegungsstandards festgeschrieben, vgl. auch PELLENS, B./FÜLBIER, R. U./GASSEN, J./SELLHORN, T., Internationale Rechnungslegung, S. 96-100. Die Änderungen der Standards werden jeweils sukzessive durch die Verordnung (EG) Nr. 1126/2008 der Kommission vom 3. November 2008 in europäisches Recht übernommen. Vgl. zum rechtlichen Grundlage der Anwendung der IFRS in Deutschland auch KIRSCH, H.-J., Mitgliedsstaatenwahlrechte, S. 275-278.

325 Vgl. EFRAG (Hrsg.), Status Endorsement Report November 2009, S. 1.

326 Vgl. EFRAG (Hrsg.), CL: Classification and Measurement, S. 1.

relevanten Definitionen als auch für den Anwendungsbereich weitgehend auf die Regelungen des IAS 39 (2009).[327] Daher werden im Folgenden die Regelungen des IAS 39 (2009) vorgestellt, die dementsprechend auch für IFRS 9 von Bedeutung sind.

In Bezug auf die Abgrenzung des **Anwendungsbereichs** ist sowohl IAS 39 (2009) als auch IFRS 9 auf alle Arten von Finanzinstrumenten anzuwenden. Ein Finanzinstrument ist danach ein Vertrag, der gleichzeitig bei einem Unternehmen zu einem **finanziellen Vermögenswert** und bei einem anderen Unternehmen zu einer **finanziellen Verbindlichkeit** oder einem **Eigenkapitalinstrument** führt.[328]

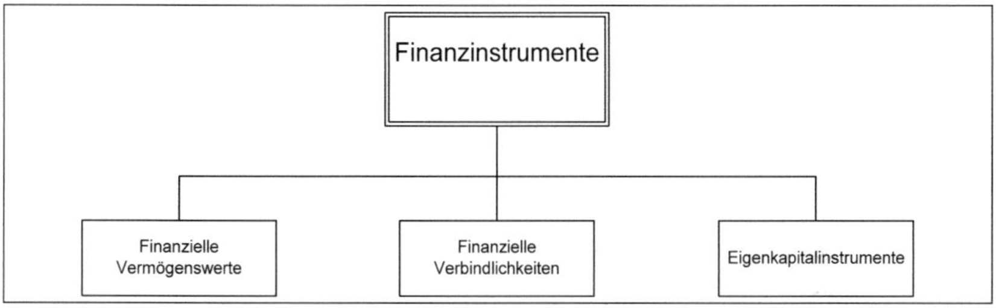


**Abbildung 3-1: Finanzinstrumente nach IFRS**[329]

Der „Vertrag" muss hierbei nicht unbedingt in Schriftform verfasst sein, auch eine mündliche Abrede kann als Vertrag i. S. der IFRS gelten.[330] Um das Kriterium eines Vertrages zu erfüllen, kommt es vielmehr auf den wirtschaftlichen Gehalt an – die Vertragsparteien dürfen sich den eindeutigen wirtschaftlichen Folgen kaum oder überhaupt nicht entziehen können.[331] Die Definition eines Finanzinstruments in den IFRS ist somit zweiseitig, ein Finanzinstrument muss jeweils bei einem Vertragspartner zu einem Vermögenswert und bei einem anderen Vertragspartner zu einer Schuld beziehungsweise einem Eigenkapitalinstrument führen. Hierdurch wird auch deutlich, dass es sich bei Finanzinstrumenten insgesamt um ein Nullsummenspiel handelt.[332]

327 Vgl. IFRS 9.2.1; Appendix A sowie .BC5.

328 Vgl. IAS 32.11; KURZ, L., Bilanzierung von Klimaschutzprojekten, S. 77-79 sowie BELLAVITE-HÖVERMANN, Y./BARCKOW, A., in: Baetge u. a., Rechnungslegung nach IFRS, Rz. 13. Für einen Überblick über unterschiedliche Definitionsmöglichkeiten des Begriffs „Finanzinstrument" vgl. BARCKOW, A., Bilanzierung von derivativen Finanzinstrumenten und Sicherungsbeziehungen, S. 8-11.

329 Vgl. KUHN, S./SCHARPF, P., Rechnungslegung von Financial Instruments, S. 81.

330 Vgl. BELLAVITE-HÖVERMANN, Y./MENN, B.-J./VIETHEN, H.-W., in: Baetge u. a., Rechnungslegung nach IFRS, Rz. 11; DELOITTE (Hrsg.), iGAAP 2009, S. 39 f.; KPMG (Hrsg.), Insights into IFRS, S. 407; BEINE, F./MEYER, C., in: Wiley-Handbuch 2010, Abschn. 7, Rz. 9 sowie WATRIN, C./SCHOLZ, A., in: HdJ, Abt. II/8 (2006), Rz. 181.

331 Vgl. IAS 32.13.

332 Vgl. SCHMIDT, M., Rechnungslegung von Finanzinstrumenten, S. 58.

Für die Definition eines Finanzinstruments und der einzelnen möglichen Umsetzungen eines Finanzinstruments wird auf die Definitionen des IAS 32 zurückgegriffen.[333] Dort wird ein **finanzieller Vermögenswert** definiert als:[334]

1. **Flüssige Mittel**,
2. ein **Eigenkapitalinstrument** eines anderen Unternehmens,
3. ein vertragliches **Recht**,
   3.1. flüssige Mittel oder andere finanzielle Vermögenswerte von einem anderen Unternehmen zu erhalten, oder
   3.2. finanzielle Vermögenswerte oder finanzielle Verbindlichkeiten mit einem anderen Unternehmen zu potenziell vorteilhaften Bedingungen zu tauschen, oder
4. einen **Vertrag**, der **in eigenen Eigenkapitalinstrumenten** des Unternehmens **erfüllt** werden wird oder werden kann und bei dem es sich um Folgendes handelt:
   4.1. ein nicht derivatives Finanzinstrument, das eine vertragliche Verpflichtung des Unternehmens enthält oder enthalten kann, eine variable Anzahl von Eigenkapitalinstrumenten des Unternehmens zu erhalten oder
   4.2. ein derivatives Finanzinstrument, das nicht durch Austausch eines festen Betrags an flüssigen Mitteln oder anderen finanziellen Vermögenswerten gegen eine feste Anzahl von Eigenkapitalinstrumenten des Unternehmens erfüllt wird oder werden kann. Nicht als Eigenkapitalinstrumente eines Unternehmens gelten zu diesem Zweck Instrumente, die gemäß den Paragraphen 16A und 16B des IAS 32 als Eigenkapital eingestuft sind (kündbare Instrumente), sowie Instrumente, die das Unternehmen dazu verpflichten, einer anderen Partei im Falle der Liquidation einen proportionalen Anteil an seinem Nettovermögen zu liefern und die gemäß den Paragraphen 16C und 16D des IAS 32 als Eigenkapital eingestuft sind, oder Instrumente, bei denen es sich um Verträge über den künftigen Empfang oder die künftige Lieferung von Eigenkapitalinstrumenten des Unternehmens handelt.

Durch diese Definitionen sind im Wesentlichen die Komponenten Geld, Geldforderungen, Eigenkapitalinstrumente und Derivate auf Eigenkapitalinstrumente abgedeckt.

Auch eine **finanzielle Verbindlichkeit** wird in IAS 32 definiert.[335] Danach besteht eine finanzielle Verbindlichkeit aus

1. einer vertraglichen Verpflichtung,
   1.1. flüssige Mittel oder einen anderen finanziellen Vermögenswert an ein anderes Unternehmen abzugeben, oder

---

333 Vgl. IAS 39.8 sowie OERTZEN, C. V., in: Beck IFRS-HB, Rz. 27.

334 Vgl. IAS 32.11.

335 Vgl. IAS 32.11; DELOITTE (Hrsg.), iGAAP 2009, S. 98 f.; KPMG (Hrsg.), Insights into IFRS, S. 407; ERNST & YOUNG (Hrsg.), International GAAP 2010, S. 2116 f. sowie OERTZEN, C. V., in: Beck IFRS-HB, Rz. 28.

1.2. finanzielle Vermögenswerte oder finanzielle Verbindlichkeiten mit einem anderen Unternehmen zu potenziell nachteiligen Bedingungen auszutauschen, oder
2. einem Vertrag, der in eigenen Eigenkapitalinstrumenten des Unternehmens erfüllt wird oder werden kann und bei dem es sich um Folgendes handelt:
   2.1. ein nicht derivatives Finanzinstrument, das eine vertragliche Verpflichtung des Unternehmens enthält oder enthalten kann, eine variable Anzahl von Eigenkapitalinstrumenten des Unternehmens abzugeben oder
   2.2. ein derivatives Finanzinstrument, das die Bedingungen des Absatzes 4.2 der Definition eines finanziellen Vermögenswerts erfüllt.

Durch diese Definition sind im Wesentlichen Kreditverbindlichkeiten, Lieferverbindlichkeiten und sonstige Ausleihungen abgedeckt.

Diese abstrakt formulierten Definitionen werden in der Bilanzierungspraxis weiter ausgelegt, insbesondere die Forderung der Unternehmenseigenschaft für das Vorliegen eines finanziellen Vermögenswerts oder einer finanziellen Verbindlichkeit sind teils nicht zielführend, da diese Restriktionen beispielsweise dazu führen würden, dass Kundenforderungen an Privatpersonen nicht in den Anwendungsbereich des IAS 39 (2009) fallen würden.[336] Diese sind indes explizit in den Definitionsbeispielen in IAS 32.AG4 aufgeführt und sollen daher wohl in den Anwendungsbereich des IAS 39 (2009) fallen.[337]

Ein **Eigenkapitalinstrument** wird als Vertrag definiert, der einen Residualanspruch an den Vermögenswerten nach Abzug aller dazugehörigen Schulden begründet.[338] Beispielhaft können hierfür Aktien, GmbH-Anteile sowie die meisten begebenen Options- oder Bezugsrechte genannt werden.[339]

Zudem wird ein **derivatives Finanzinstrument** (kurz: **Derivat**) als Finanzinstrument oder anderer Vertrag, der in den Anwendungsbereich des IAS 39 (2009) fällt, beschrieben, wobei das Derivat alle drei der nachstehenden Merkmale aufweist:[340]

1. Sein Wert verändert sich infolge einer Änderung eines bestimmten Zinssatzes, Preises eines Finanzinstruments, Rohstoffpreises, Wechselkurses, Preis- oder Zinsindexes, Bonitätsratings oder Kreditindexes oder einer ähnlichen Variablen, sofern im Fall einer nicht

336 Vgl. LÜDENBACH, N., in: Haufe IFRS-Kommentar, § 28, Rz. 7.

337 Vgl. OERTZEN, C. V., in: Beck IFRS-HB, Rz. 27.

338 Vgl. IAS 32.11; KPMG (Hrsg.), Insights into IFRS, S. 407 sowie PELLENS, B./FÜLBIER, R. U./GASSEN, J./SELLHORN, T., Internationale Rechnungslegung, S. 536. Zur Diskussion um die Abgrenzung von Eigen- und Fremdkapital vgl. BAETGE, J./KIRSCH, H.-J./LEUSCHNER, C.-F./JERZEMBEK, L., Kapitalabgrenzung, S. 2133-2138.

339 Vgl. BELLAVITE-HÖVERMANN, Y./BARCKOW, A., in: Baetge u. a., Rechnungslegung nach IFRS, Rz. 24.

340 Vgl. IAS 39.9; SAGMEISTER, E.-M., Bewertung von Finanzinstrumenten, S. 22-26 sowie KPMG (Hrsg.), Insights into IFRS, S. 408-413.

finanziellen Variablen die Variable nicht spezifisch für eine Partei des Vertrags ist (auch Basis genannt).[341]

2. Es erfordert keine Anschaffungsauszahlung oder eine, die im Vergleich zu anderen Vertragsformen, von denen zu erwarten ist, dass sie in ähnlicher Weise auf Änderungen der Marktbedingungen reagieren, geringer ist.
3. Es wird zu einem späteren Zeitpunkt beglichen.

Beispielhaft können hier etwa Zins- oder Währungsswaps angeführt werden. Allerdings ist diese Definition relativ weit, sodass auch bestimmte **Verträge über den Kauf oder Verkauf von nicht finanziellen Vermögenswerten** in den Anwendungsbereich der Standards fallen, sofern die Verträge durch Nettobarausgleich oder Nettoausgleich durch ein anderes Finanzinstrument beglichen werden können.[342] Hierdurch sollen Sachverhalte abgedeckt werden, bei denen ein Unternehmen Verträge über den Kauf oder Verkauf von nicht finanziellen Posten abschließt, um mit diesen Verträgen zu handeln, also nicht die Absicht hat, die zugrunde liegende nicht finanzielle Position tatsächlich zur originären Bedarfsdeckung zu nutzen. In diesen Fällen steht die Wertentwicklung des Vertrags im Vordergrund; die Möglichkeit des Bezugs des zugrunde liegenden Guts oder der Dienstleistung ist für das betreffende Unternehmen eher unbedeutend. Eine Ausnahme hiervon besteht allerdings, sofern der Vertrag durch ein Unternehmen eingegangen wurde (und gehalten wird), um den eigenen Bedarf an dem zugrunde liegenden nicht finanziellen Vermögenswert zu decken (Own Use Exemption).[343] Dies gilt etwa für Stromlieferverträge, sofern das Unternehmen den Strom selbst verbraucht. Ein derartiger Vertrag stellt kein Finanzderivat dar.[344] In diesem Fall sind die Verträge nicht als Finanzinstrument zu qualifizieren, weil für das Unternehmen dann gerade nicht die Wertentwicklung des Vertrags im Vordergrund steht.[345] Der Vertrag wird vielmehr im Lauf der üblichen Geschäftstätigkeit in Anspruch genommen.

In den Anwendungsbereich der Standards fallen zudem bestimmte **Kreditzusagen** und **finanzielle Garantien**.[346]

Schließlich werden einige **Ausnahmen von dem Anwendungsbereich** definiert, die großteils darauf beruhen, dass die ausgegrenzten Sachverhalte durch andere Standards geregelt werden.[347] Die Gesamtheit dieser Ausklammerungen verfolgt im Wesentlichen das Ziel, Überschneidungen mit anderen Standards zu vermeiden. Es werden daher Sachverhalte vom Anwendungsbereich der Standards ausgeschlossen, für die speziellere Regelungen in anderen

341 Der letzte Halbsatz wurde in Abgrenzung zu IFRS 4 in IAS 39 eingefügt und soll eine klare Abgrenzung von nach IAS 39 zu bilanzierenden Derivaten von Versicherungsverträgen, die in den Anwendungsbereich von IFRS 4 fallen, sicherstellen, vgl. IAS 39.AG12A.

342 Vgl. IAS 39.5. Zu dem Themenbereich der Verträge über den Kauf oder Verkauf von nicht finanziellen Posten hat das IDW eine Stellungnahme veröffentlicht, vgl. HFA DES IDW (Hrsg.), IDW RS HFA 25.

343 Vgl. IAS 39.5-7.

344 So auch HFA DES IDW (Hrsg.), IDW RS HFA 25, Rz. 6.

345 Vgl. LÜDENBACH, N., in: Haufe IFRS-Kommentar, § 28, Rz. 216 sowie zu den genauen Kriterien KUHN, S., Bilanzielle Abbildung von Finanzinstrumenten, S. 107-110.

346 Vgl. IAS 39.4 sowie .9.

347 Vgl. jeweils mit Verweis auf den anzuwendenden Standard IAS 39.2.

Standards existieren, und Rückverweise auf IAS 39 (2009) beziehungsweise IFRS 9 eingefügt, wenn die dortigen Regelungen Einzelsachverhalten besser entsprechen.

### 322. Weitere Definitionen im Zusammenhang mit der Bilanzierung von Finanzinstrumenten

Über die Abgrenzung des Anwendungsbereichs hinaus werden einige weitere Definitionen angeführt. Zunächst wird definiert, unter welchen Umständen ein Finanzinstrument zu Handelszwecken[348] gehalten wird (**Held-for-Trading**). Hierbei handelt es sich insbesondere um Finanzinstrumente, die

- primär mit der Absicht einer kurzfristigen Veräußerung erworben beziehungsweise eingegangen wurden,
- Teil eines gemeinsam verwalteten Portfolios sind, wobei das erkennbare Portfolioziel in der kurzfristigen Gewinnerzielung besteht, oder
- als derivative Finanzinstrumente nicht Teil einer Sicherungsbeziehung sind.[349]

Abschließend werden **Transaktionskosten** definiert. Danach handelt es sich um zusätzliche Kosten, die dem Erwerb, der Emission oder der Veräußerung eines finanziellen Vermögenswerts unmittelbar zuzurechnen sind.[350]

Im folgenden Abschnitt werden der erstmalige Ansatz und die Kategorisierung von finanziellen Vermögenswerten einer genaueren Betrachtung unterzogen. Hierfür wird anfangs der Zeitpunkt der Einbuchung untersucht, bevor die Kategorisierung zunächst nach den derzeit gültigen Regelungen des IAS 39 (2009) und anschließend nach IFRS 9 erläutert wird.

## 33 Erstmaliger Ansatz und Kategorisierung finanzieller Vermögenswerte

### 331. Ansatz und Kategorisierung nach IAS 39 (2009)

#### 331.1 Zeitpunkt der erstmaligen Erfassung eines finanziellen Vermögenswerts

Finanzielle Vermögenswerte werden dann und nur dann in der Bilanz angesetzt, wenn das Unternehmen Vertragspartei geworden ist.[351] Die Ansatzvoraussetzung knüpft also daran, dass das Unternehmen einen **Vertrag** im Zusammenhang mit dem Finanzinstrument eingegangen ist, die bisherige Zahlungswirksamkeit des Instruments wird nicht weiter betrachtet. In den IFRS werden auch solche Finanzinstrumente in der Bilanz angesetzt, die zum Ansatz-

---

348 Handel wird in IAS 39.AG14 weiter definiert als aktive und häufige Kauf- und Verkaufstätigkeit, wobei zu Handelszwecken gehaltene Finanzinstrumente im Regelfall der Gewinnerzielung durch die Ausnutzung kurzfristiger Preisschwankungen dienen.

349 Vgl. IAS 39.9 sowie PELLENS, B./FÜLBIER, R. U./GASSEN, J./SELLHORN, T., Internationale Rechnungslegung, S. 543. Ausgenommen hiervon sind Derivate, die als finanzielle Garantie oder Sicherheitsinstrument designiert wurden und als solche effektiv sind.

350 Vgl. IAS 39.9. Als „zusätzlich“ sind Kosten dann anzusehen, wenn diese nicht entstanden wären, wenn das Unternehmen das Finanzinstrument nicht erworben, emittiert oder veräußert hätte, vgl. auch BEINE, F./MEYER, C., in: Wiley-Handbuch 2010, Abschn. 7, Rz. 9.

351 Vgl. IAS 39.14.

zeitpunkt lediglich schwebende Geschäfte darstellen, worin ein wesentlicher Unterschied zu der Rechnungslegung nach dem HGB besteht.[352] Hierbei sind im Wesentlichen Derivate zu nennen, die in ihrem Ursprungszeitpunkt meist einen Wert von null oder einen im Vergleich zum späteren Erfüllungsbetrag nur unwesentlichen Wert haben.[353] Während im HGB derartige Instrumente als schwebende Geschäfte lediglich im Verlustfall durch Rückstellungen berücksichtigt werden, sehen die IFRS hier eine grundsätzliche Ansatzpflicht vor.[354]

Somit sehen die IFRS einen generellen Ansatz von Finanzinstrumenten am Handelstag vor.[355] Indes ist in IAS 39.38 eine Ausnahme von dieser Regel festgeschrieben: Für den marktüblichen Kauf oder Verkauf von Finanzinstrumenten[356] wird ein Wahlrecht zur alternativen Erfassung zum Handels- oder zum Erfüllungstag gewährt.[357] Diese Ausnahme soll im Wesentlichen gewöhnliche Wertpapiergeschäfte abdecken, bei denen die Erfüllung oder Lieferung i. d. R. erst einige Tage nach dem Handelstag stattfindet.[358] Das Wahlrecht ist für alle Käufe und Verkäufe von finanziellen Vermögenswerten, die derselben Kategorie angehören, stetig anzuwenden.[359] Sofern der Vertrag allerdings einen Nettoausgleich vorsieht – es sich also um ein derivatives Finanzinstrument wie einen Zinsswap handelt –, ist er explizit von diesem Wahlrecht ausgeschlossen; derartige Verträge sind bis zum Erfüllungstag als Derivat zu bilanzieren.[360]

## 331.2 Die Kategorisierung finanzieller Vermögenswerte nach IAS 39 (2009)

### 331.21 Überblick

Nachdem die Frage über den Bilanzansatz bejaht werden konnte, muss das Finanzinstrument einer der Kategorien des IAS 39 (2009) zugeordnet werden. Auf der Aktivseite sind hierfür die folgenden vier Kategorien vorgesehen:[361]

- At Fair Value through Profit or Loss,
- Held-to-Maturity,
- Loans and Receivables und
- Available-for-Sale.

---

352 Vgl. BELLAVITE-HÖVERMANN, Y./BARCKOW, A., in: Baetge u. a., Rechnungslegung nach IFRS, Rz. 84. Den Begriff des schwebenden Geschäfts erläutern auch BAETGE/KIRSCH/THIELE, vgl. BAETGE, J./KIRSCH, H.-J./THIELE, S., Bilanzen, S. 438 f.

353 Vgl. zum Begriff des Derivats KUHN, S., Bilanzielle Abbildung von Finanzinstrumenten, S. 102-106.

354 Vgl. BELLAVITE-HÖVERMANN, Y./BARCKOW, A., in: Baetge u. a., Rechnungslegung nach IFRS, Rz. 84 f. sowie BAETGE, J./KIRSCH, H.-J./THIELE, S., Bilanzen, S. 437-443.

355 Vgl. DELOITTE (Hrsg.), iGAAP 2009, S. 386.

356 Zur Definition eines marktüblichen Kaufs oder Verkaufs von Finanzinstrumenten vgl. IAS 39.9.

357 Vgl. ERNST & YOUNG (Hrsg.), International GAAP 2010, S. 2155 sowie BEINE, F./MEYER, C., in: Wiley-Handbuch 2010, Abschn. 7, Rz. 178-181.

358 Vgl. BEINE, F./MEYER, C., in: Wiley-Handbuch 2010, Abschn. 7, Rz. 178.

359 Vgl. IAS 39.AG53.

360 Vgl. IAS 39.AG54.

361 Vgl. IAS 39.9 sowie DELOITTE (Hrsg.), iGAAP 2009, S. 41.

In diesem Abschnitt werden zunächst isoliert die Kategorisierungsvoraussetzungen – sukzessive für die jeweiligen Kategorien – vorgestellt. Die Bewertung, die von der Kategorisierung wesentlich beeinflusst wird, wird erst im späteren Kapitel 4 thematisiert.

### 331.22 Kategorisierung in der Kategorie At Fair Value through Profit or Loss

In diese Kategorie werden Finanzinstrumente aus zwei Gruppen eingeordnet: Einige finanzielle Vermögenswerte **müssen** dieser Gruppe zugeordnet werden (Pflichtbestandteile), andere **können** dieser Gruppe zugeordnet werden (optionale Bestandteile).[362] Der Pflichtbestandteil umfasst Instrumente, die von dem Unternehmen zu Handelszwecken gehalten werden (Held-for-Trading).[363] Sofern ein Unternehmen etwa eine Aktie oder Anleihe erwirbt, um kurzfristige Wertschwankungen auszunutzen, sind diese Instrumente verpflichtend der Kategorie At Fair Value through Profit or Loss zuzuordnen. Zu der Gruppe der zu Handelszwecken gehaltenen Finanzinstrumente gehören definitionsgemäß auch alle vom Unternehmen gehaltenen Derivate wie etwa ein Zinsswap.[364] Nach IAS 39 (2009) sind daher insbesondere finanzielle Vermögenswerte erfolgswirksam zum beizulegenden Zeitwert zu bilanzieren, die das Unternehmen mit der Absicht, von kurzfristigen Wertschwankungen zu profitieren, erworben hat und/oder die eine sehr volatile Wertentwicklung aufweisen. Letztere Eigenschaft ist insbesondere derivativen Finanzinstrumenten (Derivate) zuzusprechen.

Darüber hinaus können bestimmte Finanzinstrumente durch die Fair Value-Option im Zugangszeitpunkt wahlweise in diese Kategorie eingeordnet werden.[365] In ihrer ursprünglichen Version konnte die Fair Value-Option auf alle Finanzinstrumente – mit der einzigen Einschränkung für Eigenkapitalinstrumente, die nicht auf einem aktiven Markt gehandelt werden und deren Fair Value nicht verlässlich ermittelbar ist –[366] angewandt werden.[367] Diese Version wurde in den am 17.12.2003 und ab dem 01.01.2005 gültigen IAS 39 übernommen. Allerdings wurde dieser weite Anwendungsbereich des Fair Value erheblich kritisiert, u. a. durch die Europäische Zentralbank und die im sog. Baseler Ausschuss vertretenen Aufsichtsbehörden.[368] Die Hauptkritik bezog sich auf die schwere Nachvollziehbarkeit der Fair Values, die befürchteten Ergebnisvolatilitäten und die Unzulässigkeit der Bewertung finanzieller Verbindlichkeiten zum Fair Value gemäß Art. 42a der vierten Gesellschaftsrechtsrichtlinie.[369] Der

---

362 Teilweise wird daher auch von zwei „Subkategorien" gesprochen, in die die Kategorie At Fair Value through Profit or Loss aufgeteilt werden kann, vgl. etwa KURZ, K., IAS 39, S. 42 sowie KPMG (Hrsg.), Insights into IFRS, S. 430.

363 Vgl. für eine Definition des Begriffs „Held-for-Trading" Abschn. 322.

364 Vgl. Abschn. 32 sowie IAS 39.9. Ausgenommen hiervon sind Derivate, die als finanzielle Garantie oder Sicherheitsinstrument designiert wurden und als solche effektiv sind.

365 Vgl. KPMG (Hrsg.), Insights into IFRS, S. 430. Die freiwillige Designation eines Finanzinstruments in die Kategorie ist irreversibel – ein in dieser Kategorie eingeordnetes Instrument kann zu einem späteren Zeitpunkt nicht mehr umklassifiziert werden, vgl. WEBER, C.-P., in: Wiley Kommentar 2008, Rz. 14. Zu den Möglichkeiten, Finanzinstrumente einer anderen Kategorie zuzuordnen vgl. Abschn. 331.27.

366 Vgl. ERNST & YOUNG (Hrsg.), International GAAP 2008, S. 1204.

367 Vgl. BARCKOW, A., ED Fair Value Option, S. 793 f.

368 Vgl. BURKHARDT, K./KLINGELS, B./SCHMIDT, M., in: Thiele u. a., Internationales Bilanzrecht, Rz. 144 sowie IASB (Hrsg.), The Fair Value Option, S. 4 Rn. 3.

369 Vgl. BURKHARDT, K./KLINGELS, B./SCHMIDT, M., in: Thiele u. a., Internationales Bilanzrecht, Rn. 144.

IAS 39 (2005) wurde daher in dieser Fassung von der EU nicht vollständig übernommen (endorsed), die Fair Value-Option wurde durch die EU erheblich eingeschränkt und nur mit zwei Ausnahmen anerkannt.[370] Als Reaktion hierauf hat der IASB sich für eine Einschränkung der Fair Value-Option entschieden,[371] nach deren Umsetzung der IAS 39 vollständig durch die EU übernommen wurde.[372] Nunmehr ist die Fair Value-Option auf drei Arten von Finanzinstrumenten anwendbar:[373]

1. Finanzinstrumente, bei denen die Bewertung zum beizulegenden Zeitwert helfen würde, **bewertungsabhängige Verzerrungen** (Rechnungslegungsanomalien) zu beseitigen oder signifikant zu vermindern.
2. Finanzinstrumente aus einem Portfolio ähnlicher Finanzinstrumente, die auf Basis ihres **beizulegenden Zeitwerts gesteuert** werden.
3. **Hybride Finanzinstrumente**, die nach IAS 39.11 aufzuspalten wären (IAS 39.11A).

Die drei durch die Fair Value-Option zugelassenen Wahlrechte können in zwei Untergruppen unterteilt werden: Die **beiden erstgenannten Alternativen** sind immer dann relevant, wenn hierdurch zuverlässigere und relevantere Informationen über die Auswirkung von Geschäftsvorfällen, sonstigen Ereignissen und Bedingungen auf die Vermögens-, Finanz- und Ertragslage des Unternehmens vermittelt werden.[374] **Rechnungslegungsanomalien** werden als ein Sachverhalt definiert, bei dem ein zusammengehöriger finanzieller Vermögenswert und eine finanzielle Verbindlichkeit unterschiedlich angesetzt oder unterschiedlich bewertet werden.[375] So könnte beispielsweise ein finanzieller Vermögenswert zu fortgeführten Anschaffungskosten bewertet werden, während eine in einem nachweisbaren ökonomischen Zusammenhang stehende Verbindlichkeit zum Fair Value angesetzt wird.[376] Dadurch können Gewinne oder Verluste ausgewiesen werden, die durch eine konsequente Erfassung der beiden zusammengehörigen Finanzinstrumente zum Fair Value vermieden werden könnten. In diesem Fall kann die Relevanz der vermittelten Rechnungslegungsinformationen durch die Designation des finanziellen Vermögenswerts zum Fair Value gesteigert werden.[377]

Die zweite Voraussetzung bezieht sich nicht primär auf die Eigenschaft des Finanzinstruments, sondern vielmehr auf die **Steuerungsgrundlage**, durch die das Unternehmen das Finanzinstrument beurteilt. Falls ein Unternehmen eine Gruppe von Finanzinstrumenten auf Basis der Fair Values steuert, kann es derartige Instrumente wahlweise in diese Kategorie

370 Vgl. OERTZEN, C. V., in: Beck IFRS-HB, Rz. 6.
371 Vgl. IASB (Hrsg.), The Fair Value Option, S. 4 Rn. 4.
372 Zu dem Überarbeitungsprozess vgl. KÜTING, P./DÖGE, B./PFINGSTEN, A., Neukonzeption der Fair Value-Option nach IAS 39, S. 597-612.
373 Vgl. PELLENS, B./FÜLBIER, R. U./GASSEN, J./SELLHORN, T., Internationale Rechnungslegung, S. 543 f. sowie JENSEN-NISSEN, L., IAS 32/IAS 39, S. 100-102.
374 Vgl. IAS 39.AG4(c).
375 Vgl. FIECHTER, P., Fair Value Option, S. 31-34.
376 Vgl. LÜDENBACH, N., in: Haufe IFRS-Kommentar, § 28, Rz. 32 sowie OERTZEN, C. V., in: Beck IFRS-HB, Rz. 59-61.
377 Vgl. ERNST & YOUNG (Hrsg.), International GAAP 2010, S. 2186 f. sowie KPMG (Hrsg.), Insights into IFRS, S. 432-435.

einordnen. Hierfür wird allerdings als weitere Voraussetzung die Dokumentation einer Risikomanagement- und Anlagestrategie sowie die interne Berichterstattung auf Basis des Fair Value an die Person in einer Schlüsselposition i. S. des IAS 24 vorgeschrieben.[378] Sofern diese zweite Fair Value-Option von einem Unternehmen genutzt wird, ist die Entscheidung für alle infrage kommenden Finanzinstrumente, die gemeinsam gesteuert werden, bindend.[379]

Die letzte Alternative besteht im Rahmen der Sonderregelungen zur Bilanzierung von **hybriden Finanzinstrumenten**. Unter bestimmten Bedingungen[380] sind diese getrennt als derivativer und nicht derivativer Teil zu bilanzieren. Diese Trennungspflicht kann von dem Bilanzierenden umgangen werden, indem das gesamte hybride Finanzinstrument zum Fair Value bilanziert wird.[381] Die Option zielt also primär auf eine **einfachere Bilanzierung** von Finanzinstrumenten mit eingebetteten Derivaten, die bei Ausübung der Option zur Bilanzierung des gesamten Instruments zum beizulegenden Zeitwert nicht mehr getrennt bilanziert werden müssen.[382] Für die Nutzung der Fair Value-Option werden in diesem Zusammenhang weitere Anforderungen an das hybride Finanzinstrument gestellt, die in Abschnitt 331.3 näher dargestellt werden.

Ein Finanzinstrument kann jeweils nur als Ganzes zum Fair Value angesetzt werden, eine komponentenweise oder prozentuale Designation eines Finanzinstruments zum Fair Value ist ausgeschlossen.[383] Indes darf ein Unternehmen, das gleichzeitig zwei oder mehrere identische Finanzinstrumente emittiert, wahlweise nur einige dieser Finanzinstrumente zum Fair Value ansetzen, wenn die generellen Voraussetzungen hierfür erfüllt sind.[384] Eine Ausnahme hiervon bilden Finanzinstrumente, die auf Basis des beizulegenden Zeitwerts gesteuert werden: Hier ist das Bilanzierungswahlrecht – wie oben beschrieben – für alle so gesteuerten Instrumente identisch auszuüben. Zudem darf die Fair Value-Option nicht auf Eigenkapitalinstrumente angewendet werden, die nicht an einem aktiven Markt gehandelt werden und deren Fair Value nicht verlässlich ermittelbar ist.[385]

### 331.23 Kategorisierung in der Kategorie Held-to-Maturity

Die Kategorie Held-to-Maturity umfasst finanzielle Vermögenswerte, die vom Unternehmen bis zur Endfälligkeit gehalten werden und bei denen eine zwischenzeitige Veräußerung nicht vorgesehen ist.[386] Hierfür müssen zweierlei Bedingungen erfüllt sein: Zunächst werden be-

---

378 Vgl. IAS 39.9(b)(ii) sowie LÜDENBACH, N., in: Haufe IFRS-Kommentar, § 28, Rz. 3.

379 Vgl. IAS 39.AG4J.

380 Vgl. hierzu und zu den an die Anwendung geknüpften Bedingungen Abschn. 331.3.

381 Vgl. IAS 39.11.

382 Vgl. LÜDENBACH, N., in: Haufe IFRS-Kommentar, § 28, Rz. 32 sowie DELOITTE (Hrsg.), iGAAP 2009, S. 43.

383 Vgl. BURKHARDT, K./KLINGELS, B./SCHMIDT, M., in: Thiele u. a., Internationales Bilanzrecht, Rz. 148.

384 Vgl. IAS 39.BC86(a) sowie ERNST & YOUNG (Hrsg.), International GAAP 2010, S. 2189.

385 Vgl. IAS 39.9; .11A und .AG4C; ERNST & YOUNG (Hrsg.), International GAAP 2010, S. 2187 sowie KPMG (Hrsg.), Insights into IFRS, S. 433.

386 Vgl. BAETGE, J./KIRSCH, H.-J./THIELE, S., Bilanzen, S. 339-341 sowie OERTZEN, C. V., in: Beck IFRS-HB, Rz. 74.

stimmte Anforderungen an den **finanziellen Vermögenswert** selbst gestellt, darüber hinaus muss das bilanzierende **Unternehmen** bestimmte Bedingungen erfüllen.[387]

Ein **finanzieller Vermögenswert** muss – damit es bis zur Endfälligkeit gehalten werden kann – zunächst eine Endfälligkeit aufweisen, also über eine feste Laufzeit verfügen, zudem müssen dem Finanzinstrument feste oder bestimmbare Zahlungen zugrunde liegen.[388] Die Voraussetzungen werden grundsätzlich von den meisten schuldrechtlichen Wertpapieren erfüllt,[389] die daher für eine Einordnung in die Kategorie geeignet sind. Allerdings dürfen die Bedingungen für einen Ansatz in der Kategorie Loans and Receivables nicht erfüllt sein, da ansonsten diese Kategorisierung vorzuziehen wäre. Auch die Ausübung der Fair Value-Option und die hieraus folgende Kategorisierung At Fair Value through Profit or Loss geht der Einordnung in die Kategorie Held-to-Maturity vor.[390] Falls dem Emittenten des Schuldinstruments ein Kündigungsrecht zusteht, kann auch dies der Kategorisierung als bis zur Endfälligkeit gehaltener finanzieller Vermögenswert entgegenstehen, wenn der Rückkaufswert wesentlich unter dem Buchwert liegt.[391] Zudem kann ein finanzieller Vermögenswert die Bedingungen nicht erfüllen, wenn er durch den Inhaber (also durch das bilanzierende Unternehmen) gekündigt werden kann, da die Zahlung der Prämie für diese Rückgabeoption im Widerspruch zu der Halteabsicht des Managements steht.[392] Eigenkapitalinstrumente, die einen Anspruch auf den Residualgewinn des Unternehmens begründen, können einerseits aufgrund ihrer fehlenden Endfälligkeit und andererseits aufgrund der fehlenden Bestimmbarkeit der Zahlungsströme nicht in der Kategorie Held-to-Maturity eingeordnet werden.[393] Im Wesentlichen werden somit Anleihen für diese Kategorie infrage kommen, die über eine feste Endfälligkeit verfügen und die nicht auf einem aktiven Markt gehandelt werden.

---

387 Vgl. KPMG (Hrsg.), Insights into IFRS, S. 435-440 sowie BAETGE, J./KIRSCH, H.-J./THIELE, S., Bilanzen, S. 336.

388 Vgl. IAS 39.9 ERNST & YOUNG (Hrsg.), International GAAP 2010, S. 2193.

389 Vgl. NIEMEYER, K., Bilanzierung von Finanzinstrumenten nach IAS, S. 81. Feste oder bestimmbare Zahlungen beziehen sich auf die vertraglich vereinbarten Zahlungen – Unsicherheiten über die Bonität des Kontrahenten schließen eine Kategorisierung als bis zur Endfälligkeit gehaltenes Instrument nicht aus. Auch die variable Verzinsung eines Schuldinstruments ist nicht unbedingt ein Grund, der dazu führt, dass die Zahlungsreihe nicht mehr bestimmbar ist. Somit können auch Schuldinstrumente mit variabler Verzinsung die Bedingungen erfüllen, vgl. IAS 39.AG17.

390 Vgl. IAS 39.9.

391 Vgl. IAS 39.AG18 sowie ERNST & YOUNG (Hrsg.), International GAAP 2010, S. 2193. Durch den Ausschluss von Instrumente, bei deren Kündigung das Unternehmen den Buchwert nicht im Wesentlichen zurückerlangen kann, will der IASB wohl vermeiden, dass dieser Kategorie sehr riskante Instrumente zugeordnet werden. In Bezug auf diese Ausnahme äußert sich der IASB zwar nicht konkret in den Basis for Conclusions, allerdings können wohl die Ausführungen im Zusammenhang mit dem Ausschluss von Instrumenten, deren ursprüngliches Investment nicht mehr nahezu vollständig zurückerlangt werden kann, von der Kategorie Loans and Receivables auf diesen Zusammenhang übertragen werden, vgl. IAS 39.BC29.

392 Vgl. IAS 39.AG19 sowie DELOITTE (Hrsg.), iGAAP 2009, S. 63. Wenn ein Unternehmen die Möglichkeit hat, einen finanziellen Vermögenswert vor der Endfälligkeit zurückzugeben, wird der Emittent für diese gestiegene Planungsunsicherheit eine Entlohnung erhalten haben. Die Zahlung dieser Entlohnung durch das Unternehmen steht im Widerspruch mit der Halteabsicht, da bei einer tatsächlichen Halteabsicht des Unternehmens die Zahlung der Option eine Ausgabe ohne ökonomischen Gegenwert darstellen würde.

393 Vgl. IAS 39.AG17 sowie LÜDENBACH, N., in: Haufe IFRS-Kommentar, § 28, Rz. 131.

An das bilanzierende **Unternehmen** wird insbesondere die Anforderung gestellt, dass es willens und in der Lage sein muss, den finanziellen Vermögenswert bis zur Endfälligkeit zu halten.[394] Die erste Unterbedingung des Haltewillens ist eine Entscheidung des Managements, das in der Unternehmensplanung von einer langfristigen Nutzung des Vermögenswerts ausgehen muss. Indes existiert kein objektiver Beurteilungsmaßstab, um die Halteabsicht des Managements zu messen.[395] Daher werden zunächst Ausnahmetatbestände definiert, bei deren die **Halteabsicht** des Unternehmens nicht ausreichend ist:[396]

1. Das Unternehmen beabsichtigt, den finanziellen Vermögenswert für einen **nicht definierten Zeitraum** zu halten,
2. das Unternehmen **ist jederzeit bereit**, den finanziellen Vermögenswert (außer in nicht wiederkehrenden, vom Unternehmen nicht vernünftigerweise vorhersehbaren Situationen)[397] als Reaktion auf Änderungen der Marktzinsen oder -risiken, des Liquiditätsbedarfs, Änderungen der Verfügbarkeit und Verzinsung alternativer Finanzinvestitionen, Änderungen der Finanzierungsquellen und -bedingungen oder Änderungen des Währungsrisikos zu **verkaufen** oder
3. der **Emittent hat das Recht**, den finanziellen Vermögenswert zu einem Betrag zu begleichen, der wesentlich unter den fortgeführten Anschaffungskosten liegt.[398]

Die **Fähigkeit** des Unternehmens, den Vermögenswert bis zur Endfälligkeit zu halten, lässt sich dabei letztendlich nur auf Basis der langfristigen Unternehmensplanung verifizieren. Daher werden einige Ausnahmetatbestände definiert, die eine Klassifizierung als bis zur Endfälligkeit gehalten untersagen, falls das Unternehmen zum einen nicht über ausreichende finanzielle Ressourcen verfügt, um den Vermögenswert bis zur Endfälligkeit zu halten. Zum anderen werden Sachverhalte ausgeschlossen, bei denen das Unternehmen aufgrund gesetzlicher oder anderer Beschränkungen davon abgehalten werden könnte, den Vermögenswert bis zur Endfälligkeit zu halten.[399] Diese Aufzählung der Ausschlussgründe ist indes nicht abschließend, es können weitere Gründe vorliegen, die der Erfüllung der grundsätzlichen Voraussetzungen entgegenstehen.[400] Die Halteabsicht und Fähigkeit des Inhabers ist permanent über die Laufzeit der Finanzinvestition zu überprüfen.[401]

---

394 Vgl. LÜDENBACH, N., in: Haufe IFRS-Kommentar, § 28, Rz. 131-134 sowie BAETGE, J./KIRSCH, H.-J./THIELE, S., Bilanzen, S. 336.

395 Vgl. NIEMEYER, K., Bilanzierung von Finanzinstrumenten nach IAS, S. 82.

396 Vgl. IAS 39.AG16.

397 Gemäß IAS 39.AG21 werden „Katastrophenszenarios" wie ein Run auf die Bank bei Beurteilungen in Bezug auf die Tainting Rule nicht berücksichtigt.

398 In den Anwendungshinweisen zu IAS 39 wird das Rückkaufrecht des Emittenten neben den Eigenschaften, die einem finanziellen Vermögenswert zugerechnet werden, auch bei der Beurteilung der Halteabsicht des Managements aufgezählt, da es gegen die Halteabsicht des Managements spricht, wenn dieses einen finanziellen Vermögenswert mit einer wesentlichen Rückkaufoption abschließt.

399 Vgl. IAS 39.AG23.

400 Vgl. IAS 39.AG24.

401 Vgl. IAS 39.AG25.

Aufgrund des fehlenden objektiven Beurteilungsmaßstabs zur Abschätzung der Halteabsicht des Managements wurde zudem die sog. **Tainting Rule** in den IAS 39 (2009) integriert.[402] Diese Regel besagt, dass keine finanziellen Vermögenswerte als bis zur Endfälligkeit gehalten klassifiziert werden dürfen, wenn im laufenden Geschäftsjahr oder während der vergangenen zwei Geschäftsjahre mehr als ein unwesentlicher Teil der so klassifizierten finanziellen Vermögenswerten vor der Endfälligkeit veräußert oder in eine andere Kategorie umgegliedert wurde.[403] Bei der Beurteilung der Wesentlichkeit der Veräußerung oder Umgliederung ist der Gesamtbestand der in dieser Kategorie eingeordneten Vermögenswerte relevant.[404] Die Wesentlichkeitsgrenze wird in IAS 39 (2009) nicht näher spezifiziert, in der Literatur wird eine Grenze zwischen 15 % und 20 % diskutiert.[405] Allerdings wird die Tainting Rule durch drei Ausnahmetatbestände eingeschränkt, bei deren Vorliegen die Veräußerung nicht schädlich ist:[406] Die Veräußerung oder Umgliederung

1. liegt so nahe am **Endfälligkeits- oder Ausübungstermin**[407] des finanziellen Vermögenswerts (z. B. weniger als drei Monate vor Ablauf), dass Veränderungen des Marktzinses keine wesentlichen Auswirkungen auf den beizulegenden Zeitwert des finanziellen Vermögenswerts haben würden;
2. findet statt, nachdem das Unternehmen **nahezu den gesamten ursprünglichen Kapitalbetrag**[408] des finanziellen Vermögenswerts durch planmäßige oder vorzeitige Zahlungen eingezogen hat; oder
3. ist einem **isolierten Sachverhalt** zuzurechnen, der sich der Kontrolle des Unternehmens entzieht, von einmaliger Natur ist und von diesem praktisch nicht vorhergesehen werden konnte.

In Bezug auf den dritten Ausnahmetatbestand werden Beispiele genannt, bei denen die Veräußerung unschädlich ist. Die Veräußerung ist danach unschädlich, bei

1. einer wesentlichen **Verschlechterung der Bonität** des Emittenten,
2. einer Änderung der **Steuergesetzgebung**, wodurch die Steuerbefreiung von Zinsen auf die bis zur Endfälligkeit gehaltenen Finanzinvestitionen abgeschafft oder wesentlich reduziert wird,
3. einem bedeutenden **Unternehmenszusammenschluss** oder einer bedeutenden Veräußerung (wie der Verkauf eines Unternehmenssegments), wodurch der Verkauf oder die Übertragung von bis zur Endfälligkeit gehaltenen Finanzinvestitionen zur Aufrechterhal-

---

402 Vgl. Ernst & Young (Hrsg.), International GAAP 2010, S. 2195-2198; Deloitte (Hrsg.), iGAAP 2009, S. 66-77; KPMG (Hrsg.), Insights into IFRS, S. 439 f.; Oertzen, C. v., in: Beck IFRS-HB, Rz. 65 sowie Kuhn, S./Scharpf, P., Rechnungslegung von Financial Instruments, S. 117.

403 Vgl. IAS 39.9.

404 Vgl. Oertzen, C. v., in: Beck IFRS-HB, Rz. 65.

405 Vgl. Bailey, G./Wild, K., IAS, S. 411.

406 Vgl. IAS 39.9 sowie Oertzen, C. v., in: Beck IFRS-HB, Rz. 65.

407 Eine Veräußerung dürfte drei Monate vor der Endfälligkeit unschädlich sein, vgl. Ernst & Young (Hrsg.), International GAAP 2010, S. 2196.

408 Als Grenze werden hier etwa 90 % der Zahlungen diskutiert, vgl. Ernst & Young (Hrsg.), International GAAP 2010, S. 2196.

tung der aktuellen Zinsrisikoposition oder Kreditrisikopolitik des Unternehmens erforderlich wird,
4. einer wesentlichen Änderung der **gesetzlichen oder aufsichtsrechtlichen Bestimmungen** auf die Zulässigkeit von Finanzinvestitionen oder deren Höchstbetrag, die das Unternehmen zwingen, ein Finanzinstrument zu veräußern,
5. einer wesentlichen Erhöhung der für den Industriezweig geforderten **aufsichtsrechtlichen Eigenkapitalausstattung** oder
6. einer wesentlichen Erhöhung der **aufsichtsrechtlichen Risikogewichtung** von bis zur Endfälligkeit gehaltenen Finanzinvestitionen.[409]

### 331.24 Kategorisierung in der Kategorie Loans and Receivables

Der Kategorie Loans and Receivables werden nicht derivative finanzielle Vermögenswerte mit festen oder bestimmbaren Zahlungen zugeordnet, die nicht auf einem aktiven Markt notiert sind.[410] Im Wesentlichen werden somit vom Unternehmen ausgereichte Kredite sowie durch die reguläre Geschäftstätigkeit erworbene Forderungen in diese Kategorie fallen. Auch Anleihen kommen infrage, sofern sie nicht auf einem aktiven Markt gehandelt werden – ob diese Anleihen über eine Endfälligkeit verfügen, fließt hierbei nicht in die Betrachtung ein.[411] Im Unterschied zu der Kategorie Held-to-Maturity können dieser Kategorie somit Fremdkapitalinstrumente zugeordnet werden, die nicht zu Handelszwecken gehalten werden, die allerdings nicht unbedingt bis zur Endfälligkeit gehalten werden müssen – auch eine Tainting Rule existiert für diese Kategorie nicht.[412] Allerdings existieren einige Einschränkungen, falls:

1. das Instrument **sofort oder in naher Zukunft verkauft werden soll** und daher als zu Handelszwecken gehaltenes Finanzinstrument in der Kategorie At Fair Value through Profit or Loss eingeordnet werden,
2. das Instrument durch die **Fair Value-Option** in die Kategorie At Fair Value through Profit or Loss eingeordnet wurden,
3. das Instrument bei erstmaligem Ansatz der Kategorie **Available-for-Sale** zugeordnet wurden,
4. der Inhaber seine ursprüngliche Investition **infolge anderer Gründe als einer Bonitätsverschlechterung** nicht mehr nahezu vollständig zurückerhalten könnte und die dann als zur Veräußerung verfügbar einzustufen sind oder
5. es sich um einen erworbenen Anteil an einem Pool von Vermögenswerten handelt, die **weder Kredite noch Forderungen** sind.[413]

---

409 Vgl. IAS 39.AG22 sowie LÜDENBACH, N., in: Haufe IFRS-Kommentar, § 28, Rz. 133.

410 Vgl. IAS 39.9; LÜDENBACH, N., in: Haufe IFRS-Kommentar, § 28, Rz. 114; ERNST & YOUNG (Hrsg.), International GAAP 2010, S. 2198 f.; KPMG (Hrsg.), Insights into IFRS, S. 443 f.; DELOITTE (Hrsg.), iGAAP 2009, S. 77 sowie KUHN, S./SCHARPF, P., Rechnungslegung von Financial Instruments, S. 122-124.

411 Vgl. IAS 39.AG26 sowie BAETGE, J./KIRSCH, H.-J./THIELE, S., Bilanzen, S. 339-341.

412 Vgl. IAS 39.BC25.

413 Als Beispiel für den letzten Ausschlusssachverhalt werden im Standard offene Investment- oder ähnliche Fonds genannt, vgl. IAS 39.9.

Zudem kommen nur finanzielle Vermögenswerte in Betracht, die auf einer vertraglichen Grundlage basieren. Gesetzliche Schadensersatzansprüche, Rückzahlungen aus Steuern oder Forderungen aus Investitionszulagen sind grundsätzlich ausgeschlossen.[414]

### 331.25 Kategorisierung in der Kategorie Available-for-Sale

Die Kategorie Available-for-Sale stellt eine **Restgröße** dar, die als Auffanggröße alle nicht derivativen Finanzinstrumente[415] aufnimmt, die mangels objektiver oder subjektiver Voraussetzungen keiner anderen Kategorie zugeordnet werden konnten oder die vom Unternehmen als zur Veräußerung verfügbar kategorisiert wurden.[416] In dieser Kategorie werden somit Finanzinstrumente auf zwei Wegen eingeordnet:[417]

- Finanzinstrumente **müssen** in die Kategorie Available-for-Sale eingeordnet werden, wenn sie in keine der anderen Kategorien eingestuft sind (Pflichtbestandteile). Eine Aktie, die nicht zu Handelszwecken gehalten wird und die die Anwendungsvoraussetzungen der Fair Value-Option nicht erfüllt, wäre hier beispielsweise verpflichtend einzuordnen.
- Finanzinstrumente **können** in die Kategorie Available-for-Sale eingeordnet werden, sofern keine andere Kategorisierung verpflichtend ist (Wahlbestandteile). So kann ein Unternehmen eine Anleihe, die der Kategorie Loans and Receivables zugeordnet werden könnte, wahlweise dieser Kategorie zuordnen.

Die Wahlbestandteile der Kategorie bestehen indes lediglich im Verhältnis zu den Kategorien Held-to-Maturity und Loans and Receivables – sofern eine Kategorisierung in der Kategorie At Fair Value through Profit or Loss verpflichtend ist, kann das Wahlrecht nicht genutzt werden. Die Abgrenzung der Bestandteile ist zudem nicht gänzlich überschneidungsfrei, da die Pflichtbestandteile aus Finanzinstrumenten bestehen, die in keiner anderen Kategorie **eingestuft sind**.[418] Indes ist auch diese Zuordnung teils durch Wahlrechte bedingt (etwa die Fair Value-Option), deren Ausübung eine Kategorisierung als Available-for-Sale quasi freiwillig ausschließt. So kann eine nicht zu Handelszwecken gehaltene Aktie, für die die Fair Value-Option genutzt werden konnte und genutzt wurde, nicht mehr dieser Kategorie zugeordnet werden. Diese Beschränkung ist jedoch in einer vorgelagerten Wahlentscheidung des Unternehmens begründet.

414 Vgl. OERTZEN, C. V., in: Beck IFRS-HB, Rz. 70.

415 Derivative Finanzinstrumente sind generell in die Kategorie At Fair Value through Profit or Loss einzuordnen. Die im Standardtext vorgenommene Einschränkung auf nicht derivative Instrumente hat daher nur klarstellenden Charakter.

416 Vgl. LÜDENBACH, N., in: Haufe IFRS-Kommentar, § 28, Rz. 145; ERNST & YOUNG (Hrsg.), International GAAP 2010, S. 2199 f.; DELOITTE (Hrsg.), iGAAP 2009, S. 80; KPMG (Hrsg.), Insights into IFRS, S. 444 sowie KUHN, S./SCHARPF, P., Rechnungslegung von Financial Instruments, S. 124.

417 Vgl. IAS 39.9. Dort ist zunächst von Instrumenten die Rede, die „als zur Veräußerung verfügbar" bestimmt wurden, wodurch das Wahlrecht der Kategorisierung deutlich wird. Erst anschließend werden die verpflichtenden Bestandteile genannt, nämlich für solche Instrumente, für die keine alternative Kategorisierung erfolgt ist.

418 Im Standard ist hier eben nicht von „in eine andere Kategorie eingestuft werden mussten" die Rede. Durch die Formulierung wird bereits deutlich, dass auch vorgelagerte Wahlrechte hier einen Einfluss haben.

### 331.26 Gesamtübersicht der Kategorisierungskonzeption nach IAS 39 (2009)

Die **wesentlichen Kategorisierungsmerkmale** werden durch die folgende Tabelle 3-3 zusammengefasst; Ausnahmen und Detailregelungen, die für die einzelnen Kategorien zu beachten sind, werden nicht in die tabellarische Übersicht aufgenommen.

| | **Eigenschaft des Finanzinstruments** | **Unternehmensinterne Kriterien (Absichten des Managements)** |
|---|---|---|
| **At Fair Value through Profit or Loss (FVtPL)** | ▪ Derivative FI oder<br>▪ alle sonstigen FI, | ▪ die zu Handelszwecken gehalten werden oder<br>▪ für die die Fair Value-Option (FVO) genutzt wurde. |
| **Held-to-Maturity (HtM)** | ▪ Nicht derivative fVW mit<br>▪ fester Endfälligkeit und<br>▪ festen oder bestimmbaren Zahlungen; unter der Bedingung, dass | ▪ eine Halteabsicht und Haltefähigkeit bis zur Endfälligkeit besteht.<br>▪ Zudem ist die Negativabgrenzung zu FVO, AfS, LaR zu beachten. |
| **Loans and Receivables (LaR)** | ▪ Nicht derivative fVW mit<br>▪ festen oder bestimmbaren Zahlungen, die<br>▪ nicht an einem aktiven Markt gehandelt werden, unter der Bedingung, dass<br>▪ die Investition nicht infolge anderer Gründe als einer Bonitätsverschlechterung nicht vollständig zurückerlangt werden kann, und<br>▪ es sich nicht um einen Anteil an einem Pool handelt, der weder aus Krediten noch aus Forderungen besteht, und | ▪ keine direkte Veräußerungsabsicht besteht.<br>▪ Zudem ist die Negativabgrenzung zu FVO, AfS zu beachten. |
| **Available-for-Sale (AfS)** | ▪ Alle nicht derivativen FI, die nicht anderweitig zugeordnet wurden beziehungsweise werden mussten. | ▪ Wahlrecht zur Kategorisierung im Verhältnis zu den Kategorien HtM und LaR. |

**Tabelle 3-3: Überblick über die Kategorisierung finanzieller Vermögenswerte nach IAS 39**

Die Kategorisierung von Finanzinstrumenten nach IAS 39 (2009) folgt keinem prinzipienbasierten Prüfungsablauf.[419] Vielmehr werden für die jeweiligen Kategorien Eigenschaften der Finanzinstrumente angeführt, zudem ist teils die Verwendungsintention des Managements für das spezielle Finanzinstrument ausschlaggebend.

### 331.27 Möglichkeiten eines Wechsels der Kategorien

Ein Wechsel zwischen den Kategorien ist in den IFRS grundsätzlich unerwünscht, weil die Einordnung der Finanzinstrumente wesentliche bilanzielle Konsequenzen nach sich zieht, die nicht grundlos geändert werden sollen. Ein Unternehmen könnte die Bilanzierung ansonsten beeinflussen und so in eine gewünschte Richtung lenken, was die Verlässlichkeit der Bilanzierung schwächen würde.[420]

Generell gilt zunächst das Stetigkeitsgebot, das in IAS 1.45 festgeschrieben ist.[421] Lediglich in einigen Ausnahmefällen sind Umgliederungen zulässig, die vor allem veränderte Rahmenbedingungen abbilden sollen.[422] Diese Ausnahmefälle werden im Folgenden vorgestellt, wobei sukzessive, jeweils ausgehend von der Kategorie, aus der umgegliedert werden soll, sämtliche Umgliederungsmöglichkeiten in andere Kategorien vorgestellt werden.[423]

Eine Umwidmung von Finanzinstrumenten aus der Kategorie **At Fair Value through Profit or Loss** ist erst durch die Änderungen des IAS 39 als Reaktion auf die internationale Finanzkrise unter bestimmten Bedingungen zulässig geworden.[424] Lediglich die Umgliederung von **Derivaten** und beim erstmaligen Ansatz zum Fair Value designierten Finanzinstrumenten (**Fair Value-Option**) ist weiterhin definitiv ausgeschlossen.[425] Für die übrigen Finanzinstrumente sind nunmehr unter bestimmten Bedingungen Umgliederungen möglich (Wahlrecht). Eine Umgliederung ist möglich, wenn die Handelsabsicht des Managements in Bezug auf das Finanzinstrument, die zur Klassifizierung At Fair Value through Profit or Loss geführt hat, vom Unternehmen in näherer Zukunft nicht mehr verfolgt wird. Zudem muss eine der folgenden Bedingungen erfüllt sein:[426]

---

419 Für eine Gegenüberstellung der Vor- und Nachteile einer prinzipienbasierten Rechnungslegung vgl. WATRIN, C./STROHM, C., Principles-Based Accounting, S. 124-127.

420 Vgl. IAS 39.50 sowie .BC73.

421 Vgl. LÜDENBACH, N., in: Haufe IFRS-Kommentar, § 2, Rz. 16-19; OERTZEN, C. V., in: Beck IFRS-HB, Rz. 72 sowie DELOITTE (Hrsg.), iGAAP 2009, S. 81.

422 Vgl. OERTZEN, C. V., in: Beck IFRS-HB, Rz. 72.

423 Zur besseren Orientierung sind die jeweils relevanten Ausgangskategorien bei der ersten Nennung besonders hervorgehoben.

424 Die Änderungen von IAS 39 wurden von der EU durch die Verordnung EG 1004/2008 vom 15.10.2008 übernommen und waren somit von diesem Zeitpunkt an für in der Europäischen Union ansässige Unternehmen anwendbar. Zu diesen Änderungen hat der HFA des IDW eine Stellungnahme veröffentlicht, vgl. HFA DES IDW (Hrsg.), IDW RS HFA 26. Eine ähnliche Diskussion wurde im Zuge der Finanzkrise auch für die Regelungen des deutschen HGB geführt, vgl. HÄUSELMANN, H., Bewertungsalternativen, S. 2617-2621.

425 Vgl. IAS 39.50(a) und IAS 39.50(b).

426 Vgl. IAS 39.50B i. V. m. IAS 39.50D sowie ECKES, B./WEIGEL, W., Umkategorisierung, S. 374-376.

- die Umgliederung darf entweder nur in **außergewöhnlichen Umständen**[427] vorgenommen werden oder
- wenn das Finanzinstrument die **Ansatzbedingungen der Kategorie Loans and Receivables** erfüllt hätte, allerdings beim erstmaligen Ansatz wegen einer Handelsabsicht verpflichtend in die Kategorie At Fair Value through Profit or Loss einzuordnen war, und das Unternehmen jetzt die Absicht und Fähigkeit hat, das Finanzinstrument bis zur Endfälligkeit beziehungsweise innerhalb der absehbaren Zukunft zu halten.

In ersterem Fall wäre eine Umgliederung in die Kategorien Held-to-Maturity oder Available-for-Sale möglich – der zweite Fall ist für eine Umgliederung in die Kategorie Loans and Receivables relevant, wobei allerdings jeweils die Kategorisierungskriterien der Zielkategorie erfüllt werden müssen.[428] Die strengeren Anforderungen des Vorliegens von „außergewöhnlichen Umständen“ werden somit nur an eine Umgliederung in die Kategorien Held-to-Maturity und Available-for-Sale gestellt. Sofern indes in späteren Perioden das Unternehmen aufgrund von Änderungen des wirtschaftlichen Umfelds die Handelsabsicht wieder aufnimmt, ist eine Rückkategorisierung ausgeschlossen, da ein Finanzinstrument lediglich beim erstmaligen Ansatz in die Kategorie At Fair Value through Profit or Loss eingeordnet werden kann.[429]

Eine Besonderheit ergibt sich, wenn für Eigenkapitalinstrumente ein verlässlicher Fair Value, etwa durch das Verschwinden eines aktiven Markts,[430] nicht mehr ermittelt werden kann. In diesem Fall ist die Fair Value-Bewertung auszusetzen. Umgekehrt kann ein verlässlicher Fair Value etwa durch die Aufnahme des aktiven Handels neuerlich verfügbar werden. In diesem Fall ist das Finanzinstrument prospektiv zum Fair Value zu bewerten.[431] Indes handelt es sich hierbei nicht um eine originäre Umgliederung, lediglich die Bewertung des Finanzinstruments wird in diesen Fällen geändert.[432]

Eine Umgliederung aus der Kategorie **Held-to-Maturity** in die Kategorie Available-for-Sale kann erforderlich werden, wenn das Unternehmen seine Absicht, den finanziellen Vermögenswert bis zur Endfälligkeit zu halten, ändert (verpflichtende Umgliederung).[433] Wenn hierdurch ein nicht unwesentlicher Teil des Gesamtbestands der Kategorie umklassifiziert (oder aus der Kategorie veräußert) wird, müssen auch alle verbleibenden Vermögenswerte in die Kategorie Available-for-Sale umgegliedert werden (Tainting Rule).[434] Erst nach Ablauf der Sperrfrist dürfen wieder neue finanzielle Vermögenswerte in die Kategorie eingeordnet

427 Vgl. zur Definition eines „außergewöhnlichen Umstands“ HFA DES IDW (Hrsg.), IDW RS HFA 26, Rz. 11-13. Die Bedingung war insbesondere durch die globale Finanzkrise erfüllt.

428 Vgl. HFA DES IDW (Hrsg.), IDW RS HFA 26, Rz. 11-29.

429 Vgl. IAS 39.50 sowie OERTZEN, C. V., in: Beck IFRS-HB, Rz. 79.

430 Bei dem Verschwinden eines aktiven Markts ist zudem zu prüfen, ob der Fair Value auf einer anderen Stufe verlässlich ermittelt werden kann.

431 Vgl. IAS 39.53.

432 Vgl. hierzu auch ausführlich Abschn. 431.1.

433 Vgl. IAS 39.51 sowie DELOITTE (Hrsg.), iGAAP 2009, S. 91.

434 Vgl. IAS 39.51 f. sowie zur Tainting Rule im Detail Abschnitt 331.23.

werden. Erst danach können auch wieder als zur Veräußerung verfügbar klassifizierte Vermögenswerte in die Kategorie Held-to-Maturity umgegliedert werden, wenn die Absicht besteht, diese bis zur Endfälligkeit zu halten.

Auch aus der Kategorie **Available-for-Sale** können Finanzinstrumente umgegliedert werden (Wahlrecht). Zum einen ist nach Auslaufen der Tainting Rule eine Rückklassifizierung in die Kategorie Held-to-Maturity möglich.[435] Zum anderen können die Instrumente in die Kategorie Loans and Receivables umgegliedert werden, sofern sie die Ansatzkriterien der Zielkategorie im Umgliederungszeitpunkt erfüllen und das Unternehmen die Absicht und die Fähigkeit hat, das Instrument in der absehbaren Zukunft[436] zu halten.[437] Sofern ein Unternehmen beispielsweise eine Anleihe, die die Ansatzvoraussetzungen der Kategorie Loans and Receivables erfüllt, ursprünglich wahlweise der Kategorie Available-for-Sale zugeordnet hat, darf diese Anleihe umgegliedert werden, sofern sie auf absehbare Zeit gehalten werden soll.

Wie bereits für die Kategorie At Fair Value through Profit or Loss beschrieben, kann auch hier der Fall auftreten, dass ein verlässlicher Fair Value nicht länger ermittelbar oder ein verlässlicher Fair Value wieder ermittelbar ist. In diesem Fall ist auch hier ein entsprechender Wechsel der Bewertungsmethode vorgeschrieben.[438] Eine originäre Umgliederung liegt allerdings wiederum nicht vor.

Umgliederungen aus der Kategorie **Loans and Receivables** sind unzulässig.[439] Zwar wird für die Einordnung eines finanziellen Vermögenswerts in diese Kategorie gefordert, dass kein aktiver Markt vorliegt, allerdings kann auch das spätere Entstehen eines aktiven Markts keine Umgliederung erforderlich machen.[440]

Die möglichen Umbuchungen von Finanzinstrumenten zwischen den Kategorien werden durch die folgende Abbildung zusammengefasst:

---

435 Vgl. HFA DES IDW (Hrsg.), IDW RS HFA 26, Rz. 11 sowie Rz. 15 sowie OERTZEN, C. V., in: Beck IFRS-HB, Rz. 74.

436 Der Begriff wird im Standard nicht weiter definiert. Nach der Ansicht des HFA des IDW ist daher vorrangig auf die Dokumentation und das konkludente Handeln des bilanzierenden Unternehmens abzustellen. Sofern etwa die Dokumentation Ausführungen enthält, nach denen die Marktentwicklung kontinuierlich zu beobachten ist und im Falle einer Markterholung ein „automatischer" Verkauf vorzunehmen ist, wird das Kriterium der Halteabsicht auf absehbare Zeit nicht erfüllt sein, vgl. HFA DES IDW (Hrsg.), IDW RS HFA 26, Rz. 24.

437 Vgl. IAS 39.50E. Die Umgliederungsmöglichkeit in die Kategorie Loans and Receivables wurde – wie die Umgliederungsmöglichkeiten aus der Kategorie At Fair Value through Profit or Loss – im Rahmen der Anpassungen als Reaktion auf die Finanzkrise eingeführt, vgl. IASB (Hrsg.), Reclassification of Financial Assets. Die Bedingungen der Kategorie Loans and Receivables müssen im Zeitpunkt der Umkategorisierung erfüllt sein, demnach ist es unbeachtlich, ob der Vermögenswert die Voraussetzungen beim erstmaligen Ansatz erfüllt hätte, vgl. HFA DES IDW (Hrsg.), IDW RS HFA 26, Rz. 19.

438 Vgl. IAS 39.53 f.

439 Die Umgliederungsmöglichkeiten des IAS 39 (2009) werden in IAS 39.50 bis IAS 39.54 abschließend behandelt – eine Umgliederung aus der Kategorie Loans and Receivables ist hierbei nicht vorgesehen.

440 Vgl. OERTZEN, C. V., in: Beck IFRS-HB, Rz. 76 unter Bezug auf KUHN, S./SCHARPF, P., Rechnungslegung von Financial Instruments, Rz. 518.

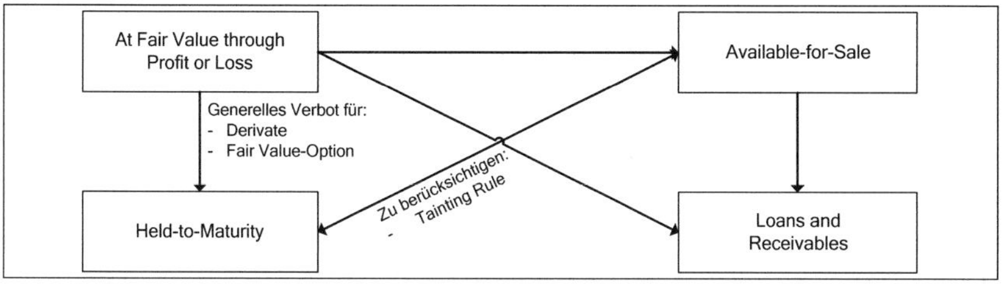


**Abbildung 3-2: Übersicht der Umgliederungsmöglichkeiten in IAS 39**

## 331.3 Die Bilanzierung von hybriden Finanzinstrumenten

Eine Besonderheit des IAS 39 (2009) ergibt sich im Zusammenhang mit der Bilanzierung von sog. eingebetteten Derivaten. Als eingebettete Derivate werden derivative Finanzinstrumente bezeichnet, die mit einem nicht derivativen Basisvertrag zu einem neuen, rechtlich selbstständigen, aber nicht trennbaren Finanzinstrument zusammengesetzt werden (hybrides Finanzinstrument).[441] Ein Beispiel für ein derartiges Instrument könnte eine Wandelanleihe darstellen, also eine Anleihe, die mit einer Option auf ein Eigenkapitalinstrument zu einem hybriden Finanzinstrument zusammengefasst wurde. Ein Teil der Zahlungsströme des zusammengesetzten Finanzinstruments unterliegt ähnlichen Schwankungen wie ein freistehendes Derivat.[442] Die Zahlungsströme des eingebetteten Derivats verändern sich hierbei vollständig oder teilweise in Abhängigkeit von einem bestimmten finanziellen oder nicht finanziellen Basiswert, wobei eine nicht finanzielle Variable nicht spezifisch für eine Vertragspartei sein darf.[443]

Durch ein eingebettetes Derivat können die Zahlungsströme des hybriden Instruments denen eines freistehenden Derivats stark ähneln. Freistehende Derivate sind nach den Vorschriften des IAS 39 (2009) grundsätzlich erfolgswirksam zum Fair Value zu bilanzieren.[444] Durch die Einbettung eines Derivats in ein weiteres, nicht derivatives Finanzinstrument könnte diese grundsätzliche Fair Value-Bewertung umgangen werden. Daher sind in dem Standard spezielle Vorschriften für derartige Finanzinstrumente festgeschrieben, die Gestaltungsspielräume einschränken sollen.[445] Danach ist ein eingebettetes Derivat aus dem hybriden (zusammenge-

441 Vgl. IAS 30.10 sowie KUHN, S., Bilanzielle Abbildung von Finanzinstrumenten, S. 104. Vgl. für die allgemeine Definition eines Derivats nach IAS 39 (2009) Abschn. 32. Sofern der derivative Bestandteil des zusammengesetzten Finanzinstruments von diesem unabhängig übertragbar ist, handelt es sich nicht um ein eingebettetes Derivat. In diesem Fall ist der derivative Bestandteil als freistehendes Derivat getrennt zu bilanzieren.

442 Vgl. GABER, C./GORNY, J., Bilanzierung strukturierter Zinsprodukte, S. 323.

443 Im Standard werden als Basiswerte die folgenden Variablen aufgezählt: Zinssatz, Preis eines Finanzinstruments, Rohstoffpreis, Wechselkurs, Preis- oder Kursindex, Bonitätsrating oder -index, vgl. IAS 39.10. Weitergehend mit Beispielen vgl. KURZ, K., IAS 39, S. 28-33.

444 Vgl. Abschn. 331.22.

445 Vgl. BIER, N./LOPATTA, K., Bilanzierung strukturierter Produkte, S. 304-314 sowie ERNST & YOUNG (Hrsg.), International GAAP 2010, S. 2155-2182.

setzten) Finanzinstrument zu lösen und getrennt wie ein freistehendes Derivat zu bilanzieren, sofern:[446]

1. seine **wirtschaftlichen Merkmale und Risiken** nicht eng mit denen des Basisvertrags verbunden sind,
2. ein eigenständiges Instrument mit gleichen **Vertragsbedingungen** der Definition eines **Derivats** entspräche und
3. das zusammengesetzte Finanzinstrument nicht **erfolgswirksam zum Fair Value** bilanziert wird.

Die beiden letztgenannten der kumulativ zu erfüllenden Kriterien beziehen sich auf bereits an anderer Stelle definierte Größen.[447] Das erste Kriterium der engen Verbindung der wirtschaftlichen Merkmale und Risiken wird in den Anwendungsleitlinien zu IAS 39 (2009) weiter erläutert. Danach muss das eingebettete Derivat zur Erfüllung des ersten Kriteriums jeweils dieselben grundlegenden Eigenschaften haben wie der Basisvertrag. Falls es sich also bei dem Basisvertrag um ein Eigenkapitalinstrument handelt, muss auch der derivative Bestandteil Eigenschaften eines Eigenkapitalinstruments besitzen, die sich auf dasselbe Unternehmen beziehen. Sofern ein Basisvertrag die wirtschaftlichen Merkmale und Risiken eines Schuldinstruments erfüllt, müssen dem derivativen Bestandteil diese Eigenschaften ebenfalls innewohnen, um in Bezug auf die wirtschaftlichen Merkmale und Risiken eng mit dem Basisvertrag verbunden zu sein.[448] Für das obige Beispiel wäre die Fragen nach einer engen Verbindung der wirtschaftlichen Merkmale und Risiken zu verneinen, weil die Option Eigenschaften eines Eigenkapitalinstruments aufweist, während die Anleihe ein Fremdkapitalinstrument darstellt.[449]

Mehrere eingebettete Derivate werden als ein einziges, zusammengesetztes Derivat behandelt.[450] Allerdings sind eingebettete Derivate, die als Eigenkapitalinstrument eingestuft werden, separat von solchen Derivaten **abzubilden**, die als Vermögenswert oder Schuld klassifiziert wurden.[451] Zudem muss grundsätzlich eine gesonderte Bilanzierung stattfinden, sofern die eingebetteten Derivate unterschiedlichen Risiken ausgesetzt sind.[452] Darüber hinaus werden in den Anwendungsleitlinien zahlreiche Beispiele angeführt, wodurch die Erfüllung beziehungsweise Nichterfüllung des ersten Kriteriums der engen Verbundenheit weiter verdeutlicht werden soll.[453]

---

446 Vgl. IAS 39.11 sowie KPMG (Hrsg.), Insights into IFRS, S. 415.

447 Vgl. für die Definition eines Derivats Abschn. 321. und für die Darstellung der Fair Value-Option Abschn. 331.22 im Zusammenhang mit den weiteren Ausführungen dieses Abschnitts.

448 Vgl. IAS 39.AG27 sowie ERNST & YOUNG (Hrsg.), International GAAP 2010, S. 2157-2174.

449 Vgl. IAS 39.AG30(a) sowie LÜDENBACH, N., in: Haufe IFRS-Kommentar, § 28, Rz. 168.

450 Vgl. IAS 39.AG28 sowie DELOITTE (Hrsg.), iGAAP 2009, S. 226 f.

451 Vgl. IAS 39.AG29 sowie KUHN, S./SCHARPF, P., Rechnungslegung von Financial Instruments, S. 486 f.

452 Vgl. IAS 39.AG29.

453 Vgl. zu den Negativbeispielen IAS 39.AG30(a)-(h) sowie .AG31 f. und zu den Positivbeispielen IAS 39.AG33(a)-(h).

Durch die **Fair Value-Option** existiert eine Möglichkeit, ein hybrides Finanzinstrument auch dann nicht getrennt zu bilanzieren, wenn die obigen Bedingungen dies vorschreiben würden. Das komplette Instrument kann wahlweise in die Kategorie At Fair Value through Profit or Loss eingeordnet werden, was eine erfolgswirksame Fair Value-Bewertung des gesamten Instruments nach sich zieht.[454] Davon ausgenommen sind Fälle, in denen

- das eingebettete Derivat die vertragliche Zahlungsreihe des gesamten Finanzinstruments nicht wesentlich beeinflusst oder
- bei erstmaliger Beurteilung eines vergleichbaren hybriden (zusammengesetzten) Instruments ohne oder mit nur geringem Analyseaufwand ersichtlich ist, dass eine Abtrennung des Derivats unzulässig ist.[455]

Zudem **muss** ein Unternehmen ein hybrides Finanzinstrument in Gänze in die Kategorie At Fair Value through Profit or Loss einordnen, sofern eine Trennungspflicht besteht, der Fair Value des isolierten eingebetteten Derivats indes nicht verlässlich ermittelt werden kann.[456]

Ob ein eingebettetes Derivat getrennt bilanziert werden muss, ist zu dem Zeitpunkt zu beurteilen, zu dem das Unternehmen Vertragspartei geworden ist. Spätere Neubeurteilungen sind grundsätzlich untersagt und nur dann zulässig beziehungsweise erforderlich, sofern sich die Vertragsbedingungen des Finanzinstruments geändert haben und hieraus eine wesentliche Veränderung der Zahlungsströme entsteht.[457] Gleiches gilt, sofern ein hybrides Finanzinstrument aus der Kategorie At Fair Value through Profit or Loss umgegliedert wird, da in diesem Fall die vollständige Fair Value-Bewertung des gesamten hybriden Instruments ausgesetzt wird.[458]

Sofern ein eingebettetes Derivat separat bilanziert werden muss, wird es wie ein freistehendes Derivat behandelt und ist in der Kategorie At Fair Value through Profit or Loss zu bilanzieren.[459] Der Basisvertrag wird – sofern es sich um ein Finanzinstrument im Sinne des IAS 39 (2009) handelt – nach den Vorgaben des IAS 39 (2009) bilanziert. Andernfalls ist der Basisvertrag nach dem jeweils alternativ einschlägigen Standard abzubilden.[460] Derartige Sachverhalte können etwa für Leasingverhältnisse eintreten, wenn in einen Leasingvertrag ein Derivat eingebettet ist. Der derivative Bestandteil wäre im Falle einer Trennungspflicht nach

---

454 Vgl. Abschn. 331.22.

455 Vgl. IAS 39.11A. In der Formulierung des Standards wird explizit der Singular und Plural für eingebettete Derivate verwendet – für die Beurteilung ist die Anzahl der eingebetteten Derivate daher nicht von Belang.

456 Vgl. IAS 39.12 sowie . Falls auch der Fair Value des hybriden Instruments nicht verlässlich ermittelt werden kann, erfolgt die Bewertung durch die Anschaffungskosten unter Berücksichtigung der Regelungen für außerplanmäßige Abschreibungen, vgl. IAS 39.IG.C.11.

457 Vgl. IASB (Hrsg.), IFRIC 9, Rz. 7. Zu den Neubeurteilungen eingebetteter Derivate nach IFRIC 9 vgl. auch ROESE, B., Neubeurteilung eingebetteter derivativer Finanzinstrumente, S. 656-658 sowie ROESE, B./TREPTE, F./VIELMEYER, U., Neubeurteilung der Abspaltungspflicht eingebetteter Derivate, S. 1089-1095.

458 Vgl. GILGENBERG, B./WEISS, J., Bilanzierung von Finanzinstrumenten, S. 184.

459 Vgl. auch KUHN, S., Bilanzielle Abbildung von Finanzinstrumenten, S. 105.

460 Vgl. IAS 39.11.

den obigen Vorgaben zu behandeln, während für den Leasingvertrag IAS 17 einschlägig wäre.

## 332. Ansatz und Kategorisierung nach IFRS 9

### 332.1 Zeitpunkt der erstmaligen Erfassung eines finanziellen Vermögenswerts

Nachdem die Kategorisierungskonzeption des IAS 39 (2009) vorgestellt wurde, werden im folgenden Abschnitt die Neuregelungen durch IFRS 9 näher betrachtet. In Bezug auf den Anwendungsbereich verweist IFRS 9 auf IAS 39 (2009) – der neue Standard ist somit auf alle finanziellen Vermögenswerte anzuwenden, die im Anwendungsbereich des IAS 39 (2009) liegen.[461] Auch für die weitergehende Definition der terminologischen Grundlagen wird auf IAS 39 (2009) verwiesen.[462]

Die Regelungen in Zusammenhang mit dem **Zeitpunkt der erstmaligen Erfassung** wurden ohne inhaltliche Änderungen aus IAS 39 (2009) übernommen.[463] Danach ist im Wesentlichen eine Bilanzierung zum Handelstag vorgesehen. Die Ausnahme von diesem Grundsatz für einen marktüblichen Kauf oder Verkauf wurde ebenfalls in IFRS 9 übernommen.

Im Unterschied zu IAS 39 (2009), der vier Kategorien zur Klassifizierung von finanziellen Vermögenswerten vorsieht, existieren in IFRS 9 lediglich zwei Kategorien, in die finanzielle Vermögenswerte eingeordnet werden:[464]

- Kategorie At Cost und
- Kategorie Fair Value.

In den folgenden Abschnitten werden die Kriterien zur Kategorisierung von Finanzinstrumenten nach dem IFRS 9 beschrieben.

### 332.2 Die Kategorisierung finanzieller Vermögenswerte nach IFRS 9

#### 332.21 Kategorisierung in der Kategorie At Cost

##### 332.211. Überblick

Ein Unternehmen muss für jeden finanziellen Vermögenswert bei der erstmaligen Einbuchung entscheiden, ob dieses Instrument in der Kategorie At Cost oder in der Kategorie Fair

---

461 Vgl. IFRS 9.1.1. Für eine Beschreibung des Anwendungsbereichs nach IAS 39 (2009) vgl. Abschn. 321. Der Anwendungsbereich von IFRS 9 soll in einer späteren Projektphase genauer festgelegt werden – übergangsweise wurde zunächst der Anwendungsbereich des IAS 39 (2009) übernommen, vgl. IFRS 9.BC5. Die Behandlung von finanziellen Verbindlichkeiten soll erst durch eine spätere Projektstufe geklärt werden, vgl. IFRS 9.BC6 f.

462 Vgl. IFRS 9.Appendix A.

463 IFRS 9.3.1.1 entspricht dem IAS 39.14, der den Zeitpunkt der erstmaligen Erfassung nach IAS 39 (2009) regelt. IFRS 9 verweist in diesem Zusammenhang auch auf die relevanten Passagen der Anwendungsleitlinien des IAS 39 (2009).

464 Vgl. IFRS 9.4.1 sowie CHRISTIAN, D., IFRS 9, S. 364.

Value geführt werden muss beziehungsweise soll.[465] Diese Unterscheidung hat wesentliche Auswirkungen auf die Folgebewertung des Instruments.[466]

Ein finanzieller Vermögenswert muss nach den vorgeschlagenen Neuregelungen in die Kategorie At Cost eingeordnet werden, wenn zwei Bedingungen kumulativ erfüllt sind:[467]

1. der finanzielle Vermögenswert wird innerhalb eines **Geschäftsmodells** gehalten, dessen Ziel es ist, Vermögenswerte zu halten, um die vertraglichen Zahlungsströme zu realisieren (Kriterium des Geschäftsmodells) und
2. die **vertraglichen Vereinbarungen** des finanziellen Vermögenswerts führen zu festgelegten Terminen zu **Zahlungsströmen**, die lediglich Tilgungen und Zinszahlungen auf die ausstehenden Tilgungen darstellen (Kriterium der Zahlungsströme).

In diesem Zusammenhang dürfen die zu betrachtenden **Zinszahlungen** ausschließlich aus Gegenleistungen für den **Zeitwert des Geldes** und das **Kreditrisiko** bestehen, zudem müssen sie sich jeweils auf die ausstehenden Tilgungen beziehen.[468] Da die Kriterien nicht auf den ersten Blick eindeutig abgrenzbar sind, werden sie weiter konkretisiert sowie um erläuternde Beispiele ergänzt.[469] In den beiden folgenden Abschnitten werden die Kriterien näher erläutert.

### 332.212. Das Kriterium des Geschäftsmodells

Das Kriterium des **Geschäftsmodells** wird als erstes Kriterium zur Abgrenzung der Kategorien des IFRS 9 genannt. Danach muss der finanzielle Vermögenswert in dem Unternehmen innerhalb eines Geschäftsmodells gehalten werden, in dem finanzielle Vermögenswerte grundsätzlich mit dem Ziel gehalten werden, die vertraglichen Zahlungsströme zu realisieren (Kriterium des Geschäftsmodells).[470] Somit ist die Entscheidung nicht von den Zielen des Managements in Bezug auf einen speziellen Vermögenswert abhängig.[471] Vielmehr wird die Entscheidung über das Geschäftsmodell auf einer höheren Aggregationsebene gefällt.[472] Für diese höhere Ebene muss entschieden werden, ob das Kriterium des Geschäftsmodells erfüllt ist oder nicht.[473] Sofern ein Unternehmen Finanzinstrumente grundsätzlich mit dem Ziel hält, die vertraglichen Zahlungsströme zu realisieren, ist das Kriterium des Geschäftsmodells für

---

465 Vgl. MÄRKL, H./SCHABER, M., IFRS 9, S. 65; BEINE, F./MEYER, C., in: Wiley-Handbuch 2010, Abschn. 7, Rz. 239 sowie CHRISTIAN, D., IFRS 9, S. 364 f.

466 Vgl. IFRS 9.4.1 sowie KUHN, S., IFRS 9, S. 109 f.

467 Vgl. IFRS 9.4.2. Die Kriterien werden im weiteren Verlauf der Arbeit kurz „Kriterium des Geschäftsmodells" und „Kriterium der Zahlungsströme" genannt. In diesem Zusammenhang soll jeweils von einer „Erfüllung" der Kriterien gesprochen werden, sofern die Beurteilung im Sinne einer möglichen Einordnung in die Kategorie At Cost ausfällt.

468 Vgl. IFRS 9.4.2 sowie KUHN, S., IFRS 9, S. 106.

469 Vgl. IFRS 9.B4.1 bis B4.19.

470 Vgl. IFRS 9.4.2(a) sowie MÄRKL, H./SCHABER, M., IFRS 9, S. 67.

471 Vgl. KUHN, S., IFRS 9, S. 105.

472 Vgl. IFRS 9.B4.1 f. sowie MÄRKL, H./SCHABER, M., IFRS 9, S. 66 f. Der Standard verlangt zudem, dass die Festlegung durch eine Person in einer Schlüsselposition des Managements (i. S. d. IAS 24) erfolgt.

473 Von einer Erfüllung des Kriteriums soll in diesem Zusammenhang gesprochen werden, wenn die zu beurteilende Sachlage eine Kategorisierung in der Kategorie At Cost nach IFRS 9 zulassen würde.

alle Finanzinstrumente des Unternehmens – unabhängig von den Zielen, die das Unternehmen in Bezug auf ein spezielles Instrument verfolgt – erfüllt. Allerdings kann ein Unternehmen mehr als ein Geschäftsmodell haben, die Klassifikation muss daher nicht auf der Ebene der Bericht erstattenden Einheit stattfinden. Genauere Ausführungen darüber, auf **welcher Aggregationsebene** die Abgrenzung stattzufinden hat, finden sich im Standard nicht.[474] Daher soll für diese Arbeit der Begriff „**Geschäftsfeld**"[475] für die Aggregationsebene, auf der das Kriterium des Geschäftsmodells angewandt wird, genutzt werden. Die Abgrenzung der Geschäftsfelder muss sich hierbei nicht unbedingt an den operativen Strukturen des Unternehmens orientieren, vielmehr ist eine Gruppe von Finanzinstrumenten zu identifizieren, die auf Basis desselben Geschäftsmodells gleich beziehungsweise ähnlich behandelt werden. Hierbei kann ein Unternehmen unterschiedliche Geschäftsmodelle für verschiedene Geschäftsfelder verfolgen.[476] Für einen individuellen finanziellen Vermögenswert ist danach lediglich die Zuordnung zu einem Geschäftsfeld entscheidend. Die begrifflichen Zusammenhänge sollen durch die folgende Abbildung 3-3 näher erläutert werden.

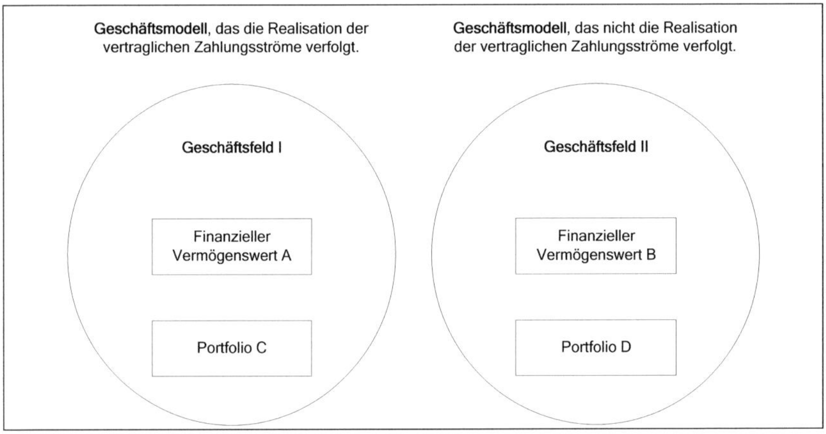


**Abbildung 3-3: Abgrenzung der Geschäftsfelder innerhalb eines Unternehmens**

Annahmegemäß hat hier ein Unternehmen zwei Geschäftsfelder identifiziert,[477] wobei das Geschäftsmodell des Geschäftsfelds I darin besteht, finanzielle Vermögenswerte mit dem Ziel

---

474 Es wird lediglich gefordert, dass die Entscheidung auf einer „höheren Aggregationsebene als einem individuellen Instrument" erfolgen muss, vgl. IFRS 9.B4.2. In der Basis for Conclusion wird eine Einschätzung des Unternehmens in Bezug auf eine sinnvolle Aggregationsebene gefordert: „an entity needs to use judgement to determine at what level this condition should be applied", IFRS 9.BC26(b). Vgl. auch BEINE, F./MEYER, C., in: Wiley-Handbuch 2010, Abschn. 7, Rz. 242.

475 Der Begriff Geschäftsfelds ist hierbei nicht unbedingt deckungsgleich mit dem Geschäftsbereich im Sinne des IFRS 5. Vielmehr muss der Begriff an dieser Stelle eigenständig für den Themenbereich des IFRS 9 interpretiert werden.

476 Vgl. IFRS 9.B4.2 sowie KUHN, S., IFRS 9, S. 105 f.

477 Die Anzahl der identifizierbaren beziehungsweise zu identifizierenden Geschäftsfelder ist durch IFRS 9 nicht vorgegeben.

der Realisation der vertraglichen Zahlungsströme zu halten. Im Rahmen des Geschäftsmodells des Geschäftsfelds II werden finanzielle Vermögenswerte nicht mit diesem Ziel gehalten.[478] Innerhalb dieser Geschäftsfelder werden finanzielle Vermögenswerte, beispielsweise Aktien, Anleihen oder Portfolien finanzieller Vermögenswerte gehalten. An dieser Stelle ist die begriffliche Abgrenzung des IFRS 9 nicht ganz eindeutig: In den beispielhaften Darstellungen wird häufig direkt von Portfolien gesprochen, für die ein Geschäftsmodell festgestellt wird.[479] Hierdurch könnte suggeriert werden, dass das Geschäftsmodell stets auf Portfolioebene festzustellen ist. In Abhängigkeit von der durch das Management festgestellten Aggregationsebene kann zwar ein Portfolio als relevantes Geschäftsfeld identifiziert werden, sodass die beiden Begriffe deckungsgleich sein können. Die Abgrenzung auf Basis verschiedener Portfolien scheint insbesondere für Banken eine mögliche Alternative darzustellen.[480] Allerdings muss dies – bedingt durch die Freiheit des Managements in Bezug auf die Aggregationsebene – nicht unbedingt der Fall sein. Teilweise kann es auch sachgerecht sein, unterschiedliche Portfolien einem Geschäftsfeld zuzuordnen. Die Begriffe werden daher im Rahmen dieser Arbeit nicht synonym verwendet.

Die Entscheidung, ob das Ziel eines Geschäftsfelds in der Realisation der vertraglichen Zahlungsströme besteht, stellt keine Wahlentscheidung des Managements dar. Vielmehr sollen die tatsächlichen Gegebenheiten des Unternehmens wiedergegeben werden, die wohl aus der

- Art der **Verwaltung** des Geschäftsfelds und
- den **Informationen**, die an das Management weitergeleitet werden,

abgeleitet werden sollten.[481] In den folgenden Situationen wird ein Unternehmen beispielsweise das Kriterium des Geschäftsmodells erfüllen:[482]

1. Ein Unternehmen hält Investments, um die vertraglichen Zahlungsströme zu realisieren, würde allerdings unter bestimmten Umständen einzelne Finanzinstrumente veräußern.
2. Das Geschäftsmodell besteht darin, Portfolien aus finanziellen Vermögenswerten zu kaufen. Hierbei können auch finanzielle Vermögenswerte mit bereits eingetretenen Wertminderungen enthalten sein. Sofern die Schuldner ihren Zahlungsverpflichtungen nicht nachkommen, versucht das Unternehmen, die vertraglichen Zahlungsströme auf alternativen Wegen zu realisieren, etwa durch Vereinbarungen mit dem Schuldner. In die-

478 In dem Standard wird explizit beschrieben, dass ein Unternehmen mehr als ein Geschäftsmodell verfolgen kann, vgl. IFRS 9.B4.2 sowie BEINE, F./MEYER, C., in: Wiley-Handbuch 2010, Abschn. 7, Rz. 242.

479 Vgl. etwa IFRS 9.B4.2. An anderer Stelle wird indes von „Teil des Unternehmens" gesprochen, vgl. IFRS 9.B5.11(c).

480 Für Banken ergeben sich aufsichtsrechtliche Implikationen aus der Unterscheidung der Portfolios in ein Handels- und ein Anlagebuch, vgl. § 1a KWG sowie weitergehend zu aufsichtsrechtlichen Rahmenbedingungen deutscher Banken HARTMANN-WENDELS, T./PFINGSTEN, A./WEBER, M., Bankbetriebslehre, S. 371-410. Banken müssen ihren Bestand an Wertpapieren auch nach den Vorschriften des deutschen HGB in einen Handelsbestand, Wertpapiere des Anlagevermögens und Wertpapiere der Liquiditätsreserve aufteilen, vgl. SCHARPF, P./SCHABER, M., Handbuch Bankbilanz, S. 181-194.

481 Im Standard selbst wird diese Forderung nicht aufgeworfen, diese Interpretation ergibt sich lediglich aus der Basis for Conclusion, vgl. IFRS 9.BC27.

482 Vgl. IFRS 9.B4.4 sowie KUHN, S., IFRS 9, S. 106.

sem Zusammenhang kann das Unternehmen teilweise auch Zinsswaps eingehen, um eine variable Zinszahlung in eine fixe Zinszahlung umzuwandeln.

3. Das Geschäftsmodell des Unternehmens besteht darin, Kredite auszureichen und anschließend an eine Verbriefungsgesellschaft auszulagern. Diese verbrieft die Instrumente und veräußert Anteile an Investoren, an die die vertraglichen Zahlungsströme durch die Verbriefungsgesellschaft weitergeleitet werden. Sofern das Bericht erstattende Unternehmen die Verbriefungsgesellschaft kontrolliert – und daher eine Konsolidierungspflicht besteht –, werden die verbrieften Instrumente weiterhin durch das Bericht erstattende Unternehmen im Konzernabschluss erfasst, falls die Kriterien zur Ausbuchung nicht erfüllt sind.[483] Aus Sicht des gesamten Konzerns werden die Finanzinstrumente weiterhin gehalten, um die vertraglichen Zahlungsströme (zunächst) zu realisieren (und erst anschließend weiterzuleiten).[484]

Konkretisierend wird klargestellt, dass Verkäufe aus einem Geschäftsfeld, dessen Geschäftsmodell in der Realisation der vertraglichen Zahlungsströme besteht, grundsätzlich unschädlich sind.[485] Für die prinzipielle Halteabsicht des Unternehmens ist es nicht erforderlich, dass **alle** finanziellen Vermögenswerte bis zur Endfälligkeit gehalten werden.[486] Daher sind auch **Verkäufe** grundsätzlich möglich und ziehen keine Sanktionen nach sich.[487] In den folgenden Situationen könnte es etwa zu Verkäufen aus der Kategorie At Cost kommen:[488]

1. Der finanzielle Vermögenswert steht nicht mehr im Einklang mit der Investmentpolitik des Unternehmens.
2. Ein Versicherer passt sein Investitionsportfolio an, um Änderungen der erwarteten Duration[489] abzubilden.
3. Ein Unternehmen muss den Kapitalbedarf zur Finanzierung von Investitionen aufbringen.

Allerdings sind Unternehmen verpflichtet, Gewinne und Verluste aus der Ausbuchung von finanziellen Vermögenswerten, die in der Kategorie At Cost geführt wurden, in der Gesamtergebnisrechnung separat zu zeigen.[490] Zudem werden nach einem Verkauf aus der Kategorie At Cost umfassende Anhangangaben erforderlich, u. a. sind auch die Gründe für die Ausbu-

---

483 Vgl. zur Ausbuchung von Finanzinstrumenten Kapitel 5.

484 In diesem Zusammenhang sind die Regelungen zur Ausbuchung von Finanzinstrumenten zu beachten, die für Durchleitungsvereinbarungen unter bestimmten Umständen eine Ausbuchung zulassen, sodass das Finanzinstrument in diesem Beispiel nicht mehr in der Bilanz erfasst werden würde, vgl. Abschn. 53 für die aktuellen Regelungen und Abschn. 54 für die vorgeschlagenen Neuregelungen, die auch für den IFRS 9 relevant werden sollen.

485 Vgl. IFRS 9.B4.3 sowie CHRISTIAN, D., IFRS 9, S. 365.

486 Vgl. KUHN, S., IFRS 9, S. 105 sowie MÄRKL, H./SCHABER, M., IFRS 9, S. 68.

487 In IAS 39 (2009) waren für die Kategorie Held-to-Maturity Sanktionen vorgesehen, sofern das Unternehmen einen mehr als unwesentlichen Teil der in dieser Kategorie gehaltenen Instrumente vor der Endfälligkeit entweder veräußert oder umklassifiziert hat, vgl. hierzu Abschn. 331.23.

488 Vgl. IFRS 9.B4.3.

489 Durch die Duration wird das Zinsänderungsrisiko festverzinslicher Wertpapiere beurteilt. Vgl. weitergehend zu diesem Thema PERRIDON, L./STEINER, M./RATHGEBER, A., Finanzwirtschaft, S. 189-199.

490 Vgl. IFRS 9.Amendments to other Standards, S. 21 f. sowie CHRISTIAN, D., IFRS 9, S. 370.

chung offenzulegen.[491] Sofern Verkäufe häufig auftreten, muss das Unternehmen prüfen, ob dies noch im Einklang mit dem Geschäftsmodell des Geschäftsfelds steht. Die Implikationen eines eventuellen Wechsels des Geschäftsmodells werden im späteren Abschnitt 332.24 thematisiert.

Abschließend werden auch einige Beispiele genannt, die das Kriterium nicht erfüllen. Danach besteht das Ziel eines **Geschäftsmodells** nicht in der Realisation der vertraglichen Zahlungsströme, wenn das Unternehmen das Ergebnis eines Portfolios (als zu beurteilendes Geschäftsfeld)[492] mit dem Ziel verwaltet, Zahlungsströme durch den Verkauf der Finanzinstrumente zu generieren.[493]

Im zweiten Negativbeispiel wird direkt auf ein **Portfolio** Bezug genommen. Sofern ein Portfolio auf Basis der Fair Values verwaltet und beurteilt wird, wird dieses Portfolio nicht zum Zweck der Realisation der vertraglichen Zahlungsströme gehalten. Für derartige Instrumente ist in IAS 39 (2009) die Anwendung der Fair Value-Option möglich – auf die Definition der Option wird durch IFRS 9 explizit verwiesen.[494] Somit sind derartige Finanzinstrumente, für die nach IAS 39 (2009) die Fair Value-Option eine wahlweise erfolgswirksame Bewertung zum Fair Value zugelassen hat, nunmehr verpflichtend erfolgswirksam zum Fair Value zu bewerten.[495] Zudem kann ein Portfolio finanzieller Vermögenswerte, das die Definition „zu Handelszwecken gehalten“[496] erfüllt, nicht mit dem Ziel der Realisation der vertraglichen Zahlungsströme gehalten werden. Auch in diesem Fall ist eine zwingende erfolgswirksame Fair Value-Bewertung vorgesehen.[497]

Die beiden Negativbeispiele sind nicht vollständig überschneidungsfrei. Indes wird in dem letztgenannten Beispiel explizit auf Sachverhalte Bezug genommen, die

- nach IAS 39 (2009) durch die Fair Value-Option abgedeckt worden wären oder
- die Definition als zu Handelszwecken gehalten erfüllen und

die daher direkt eine **erfolgswirksame** Fair Value-Bewertung nach sich ziehen.[498] Das erstgenannte Negativbeispiel würde lediglich eine Kategorisierung *At Cost* ausschließen, indes noch keinerlei Implikationen in Bezug auf die Erfolgswirksamkeit der Fair Value-Bewertung mit sich bringen.[499]

---

491 Vgl. IFRS 9.Amendments to other Standards, S. 16.

492 An dieser Stelle wird im Standard von Portfolio gesprochen, wobei Portfolio und Geschäftsfeld in diesem Fall deckungsgleich sein müssen.

493 Vgl. IFRS 9.B4.5 sowie KUHN, S., IFRS 9, S. 105.

494 Es handelt sich dann um die zweite der in Abschn. 331.22 erläuterten Anwendungsmöglichkeiten der Fair Value-Option nach IAS 39 (2009).

495 Vgl. IFRS 9.B4.6.

496 Vgl. zur Begriffsabgrenzung Abschn. 32.

497 Vgl. IFRS 9.B4.6.

498 Die Details der Bewertungskonsequenzen werden in Abschn. 432. näher betrachtet.

499 Zur erfolgswirksamen oder erfolgsneutralen Behandlung von Fair Value-Änderungen in der Kategorie Fair Value vgl. Abschn. 432.3.

### 332.213. Das Kriterium der Zahlungsströme

#### 332.213.1 Die allgemeinen Regelungen des Kriteriums der Zahlungsströme

Als zweites Kriterium zur Abgrenzung der Kategorien ist in IFRS 9 das Kriterium der Zahlungsströme genannt, das hier zunächst allgemein vorgestellt wird, um in Abschnitt 332.213.2 spezielle Regelungen für einige strukturierte finanzielle Vermögenswerte zu beschreiben.

Ein finanzieller Vermögenswert muss zunächst über **vertragliche Vereinbarungen**[500] verfügen, durch die Zahlungsströme **terminlich** festgelegt werden. Zudem dürfen die Zahlungsströme lediglich aus **Zins- und Tilgungszahlungen** bestehen.[501] In Bezug auf die Zinszahlungen wird definiert, dass diese ausschließlich eine Gegenleistung für den **Zeitwert des Geldes** und das **Kreditrisiko** darstellen dürfen.[502] Das Kriterium kann somit ausschließlich von Fremdkapitalinstrumenten erfüllt werden, da Eigenkapitalinstrumente einen Residualanspruch begründen und keine vertraglichen Zahlungsströme aufweisen.[503] Grundsätzlich kann das Kriterium beispielsweise von Anleihen oder von den im Rahmen der üblichen Geschäftstätigkeit erworbenen Forderungen erfüllt werden.

Die Beurteilung, ob die vertraglichen Zahlungsströme ausschließlich aus Zins- und Tilgungszahlungen bestehen, basiert auf einer Analyse der Zahlungsströme in der Währung, in der der finanzielle Vermögenswert begeben wurde.[504] Änderungen der Zahlungsströme durch Wechselkursschwankungen fließen daher nicht mit in die Beurteilung ein.[505] Grundsätzlich wird finanziellen Vermögenswerten, die eine **Leverage-Komponente** enthalten, die Eigenschaft der lediglich aus Zins- und Tilgungszahlungen bestehenden vertraglichen Zahlungsströme abgesprochen.[506] Der Leverage-Effekt bezeichnet dabei den funktionalen Zusammenhang zwischen der Eigenkapitalrendite und dem Verschuldungsgrad. Sofern die Gesamtkapitalrentabilität über dem Fremdkapitalzins liegt, kann die Eigenkapitalrendite (unter bestimmten Prämissen) durch einen steigenden Verschuldungsgrad erhöht werden. Indes ergibt sich hierdurch auch ein Leverage-Risiko – die Variabilität der Zahlungen an die Eigenkapitalgeber nimmt zu.[507] Falls ein Instrument mit vertraglich festgelegten Zahlungsströmen über eine Leverage-Komponente verfügt, werden Eigenschaften, die originär einem Eigenkapitalinstrument zuzuordnen wären, auf ein Fremdkapitalinstrument übertragen. Nach Ansicht des IASB sollte dieses Finanzinstrument daher wie ein Eigenkapitalinstrument behandelt werden,

---

500 Im Zusammenhang mit der Definition eines Finanzinstruments wurde argumentiert, dass die „vertragliche Vereinbarung" nicht unbedingt der Schriftform bedarf, vgl. Abschn. 321. Die Ausführungen können auf die hier relevanten vertraglichen Vereinbarungen entsprechend übertragen werden.

501 Vgl. IFRS 9.4.2 f. sowie BEINE, F./MEYER, C., in: Wiley-Handbuch 2010, Abschn. 7, Rz. 248.

502 Vgl. IFRS 9.4.3; MÄRKL, H./SCHABER, M., IFRS 9, S. 68-70; CHRISTIAN, D., IFRS 9, S. 365-367 sowie KUHN, S., IFRS 9, S. 106-108.

503 Vgl. WÖHE, G./DÖRING, U., Allgemeine BWL, S. 588 f.

504 Vgl. IFRS 9.B4.8.

505 Auswirkungen von Wechselkursänderungen sind in den IFRS grundsätzlich nach IAS 21 zu beurteilen.

506 Vgl. KUHN, S., IFRS 9, S. 106; BEINE, F./MEYER, C., in: Wiley-Handbuch 2010, Abschn. 7, Rz. 249 sowie CHRISTIAN, D., IFRS 9, S. 365 f.

507 Vgl. zum Leverage-Effekt insgesamt PERRIDON, L./STEINER, M./RATHGEBER, A., Finanzwirtschaft, S. 489-495.

da die Zahlungsströme nicht mehr ausschließlich aus Zins- und Tilgungszahlungen bestehen. Durch eine Leverage-Komponente wird daher das Kriterium der Zahlungsströme verletzt.[508]

Fremdkapitalinstrumente verfügen häufig über ex ante **festgelegte Zahlungstermine** und zumeist eine feste Laufzeit; auch die Höhe der **Zins- und Tilgungszahlungen** ist generell ex ante determiniert.[509] Die Zinsen, die sich jeweils auf die ausstehenden Tilgungen zu beziehen haben, müssen hierbei eine Abgeltung des Zeitwerts des Geldes und des Kreditrisikos – das ausschließlich bei der erstmaligen Erfassung des Instruments festgestellt werden darf –[510] darstellen.[511] Indes werden teilweise durch Vertragsgestaltungen diese ex ante festgelegten Größen variabilisiert. So können Fremdkapitalinstrumente um Möglichkeiten zur Veränderung der Laufzeit erweitert werden. Diese Veränderung kann sowohl in einer vorzeitigen Ablösung als auch in einer Verlängerung der Laufzeit bestehen. Zudem sehen einige Fremdkapitalinstrumente eine variable Verzinsung vor, wobei sich diese Veränderung der Zahlungshöhe etwa an bestimmten Leitzinsen orientieren kann. Durch derartige Vereinbarungen werden die vertraglichen Zahlungsströme zunächst variabler gestaltet, sodass zu prüfen ist, ob dies noch mit dem Kriterium der Zahlungsströme vereinbar ist.[512] Im Standard sind in diesem Zusammenhang Sonderregelungen vorgesehen, nach denen bestimmte Vereinbarungen zur vorzeitigen Zahlung, Ausweitung der Laufzeit oder zur Veränderung der Höhe der Zahlungen mit dem Kriterium der Zahlungsströme vereinbar sind.[513]

Vertragliche Vereinbarungen, nach denen eine Vertragspartei das Finanzinstrument **vorzeitig beenden** (zurückzahlen beziehungsweise kündigen) kann, sind für die Erfüllung des Kriteriums unschädlich, sofern[514]

- es sich nicht um eine bedingte Vereinbarung handelt, die von künftigen Ereignissen abhängig ist – etwa eine Vereinbarung, die eine Kündigung des Instruments beim Eintritt eines bestimmten Umweltzustands zulässt –, es sei denn die Vereinbarung schützt
  - den Gläubiger vor Wertminderungen des Finanzinstruments oder vor Änderungen der Kontrolle an dem Schuldner, oder
  - den Gläubiger oder den Schuldner vor Änderungen von relevanten steuerlichen Regelungen oder sonstigen Gesetzen, und
- die vorzeitige Rückzahlung im Wesentlichen alle ausstehenden Tilgungs- und Zinszahlungen widerspiegelt, wobei eine angemessene Vorfälligkeitsentschädigung enthalten sein kann.

---

508 MÄRKL/SCHABER nennen beispielhaft freistehende Derivate, Forwards und Swaps, die das Kriterium der Zahlungsströme dementsprechend nicht mehr erfüllen könnten, vgl. MÄRKL, H./SCHABER, M., IFRS 9, S. 68.

509 Vgl. BAETGE, J./NIEMEYER, K./KÜMMEL, J./SCHULZ, R., DCF-Verfahren, S. 351.

510 Vgl. IFRS 9.B4.12(a).

511 Vgl. IFRS 9.4.3 sowie BEINE, F./MEYER, C., in: Wiley-Handbuch 2010, Abschn. 7, Rz. 249.

512 Vgl. KUHN, S., IFRS 9, S. 106 f.; CHRISTIAN, D., IFRS 9, S. 365 f. sowie MÄRKL, H./SCHABER, M., IFRS 9, S. 68.

513 Vgl. IFRS 9.B4.12.

514 Vgl. IFRS 9.B4.10 sowie BEINE, F./MEYER, C., in: Wiley-Handbuch 2010, Abschn. 7, Rz. 250.

Auch vertragliche Vereinbarungen, die eine **Laufzeitverlängerung** des Finanzinstruments ermöglichen, werden von dem Standard auch durch eine Ausnahmeregel bedacht. Danach sind derartige Vereinbarungen für die Erfüllung des Kriteriums unschädlich, sofern[515]

- es sich nicht um eine bedingte Vereinbarung handelt, die von künftigen Ereignissen abhängig ist – etwa eine Vereinbarung, die eine Verlängerung der Laufzeit des Instruments beim Eintritt eines bestimmten Umweltzustands zulässt –, es sei denn die Vereinbarung schützt
    - den Gläubiger vor Wertminderungen des Finanzinstruments oder vor Änderungen der Kontrolle an dem Schuldner, oder
    - den Gläubiger oder den Schuldner vor Änderungen von relevanten steuerlichen Regelungen oder sonstigen Gesetzen, und
- die Vereinbarungen der Ausweitungsoption während der verlängerten Periode lediglich zu Zahlungen führen, die als Zins- und Tilgungszahlung eingestuft werden können.

Insgesamt soll durch die Bedingungen, die an die Optionen gestellt werden, gewährleistet werden, dass keine Optionen in den Finanzinstrumenten enthalten sind, denen ein derivativer Charakter zugesprochen werden kann, die also in Abhängigkeit von einem künftigen Ereignis stehen. Derartige Instrumente müssen in der Rechnungslegung nach IFRS bereits nach IAS 39 (2009) zum beizulegenden Zeitwert bilanziert werden, diese Regelung wird auch in IFRS 9 beibehalten.[516]

Abschließend sind einige Vereinbarungen, durch die die **Höhe der Zahlungsströme** des Fremdkapitalinstruments verändert werden, mit dem Kriterium der Zahlungsströme vereinbar. Ausschlaggebend ist hierbei, dass die Vereinbarung zu Zahlungen führt, die ausschließlich Zins- und Tilgungszahlungen im Sinne des IFRS 9 widerspiegeln.[517] Zur weiteren Verdeutlichung werden in den Anwendungsleitlinien einige (klarstellende) Beispiele angeführt, die das Kriterium der Zahlungsströme erfüllen, wobei die Liste der Beispiele nicht abschließend ist:[518]

1. Ein Instrument verfügt als Anleihe über eine feste Endfälligkeit, die Zins- und Tilgungszahlungen sind an einen Inflationsindex gekoppelt, die lediglich dem Schutz des Gläubigers dienen – eine Leverage-Komponente ist nicht enthalten.
2. Ein Instrument verfügt über eine variable Verzinsung und eine feste Laufzeit – der Gläubiger kann laufend eine Anpassung an den (laufzeitäquivalenten) Marktzins verlangen.
3. Ein Instrument mit einer festen Laufzeit und einer variablen Verzinsung verfügt über eine Option, durch die die maximale Verzinsung begrenzt wird.
4. Ein Kredit ist durch Regressansprüche an bestimmte Sicherheiten abgesichert.

---

515 Vgl. IFRS 9.B4.11 sowie BEINE, F./MEYER, C., in: Wiley-Handbuch 2010, Abschn. 7, Rz. 251 f.

516 Vgl. für IAS 39 (2009) Abschn. 431.1 i. V. m. Abschn. 331.22 sowie Abschn. 432.3 für die Regelungen nach IFRS 9.

517 Vgl. IFRS 9.B4.12(a).

518 Vgl. IFRS 9.B4.13 sowie BEINE, F./MEYER, C., in: Wiley-Handbuch 2010, Abschn. 7, Rz. 253.

Durch die hier genannten finanziellen Vermögenswerte wird das Kriterium der Zahlungsströme nicht verletzt, da die Zahlungen jeweils lediglich aus Zins- und Tilgungszahlungen bestehen.[519] Im **ersten Fall** wird durch die Anknüpfung an einen Inflationsindex nur sichergestellt, dass der Zeitwert des Geldes abgegolten wird. Die Anknüpfung an eine andere Variable – wie etwa künftige Ergebnisse des Gläubigers – würde indes das Kriterium der Zahlungsströme verletzen. Der **zweite finanzielle Vermögenswert** stellt durch die variable Verzinsung ebenfalls ausschließlich Zinsen dar, die aus Zahlungen für den Zeitwert des Geldes und das Kreditrisiko bestehen. Die Zinspassung ist hier laufzeitäquivalent, sodass der Zeitwert des Geldes durch die Zahlungen abgegolten wird. Sofern die Anpassung nicht an einen laufzeitäquivalenten Zins vorgenommen würde (also beispielsweise für einen Dreimonatszeitraum eine Anpassung an den Einmonatszins stattfinden würde), würde hierdurch nicht ausschließlich der Zeitwert des Geldes berücksichtigt. Derartige Vereinbarungen würden das Kriterium der Zahlungsströme nicht erfüllen. Der **dritte finanzielle Vermögenswert** stellt eine Kombination zwischen zwei finanziellen Vermögenswerten dar, die jeweils isoliert das Kriterium der Zahlungsströme erfüllen würden, daher erfüllt das kombinierte Instrument das Kriterium ebenfalls. Die Absicherung der Forderung im abschließenden **vierten finanziellen Vermögenswert** ist für die Kategorisierung nicht relevant, da hierdurch die vertraglichen Zahlungsströme nicht tangiert werden.

Zudem werden einige Negativbeispiele angeführt, die das Kriterium der Zahlungsströme nicht erfüllen:[520]

1. Ein Bond kann in Eigenkapital umgewandelt werden.
2. Ein Instrument verfügt über eine invers variable Verzinsung, sodass sich die Verzinsung beispielsweise umgekehrt zur Marktverzinsung entwickelt.
3. Ein unendlich laufendes Instrument, das von dem Schuldner jederzeit durch Rückzahlung beendet werden kann. Das Instrument wird marktgerecht verzinst, allerdings ist der Schuldner nur zu Zinszahlungen verpflichtet, sofern hierdurch seine direkte Solvenz nicht gefährdet wird – gestundete Zinsen werden selbst nicht verzinst.

Die hier angeführten finanziellen Vermögenswerte würden das Kriterium der Zahlungsströme verletzen.[521] Das **erste Instrument** würde das Kriterium der Zahlungsströme nicht erfüllen, weil durch die Wandelbarkeit in ein Eigenkapitalinstrument die Zahlungen nicht ausschließlich Zins- und Tilgungszahlungen darstellen. Bei dem **zweiten Instrument** spiegeln die Zinszahlungen nicht ausschließlich den Zeitwert des Geldes und das Kreditrisiko wider, da die Inversion einen derivativen Charakter hat und nicht den Zeitwert des Geldes abgelten soll. Das **dritte Instrument** verletzt das Kriterium, da hier keine Zinsen auf gestundete Zinszahlungen anfallen. Sofern der Schuldner Zinszahlungen stundet, erhöhen sich hierdurch die ausstehenden Tilgungen, die durch die Zinszahlungen insgesamt berücksichtigt werden müs-

---

[519] Vgl. für die folgende Analyse auch IFRS 9.B4.13 sowie KUHN, S., IFRS 9, S. 107.

[520] Vgl. IFRS 9.B4.14 sowie BEINE, F./MEYER, C., in: Wiley-Handbuch 2010, Abschn. 7, Rz. 254.

[521] Vgl. für die folgende Analyse auch IFRS 9.B4.14 sowie KUHN, S., IFRS 9, S. 108.

sen.[522] In diesem Fall wird ein Teil der ausstehenden Tilgungen von der Verzinsung ausgenommen. Die Unendlichkeit des Instruments selbst steht indes noch nicht im Widerspruch zu dem Kriterium der Zahlungsströme. Auch die mögliche Rückzahlung durch den Schuldner zu jeder Zeit ist grundsätzlich nicht schädlich, sofern die Bedingungen, die an eine Vorfälligkeitsoption gestellt werden, erfüllt sind.

In Bezug auf die Beurteilung der Zahlungen, die mit einem finanziellen Vermögenswert verbunden sind, ist auf eine wirtschaftliche Betrachtungsweise abzustellen.[523] Ob aus einem Instrument resultierende Zahlungen als Zins- und Tilgungszahlungen eingestuft werden können, basiert nicht auf den vertraglichen Bezeichnungen der Zahlungen, sondern auf einer wirtschaftlichen Betrachtungsweise.[524] So kann ein finanzieller Vermögenswert, der eine Investition in bestimmte Vermögenswerte (oder Zahlungsströme) darstellt, in Zahlungen münden, die nicht ausschließlich Zins- und Tilgungszahlungen darstellen, auch wenn die vertraglichen Bezeichnungen der Zahlungen etwas anderes suggerieren. Eine solche Situation kann etwa vorliegen, wenn die Sicherheiten des Gläubigers auf bestimmte Vermögenswerte (oder Zahlungsströme) beschränkt sind.[525] Allerdings führt eine derartige Beschränkung nicht grundsätzlich zu einer Verletzung des Kriteriums der Zahlungsströme.[526] Vielmehr muss das bilanzierende Unternehmen in einem solchen Fall für die Beurteilung der vertraglichen Zahlungsströme die zugrunde liegenden Vermögenswerte (oder Zahlungsströme) in die Betrachtung einbeziehen (Look through).[527] Falls die resultierenden Zahlungsströme des zu beurteilenden Finanzinstruments dergestalt ausgeweitet oder eingeschränkt werden, dass es sich nicht mehr ausschließlich um Zins- und Tilgungszahlungen handelt, liegt eine Verletzung des Kriteriums der Zahlungsströme vor.[528] Im Zusammenhang mit dieser Beurteilung ist es unerheblich, ob die zugrunde liegenden Vermögenswerte (oder Zahlungsströme) finanzieller oder nicht finanzieller Natur sind. Ein derartiger finanzieller Vermögenswert könnte beispielsweise einen Anspruch auf bestimmte Zahlungsströme aus einem Projekt darstellen. Hier wären einerseits die Zahlungsströme aus dem Projekt in Bezug auf die Erfüllung des Kriteriums der Zahlungsströme zu untersuchen. In einem zweiten Schritt muss sichergestellt werden, dass der finanzielle Vermögenswert selbst die Zahlungsströme nicht dergestalt verändert, dass das Kriterium der Zahlungsströme bei einer Gesamtbetrachtung nicht mehr erfüllt wäre.

Das Vorgehen wird anhand der folgenden Abbildung 3-4 verdeutlicht. Ein Unternehmen untersucht die bilanzielle Abbildung des finanziellen Vermögenswerts A, der ein Recht auf die Zahlungsströme aus den zugrunde liegenden Vermögenswerten oder Zahlungsströmen 1 bis 4 – in dem obigen Beispiel würde es sich hier um die Zahlungen aus dem Projekt handeln – begründet. Die dünne Linie symbolisiert hier die Zahlungsströme, die fett gedruck-

522 Vgl. hierzu Abschn. 332.211.
523 Vgl. IFRS 9.B4.15.
524 Vgl. MÄRKL, H./SCHABER, M., IFRS 9, S. 68.
525 Vgl. IFRS 9.B4.16.
526 Vgl. IFRS 9.B4.17.
527 Vgl. MÄRKL, H./SCHABER, M., IFRS 9, S. 68 f.
528 Vgl. IFRS 9.B4.17.

te Linie symbolisiert die relevante Betrachtungsweise des Investors. Zur Beurteilung reicht es somit nicht aus, die direkten Zahlungsströme, die der Investor aus dem zu beurteilenden finanziellen Vermögenswert A bezieht, zu analysieren. Vielmehr müssen zunächst die Charakteristika der zugrunde liegenden Vermögenswerte oder Zahlungsströme 1 bis 4 analysiert werden. In einem nächsten Schritt ist zu untersuchen, ob durch den zu beurteilenden Vermögenswert A die Zahlungen derart verändert werden, dass das Kriterium durch die Zahlungen an den Investor nicht mehr erfüllt wird. Eine derartige Veränderung der Zahlungsströme wäre etwa durch die Integration einer Leverage-Komponente denkbar. Somit basiert insgesamt die Analyse des Kriteriums der Zahlungsströme auf dem gesamten Zahlungsstrom von den zugrunde liegenden Vermögenswerten oder Zahlungsströmen 1 bis 4 über den zu beurteilenden finanziellen Vermögenswert A bis zum bilanzierenden Investor.

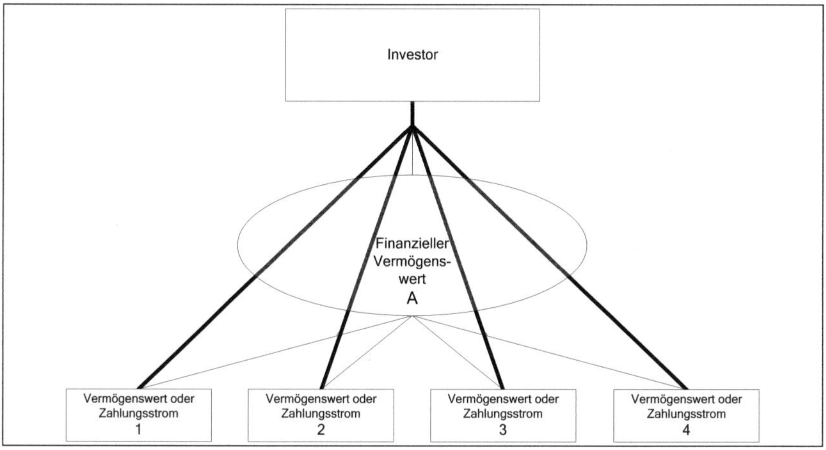


**Abbildung 3-4: „Look through" zur Beurteilung der Zahlungsströme eines Finanzinstruments nach IFRS 9**

Den Zahlungsströmen eines finanziellen Vermögenswerts können „realitätsferne" Bestandteile innewohnen.[529] Falls derartige Bestandteile die Zahlungsströme nur durch das Auftreten von sehr seltenen, ungewöhnlichen und sehr unwahrscheinlichen Ereignissen beeinflussen können, fließen sie nicht in die Beurteilung ein. Ein Beispiel hierfür könnte die Gefahr eines Run-on-the-Bank sein.

Eine weitere Eigenschaft, die Fremdkapitalinstrumenten innewohnt, ist das vorrangige Recht auf Erfüllung der Zahlungsverpflichtungen. Eigenkapitalgeber haben im Verhältnis zu Fremdkapitalgebern lediglich einen Residualanspruch.[530] Allerdings sind die Ansprüche der Fremdkapitalgeber häufig auch innerhalb der Gruppe der Fremdkapitalgeber nicht gleichran-

529 Vgl. IFRS 9.B4.18 sowie KUHN, S., IFRS 9, S. 107.

530 Vgl. WÖHE, G./DÖRING, U., Allgemeine BWL, S. 588 f.

gig – einige Fremdkapitalinstrumente können eine nachrangige Stellung einnehmen. Beispielsweise ist ein Instrument A einem Instrument B untergeordnet, sofern letzteres durch spezielle Sicherheiten, etwa in Form eines vorrangigen Anspruchs auf bestimmte Vermögenswerte, gedeckt ist. Instrument A kann das Kriterium der Zahlungsströme trotzdem grundsätzlich erfüllen. Voraussetzung hierfür ist, dass der Schuldner einen Vertragsbruch begeht, wenn er die Zins- und Tilgungszahlungen nicht bedient und ein rechtlicher Anspruch des Gläubigers auf die Zahlung von Zins und Tilgung sogar im Insolvenzfall besteht.[531] Durch diese Beschreibung wird eine gewöhnliche Nachrangigkeit von Forderungen abgedeckt, sofern der Schuldner etwa gleichzeitig einen Kredit eingegangen ist, der durch spezielle Sicherheiten – etwa eine Grundschuld auf das Firmengrundstück – abgesichert ist. Obwohl die Forderungen im Verhältnis zu dem Kredit nachrangig sind, können sie das Kriterium der Zahlungsströme noch erfüllen.

#### 332.213.2 Die speziellen Regelungen des Kriteriums der Zahlungsströme für bestimmte strukturierte Finanzinstrumente

Neben den allgemeinen Anforderungen, die von den Zahlungsströmen eines Finanzinstruments erfüllt werden müssen, existieren auch spezielle Anforderungen für bestimmte strukturierte Instrumente. In einigen Transaktionen werden die Zahlungen in hierarchische Tranchen eingeordnet, wobei jeweils einer tiefer liegende Tranche (die jeweils einen separaten finanziellen Vermögenswert darstellt) nur dann ein Recht auf eine Zahlung eingeräumt wird, sofern die Forderungen der darüber liegenden Tranche vollständig bedient wurden. Hierbei wird – im Unterschied zu der in Abschnitt 332.213.1 beschriebenen allgemeinen Nachrangigkeit – durch den Inhaber die spezielle Nachrangigkeit explizit in Kauf genommen und durch die vertraglichen Zahlungen entlohnt. Bei derartigen Transaktionen handelt es sich um eine Unterform von ABS-Transaktionen[532], also solchen Geschäften, bei denen bestimmte Vermögenswerte (alternativ Finanzinstrumente, Sachanlagevermögen oder sonstige Vermögensgegenstände) als Sicherheit für eine Schuldverschreibung genutzt werden. Für die hier thematisierten speziellen Regelungen des IFRS 9 sind nur Transaktionen relevant, bei denen die Auszahlungen in hierarchischen Tranchen angeordnet werden, darüber hinaus dürfen die zugrunde liegenden Vermögenswerte ausschließlich finanziellen Natur sein. Daher wird für den IFRS 9 wohl insbesondere der Spezialfall einer CDO relevant sein.

---

531 Vgl. IFRS 9.B4.19.

532 Vgl. weitergehend zu derartigen Finanzierungskonstruktionen auch VATER, H., Funktionsweise von CDOs; EMSE, C., Verbriefungstransaktionen, S. 33-84; BARTH, A./KLEIN, J., Asset-Backed-Securities Transaktionen, S. 2 f. BÖHMER, M., ABS, S. 161-203 sowie FÖRSTER, A., Kreditderivate und Finanzmarktstabilität – Instrumente für den Kreditrisikotransfer, S. 7-10. Die Bedeutung derartiger Instrumente im Zusammenhang mit der aktuellen Finanzkrise wird von NIEHAUS; TÖDTER sowie SCHÄFER dargestellt, vgl. NIEHAUS, M., Subprime-Krise, S. 457 f.; TÖDTER, K.-H., Alchemie strukturierter Finanzprodukte, S. 519-525 sowie SCHÄFER, D., Neue Finanzmarktarchitektur, S. 808-812. Eine umfassende Auseinandersetzung mit dem Themenbereich von ABS liefert STRUFFERT, der derartige Transaktionen strukturiert, vgl. STRUFFERT, R., ABS, insbesondere S. 9-15. WATRIN/STRUFFERT analysieren die Berichterstattung über Kreditrisiken und erarbeiten hierbei den Vorschlag eines Kreditrisikospiegels, vgl. WATRIN, C./STRUFFERT, R., Kreditrisiko, S. 30-40. KLINKER beleuchtet derartige Transaktionen vor einem umsatzsteuerlichen Hintergrund, vgl. KLINKER, P., Recht auf Vorsteuerabzug, S. 93-95.

Der Aufbau einer derartigen Transaktion wird durch die folgende Abbildung 3-5 verdeutlicht. Die Verbindlichkeiten des Schuldners werden von dem Gläubiger an eine SPE verkauft. Die SPE emittiert wiederum Wertpapiere mit unterschiedlichen Bonitäten, die von Investoren über den Kapitalmarkt erworben werden können. Abschließend besteht die Aufgabe der SPE darin, die eingehenden Zahlungsströme an die Investoren weiterzuleiten, wobei zunächst die Ansprüche der Investoren der Senior-Tranche bedient werden, die Investoren der Equity-Tranche werden als letzte bedient und haben lediglich einen Anspruch auf den Residualgewinn. Beim Investor stellt diese Tranche daher kein Fremdkapital mehr dar; es handelt sich aufgrund des Residualcharakters um Eigenkapital.[533]

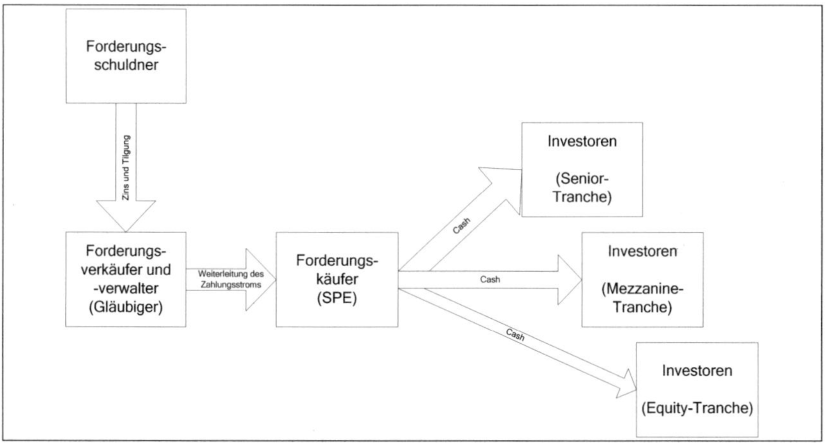


**Abbildung 3-5: Typischer Aufbau einer CDO-Transaktion**[534]

Ob ein derartiger finanzieller Vermögenswert aus Sicht des Investors mit dem Kriterium der Zahlungsströme in Einklang steht, ist durch eine spezielle Prüfung zu klären.[535] Ein finanzieller Vermögenswert, der eine isolierte Tranche darstellt, erfüllt das Kriterium der Zahlungsströme nur, sofern[536]

- die vertraglichen Vereinbarungen des finanziellen Vermögenswerts zu Zahlungen führen, die ausschließlich Zins- und Tilgungszahlungen darstellen (ohne Look through) und
- der zugrunde liegende Pool an Finanzinstrumenten (Look through)
  - ausschließlich[537] Instrumente beinhaltet, deren vertragliche Zahlungsströme ausschließlich Zins- und Tilgungszahlungen darstellen, wobei

533 Vgl. JORTZIK, S., Synthetische CDOs, S. 39.

534 In Anlehnung an BRAKENSIEK, S., Bilanzneutrale Finanzierungsinstrumente, S. 40. Ähnlich unter besonderer Berücksichtigung der weiteren Beteiligten SCHIEFER, D., CDOs, S. 71. Zur hierarchischen Zahlung der SPE an die Investoren vgl. JORTZIK, S., Synthetische CDOs, S. 38-42.

535 Vgl. IFRS 9.B4.20-26; KUHN, S., IFRS 9, S. 108; sowie MÄRKL, H./SCHABER, M., IFRS 9, S. 70 f.

536 Vgl. IFRS 9.B4.21 i. V. m. IFRS B4.23 f.

537 Vgl. IFRS 9.B4.25 sowie MÄRKL, H./SCHABER, M., IFRS 9, S. 70.

- in dem Pool Instrumente enthalten sein dürfen, die
  - die Variabilität der Zahlungsströme verringern und in Kombination mit anderen Instrumenten des Pools ausschließlich zu Zins- und Tilgungszahlungen führen, oder
  - die Zahlungsströme der Tranchen und der zugrunde liegenden Vermögenswerte angleichen, um Unterschiede auszugleichen, die ausschließlich in
    - der Verzinsung (fix vs. variabel),
    - der Währung (inklusive Inflationsrisiken) oder
    - dem zeitlichen Anfall der Zahlungsströme liegen, und
- das Kreditrisiko der Tranche nicht höher als das Kreditrisiko des Pools der zugrunde liegenden Finanzinstrumente ist.

Die zugrunde liegenden Finanzinstrumente müssen auf Basis der Finanzinstrumente beurteilt werden, durch die die Zahlungsströme originär generiert werden.[538] Sofern ein identifiziertes zugrunde liegendes Finanzinstrument die Zahlungsströme lediglich durchreicht, muss die Beurteilung auf Basis des diesem Instrument zugrunde liegenden Instruments vorgenommen werden, bis das Finanzinstrument identifiziert werden konnte, das die Zahlungen originär generiert.[539]

Falls der Investor den finanziellen Vermögenswert anhand der Kriterien beim erstmaligen Ansatz nicht beurteilen kann (etwa weil die relevanten, zugrunde liegenden Finanzinstrumente nicht identifiziert werden können), gilt das Kriterium der Zahlungsströme als nicht erfüllt. Eine Einordnung in die Kategorie At Cost wäre ausgeschlossen. Gleiches gilt in dem Fall, dass der zugrunde liegende Pool an Finanzinstrumenten sich nach dem erstmaligen Ansatz dergestalt ändern kann, dass die oben genannten Bedingungen nicht mehr erfüllt wären. Das zu beurteilende Instrument wäre jeweils verpflichtend in der Kategorie Fair Value einzuordnen.[540]

Im Unterschied zur Beurteilung von finanziellen Vermögenswerten, die nur eine Investition in bestimmte Vermögenswerte (oder Zahlungsströme) darstellen, allerdings nicht in hierarchischen Tranchen organisiert sind,[541] wird die Beurteilung hier in einem zweistufigen Prozess vorgenommen. Die Zahlungsströme des zu beurteilenden finanziellen Vermögenswerts und die Zahlungsströme der zugrunde liegenden Finanzinstrumente sind zunächst getrennt voneinander zu analysieren. Anschließend müssen die Zahlungsströme des zu beurteilenden finanziellen Vermögenswerts in Bezug auf die Bonitätsrisiken ins Verhältnis zu den Zahlungsströmen der zugrunde liegenden Finanzinstrumente beurteilt werden.

Der Prozess wird durch die folgende Abbildung 3-6 verdeutlicht. Der finanzielle Vermögenswert A stellt einen Anteil an einer CDO dar, der einen Anspruch an den Zahlungen aus

538 Vgl. MÄRKL, H./SCHABER, M., IFRS 9, S. 70 f.
539 Vgl. IFRS 9.B4.22.
540 Vgl. IFRS 9.B4.26 sowie MÄRKL, H./SCHABER, M., IFRS 9, S. 70 f.
541 Vgl. Abschn. 332.213.1.

den zugrunde liegenden Finanzinstrumenten 1 bis 4 manifestiert. Die fett gedruckte Linie symbolisiert hier sowohl den Zahlungsstrom als auch die relevante Betrachtungsebene des Investors. Die dünne Linie symbolisiert die Prüfung des Verhältnisses der Bonitätsrisiken der beiden Zahlungsströme. Es bietet sich hier aus Effizienzgründen an, zunächst zu prüfen, ob die Zahlungen des zu beurteilenden finanziellen Vermögenswerts A selbst das Kriterium der Zahlungsströme erfüllen. Erst anschließend wird in einem zweiten Schritt zu prüfen sein, ob die Zahlungen durch die zugrunde liegenden Finanzinstrumente 1 bis 4 – deren Identifikation und Beurteilung wahrscheinlich mit mehr Aufwand verbunden sein wird als für den zu beurteilenden finanziellen Vermögenswert A – mit den Anforderungen vereinbar sind. Abschließend ist zu untersuchen, ob das Kreditrisiko des zu beurteilenden Vermögenswerts A nicht höher ist als die Kreditrisiken der zugrunde liegenden Instrumente 1 bis 4. Sofern sowohl die Zahlungen aus dem zu beurteilenden Vermögenswert A als auch die Zahlungen aus den zugrunde liegenden Instrumenten 1 bis 4 lediglich aus Zins- und Tilgungszahlungen bestehen[542] und das Kreditrisiko des Vermögenswerts A nicht höher ist als das des Pools der zugrunde liegenden Instrumente 1 bis 4, ist das Kriterium der Zahlungsströme erfüllt.

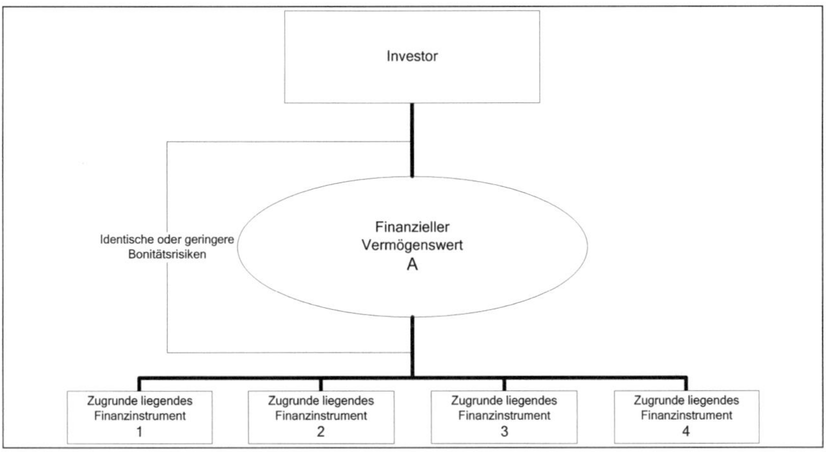


**Abbildung 3-6: Beurteilung von CDOs nach IFRS 9**

### 332.22 Kategorisierung in der Kategorie Fair Value

Die zweite Kategorie kommt immer dann zum Tragen, wenn die Bedingungen der Kategorie At Cost nicht erfüllt werden.[543] Es handelt sich somit auf den ersten Blick um eine Auffangkategorie. Indes kann das Vorgehen auch umgekehrt interpretiert werden: Die Fair Value-Kategorie ist zunächst die primäre Kategorie. Lediglich sofern finanzielle Vermögenswerte

542 In Bezug auf die Zahlungen aus den zugrunde liegenden Finanzinstrumenten 1-4 sind zudem einige Absicherungen gegen Risiken zulässig, vgl. IFRS 9.B4.24.

543 Vgl. IFRS 9.4.4 sowie BEINE, F./MEYER, C., in: Wiley-Handbuch 2010, Abschn. 7, Rz. 255.

die Anforderungen der Kategorie At Cost erfüllen, ist eine abweichende Kategorisierung vorzunehmen.

Neben den Pflichtbestandteilen ist eine wahlweise Designation von finanziellen Vermögenswerten in die Fair Value-Kategorie möglich: Wie bereits in IAS 39 (2009) ist auch in IFRS 9 eine **Fair Value-Option** enthalten.[544] Hiernach hat das Unternehmen beim erstmaligen Ansatz eines finanziellen Vermögenswerts das Wahlrecht, dieses in die Fair Value-Kategorie einzuordnen, wobei dann die Fair Value-Bewertung in den Folgeperioden erfolgswirksam vorzunehmen ist.[545] Die Fair Value-Option ist nach IFRS 9 nur noch auf finanzielle Vermögenswerte anwendbar, bei denen durch die Bewertung zum beizulegenden Zeitwert **bewertungsabhängige Verzerrungen** (Bewertungsanomalien) beseitigt oder signifikant reduziert werden.[546]

Auch in der bisherigen Regelung des IAS 39 (2009) war eine Fair Value-Option enthalten, die allerdings einen weiteren Anwendungsbereich hatte: Neben der Beseitigung von **Bewertungsanomalien** konnte die Option hier auch auf Finanzinstrumente aus einem Portfolio ähnlicher Finanzinstrumente angewendet werden, die vom Management **auf Basis ihrer beizulegenden Werte gesteuert** werden, und um die getrennte Bilanzierung von hybriden Finanzinstrumenten mit **eingebetteten Derivaten** zu vermeiden.[547] Die Umsetzung der Option in IFRS 9 grenzt die Fair Value-Bilanzierung jedoch nicht ein. Zwar ist die **wahlweise** Anwendung der Fair Value-Bilanzierung eingeschränkt worden, indes **müssen** Finanzinstrumente aus einem Portfolio ähnlicher Finanzinstrumente, die vom Management auf Basis ihrer beizulegenden Werte gesteuert werden, nunmehr verpflichtend erfolgswirksam zum Fair Value bilanziert werden.[548] Sofern beispielsweise ein Aktienportfolio auf Basis der beizulegenden Zeitwerte gesteuert wird, konnte dieses nach IAS 39 (2009) wahlweise der Kategorie At Fair Value through Profit or Loss zugeordnet werden, während nach IFRS 9 die Kategorisierung in der Kategorie Fair Value verpflichtend ist. Die Fair Value-Option des IAS 39 (2009) ist somit an dieser Stelle in eine verpflichtende Fair Value-Bewertung umgewandelt worden.

Die getrennte Bilanzierung **eingebetteter Derivate** ist in IFRS 9 für hybride Finanzinstrumente mit einem finanziellen Basisvertrag nicht mehr vorgeschrieben, vielmehr wird das gesamte Finanzinstrument anhand der neuen Kategorisierungskriterien beurteilt. Dieser Aspekt wird in Abschnitt 332.3 näher beleuchtet. Insofern ist die Fair Value-Option an dieser Stelle für hybride Finanzinstrumente mit einem finanziellen Basisvertrag redundant. Fraglich ist allerdings, wie sich diese Änderung auf die Bilanzierung von hybriden Finanzinstrumenten mit nicht finanziellen Basisverträgen auswirkt, die nach IAS 39 (2009) unter Umständen weiterhin getrennt zu bilanzieren sind. Die Anwendung der Fair Value-Option auf derartige

544 Vgl. IFRS 9.4.5. Zur Fair Value-Option des IAS 39 (2009) vgl. Abschn. 331.22.
545 Die Bewertung von Finanzinstrumenten nach IFRS 9 wird in Abschn. 432. näher beleuchtet.
546 Vgl. IFRS 9.4.5; KUHN, S., IFRS 9, S. 108 sowie CHRISTIAN, D., IFRS 9, S. 365.
547 Vgl. hierzu Abschn. 331.22.
548 Vgl. Absch. 332.212 sowie IFRS 9.BC62.

Sachverhalte war in IAS 39 (2009) umstritten: Das IFRIC hat im November 2007 dem IASB empfohlen, klarzustellen, dass die Fair Value-Option hier nur auf Basisverträge anwendbar ist, die selbst im Anwendungsbereich des IAS 39 (2009) liegen – also auf finanzielle Basisverträge.[549] Der IASB hat daraufhin beschlossen, eine Anpassung im Rahmen der jährlichen Überarbeitung der Standards vorzunehmen und eine derartige Änderung auch in den entsprechenden Exposure Draft aufgenommen.[550] Diese Klarstellung ist – wohl aufgrund der mit dieser Fair Value-Option verbundenen Erleichterung der Bilanzierung – bei der finalen Umsetzung der Änderungen gestrichen worden.[551] Im Rahmen der Überarbeitung des Standards in dem Projekt zum Ersatz des IAS 39 war dann zunächst durch den Exposure Draft vorgesehen, die Fair Value-Option für hybride Finanzinstrumente (mit nicht finanziellen Basisverträgen) zu streichen.[552] Diese Änderung ist durch IFRS 9 wiederum nicht umgesetzt worden.[553] Nunmehr ist die Fair Value-Option des IAS 39 (2009) explizit auf hybride Finanzinstrumente mit einem nicht finanziellen Basisvertrag anwendbar.[554] Insofern kann die nach IAS 39 (2009) unter Umständen weiterhin vorgeschriebene getrennte Bilanzierung von hybriden Finanzinstrumenten mit einem nicht finanziellen Basisvertrag durch eine vollständige Fair Value-Bilanzierung des hybriden Instruments umgangen werden. Die Fair Value-Option ist an dieser Stelle folglich durch IFRS 9 nicht verändert, sondern wohl nur klargestellt worden.[555]

### 332.23 Gesamtübersicht der Kategorisierungskonzeption nach IFRS 9

Im Gegensatz zu den Regelungen des IAS 39 (2009) folgt die Kategorisierung von finanziellen Vermögenswerten nach IFRS 9 einem stärker prinzipienbasierten Prüfungsablauf. Im Rahmen der Prüfung werden zum einen Eigenschaften des finanziellen Vermögenswerts berücksichtigt, des Weiteren fließt das Geschäftsmodell des Geschäftsfelds in die Betrachtung ein. Dieser Ablauf wird durch die folgende Abbildung 3-7 verdeutlicht. In dieser Abbildung wird bereits eine weitere Weichenstellung angedeutet: In der Kategorie Fair Value ist unter Umständen eine wahlweise erfolgsneutrale Folgebewertung der verpflichtend hier einzuordnenden finanziellen Vermögenswerte möglich. Die genauen Implikationen dieses Wahlrechts werden in Abschnitt 432.3 beschrieben, hier ist dieser Zusammenhang aus Gründen der Vollständigkeit aufgenommen worden (schraffierte Felder).

---

549 Vgl. IASB (Hrsg.), IFRIC Update November 2007.

550 Vgl. IASB (Hrsg.), ED: Improvements 2008, S. 37; IASB (Hrsg.), Press Release 7/2008, S. 3 sowie DELOITTE (Hrsg.), IAS Plus: August 2008 – Special Edition, S. 2.

551 Vgl. IASB (Hrsg.), Press Release 4/2009, S. 1-3.

552 Vgl. IASB (Hrsg.), ED: Classification and Measurement, Amendments to other IFRS and guidance, S. 33 f.

553 Der IASB begründet dies damit, dass die Behandlung von nicht finanziellen Verträgen nicht Bestandteil des Projekts ist, in dessen Rahmen IFRS 9 entwickelt wurde, vgl. IFRS 9.BC60. Daher soll die Bilanzierung in diesem Bereich zunächst nicht verändert werden.

554 Vgl. IFRS 9.Amendments to other IFRS and guidance, S. 37.

555 Vgl. Fn. 553.

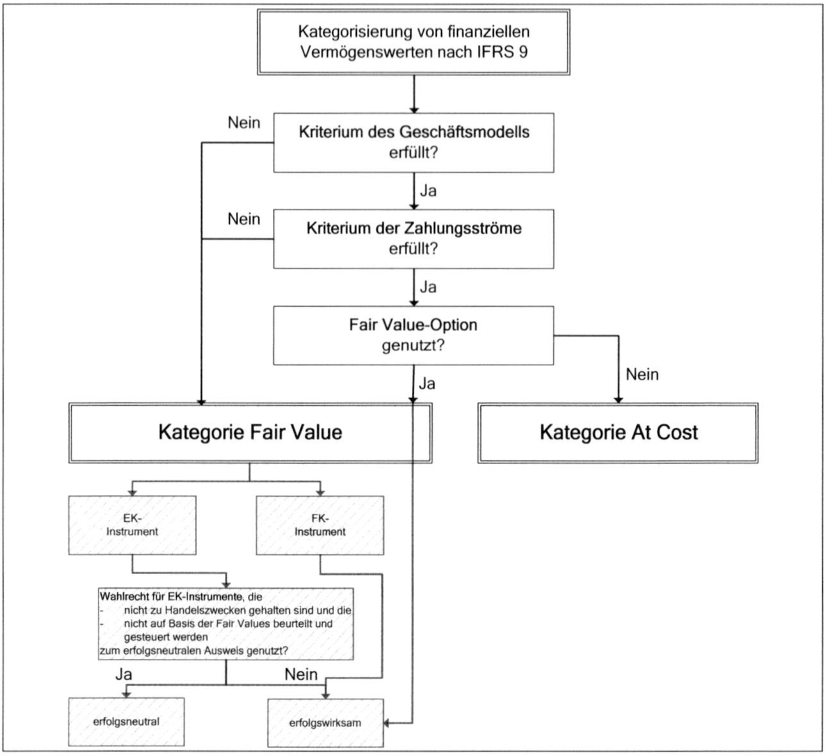


**Abbildung 3-7: Überblick über die Kategorisierung finanzieller Vermögenswerte nach IFRS 9**

## 332.24 Änderungen des Geschäftsmodells

Wie bereits nach IAS 39 (2009) ist eine Umklassifizierung von Finanzinstrumenten in der Rechnungslegung nach IFRS grundsätzlich unerwünscht, da hierdurch die prinzipielle Stetigkeit der Bilanzierung verletzt wird.[556] Aus diesem Grund hat der IASB in dem Exposure Draft zur Neuregelung der Klassifizierung und Bewertung von Finanzinstrumenten ein generelles Verbot von Umgliederungen vorgeschlagen.[557] Dies ist indes auf umfassende Kritik gestoßen. In vielen Comment Lettern wurde bemängelt, dass in einem Standard, in dem die Kategorisierung von Finanzinstrumenten teils auf dem Geschäftsmodell beruht, Umgliederungen möglich sein müssen, da sich das Geschäftsmodell ändern kann. Die durch das Umgliederungsverbot erreichte Stetigkeit der Bilanzierung steht nach Ansicht vieler Kommentatoren in keinem

[556] Vgl. zu dieser Diskussion bereits Abschn. 331.27 im Zusammenhang mit den Wechselrestriktionen des IAS 39 (2009).

[557] Vgl. IASB (Hrsg.), ED: Classification and Measurement, Rz. 10; sowie BEINE, F./MEYER, C., in: Wiley-Handbuch 2010, Abschn. 7, Rz. 271 sowie MÄRKL, H./SCHABER, M., IFRS 9, S. 66.

ausgewogenen Verhältnis zu den Nachteilen, die sich durch die nicht sachgemäße Abbildung von Finanzinstrumenten infolge einer Änderung des Geschäftsmodells ergeben.[558]

Als Reaktion auf die geäußerte Kritik hat der IASB den finalen IFRS 9 entsprechend angepasst.[559] Nunmehr sind, sofern sich das Geschäftsmodell ändert, **alle** finanziellen Vermögenswerte des betroffenen Geschäftsfelds (vorbehaltlich der Prüfung des Kriteriums der Zahlungsströme) verpflichtend umzugliedern.[560] Die Entscheidung über die Änderung des Geschäftsmodells muss

- von dem **Führungsstab** des Unternehmens
- als Resultat von **externen** oder **internen Veränderungen**,
- die **signifikant für die Tätigkeiten** des Unternehmens sind, getroffen werden und
- gegenüber **externen Dritten belegt** werden können.[561]

Zudem wird die Vermutung aufgestellt, dass derartige Veränderungen nur sehr selten auftreten sollten.[562] Nachdem die Entscheidung über die Änderung des Geschäftsmodells getroffen wurde, darf das Unternehmen keine Geschäfte mehr eingehen, die im Einklang mit dem alten Geschäftsmodell stehen, weil ansonsten die Änderung noch nicht vollzogen ist. Somit werden relativ strenge Anforderungen an die Umgliederung von finanziellen Vermögenswerten gestellt. Während bei der erstmaligen Einbuchung die Feststellung des Geschäftsmodells durch eine Person in einer Schlüsselposition des Unternehmens vorgenommen werden muss, ist im Zusammenhang mit der Änderung des Geschäftsmodells die Feststellung durch den Führungsstab des Unternehmens zu treffen. Letztgenannter Personenkreis wird in der Definition von Personen in einer Schlüsselposition des Unternehmens beispielhaft angeführt,[563] allerdings können auch andere Personen eine Schlüsselposition einnehmen. Der Führungsstab des Unternehmens ist daher definitorisch enger gefasst.[564] Auch die Möglichkeit einer Rechtfertigung gegenüber Dritten wird in Bezug auf die Entscheidung über die erstmalige Einbuchung nicht gefordert.

---

558 Vgl. IASB (Hrsg.), Comment Letter Summary Classification and Measurement, S. 12.

559 Vgl. IFRS 9.BC68.

560 Vgl. IFRS 9.4.9; MÄRKL, H./SCHABER, M., IFRS 9, S. 71; sowie BEINE, F./MEYER, C., in: Wiley-Handbuch 2010, Abschn. 7, Rz. 266-269 sowie KUHN, S., IFRS 9, S. 109. An dieser Stelle ist ein wichtiger Unterschied zu den Regelungen des IAS 39 (2009) zu erkennen. Nach der alten Regelung waren Umgliederungen stets auf Basis isolierter Finanzinstrumente zu beurteilen, nunmehr werden Umgliederungen auf der Basis von Geschäftsfeldern vorgenommen und betreffen jeweils alle Finanzinstrumente dieses Geschäftsfelds.

561 Vgl. IFRS 9.B5.9.

562 Vgl. IFRS 9.B5.9 CHRISTIAN, D., IFRS 9, S. 367.

563 Vgl. IAS 24.9.

564 LÜCK/HAYN vertreten die Meinung, dass der Begriff „sehr eng auszulegen" ist und daher meist auf Mitglieder des Vorstands beziehungsweise der Geschäftsführung/des Aufsichtsrats begrenzt sei, vgl. LÜCK, W./HAYN, S., in: Baetge u. a., Rechnungslegung nach IFRS, Rz. 32. Dieser Meinung wird hier gefolgt.

Außerdem werden einige Beispiele genannt, die eine Änderung des Geschäftsmodells mit sich bringen würden:[565]

- Ein Unternehmen hält Handelsforderungen mit dem Ziel, diese kurzfristig zu veräußern. Im Rahmen eines Unternehmenszusammenschlusses wird ein Unternehmen erworben, das Handelsforderungen dagegen langfristig mit dem Ziel der Realisation der vertraglichen Zahlungsströme hält. Das ursprüngliche Portfolio wird nunmehr nicht mehr mit einer kurzfristigen Handelsabsicht gehalten, sondern zusammen mit den neu erworbenen Forderungen mit dem Ziel der Realisation der vertraglichen Zahlungsströme verwaltet.
- Ein Finanzdienstleister entscheidet sich dazu, sein Geschäft mit Hypothekenkrediten einzustellen, und akzeptiert keine neuen Geschäfte mehr. Das Portfolio wird aktiv zum Verkauf angeboten.

Sofern sich das Geschäftsmodell eines Geschäftsfelds nach der obigen Definition geändert hat, ist die Umgliederung prospektiv ab dem Zeitpunkt vorzunehmen, ab dem das Unternehmen die Entscheidung über die Änderung des Geschäftsmodells getroffen hat; zuvor erfasste Gewinne oder Verluste sind nicht rückgängig zu machen.[566] Durch den Verzicht auf eine retrospektive Anpassung soll abgebildet werden, dass das Unternehmen die relevanten finanziellen Vermögenswerte in den vergangenen Perioden in einem anderen Geschäftsmodell gehalten hat. Eine retrospektive Anpassung würde daher die Verhältnisse der vergangenen Perioden nicht angemessen abbilden.[567]

Bei der Umgliederung sind die Kategorisierungskriterien anzuwenden, die auch beim erstmaligen Ansatz zugrunde gelegt wurden.[568] Sofern beispielsweise für ein Geschäftsfeld das neuerliche Ziel des Geschäftsmodells in der Realisation der vertraglichen Zahlungsströme besteht, bedeutet dies nicht unbedingt, dass alle finanziellen Vermögenswerte aus der Kategorie Fair Value in die Kategorie At Cost umgebucht werden. Vielmehr ist zudem zu prüfen, ob das Kriterium der Zahlungsströme durch den finanziellen Vermögenswert erfüllt wird, er also auch beim erstmaligen Ansatz in die Kategorie At Cost hätte eingeordnet werden können, wenn das Geschäftsmodell dies zugelassen hätte.

Abschließend werden einige Negativbeispiele angeführt, bei denen keine Änderung des Geschäftsmodells vorliegt:[569]

- Eine Änderung der Absichten des Managements in Bezug auf einzelne finanzielle Vermögenswerte (auch dann, wenn sich signifikante Änderungen der Marktbedingungen ergeben haben),

---

565 Vgl. IFRS 9.B5.9.
566 Vgl. IFRS 9.5.3.1 sowie KUHN, S., IFRS 9, S. 109.
567 Vgl. IFRS 9.BC72.
568 Vgl. IFRS 9.4.9.
569 Vgl. IFRS 9.B5.11.

- ein zeitweises Verschwinden eines Markts für bestimmte finanzielle Vermögenswerte, was etwa im Rahmen der globalen Finanzkrise für einige Finanzinstrumente beobachtbar war,[570] oder
- ein Transfer von finanziellen Vermögenswerten zwischen verschiedenen Geschäftsfeldern mit unterschiedlichen Geschäftsmodellen.

In Bezug auf die ersten beiden Aspekte ist festzustellen, dass die erst im Oktober 2008 als Reaktion auf die Finanzkrise geschaffenen Umgliederungsmöglichkeiten durch IFRS 9 explizit wieder ausgeschlossen werden.[571] Bei der Betrachtung des letzten Aspekts stellt sich die Frage, inwiefern durch den Transfer eines finanziellen Vermögenswerts dieser umgegliedert werden darf. An dieser Stelle ist in IFRS 9 definiert, dass eine Umklassifizierung dann und nur dann infrage kommt, wenn sich das Geschäftsmodell geändert hat, und dass in diesem Fall alle betroffenen Finanzinstrumente umzugliedern sind. Da der Transfer von einzelnen finanziellen Vermögenswerten zwischen Geschäftsfeldern keine Änderung des Geschäftsmodells darstellt, kann durch den Transfer keine Umgliederung ausgelöst werden.[572]

Zwar ist in IFRS 9 keine Tainting Rule mehr vorgesehen, die Umgliederungen sanktioniert.[573] Da allerdings durch Umgliederungen weitreichende bilanzielle Konsequenzen hervorgerufen werden können, soll durch entsprechende Offenlegungsvorschriften dem Bilanzadressaten eine Interpretation der Sachlage ermöglicht werden. Im Rahmen der Einführung von IFRS 9 wurde IAS 1 dahin gehend angepasst, dass nunmehr in der Gesamtergebnisrechnung der Erfolgsbeitrag aus der Umgliederung von finanziellen Vermögenswerten, die in die Kategorie Fair Value umgegliedert wurden, separat auszuweisen ist.[574] Für Umgliederungen werden zudem umfassende Anhangangaben gefordert, u. a. sind eine detaillierte Begründung der Veränderung des Geschäftsmodells sowie der Betrag, der umgegliedert wurde, offenzulegen.[575]

### 332.3 Bilanzierung von hybriden Finanzinstrumenten

Für die Bilanzierung von hybriden Finanzinstrumenten sieht IFRS 9 umfassende Neuregelungen vor. Die allgemeine Definition von eingebetteten Derivaten wird hierbei zunächst ohne Änderungen aus dem IAS 39 (2009) übernommen.[576] Sofern es sich bei dem Basisvertrag nicht um ein Finanzinstrument handelt und das Instrument daher nicht in den Anwendungsbereich des IFRS 9 fällt,[577] sind zunächst weiterhin die Regelungen des IAS 39 (2009) relevant,

570 Vgl. HALLAUER, P./SCHMID, T., IASB im Banne der Finanzkrise, S. 795.

571 Vgl. zu den Änderungen an IAS 39 im Zusammenhang mit der Finanzkrise Abschn. 31 sowie Abschn. 331.27 für die Wechselmöglichkeiten unter IAS 39 (2009).

572 Vgl. MÄRKL, H./SCHABER, M., IFRS 9, S. 68.

573 Vgl. MÄRKL, H./SCHABER, M., IFRS 9, S. 66.

574 Vgl. IFRS 9.Amendments to other Standards, S. 22 sowie CHRISTIAN, D., IFRS 9, S. 369.

575 Vgl. IFRS 9.Amendments to other Standards, S. 14 f.

576 Vgl. IFRS 9.4.6 sowie CHRISTIAN, D., IFRS 9, S. 366 f.

577 Der Anwendungsbereich des IFRS 9 entspricht dem des IAS 39 (2009), vgl. IFRS 9.2.1.

die eventuell eine Trennungspflicht vorsehen.[578] Lediglich in dem Fall, dass nach diesen Vorgaben eine getrennte Bilanzierung gefordert wird, ist der derivative Teil wiederum nach den Regelungen des IFRS 9 wie ein freistehendes Derivat zu behandeln.[579] Für den nicht derivativen Teil des hybriden Finanzinstruments wäre der jeweils einschlägige IAS/IFRS heranzuziehen.[580] Eine eventuelle Trennungspflicht derartiger Instrumente, die nicht in den Anwendungsbereich des IFRS 9 fallen, kann wiederum durch die Fair Value-Option umgangen werden.[581]

Sofern der Basisvertrag im Anwendungsbereich des IFRS 9 liegt, ist keine getrennte Bilanzierung des derivativen und des nicht derivativen Teils mehr vorgesehen.[582] Das **gesamte (hybride) Finanzinstrument** ist vielmehr auf Basis der beschriebenen Kategorisierungskriterien einzuordnen und entsprechend abzubilden. Besondere Anforderungen oder Vorgaben werden hierfür nicht mehr gegeben.[583] Der Bilanzierende wird somit in praxi die Frage beantworten müssen, ob ein nicht derivatives Finanzinstrument, das das Kriterium des Geschäftsmodells erfüllt, auch bei gemeinsamer Betrachtung mit dem eingebetteten Derivat noch das Kriterium der Zahlungsströme erfüllen kann, um der Kategorie At Cost zugeordnet zu werden.[584] Diese Frage wird häufig zu verneinen sein,[585] da der derivative Bestandteil sich nicht ausschließlich aus Zins- und Tilgungszahlungen zusammensetzt. Die in Abschnitt 331.3 beispielhaft dargestellte Wandelanleihe wäre nach IFRS 9 somit vollständig der Kategorie Fair Value zuzuordnen.

## 34 Kritische Würdigung des Ansatzes und der Kategorisierung finanzieller Vermögenswerte

### 341. Vergleichende Analyse des IAS 39 (2009) und des IFRS 9 in Bezug auf die qualitativen Kriterien des IASB-Framework

#### 341.1 Analyse in Bezug auf die qualitativen Kriterien Relevanz und Vergleichbarkeit

##### 341.11 Überblick und Vorgehen im Rahmen der Analyse

Für die vergleichende Beurteilung des Ansatzes und der Kategorisierung werden die in Abschnitt 23 hergeleiteten Kriterien herangezogen, wobei zunächst die qualitativen Kriterien des Framework der Rechnungslegung nach IFRS betrachtet werden.

---

578 Vgl. hierzu Abschn. 331.3. Die Regelungen des IFRIC 9, die den Zeitpunkt der Beurteilung betreffen, sind durch den IFRS 9 nicht geändert worden.

579 Vgl. IFRS 9.4.8(a) sowie BEINE, F./MEYER, C., in: Wiley-Handbuch 2010, Abschn. 7, Rz. 264.

580 Vgl. IFRS 9.4.8(b).

581 Vgl. hierzu ausführlich Abschn. 332.22.

582 Vgl. IFRS 9.4.7 CHRISTIAN, D., IFRS 9, S. 366 f.

583 Vgl. KUHN, S., IFRS 9, S. 108.

584 Vgl. KUHN, S., IFRS 9, S. 108 f. So auch MÄRKL/SCHABER, die die vorgeschlagene Regelung des Exposure Draft beurteilen, vgl. MÄRKL, H./SCHABER, M., Zur Nachfolgeregelung des IAS 39, S. 538.

585 Vgl. SCHRUFF, W., Subprime Krise, S. 577 sowie MÄRKL, H./SCHABER, M., IFRS 9, S. 73.

In Bezug auf den **Ansatz** von finanziellen Vermögenswerten ergeben sich zwischen den Standards keine Unterschiede; für IFRS 9 wurden die Regelungen des IAS 39 (2009) ohne inhaltliche Anpassung übernommen.[586] Daher wird dieser Themenbereich in der vergleichenden Analyse nicht näher betrachtet. In diesem Abschnitt wird isoliert die Kategorisierung von Finanzinstrumenten nach IAS 39 (2009) und IFRS 9 vergleichend analysiert. Ausschlaggebend ist hierbei die Trennschärfe der Kategorisierungskonzeptionen, die resultierenden Bewertungskonsequenzen werden im späteren Abschnitt 44 beurteilt.

In Bezug auf die **Relevanz** der Bilanzierung ist zu untersuchen, welchen Einfluss die veränderte Bilanzierung durch IFRS 9 auf die Entscheidungsfindung der Adressaten hat. Ein derartiger Einfluss wird unterstellt, wenn durch die Information die Einschätzung des Adressaten über die künftigen Zahlungsströme verändert oder bestätigt wird.[587] In Bezug auf die **Vergleichbarkeit** der Bilanzierung ist zu untersuchen, ob der Bilanzadressat identische Sachverhalte einerseits in unterschiedlichen Berichtsperioden und andererseits zwischen unterschiedlichen Unternehmen vergleichen kann.[588]

Für die Relevanz der Kategorisierung ist ausschlaggebend, ob Finanzinstrumente durch die Regelungen **entscheidungsnützlich** auf die Kategorien aufgeteilt werden. Entscheidungsnützlich ist die Aufteilung, wenn Finanzinstrumente, die bezüglich ihrer erwarteten Zahlungswirkung auf das Unternehmen ähnlich sind, auch einer Kategorie zugeordnet werden. So werden homogene Kategorien geschaffen, die nur Instrumente mit ähnlichen Zahlungswirkungen enthalten. Daher ist eine **trennscharfe Aufteilung** der Finanzinstrumente für die isolierte Analyse der Kategorisierungskonzeptionen ausschlaggebend. Sofern eine derartige Aufteilung erreicht wird, kann auch das Kriterium der Vergleichbarkeit erfüllt werden, da Instrumente, die in ihrer erwarteten Zahlungswirkung auf das Unternehmen homogen sind, auch (in unterschiedlichen Perioden und zwischen verschiedenen Unternehmen) identisch kategorisiert werden. Aufgrund der ähnlichen Implikationen werden diese qualitativen Kriterien hier gemeinsam betrachtet.

### 341.12 Analyse der Kategorisierungskonzeption

#### 341.121. Allgemeine Kategorisierungskonzeption

Für die Beurteilung der Kategorisierungskonzeptionen wird im Folgenden zunächst untersucht, inwiefern die jeweiligen Herangehensweisen zu einer entscheidungsnützlichen Aufteilung der Finanzinstrumente eines Unternehmens bei der **erstmaligen Erfassung** führen.

Nach **IAS 39 (2009)** werden Finanzinstrumente nicht prinzipienbasiert in eine der **vier Kategorien** eingeordnet, vielmehr werden bestimmte **Eigenschaften eines Finanzinstruments** und **Absichten des Managements** einzelfallorientiert in die Beurteilung einbezogen.

[586] Vgl. Abschn. 332.1.
[587] Vgl. Abschn. 212.33.
[588] Vgl. Abschn. 212.35.

Für die Kategorisierungsentscheidung muss das Management teils bestimmte **Absichten** erklären, etwa eine Halteabsicht über einen bestimmten Zeithorizont aufweisen oder explizite Handelsabsichten verfolgen.[589] Diese sind jeweils isoliert pro Instrument zu beurteilen. Diese isolierte Betrachtung wirkt sich negativ auf die Vergleichbarkeit der Bilanzierung aus, weil unterschiedliche Unternehmen identische Instrumente nicht gleich behandeln müssen. Indes könnte diesen Unterschieden eine relevantere Abbildung entgegenstehen, da der Einfluss der Absichten des Managements die tatsächliche Verwendung eines Finanzinstruments im Unternehmen besser abbilden sollte. Durch unterschiedliche Verwendung eines Finanzinstruments innerhalb eines Unternehmens können die erwarteten Zahlungsströme, die dem Unternehmen aus dem Instrument zufließen, differieren. So sollten etwa Instrumente, die das Unternehmen mit einer Handelsabsicht hält, einer Kategorie zugeordnet werden und Instrumente, die bis zur Endfälligkeit gehalten werden, einer anderen Kategorie. Insofern würden durch die unterschiedlichen Kategorisierungen lediglich die unterschiedlichen Verwendungsrichtungen der Unternehmen reflektiert. Zusammenfassend ergeben sich aus den Einflüssen der Managemententscheidungen positive Implikationen für die Relevanz der Kategorisierung, während die Vergleichbarkeit eher geschwächt wird.

Die Kategorisierung nach IAS 39 (2009) ist zudem durch einige **Wahlrechte** geprägt: Insbesondere die drei Anwendungsmöglichkeiten der **Fair Value-Option**[590] wirken sich hierbei auf die Kategorisierung aus. Durch diese Option ist eine wahlweise unterschiedliche Kategorisierung von Finanzinstrumenten möglich, die sich negativ auf die Trennschärfe der Kategorisierung auswirkt. Falls etwa ein Unternehmen A die Fair Value-Option nutzt und ein Instrument der Kategorie At Fair Value through Profit or Loss zuordnet, Unternehmen B sich indes gegen die Nutzung der Fair Value-Option entscheidet und ein identisches Instrument daher einer anderen Kategorie zuordnet, differiert die Kategorisierung für das identische Instrument. Bei einer isolierten Betrachtung der Kategorisierung ergeben sich hieraus sowohl für die Relevanz als auch für die Vergleichbarkeit negative Implikationen. Allerdings stellt eine erhöhte Relevanz der Bewertung eine Anwendungsvoraussetzung der Fair Value-Option dar, sodass der negative Eindruck in Bezug auf die Trennschärfe der Kategorisierung durch die Implikationen in Bezug auf die Bewertung aufgewogen werden könnte.[591]

Ein weiteres Wahlrecht ist für die Einordnung von Finanzinstrumenten in die Kategorie Available-for-Sale vorgesehen.[592] Wirtschaftlich identische Finanzinstrumente können einer unterschiedlichen Kategorisierung unterzogen werden, was dem Ziel, Finanzinstrumente mit einer ähnlichen Zahlungswirkung auch identisch zu kategorisieren, widerspricht. Somit ergeben sich in Bezug auf die Relevanz als auch für die Vergleichbarkeit eher negative Implikationen. Durch die unterschiedliche Kategorisierung identischer Instrumente wird insbesondere die Vergleichbarkeit zwischen unterschiedlichen Unternehmen erschwert. Dieses Wahlrecht ist

[589] Vgl. für eine Übersicht der Kategorisierungsalternativen nach IAS 39 (2009) Abschn. 331.26.
[590] Vgl. hierzu Abschn. 331.22.
[591] Vgl. für die Analyse der Bewertung Abschn. 44.
[592] Vgl. hierzu Abschn. 331.25.

im Gegensatz zu der Fair Value-Option nicht an besondere Anwendungsvoraussetzungen geknüpft, lediglich eine verpflichtende Einordnung in die Kategorie At Fair Value through Profit or Loss geht diesem Wahlrecht vor. Somit sind auch keine Anforderungen hinsichtlich einer verbesserten Entscheidungsnützlichkeit der Bewertung aufgestellt worden.

Zudem fließen die **Eigenschaften des Finanzinstruments** in die Kategorisierungsentscheidung ein. Instrumente müssen – um den Kategorien Held-to-Maturity oder Loans and Receivables zugeordnet zu werden – über **feste oder bestimmbare Zahlungen** verfügen.[593] Um diese Voraussetzung zu erfüllen reicht es aus, wenn die Zahlungen aus einem Instrument vertraglich festgeschrieben sind oder sich aus vertraglichen Vereinbarungen ableiten lassen.[594] Grundsätzlich kann dies lediglich von Fremdkapitalinstrumenten erfüllt werden.[595] Eine detailliertere Beschreibung der Anforderungen an die Zahlungsströme existiert allerdings nicht. Daher besteht an dieser Stelle die Gefahr, dass ein Instrument, das wirtschaftlich die Eigenschaften eines Eigenkapitalinstruments aufweist, durch gezielte Strukturierung in ein Fremdkapitalinstrument umgewandelt wird, das dann über feste oder bestimmbare Zahlungsströme verfügen könnte. So könnten beispielsweise in ein speziell gegründetes Unternehmen ausschließlich Eigenkapitalinstrumente eingebracht werden. Wenn dieses Unternehmen anschließend eine Anleihe begibt, die über vertraglich festgelegte Zahlungen verfügt, könnte die Anleihe (als strukturiertes Finanzinstrument) die obige Voraussetzung erfüllen. Durch das Ausfallrisiko des neu gegründeten Unternehmens würden dem Fremdkapitalinstrument indes eher die wirtschaftlichen Eigenschaften eines Eigenkapitalinstruments innewohnen. Daher wird durch diese Bedingung zwar grundsätzlich eine klare Trennung von unterschiedlichen Finanzinstrumenten erreicht, die sich positiv auf Relevanz und Verlässlichkeit auswirkt, allerdings können sich Schwächen im Detail ergeben, da das Kriterium durch gezielte Strukturierungsmaßnahmen umgangen werden könnte.

Darüber hinaus dürfen in die Kategorie Loans and Receivables keine Instrumente eingeordnet werden, die an einem **aktiven Markt** gehandelt werden. Hierdurch sind identische Instrumente in Abhängigkeit von deren Handelsaktivität unterschiedlich zu behandeln – die Relevanz und Vergleichbarkeit der Kategorisierung wird so eher negativ beeinflusst.

Nach **IFRS 9** werden Finanzinstrumente auf Basis einer prinzipienbasierten Prüfung in eine der **beiden Kategorien** eingeordnet. Die Prüfung basiert auf dem **Geschäftsmodell** des Geschäftsfelds, in dem das Finanzinstrument gehalten wird, und den **Eigenschaften des Finanzinstruments**.[596]

Die Absichten des Managements werden im Gegensatz zu IAS 39 (2009) nicht mehr auf Basis der Verwendung eines isolierten Finanzinstruments festgelegt. Vielmehr muss das

593 Vgl. Tabelle 3-3 in Abschn. 331.26.

594 Vgl. IAS 39.AG17.

595 Vgl. ERNST & YOUNG (Hrsg.), International GAAP 2010, S. 2193.

596 Der Prüfungsablauf wurde in der Abbildung 3-7 in Abschn. 332.23 schematisch dargestellt.

**Geschäftsmodell eines Geschäftsfelds**[597] festgelegt werden, die Intention des Managements in Bezug auf ein isoliertes Finanzinstrument fließt nicht in die Betrachtung ein.[598] Diese Unterscheidung auf einer höheren Ebene könnte sich positiv auf die Vergleichbarkeit der Rechnungslegung auswirken, weil das Management die Klassifizierung von Finanzinstrumenten nicht mehr auf Basis isolierter Finanzinstrumente verändern kann. Fraglich ist allerdings, ob die Zuordnung des Finanzinstruments zu einem Geschäftsfeld unter Berücksichtigung des Geschäftsmodells die Verwendungsrichtung des Instruments ausreichend berücksichtigt.[599] Sofern die Kategorisierung die Verwendungsentscheidung des Managements in Bezug auf ein isoliertes Finanzinstrument nicht wiedergibt, könnten sich hierdurch negative Einflüsse auf die Relevanz der Kategorisierung ergeben.[600]

Insgesamt wurden die Wahlrechte eingeschränkt: Zwar ist auch in IFRS 9 weiterhin eine Fair Value-Option vorgesehen, der Anwendungsbereich der Option wurde aber deutlich eingeengt. Die Nutzung der Fair Value-Option ist nur noch in einem der ehemals drei Anwendungsfälle möglich.[601] In dem zweiten früheren Anwendungsfall für Finanzinstrumente, die auf Basis ihrer beizulegenden Zeitwerte gesteuert werden, ist durch IFRS 9 eine verpflichtende Nutzung der Option vorgesehen. Instrumente, die hiernach in IAS 39 (2009) wahlweise in die Kategorie At Fair Value through Profit or Loss eingeordnet werden konnten, sind nach IFRS 9 verpflichtend der Kategorie Fair Value zuzuordnen.[602] Der dritte Anwendungsfall der Fair Value-Option ist durch die nach IFRS 9 nicht mehr vorgesehene Trennung von hybriden Finanzinstrumenten mit finanziellen Basisverträgen redundant geworden.[603] Zudem existiert in IFRS 9 kein Pendant zu dem Wahlrecht der Kategorisierung als Available-for-Sale, das in IAS 39 (2009) noch vorgesehen ist. Die Einschränkung der Wahlrechte ist sowohl vor dem Hintergrund der Relevanz als auch der Vergleichbarkeit der Kategorisierung positiv zu beurteilen.[604]

---

597 Die Relevanz der Berücksichtigung des Geschäftsmodells bei der Bilanzierung hebt auch SCHILDBACH hervor, vgl. SCHILDBACH, T., Fair value-Statik, S. 589-591.

598 Der IASB geht davon aus, dass diese Entscheidung keine Wahlentscheidung aus Sicht des Managements darstellt, vielmehr werden Fakten wiedergegeben, die darauf beruhen, wie das Unternehmen verwaltet und das Management informiert wird, vgl. IFRS 9.BC27. Vgl. hierzu Abschn. 332.212.

599 Kritisch äußert sich in diesem Zusammenhang das IDW, vgl. IDW (Hrsg.), Brief des IDW an das BMJ, S. 3 f.

600 So auch MÄRKL, H./SCHABER, M., IFRS 9, S. 74.

601 Bezüglich der Trennungspflicht von hybriden Finanzinstrumenten wurde die Fair Value-Option für Instrumente mit einem nicht derivativen Basisvertrag zwar beibehalten, diese Instrumente fallen indes nicht in den Anwendungsbereich des IFRS 9, sodass diese Besonderheit für die Analyse ausgeblendet werden soll.

602 Vgl. hierzu Abschn. 332.212. Mit der verpflichtenden Einordnung in die Kategorie Fair Value wird gleichzeitig vorgeschrieben, dass die Folgebewertung erfolgswirksam vorgenommen werden muss, vgl. IFRS 9.B4.6.

603 Zwar ist die Option weiterhin für hybride Instrumente mit nicht finanziellen Basisverträgen vorgesehen, derartige Instrumente fallen allerdings nicht in den Anwendungsbereich des IFRS 9 und werden daher an dieser Stelle ausgeblendet.

604 Der Bilanzierende hat innerhalb der Kategorie Fair Value teilweise ein Wahlrecht in Bezug auf die erfolgswirksame oder erfolgsneutrale Behandlung von Fair Value-Änderungen. Hierbei handelt es sich allerdings nicht um ein Kategorisierungswahlrecht, sondern um ein nachgelagertes Bewertungswahlrecht, vgl. Abschn. 432.3.

Als weitere Komponente fließen die **Eigenschaften des Finanzinstruments** in die Beurteilung ein. Hierbei sind die Charakteristika der Zahlungsströme ausschlaggebend.[605] Für eine möglichst homogene Aufteilung auf Basis dieser Komponente ist eine trennscharfe und eindeutige Definition der Anforderungen an die Zahlungsströme erforderlich. In den Anwendungsleitlinien des Standards sind in diesem Bereich weitere, klarstellende Hinweise gegeben,[606] danach dürfen die Zahlungen ausschließlich aus Zins- und Tilgungszahlungen bestehen – es muss sich bei der Einordnung eines Finanzinstruments in die Kategorie At Cost daher um ein Fremdkapitalinstrument handeln. Falls indes Fremdkapitalinstrumente nicht lediglich zu Zins- und Tilgungszahlungen führen, weil beispielsweise eine Leverage-Komponente integriert wurde, wird dieses Kriterium verletzt. Hintergrund dieser Überlegung ist, dass das Fremdkapitalinstrument dann einem Eigenkapitalinstrument ähnlicher wird und daher wie ein solches zu kategorisieren wäre. Für die Beurteilung, ab wann diese Ähnlichkeit zu einer Änderung der Kategorisierung führen sollte, werden weitere Merkmale vorgegeben.[607] Diese würden auch dazu führen, dass das obige Beispiel eines strukturierten Finanzinstruments auf Basis der zugrunde liegenden Finanzinstrumente – also auf Basis der Eigenkapitalinstrumente – geprüft werden müsste. Durch diesen Prüfungsschritt würde die veränderte Eigenschaft des strukturierten Fremdkapitalinstruments erkannt, das strukturierte Finanzinstrument wäre daher wie ein Eigenkapitalinstrument zu behandeln. Insgesamt scheint das Kriterium der Zahlungsströme eine trennschärfere Linie bereitzustellen, als die Forderung nach festen oder bestimmbaren Zahlungen des IAS 39 (2009). Die Beurteilung dieser Kategorisierung hinsichtlich Relevanz und Vergleichbarkeit fällt daher im Vergleich zu IAS 39 (2009) positiv aus.

Zusammenfassend kann festgehalten werden, dass durch IFRS 9 alle Eigenkapitalinstrumente sowie Fremdkapitalinstrumente, die nicht lediglich zu Zins- und Tilgungszahlungen führen und/oder nicht in einem Geschäftsfeld gehalten werden, dessen Geschäftsmodell in der Realisation der vertraglichen Zahlungsströme besteht, in der Kategorie Fair Value geführt werden. Der Kategorie Fair Value werden somit im Wesentlichen Instrumente mit eher variablen Zahlungsströmen und solche, die mit einer gewissen Handelsabsicht gehalten werden, zugeordnet. Die Kategorisierung des IAS 39 (2009) ist hingegen im Wesentlichen einzelfallorientiert und mit diversen Wahlrechten versehen.[608] Das prinzipienbasierte Vorgehen des IFRS 9 verspricht daher, zu einer homogeneren Zuordnung zu führen.

### 341.122. Kategorisierung hybrider Finanzinstrumente

Eine weitere wesentliche Änderung besteht in der Behandlung von **hybriden Finanzinstrumenten**. Die Vorgabe des IAS 39 (2009), derartige Instrumente unter bestimmten Bedingungen getrennt in derivativen und nicht derivativen Bestandteil zu bilanzieren, ist in IFRS 9

605 Vgl. hierzu Abschn. 332.213.

606 Vgl. IFRS 9.B4.7-B4.26.

607 Vgl. hierzu Abschn. 332.213.

608 Vgl. hierzu etwa auch LÜDENBACH, N., in: Haufe IFRS-Kommentar, § 28, Rz. 40; WOLLMERT, P./ACHLEITNER, A.-K., Konzeptionelle Grundlagen (Teil II), S. 255 sowie GLAUM, M., Internationalisierung der deutschen Rechnungslegung, S. 126.

gänzlich gestrichen worden; hybride Finanzinstrumente sind nunmehr der gleichen Beurteilung zu unterziehen wie gewöhnliche Finanzinstrumente. Hierin kann eine Schwäche der neuen Regelung in Bezug auf die Relevanz und Vergleichbarkeit der Bilanzierung gesehen werden: Wirtschaftlich identische Sachverhalte werden unter Umständen unterschiedlich abgebildet werden. Ein hybrides Instrument wird nunmehr anders behandelt als eine Transaktion, in der ein Unternehmen beispielsweise den zu dem hybriden Instrument identischen Basisvertrag bei einer Bank A und den zu dem hybriden Instrument identischen derivativen Bestandteil bei einer Bank B erwirbt. Während im ersten Fall die Kategorisierung auf Basis des gesamten Instruments stattfindet – und wahrscheinlich zu einer Einordnung in die Kategorie Fair Value führen wird –[609], wird die Beurteilung im zweiten Fall auf Basis der isolierten Instrumente vorgenommen. Danach könnte dann etwa der Basisvertrag in die Kategorie At Cost eingeordnet werden, lediglich der derivative Bestandteil würde der Kategorie Fair Value zugeordnet. Zwei wirtschaftlich identische Sachverhalte würden somit durch rein rechtliche Gestaltungsmöglichkeiten unterschiedlich abgebildet, ausschlaggebend ist hier, ob die Instrumente in getrennten Transaktionen erworben wurden oder nicht.[610] In Bezug auf die Relevanz und Vergleichbarkeit der Kategorisierung hybrider Finanzinstrumente sind daher mit der neuen Regelung eher negative Implikationen verbunden.

An dieser Stelle sollte der Standardsetzer in künftigen Überarbeitungsprojekten die Regelungen verfeinern. Nach der hier vertretenen Ansicht sollten wirtschaftlich zusammengehörige Basisverträge und Derivate stets einer gemeinsamen Betrachtung unterzogen werden.

### 341.13 Analyse der Umgliederungen zwischen den Kategorien

Umgliederungen können unter Umständen erforderlich werden, da sich die ausschlaggebenden Kategorisierungsmerkmale – wie etwa die Absichten des Managements – verändern können. Um bei geänderten Rahmenbedingungen dafür Sorge zu tragen, dass auch unter den neuen Umständen identische Finanzinstrumente derselben Kategorie zugeordnet werden, müssen dann Umgliederungen möglich beziehungsweise verpflichtend sein.

Nach IAS 39 (2009) kommen als Auslöser einer Umgliederung insbesondere **geänderte Absichten des Managements** in Betracht, die einen Einfluss auf die Einordnung eines Instruments hatten. Eine Änderung der **Eigenschaften des Instruments** ist eher von untergeordneter Bedeutung. Lediglich die in Bezug auf die Kategorie Loans and Receivables relevante Frage nach dem aktiven Markt für ein Finanzinstrument könnte sich ändern, wenn beispielsweise der aktive Handel einer Anleihe eingestellt wird.

---

609 Grundsätzlich können nach den Regelungen des IFRS 9 zwar auch hybride Finanzinstrumente in die Kategorie At Cost eingeordnet werden, indes ist in diesem Fall das Kriterium der Zahlungsströme zu beachten. Danach sind lediglich bestimmte derivative Bestandteile unschädlich, sofern etwa eine variable Verzinsung begrenzt wird. Vgl.auch SCHRUFF, W., Subprime Krise, S. 577 sowie MÄRKL, H./SCHABER, M., IFRS 9, S. 73.

610 Dieser Aspekt wurde auch in diversen „Comment Lettern“ vorgetragen, vgl. stellvertretend DRSC (Hrsg.), CL: Classification and Measurement, S. 6 f. Der IASB erkennt dieses Problem an, lehnt allerdings eine Lösung im Rahmen des Projekts zum Ersatz von IAS 39 (2009) ab, vgl. IFRS 9.BC59(c).

Die Vorschriften des IAS 39 (2009) in Bezug auf die Reaktion auf derartige Änderungen sind sehr differenziert.[611] Zunächst werden hier die Auswirkung einer Änderung der Intention des Managements in Bezug auf die **Handelsabsicht** und somit die Einordnung in die Kategorie **At Fair Value through Profit or Loss** betrachtet. Sofern diese Handelsabsicht in einer späteren Periode nicht mehr besteht, wäre für eine Optimierung der Relevanz der Rechnungslegung eine entsprechende Umgliederung vorzunehmen. Bis vor Kurzem waren derartige Umgliederungen gänzlich untersagt, erst mit der Intensivierung der Finanzkrise wurden entsprechende Anpassungen an IAS 39 (2009) vorgenommen, die Umgliederungen (wenn auch nur unter strengen Voraussetzungen) **wahlweise** zulassen.[612] Hierdurch können veränderte Intentionen des Managements in Bezug auf ein Finanzinstrument, die auch im Rahmen des erstmaligen Ansatzes relevant sind, bilanziell abgebildet werden. Die Umgliederungsmöglichkeit steht daher grundsätzlich im Einklang mit der allgemeinen Kategorisierungskonzeption. Aus der Veränderung lassen sich folglich positive Implikationen in Bezug auf die Relevanz der Rechnungslegung ableiten. Allerdings werden relativ strenge Anforderungen an eine derartige Umgliederung gestellt,[613] sodass nicht sichergestellt werden kann, dass jede Änderung der Intentionen entsprechend abgebildet wird. Auch die Umsetzung der Umgliederungsmöglichkeit als Wahlrecht ist vor dem Hintergrund der Relevanz und Vergleichbarkeit kritisch zu sehen. Hierdurch kann nicht sichergestellt werden, dass alle Finanzinstrumente, für die das Management die Handelsabsicht nicht weiter verfolgt, umgegliedert werden. Zudem wurde so ein Unterschied zwischen der erstmaligen Kategorisierung und eventuellen Umgliederungen geschaffen, da bei der erstmaligen Kategorisierung kein Wahlrecht besteht. Sofern also beispielsweise ein nicht derivatives Finanzinstrument nicht mit Handelsabsichten erworben wird und auch die sonstigen Kategorisierungsmöglichkeiten nicht genutzt werden konnten, wäre für dieses Instrument eine Einordnung in die Kategorie At Fair Value through Profit or Loss **nicht möglich**.[614] Ein identisches Instrument, das zwar ursprünglich mit einer Handelsabsicht erworben wurde, die allerdings in den Folgeperioden nicht mehr verfolgt wird, dürfte indes **wahlweise** in der Kategorie At Fair Value through Profit or Loss verbleiben.

Umgliederungen von Finanzinstrumenten, für die die **Fair Value-Option** genutzt wurde, sind weiterhin grundsätzlich untersagt.[615] Somit bleibt die Kategorisierung auch dann erhalten, wenn die höhere Relevanz der Rechnungslegung, die eine Anwendungsvoraussetzung der Fair Value-Option darstellt, nicht mehr erreicht wird.

Zusammenfassend kann für eine Umgliederung aus der Kategorie At Fair Value through Profit or Loss in Bezug auf die Relevanz und die Vergleichbarkeit festgehalten werden, dass durch die Anpassung der Umgliederungsvorschriften als Reaktion auf die Finanzkrise zwar

---

611 Vgl. zu den Vorschriften zum Wechsel einer Kategorie Abschn. 331.27.

612 Vgl. hierzu Abschn. 331.27 sowie zu der Überarbeitung des Standards im Zusammenhang mit der Finanzkrise Abschn. 31.

613 Vgl. Abschn. 331.27.

614 Vgl. detailliert für die Kategorisierungsvorschriften der Kategorie At Fair Value through Profit or Loss Abschn. 331.22. Annahmegemäß wären hier auch die Voraussetzungen für die Nutzung der Fair Value-Option nicht erfüllt.

615 Vgl. IAS 39.50(b).

eine Verbesserung erreicht wurde, indes weiterhin Fälle auftreten können, in denen eine geänderte Absicht des Managements keine bilanziellen Konsequenzen nach sich zieht. Das generelle Umgliederungsverbot für derivative Finanzinstrumente steht allerdings im Einklang mit der Pflicht, derartige Instrumente unabhängig von den Absichten des Managements in der Kategorie At Fair Value through Profit or Loss zu führen. Das Umgliederungsverbot ist somit systemkonform.

Eine Besonderheit ergibt sich in Zusammenhang mit der Umgliederung aus der Kategorie **Held-to-Maturity**. Einerseits müssen aus dieser Kategorie Instrumente umgegliedert werden, sofern keine Halteabsicht des Managements mehr in Bezug auf dieses Instrument besteht. Hierdurch wird eine entsprechende Verbesserung der Relevanz erreicht, weil das umgegliederte Instrument dann wie ein identisches Instrument behandelt wird, für das bereits bei erstmaliger Erfassung keine Halteabsicht besteht. Zusätzlich ist hier allerdings die sog. Tainting Rule zu beachten, nach der, sofern ein mehr als unwesentlicher Teil der in der Kategorie Held-to-Maturity erfassten Instrumente vor deren Endfälligkeit veräußert oder umgebucht wurde, eine verpflichtende Umbuchung aller Instrumente in die Kategorie Available-for-Sale i. V. m. einer Sperre der Kategorie vorgesehen ist.[616] In Bezug auf die Relevanz der Rechnungslegung ist diese Sonderregel negativ zu beurteilen. Die verpflichtende Umgliederung und Sperrung der Kategorie steht nicht unbedingt in Verbindung zu den erwarteten Zahlungsströmen, die dem Unternehmen aus den verbleibenden Finanzinstrumenten zufließen werden.[617] Sofern ein Unternehmen durch Veräußerungen oder Umbuchungen die Regelungen des IAS 39 (2009) verletzt hat, bedeutet dies nicht unbedingt, dass auch in Bezug auf die verbleibenden oder die künftigen Finanzinstrumente von einem identischen Vorgehen auszugehen ist.[618] Insofern werden identische Instrumente in Abhängigkeit von vergangenen Aktivitäten der Unternehmen unterschiedlich behandelt, hierin ist eine Schwächung der Relevanz und der Vergleichbarkeit der Kategorisierung zu sehen.

Das Umgliederungs**wahlrecht** aus der Kategorie **Available-for-Sale** in die Kategorie Loans and Receivables wurde im Zusammenhang mit der Finanzkrise in IAS 39 (2009) implementiert.[619] Durch diese Umgliederungsmöglichkeit wird dem Unternehmen quasi die Möglichkeit der erneuten Ausübung des Wahlrechts zur Einordnung in die Kategorie Available-for-Sale gegeben. Während allerdings das ursprüngliche Wahlrecht an keine Bedingungen ge-

---

616 Die detaillierten Vorschriften in diesem Zusammenhang sind in Abschn. 331.27 beschrieben.

617 NIEMEYER kritisiert in diesem Zusammenhang die Auswirkung der Tainting Rule auf das wirtschaftliche Handeln eines Unternehmens: Teilweise kann es sinnvoll sein, Finanzinstrumente vor deren Endfälligkeit zu veräußern. Daher beschreibt NIEMEYER die Vorschrift an dieser Stelle als „absurd", vgl. NIEMEYER, K., Bilanzierung von Finanzinstrumenten nach IAS, S. 84. Kritisch zu den Implikationen und der Umsetzung der Strafregel äußert sich auch PIETSCH, der insbesondere die Ausnahmen von der Strafregel bemängelt, vgl. PIETSCH, H., Ansatz und Bewertung von Financial Instruments, S. 40.

618 An der Tainting Rule wurde bereits von diversen Seiten Kritik geübt, vgl. etwa IDW (Hrsg.), CL: Reducing Complexity, S. 5 sowie SOCIETÉ GENERALE (Hrsg.), CL: Classification and Measurement, S. 2, die im Zusammenhang mit der Überarbeitung des Standards in den unterschiedlichen Projektphasen ihre ablehnende Haltung in Bezug auf die Tainting Rule geäußert haben.

619 Vgl. hierzu Abschn. 331.27.

knüpft ist, wird für eine Umgliederung eine gewisse Halteabsicht vorausgesetzt.[620] Fraglich ist, ob hierdurch die Relevanz der Rechnungslegung verbessert werden kann; bereits die Beurteilung des Wahlrechts bei der erstmaligen Einbuchung ist vor dem Hintergrund der Relevanz kritisch zu sehen.[621] Zudem kann durch die Anforderungen an das Umgliederungswahlrecht eine unterschiedliche Behandlung von Finanzinstrumenten im Vergleich zur erstmaligen Kategorisierung nicht ausgeschlossen werden.[622] Hierdurch wird auch die Vergleichbarkeit geschwächt.

Umgliederungen aus der Kategorie **Loans and Receivables** sind grundsätzlich nicht vorgesehen. Kritisch ist hierbei, dass Instrumente nur dann in die Kategorie eingeordnet werden dürfen, wenn sie **nicht an einem aktiven Markt gehandelt** werden.[623] Nachträgliche Änderungen dieser Marktaktivität werden indes nicht durch eine Umgliederung berücksichtigt. Insofern werden zwei ansonsten identische Instrumente in Abhängigkeit von der Handelsaktivität der Instrumente im Zeitablauf unterschiedlich behandelt. Dieser Unterschied wird anhand eines Beispiels verdeutlicht. Annahmegemäß erwirbt Unternehmen A in Periode 1 eine nicht auf einem aktiven Markt gehandelte Anleihe und ordnet diese – unter Beachtung der sonstigen Kategorisierungskriterien – der Kategorie Loans and Receivables zu. Ein Unternehmen B erwirbt in Periode 2 Anteile derselben Anleihe, die allerdings zwischenzeitlich an einem aktiven Markt gehandelt wird. Folglich kann Unternehmen B dasselbe Finanzinstrument nicht der Kategorie Loans and Receivables zuordnen, auch wenn das Instrument mit identischen Absichten erworben wurde. Das Unternehmen müsste die Anleihe, unter Berücksichtigung der sonstigen Kategorisierungsvoraussetzungen, einer anderen Kategorie zuordnen, wodurch wesentliche bilanzielle Konsequenzen ausgelöst werden können. Gleichzeitig ist es für Unternehmen A nicht möglich (oder gar verpflichtend), die Anleihe nachträglich umzugliedern.[624] Somit werden identische Finanzinstrumente in unterschiedliche Kategorien eingeordnet. Hieraus lassen sich daher sowohl im Hinblick auf die Relevanz als auch auf die Vergleichbarkeit Schwächen des IAS 39 (2009) erkennen.

Insgesamt ist zu konstatieren, dass die Umgliederungsmöglichkeiten nach IAS 39 (2009) durch die Umsetzung als Wahlrecht und die einzelfallorientierten zusätzlichen Bedingungen

---

620 Diese Halteabsicht muss das Unternehmen zusätzlich zu der Kategorisierungsvoraussetzung der Kategorie Loans and Receivables erfüllen. Dort wird die Abgrenzung lediglich zu Instrumenten vorgenommen, die zu Handelszwecken gehalten werden, die also kurzfristig veräußert werden sollen. Folglich wird die hier geforderte Halteabsicht wohl strenger zu interpretieren sein.

621 Vgl. hierzu Abschn. 341.121.

622 Vgl. FN 620 in diesem Abschnitt.

623 Vgl. hierzu Abschn. 331.24.

624 Nachträgliche Umgliederungen aus der oder in die Kategorie Loans and Receivables sind nach IAS 39 (2009) aufgrund des Entstehens oder Verschwindens eines aktiven Markts ausgeschlossen, vgl. HFA DES IDW (Hrsg.), IDW RS HFA 9, Rz. 88; KUHN, S./SCHARPF, P., Rechnungslegung von Financial Instruments, Rz. 518 sowie OERTZEN, C. V., in: Beck IFRS-HB, Rz. 76. KUHN weist in diesem Zusammenhang auch auf die Praxisrelevanz dieser Fragestellung hin: Für Anleihen und ähnliche Instrumente wird die Frage nach dem aktiven Handel über ihren Lebenszyklus unterschiedlich zu beantworten sein, vgl. KUHN, S., Bilanzielle Abbildung von Finanzinstrumenten, S. 159.

häufig zu einer unterschiedlichen Behandlung von Finanzinstrumenten in Abhängigkeit von deren Einbuchungszeitpunkt führen.

Nach IFRS 9 kommen Umgliederungen zwischen den beiden Kategorien nur noch in Betracht, sofern sich das Geschäftsmodell des relevanten Geschäftsfelds geändert hat.[625] Änderungen des Geschäftsmodells, das ausschlaggebend in Bezug auf die Kategorisierung von Finanzinstrumenten ist, sollen hierdurch in den Folgeperioden adäquat in der Bilanz abgebildet werden.[626] Sofern sich das Geschäftsmodell eines Geschäftsfelds geändert hat, sind **alle** betroffenen Finanzinstrumente verpflichtend umzugliedern. Hervorzuheben ist, dass die Umgliederung bei einer Änderung des Geschäftsmodells verpflichtend ist und dieses Vorgehen somit im Einklang zu der ebenfalls verpflichtenden Entscheidung bei der erstmaligen Kategorisierung steht. Hierdurch wird eine divergierende Behandlung von Finanzinstrumenten in Abhängigkeit vom Zeitpunkt der erstmaligen Erfassung vermieden. Fraglich bleibt, ob die relativ strengen Anforderungen, die für eine Umgliederung zu erfüllen sind, eine bilanzielle Abbildung relevanter Änderungen teilweise verhindern wird.[627] Zudem wird auch in diesem Bereich die Intention des Managements in Bezug auf ein isoliertes Finanzinstrument nicht in die Betrachtung einbezogen. Daher können Situationen auftreten, in denen zwar das Geschäftsmodell geändert wurde, allerdings für ein isoliertes Finanzinstrument weiterhin die ursprüngliche Absicht verfolgt wird. Hierdurch können sich – wie bereits in Zusammenhang mit der erstmaligen Kategorisierung erläutert –[628] negative Einflüsse auf die Relevanz der Kategorisierung ergeben. Insgesamt überwiegt hier allerdings der positive Eindruck.

Hinsichtlich einer möglichen Änderung der relevanten Eigenschaften eines Finanzinstruments ist anzumerken, dass die Kategorisierung nur auf Eigenschaften des Finanzinstruments abstellt, die sich im Zeitablauf entweder nicht verändern können oder deren eventuelle Änderungen direkt im Rahmen der Kategorisierung berücksichtigt werden.[629] Daher ist in diesem Zusammenhang auch keine Umgliederungsmöglichkeit vorgesehen.

---

625 Vgl. IFRS 9.4.9.

626 Vgl. SCHRUFF, W., Subprime Krise, S. 577, der das Fehlen von Umgliederungsmöglichkeiten in dem Exposure Draft kritisiert hat: „Eine Umgliederung infolge einer Änderung des Geschäftsmodells [...] entspräche der Konzeption des Standardentwurfs und wäre daher auch sachgerecht" [ausgelassen durch den Autor].

627 So auch MÄRKL, H./SCHABER, M., IFRS 9, S. 74.

628 Vgl. Abschn. 341.121. sowie insg. im Zusammenhang mit der Frage nach der Berücksichtigung der Intentionen des Managements für ein isoliertes Instrument IDW (Hrsg.), Brief des IDW an das BMJ, S. 3 f.

629 Die Eigenschaften der Zahlungen eines Finanzinstruments sind über die Laufzeit fix, da von den Zahlungsströmen durch den Standard bereits eine vertragliche Fixierung des zeitlichen Anfalls der Zahlungen verlangt wird, vgl. Abschn. 332.213.1. Sofern sich durch Strukturierungen indes Änderungen ergeben können, wird dies im Rahmen der Kategorisierung berücksichtigt, vgl. IFRS 9.B4.26 sowie Abschn. 332.213.2. In der Basis for Conclusion beschreibt der IASB zusammenfassend, dass Änderungen der Zahlungsströme nicht als Grund für eine Umgliederung herangezogen werden können, weil die Charakteristika der vertraglichen Zahlungsströme bereits beim erstmaligen Ansatz des Finanzinstruments bekannt sind, vgl. IFRS 9.BC71.

Zusammenfassend kann festgehalten werden, dass die Umgliederungsregeln des IFRS 9 – wie auch die Regeln zur erstmaligen Kategorisierung – grundsätzlich prinzipienbasiert festgelegt sind und weitgehend ohne Einzelfallregelungen auskommen. Zudem ist eine Umgliederungspflicht vorgesehen, die nachteiligen Implikationen der Wahlrechte des IAS 39 (2009) können daher vermieden werden. Für die Umgliederungsregeln des IFRS 9 sind somit in Bezug auf die Relevanz und Vergleichbarkeit Vorteile im Vergleich zu IAS 39 (2009) erkennbar.

### 341.2 Analyse in Bezug auf das qualitative Kriterium Verlässlichkeit

#### 341.21 Überblick und Vorgehen im Rahmen der Analyse

In Bezug auf die **Verlässlichkeit** einer Regelung ist ausschlaggebend, ob eine Information keine wesentlichen **Fehler** enthält, frei von **verzerrenden Einflüssen** ist und sich die Adressaten darauf verlassen können, dass die Informationen **glaubwürdig** das darstellen, was sie vorgeben darzustellen oder was vernünftigerweise inhaltlich von ihnen erwartet werden kann.[630] Potenzielle Investoren werden Informationen nur dann berücksichtigen, wenn diese verlässlich und nachprüfbar sind.[631]

Im Zusammenhang mit der Kategorisierung von Finanzinstrumenten kann eine verlässliche Bilanzierung wohl immer dann erreicht werden, wenn Finanzinstrumente **vollständig**, **neutral** (im Sinne von verzerrungsfrei) und unter Berücksichtigung einer **wirtschaftlichen Betrachtungsweise** auf die Kategorien aufgeteilt werden. Als weiteren Sekundärgrundsatz der Verlässlichkeit definiert das Framework der IFRS das Vorsichtsprinzip und die Glaubwürdigkeit, die sich allerdings vornehmlich auf die Bewertung beziehen und daher hier nicht in die Betrachtung einbezogen werden.[632] Die Vollständigkeit der Kategorisierung wird durch beide Rechnungslegungsstandards gleichermaßen erreicht, da IAS 39 (2009) die Kategorie Available-for-Sale als Residualkategorie definiert und IFRS 9 durch die prinzipienbasierte Kategorisierung alle Finanzinstrumente zuordnet. Daher wird auch dieses Subkriterium in der weiteren Analyse nicht betrachtet.

#### 341.22 Analyse der Kategorisierungskonzeption

Für die Beurteilung der Verlässlichkeit der Kategorisierungskonzeptionen ist zu prüfen, inwiefern die Kriterien der Neutralität und der wirtschaftlichen Betrachtungsweise beim **erstmaligen** Ansatz eines Finanzinstruments erfüllt werden.

Die Kategorisierung von Finanzinstrumenten nach IAS 39 (2009) ist aufgrund von diversen Wahlrechten und Interpretationsspielräumen durch **subjektive Einflüsse des Managements** variierbar. Zwar sind die expliziten Wahlrechte teils an weitere Anforderungen – etwa eine verbesserte Relevanz der Bilanzierung – geknüpft. Allerdings besteht grundsätzlich die Gefahr, dass das Management durch gezielte Ausnutzung der Wahlrechte die Bilanzierung beeinflusst. Diese Gefahr wird dadurch verstärkt, dass die Intention des Managements in Bezug

630 Vgl. Abschn. 212.34 sowie F.31.
631 Vgl. FRANKE, G./LAUX, H., Wert betrieblicher Informationen, S. 4.
632 Vgl. hierzu Abschn. 212.34.

auf ein (isoliertes) Finanzinstrument an diversen Stellen in die Kategorisierung einfließt, ohne dass hierdurch ein explizites Wahlrecht geschaffen werden soll. Derartige Sachverhalte werden im Folgenden dargelegt.

Für eine Kategorisierung in der Kategorie At Fair Value through Profit or Loss muss das Management beurteilen, ob ein Finanzinstrument mit einer **Handelsabsicht** erworben wurde. Eine Handelsabsicht wird als die Absicht einer kurzfristigen Veräußerung definiert.[633] Das Kriterium „kurzfristig" ist allerdings wenig präzise und eröffnet dem Management folglich eine gewisse Handlungsfreiheit.[634]

In Bezug auf die Kategorie Loans and Receivables ist zu konstatieren, dass die Einordnung nur dann möglich ist, wenn das betreffende Instrument nicht an einem **aktiven Markt** gehandelt wird. Die Schwierigkeit der Abgrenzung, wann ein Markt noch aktiv ist, hat sich im Zusammenhang mit der Finanzkrise indes deutlich gezeigt.[635] Auch die Forderung nach **festen oder bestimmbaren Zahlungen** beinhaltet einen gewissen Interpretationsspielraum: Die Entscheidung, wann eine Zahlung noch bestimmbar ist, obliegt letztlich dem Bilanzierenden.

Für eine Einordnung in die Kategorie Held-to-Maturity verlangt IAS 39 (2009) eine **Halteabsicht** des Managements bis zur Endfälligkeit in Bezug auf das Instrument.[636] Auch an dieser Stelle lassen sich Handlungsfreiheiten des Managements erkennen, das selbst entscheiden kann, ob es die entsprechenden Nachweise erbringen möchte.[637] Dass durch die sog. Tainting Rule dieser Handlungsfreiraum an eine Sanktionierung geknüpft wird, vermag diesen negativen Eindruck auch nur auf den ersten Blick zu verbessern. Zwar wird so die Ausnutzung der Handlungsfreiheiten mit gewissen Sanktionen versehen, sodass das Management an dieser Stelle nur eingeschränkt verzerrend auf die Bilanzierung einwirken kann. Indes führt die zwingende Umgliederung und Sperrung der Kategorie durch die Tainting Rule zu einer Verletzung des Grundsatzes der wirtschaftlichen Betrachtungsweise: Sofern durch vergangene Transaktionen die Kriterien der Strafregel verletzt wurden, dürfen zeitweise keine aktuellen oder künftigen Finanzinstrumente mehr in der Kategorie geführt werden.[638] Weil die Verkaufs- oder Umgliederungsaktivitäten der Vergangenheit allerdings keinen Einfluss auf die Absichten in Bezug auf weitere aktuelle oder künftige Finanzinstrumente haben müssen, widerspricht das Verbot der Zuordnung dieser Instrumente zur Kategorie Held-to-Maturity dem Grundsatz der wirtschaftlichen Betrachtungsweise. In der Literatur wird in Zusammen-

---

633 Vgl. Abschn. 331.22.

634 Kritisch wurde dieser Aspekt bereits von LÜDENBACH angemerkt, vgl. LÜDENBACH, N., in: Haufe IFRS-Kommentar, § 28, Rz. 40.

635 Der IASB hat im Zusammenhang mit der Finanzkrise eine Expertengruppe eingerichtet, die Anwendungshinweise für die Bewertung von Finanzinstrumenten in inaktiven Märkten erarbeitet hat. In dem Abschlussbericht beschreibt diese Gruppe die Abgrenzung zwischen aktiven und inaktiven Märkten ebenfalls als schwierig, vgl. IASB EXPERT ADVISORY PANEL (Hrsg.), Measuring Fair Value in inactive Markets, S. 10.

636 Vgl. Abschn. 331.23.

637 Kritisch äußern sich auch

638 Vgl. zur Tainting Rule Abschn. 331.23.

hang mit den dargestellten Gestaltungsspielräumen des Managements teils auch von einem „impliziten, sanktionierten Wahlrecht“[639] gesprochen.[640]

Bedingt durch die (expliziten und impliziten) Wahlrechte könnte ein verzerrtes Bild der Vermögens-, Finanz- und Ertragslage wiedergegeben werden; die Informationen sind unter Umständen nicht neutral. Insgesamt bleibt festzuhalten, dass die Regeln für die jeweiligen Kategorien des IAS 39 (2009) zwar sehr detailliert sind, die Frage nach der Zuordnung zu einer dieser Klassen allerdings wenig trennscharf ist und damit weitgehend im Ermessen des Unternehmens liegt.[641] In Bezug auf die Verlässlichkeit der Kategorisierung sind daher Schwächen des IAS 39 (2009) erkennbar.

Finanzinstrumenten werden nach IFRS 9 prinzipienbasiert kategorisiert, lediglich ein Wahlrecht in Form der Fair Value-Option ist enthalten. Implizite Wahlrechte konnten weitgehend eliminiert werden. Durch diese Verringerung der Wahlrechte konnten die subjektiven Einflüsse des Managements vermindert werden, wodurch aus Sicht der Verlässlichkeit ein positiver Effekt entsteht. Ungewiss bleibt allerdings, ob durch die Frage nach der Zuordnung eines Finanzinstruments zu einem Geschäftsfeld nicht wiederum Freiheitsgrade des Managements entstehen, die die dargestellten Vorteile schmälern könnten. So wird in IFRS 9 lediglich festgelegt, dass die Beurteilung des Geschäftsmodells auf einer höheren Ebene als auf Basis eines isolierten Finanzinstruments vorzunehmen ist. Indes ist die Anzahl der identifizierbaren Geschäftsfelder nicht vorgegeben,[642] sodass ein Unternehmen theoretisch zahlreiche Geschäftsfelder identifizieren könnte, um hierdurch Freiheiten in Bezug auf die Zuordnung von Finanzinstrumenten zu diesen Geschäftsfeldern zu erlangen. Auch eine Sanktionierung von zwischenzeitlichen Verkäufen aus einem Geschäftsfeld, in dem Finanzinstrumente grundsätzlich mit dem Ziel der Realisation der vertraglichen Zahlungsströme gehalten werden, ist in IFRS 9 nicht vorgesehen.[643] Eine derartige Möglichkeit würde zu einer verzerrten Darstellung im Abschluss führen und wäre daher vor dem Hintergrund der Verlässlichkeit kritisch zu sehen.[644] Dass diese Gestaltungsmöglichkeit stark im Widerspruch zu den Intentionen des IFRS 9 stehen dürfte,[645] kann den negativen Eindruck an dieser Stelle nicht mindern.

Die wirtschaftliche Betrachtungsweise liegt im Wesentlichen beiden Standards zugrunde. Indes sieht IFRS 9 detaillierte Regelungen für die Bilanzierung von einigen ABS-

---

639 Als sanktioniert wird das Wahlrecht aufgrund der mit der Kategorie verbundenen Tainting Rule bezeichnet.

640 Vgl. etwa KUHN, S., Bilanzielle Abbildung von Finanzinstrumenten, S. 158 f.

641 So auch PIETSCH, H., Ansatz und Bewertung von Financial Instruments, S. 40 sowie LÜDENBACH, N., in: Haufe IFRS-Kommentar, § 28, Rz. 40.

642 Vgl. MÄRKL, H./SCHABER, M., IFRS 9, S. 67.

643 Vgl. IFRS 9.B4.3. Allerdings verlangt der Standard, sofern Verkäufe häufig auftreten, eine neue Überprüfung des Geschäftsmodells.

644 So wohl auch MÄRKL, H./SCHABER, M., IFRS 9, S. 73 f.

645 In den Beispielen des Standards und der Basis for Conclusion werden jeweils maximal zwei Geschäftsfelder aufgeführt. Da es sich bei der Feststellung des Geschäftsmodells nicht um eine Wahlentscheidung des Managements handelt, sollte sich die Anzahl der identifizierbaren Geschäftsfelder daher an den wirtschaftlichen Tatsachen ausrichten, was eine sinnvolle Begrenzung der Anzahl der Geschäftsfelder zur Folge haben sollte. Vgl. auch IFRS 9.BC28.

Transaktionen vor.[646] Durch diese speziellen Regeln könnte eine Stärkung der wirtschaftlichen Betrachtungsweise erreicht werden, weil nunmehr strukturierte Finanzinstrumente auf Basis der zugrunde liegenden Vermögenswerte beurteilt werden müssen.[647] Durch die Strukturierungen kann demnach die Kategorisierung von Finanzinstrumenten nicht mehr ohne Weiteres beeinflusst werden.

In Bezug auf die Kategorisierung von **hybriden Finanzinstrumenten** ergibt sich zwischen den Standards ein wesentlicher Unterschied: Während IAS 39 (2009) unter Umständen eine getrennte Bilanzierung des Basisvertrags und des derivativen Bestandteils fordert, ist nach IFRS 9 keine Trennung mehr vorgesehen. Die Bilanzierung ist hier für das gesamte hybride Instrument auf Basis des allgemeinen Kategorisierungsansatzes vorzunehmen. Bereits für die Relevanz der Regelung konnte hierbei eine Schwäche des IFRS 9 festgestellt werden, weil die Bilanzierung von rechtlichen Gestaltungsmöglichkeiten abhängt.[648] Für die Verlässlichkeit der Regelung ist hier zu konstatieren, dass das Kriterium der wirtschaftlichen Betrachtungsweise verletzt wird, da wirtschaftlich identische Sachverhalte in der Bilanz unterschiedlich dargestellt werden.[649]

Zusammenfassend kann festgehalten werden, dass durch IFRS 9 die Verlässlichkeit der Kategorisierung im Wesentlichen verbessert werden konnte. Ausschlaggebend ist hier die verbesserte Neutralität der Kategorisierung, die durch eine Verringerung des Einflusses von expliziten und impliziten Wahlrechten erreicht werden konnte. Nicht gänzlich ungetrübt ist das Bild indes in Bezug auf die wirtschaftliche Betrachtungsweise: Während IFRS 9 hier eine Verbesserung der Bilanzierung einiger strukturierter Finanzinstrumente vorweisen kann, erweist sich die Neuregelung der Bilanzierung von hybriden Finanzinstrumenten als Rückschritt.

### 341.23 Analyse der Umgliederungen zwischen den Kategorien

Die Umgliederungsvorschriften stellen für die Beurteilung der Verlässlichkeit einer Regelung eine kritische Komponente dar: Durch Umgliederungsoptionen könnten sich wesentliche Gestaltungsmöglichkeiten für das Management ergeben.[650] Derartige Möglichkeiten könnten die Verlässlichkeit der Rechnungslegung schwächen, weil die Informationen nicht mehr neutral dargestellt würden. Trotzdem sehen beide Standards in bestimmten Situationen Umgliederungen vor, weil der Kategorisierungsansatz teilweise auf Managemententscheidungen beruht, die sich im Zeitablauf ändern können.

646 Vgl. Abschn. 332.213.1 sowie insbesondere Abschn. 332.213.2.

647 Vgl. Abschn. 332.213.

648 Vgl. Abschn. 341.121.

649 Vgl. für eine beispielhafte Darstellung von unterschiedlichen Kategorisierungsergebnissen wirtschaftlich identischer Sachverhalte in diesem Zusammenhang Abschn. 341.122.

650 Vgl. IAS 39.BC73 für IAS 39 (2009). In dem Exposure Draft, aus dem im weiteren Verlauf IFRS 9 entwickelt wurde, waren zunächst keine Umgliederungen vorgesehen. Erst als Reaktion auf die Kritik in den Comment Lettern hat der IASB Umgliederungen in IFRS 9 zugelassen, vgl. IFRS 9.BC65-68. Allerdings sollten Umgliederungen nach IFRS 9 nur selten vorkommen, vgl. IFRS 9.B5.9.

Die einzelfallorientierten Umgliederungsmöglichkeiten des IAS 39 (2009) basieren weitgehend auf **Wahlentscheidungen** des Managements. Lediglich für Umgliederungen aus der Kategorie Held-to-Maturity besteht eine Umgliederungspflicht.[651] Die Wahlentscheidungen des Managements wirken sich negativ auf die Verlässlichkeit der Rechnungslegung aus, weil das Management die Wahlrechte dergestalt ausüben könnte, dass sich ein verzerrender Einfluss auf die Rechnungslegung ergibt.

Die Umgliederungsmöglichkeiten des IFRS 9 basieren hingegen grundsätzlich auf einer prinzipienbasierten Prüfung. Trotzdem besteht an dieser Stelle für das Management ein gewisser Interpretationsspielraum: Zwar wurde die Umgliederungsmöglichkeit des IFRS 9 restriktiv formuliert und kann – im Gegensatz zu den Regelungen des IAS 39 (2009) – nicht für ein isoliertes Finanzinstrument ausgeübt werden, indes muss das Management auch hier entscheiden, wann ein geändertes Geschäftsmodell vorliegt.[652] Diese weiterhin bestehende Möglichkeit der Einflussnahme birgt auch hier eine Gefahr für die Verlässlichkeit.

### 341.3 Zwischenfazit in Bezug auf die Entscheidungsnützlichkeit der Kategorisierung

Zusammenfassend ergibt sich für die Neuregelung durch IFRS 9 ein positives Bild. Die Entscheidungsnützlichkeit der **Kategorisierung** konnte durch eine trennschärfere Aufteilung der Finanzinstrumente in die Kategorien verbessert werden: Während die Kategorisierung des IAS 39 (2009) an einigen Stellen durch (explizite oder implizite) Wahlmöglichkeiten des Managements geprägt ist, können durch IFRS 9 (insbesondere die impliziten) Wahlrechte vermindert werden.

Für die Beurteilung der **Umgliederungsmöglichkeiten** ergibt sich ebenfalls ein positives Bild für IFRS 9. Durch die diversen einzelfallorientierten Umgliederungsmöglichkeiten des IAS 39 (2009), die häufig als Wahlrecht umgesetzt wurden, ergeben sich Unterschiede im Vergleich zum Vorgehen bei dem erstmaligen Ansatz der Finanzinstruments. Daher sind an dieser Stelle Schwächen des aktuellen Standards erkennbar. Hier kann durch IFRS 9, in dem Umgliederungen im Wesentlichen im Einklang mit dem Vorgehen bei der erstmaligen Kategorisierung stehen, eine deutliche Verbesserung erreicht werden.

Eine Schwäche des neuen Standards besteht in der Behandlung von **hybriden Finanzinstrumenten**, deren Bilanzierung durch rein rechtliche Gestaltungsmöglichkeiten beeinflusst werden kann. An dieser Stelle sollte der Standardsetzer die Regelung möglichst zeitnah nachbessern.

---

[651] Für eine Analyse der Auswirkungen der Tainting Rule wird auf die Ausführungen des Abschn. 341.13 verwiesen.

[652] Vgl. Abschn. 332.24.

## 342. Vergleichende Analyse des IAS 39 (2009) und des IFRS 9 in Bezug auf die Komplexität

### 342.1 Analyse in Bezug auf das Kriterium der Vielzahl

Für die Beurteilung des Einflusses des IFRS 9 auf den Komplexitätsgrad der Kategorisierung von Finanzinstrumenten werden die in Abschnitt 23 hergeleiteten Kriterien herangezogen. Dort wurde auch hergeleitet, dass durch den Komplexitätsgrad einer Regelung gleichzeitig deren Verständlichkeit approximiert wird.

Als erstes Kriterium wird die **Vielzahl** der Regelung analysiert, die die bloße Anzahl der möglichen Ausprägungen betrachtet. In diesem Zusammenhang ist die **Anzahl möglicher Kategorien** relevant. Während IAS 39 (2009) **vier Kategorien** vorsieht, in die finanzielle Vermögenswerte eingeordnet werden müssen, sind in IFRS 9 lediglich **zwei Kategorien** vorgesehen. Teils wird zwar diskutiert, dass bedingt durch den wahlweisen erfolgsneutralen oder erfolgswirksamen Ausweis von Fair Value-Änderungen für Eigenkapitalinstrumente nach IFRS 9 zwei Unterkategorien der Kategorie Fair Value geschaffen werden, sodass sich insgesamt drei Kategorien ergeben würden, in die Finanzinstrumente einzuordnen wären.[653] Nach einer ähnlichen Argumentation wird für IAS 39 (2009) teilweise von fünf Kategorien gesprochen, weil die Kategorie At Fair Value through Profit or Loss noch um die Unterkategorie Held-for-Trading erweitert werden könnte.[654] Für die Analyse werden an dieser Stelle indes lediglich die nicht weiter unterteilten Kategorien der Standards in die Betrachtung einbezogen, sodass für IAS 39 (2009) von vier Kategorien und für IFRS 9 von zwei Kategorien auszugehen ist. Insofern ist mit einer Kategorisierung nach IFRS 9 eine geringere Vielzahl verbunden.[655] Vor dem Hintergrund, dass durch die Kategorisierung die Grundlage für die spätere Bewertung gelegt wird, und dort zwei Bewertungsmaßstäbe angewandt werden,[656] liefert die Kategorisierung nach IFRS 9 eine adäquatere Grundlage als IAS 39 (2009). Diese für sich betrachtet positive Interpretation wird sich sowohl aus dem Blickwinkel des Bilanzadressaten als auch aus dem Blickwinkel des Bilanzierenden ergeben.

Für das Kriterium der Vielzahl ist aus Sicht des Bilanzierenden zudem die Frage nach der **Anzahl der nötigen Prüfungsschritte** relevant, da es c. p. weniger komplex sein wird, einen Prüfungsablauf mit weniger Prüfungsschritten zu durchlaufen. Diese Frage wird auch aus

---

[653] Vgl. hierzu Abbildung 3-7 in Abschn. 332.23 sowie KUHN, der ebenfalls von drei Kategorien spricht, vgl. KUHN, S., IFRS 9, S. 104. Ähnlich äußert sich etwa die WELTBANK, vgl. WELTBANK (Hrsg.), CL: Classification and Measurement, S. 3 f., die sogar von vier Kategorien sprechen, da die Kategorie At Cost unterteilt werden kann in Instrumente mit einer Wertminderung und Instrumente ohne eine Wertminderung.

[654] Vgl. KPMG (Hrsg.), Insights into IFRS, S. 430-435, die bei der Beschreibung des Kategorisierungsansatzes eine getrennte Beschreibung der Instrumente „Held-for-Trading" und der Instrumente „Designated as at Fair Value through Profit or Loss" vornehmen.

[655] MÄRKL/SCHABER sehen hierin eine „erhebliche Komplexitätsreduktion", vgl. MÄRKL, H./SCHABER, M., IFRS 9, S. 73, ähnlich äußert sich WENK, vgl. WENK, M. O., IFRS 9, S. 205 f. Auch SCHRUFF sieht in der Reduzierung der Anzahl der Kategorien eine „wesentliche Vereinfachung des Standards", vgl. SCHRUFF, W., Subprime Krise, S. 577. Die Aussage bezieht sich auf den Exposure Draft, der allerdings in diesem Bereich unverändert in den IFRS 9 übernommen wurde.

[656] Vgl. hierzu Abschn. 42.

Sicht des Abschlussadressaten nicht gänzlich irrelevant sein, da der Adressat zur Beurteilung der Bilanzierungsergebnisse auch die Entscheidungen des Managements nachvollziehen muss.[657] Eine abschließende Beurteilung fällt in diesem Bereich schwer, da lediglich IFRS 9 auf einem klaren, prinzipienbasierten Prozess beruht. Die Kategorisierung wird nach IAS 39 (2009) im Wesentlichen einzelfallorientiert vorgenommen, eine fixe Anzahl an Prüfungsschritten kann daher nicht ermittelt werden. Erschwerend wirkt sich zusätzlich die Tatsache aus, dass nach IFRS 9 zwar ein Prüfungsprozess vorgegeben ist, allerdings der Umfang der Prüfung in Abhängigkeit von den Spezifika des Finanzinstruments schwanken kann.[658] Sofern beispielsweise ein Instrument nicht über vertragliche Zahlungsströme verfügt, kann das Kriterium der Zahlungsströme direkt als nicht erfüllt angesehen werden, sodass das Instrument der Kategorie Fair Value zuzuordnen wäre. Die Kategorisierung wäre bereits nach einem Schritt abgeschlossen. Falls ein Instrument allerdings über vertragliche Zahlungsströme verfügt, schließen sich weitere Prüfungsschritte an, in denen die Zahlungsströme weiter beurteilt werden. Für ein strukturiertes Finanzinstrument kann nach IFRS 9 sogar eine Prüfung auf Basis der zugrunde liegenden Finanzinstrumente erforderlich sein.[659] Ein abschließendes Urteil in Bezug auf die Vielzahl des Kategorisierungsprozesses kann daher nicht getroffen werden.

Durch IFRS 9 ist die getrennte Bilanzierung von **hybriden Finanzinstrumenten** abgeschafft worden – die Trennungsprüfung für derartige Instrumente kann daher unterbleiben. Somit lassen sich positive Implikationen auf den Komplexitätsgrad aus dieser Neuregelung in Bezug auf die Kategorisierung ableiten.[660]

Zusammenfassend kann festgehalten werden, dass die Vielzahl der möglichen Kategorien gesunken ist, was zu einem positiven Effekt auf die Komplexität der Regelung führen sollte. Allerdings wirkt sich zudem die Anzahl der nötigen Kategorisierungsschritte auf die Beurteilung aus, die nicht beurteilt werden konnte. Daher kann hier kein abschließendes Urteil gefällt werden.

### 342.2 Analyse in Bezug auf das Kriterium der Vielfalt

Durch das Kriterium der Vielfalt wird die Unterschiedlichkeit der relevanten Ausprägungen erfasst.[661] In diesem Zusammenhang sind somit die Unterschiedlichkeit der Kategorien der Rechnungslegungsstandards und die Unterschiedlichkeit des Kategorisierungsprozesses relevant.

---

[657] Vgl. in ähnlichem Zusammenhang Abschn. 223.4.

[658] Vgl. Abschn. 332.213.

[659] Vgl. MÄRKL, H./SCHABER, M., IFRS 9, S. 74, die sich kritisch in Bezug auf die Komplexität dieser Prüfung äußern.

[660] Der IASB nennt die Komplexitätswirkung in diesem Bereich als expliziten Beweggrund für die Neuregelung, vgl. IFRS 9.BC59(a).

[661] Vgl. hierzu Abschn. 223.3.

In Bezug auf die Kategorien ergibt sich für das Kriterium der Vielfalt kein Unterschied zu der Vielzahl der Regelung. Die **möglichen Kategorien**, denen Finanzinstrumente zugeordnet werden können, weisen erst in Bezug auf die Bewertung der zugeordneten Finanzinstrumente Unterschiede aus. Insofern entspricht hier das Kriterium der Vielfalt dem Kriterium der Vielzahl.

Unterschiede ergeben sich indes für den **Prozess der Kategorisierung**. Hier ist die Frage zu beantworten, wie unterschiedlich die jeweiligen Kategorisierungsprozesse ablaufen, wie unterschiedlich also die in die Beurteilung einfließenden Kriterien sind. Für den IAS 39 (2009) wird im Kategorisierungsprozess im Wesentlichen auf

- den **derivativen** oder **nicht derivativen Charakter** des Finanzinstruments,
- die Determinierung der **Laufzeit** des Finanzinstruments,
- die Determinierung beziehungsweise Determinierbarkeit der **Zahlungen** des Finanzinstruments,
- die **Handelsaktivität** des Instruments am Markt,
- die **Halteabsicht** in Bezug auf das Finanzinstrument bis zur Endfälligkeit und
- die **Handelsabsichten** des Unternehmens in Bezug auf das Instrument

zurückgegriffen. Es werden somit sechs unterschiedliche Kriterien zur Kategorisierung eines Finanzinstruments herangezogen.

Die Entscheidung darüber, in welche der beiden Kategorien ein Instrument einzuordnen ist, ergibt sich nach IFRS 9 grundsätzlich durch

- das **Geschäftsmodell** des Geschäftsfelds, in dem das Finanzinstrument gehalten wird (Kriterium des Geschäftsmodells), und
- durch die Charakteristika der **Zahlungsströme** (Kriterium der Zahlungsströme).

Es werden somit grundsätzlich lediglich zwei Kriterien zur Kategorisierungsentscheidung herangezogen.[662] Hierbei ist allerdings eine Besonderheit zu berücksichtigen: Für das Kriterium der Zahlungsströme sind in den Anwendungsleitlinien des Standards diverse Subkriterien genannt, die im Rahmen der Kategorisierungsentscheidung heranzuziehen sein könnten.[663] Diese Subkriterien stellen eine Konkretisierung des Kriteriums dar und stellen sicher, dass bei der Beurteilung der Zahlungsströme eine wirtschaftliche Sichtweise eingenommen wird. Sie stehen somit im Einklang mit der Betrachtungsrichtung des Kriteriums der Zahlungsströme und haben keinen grundsätzlich unterschiedlichen Charakter. Daher werden die Subkriterien für die Beurteilung hier nicht separat berücksichtigt. Abschließend ist an dieser Stelle kritisch anzumerken, dass die als Kriterium der Kategorisierungsentscheidung im Zusammenhang mit IAS 39 (2009) herangezogene Handelsabsicht für die Bewertungsentscheidung nach IFRS 9

[662] Dieser Aspekt wird auch vom IASB als komplexitätsreduzierender Vorteil der Neuregelung angeführt, vgl. IFRS 9.BC9.

[663] Vgl. hierzu Abschn. 332.213.

noch von Bedeutung sein wird.[664] Insofern ist das Kriterium im Rahmen der originären Aufteilung der Finanzinstrumente in die beiden Kategorien des IFRS 9 zwar nicht mehr relevant, wird allerdings später unter Umständen wieder in die Betrachtung einfließen. Insgesamt kann aber festgehalten werden, dass die zur Kategorisierung herangezogenen Kriterien nach IFRS 9 weniger unterschiedlich sind als nach IAS 39 (2009).

Wie bereits im Zusammenhang mit der Analyse der Vielzahl des Kategorisierungsprozesses erläutert, liegt der hier getroffenen Feststellung im Wesentlichen die Sichtweise des Managements zugrunde. Indes muss der Bilanzadressat für die Interpretation der Bilanz die Entscheidungswege des Managements nachvollziehen – daher wird sich aus dem Blickwinkel des Bilanzadressaten eine ähnliche Interpretation ergeben.

### 342.3 Analyse in Bezug auf die Kriterien der Vieldeutigkeit und Veränderlichkeit

Im folgenden Abschnitt werden die Vieldeutigkeit und die Veränderlichkeit betrachtet. Die Vieldeutigkeit beschreibt die Frage, ob eine Regelung eindeutig formuliert ist oder ob sich Interpretationsspielräume ergeben. Veränderlichkeit stellt auf die Regelungsdynamik im Zeitablauf ab.

In Bezug auf die **Vieldeutigkeit** der Kategorisierung ist die Frage nach der „Interpretierbarkeit" zu beantworten.[665] Fraglich ist an dieser Stelle, ob der Bilanzierende die Kategorisierungsentscheidung durch einen gewissen Interpretationsspielraum beeinflussen kann und sich hierdurch ein **implizites Wahlrecht** ergibt. Die Frage nach dem Vorliegen und dem Einfluss von impliziten Wahlrechten wurde bereits im Zusammenhang mit der Beurteilung der Verlässlichkeit der Regelung diskutiert: Für eine verlässliche Aufteilung der Finanzinstrumente in die Kategorien wurde dort gefordert, dass Finanzinstrumente neutral, also frei von verzerrenden Einflüssen durch das Management, den Kategorien zugeordnet werden.[666] Dieses Ziel wird durch implizite Wahlrechte konterkariert, weil der Bilanzierende dann Einfluss auf die Rechnungslegung ausüben kann. In Bezug auf die Analyse der Vieldeutigkeit wird daher auf die Ausführungen im Zusammenhang mit der Analyse der Verlässlichkeit der Regelung verwiesen.[667] Dort wurden im Wesentlichen Vorteile des IFRS 9 herausgearbeitet; diese positive Beurteilung kann auf das Kriterium der Vieldeutigkeit übertragen werden. Die Vieldeutigkeit der Regelung ist insbesondere für den Bilanzadressaten als Komplexitätstreiber zu identifizieren, da dieser die Entscheidungen und die Anreizsituation des Managements einschätzen muss, um die Ausübung der impliziten Wahlrechte deuten zu können.

Für das Kriterium der **Veränderlichkeit** ist fraglich, ob – bedingt durch die Aufteilung der Standardüberarbeitung in drei Teilschritte – mit der Veröffentlichung eines späteren Teil-

664 Vgl. Abschn. 432.3.
665 Vgl. für die Definition des Kriteriums der Vieldeutigkeit Abschn. 223.4.
666 Vgl. Abschn. 341.2.
667 Vgl. Abschn. 341.2.

schritts Rückkopplungen auf den aktuellen Stand des IFRS 9 entstehen können.[668] Zudem wurde das schrittweise Vorgehen vom US-amerikanischen Standardsetter FASB für die Überarbeitung der relevanten Standards der US-GAAP nicht übernommen.[669] Da allerdings durch diese Überarbeitung die Rechnungslegung des FASB und des IASB angeglichen werden sollen, ist nicht ausgeschlossen, dass nach der Veröffentlichung der US-amerikanischen Vorschläge auch die Regelungen des IASB angepasst werden.[670] Somit besteht in Bezug auf die Veränderlichkeit der Regelung die Gefahr, dass die jetzt verabschiedeten Entscheidungen zur Kategorisierung von Finanzinstrumenten bereits in absehbarer Zukunft überarbeitet werden.[671]

Konkret kann schon jetzt kritisiert werden, dass die Umgliederungsmöglichkeiten, die im Zusammenhang mit der Finanzkrise im Oktober 2008 eingeführt wurden, nicht in den neuen IFRS 9 aufgenommen worden sind.[672] Die zwischenzeitlichen Änderungen des IAS 39 (2009) werden daher durch IFRS 9 teilweise rückgängig gemacht – für die gesamte Bilanzierung von Finanzinstrumenten ist daher bereits vor eventuellen Anpassungen des IFRS 9 eine hohe Dynamik zu konstatieren.[673] Somit ergibt sich in Bezug auf die Veränderlichkeit ein eher negatives Bild, weil die Gefahr einer zeitnahen Anpassung des jetzt verabschiedeten IFRS 9 besteht.

### 342.4 Zwischenfazit in Bezug auf den Komplexitätsgrad der Kategorisierung

Hinsichtlich der Komplexität der Kategorisierung ergibt sich durch die Überarbeitung der Bilanzierung durch IFRS 9 ein insgesamt positives Bild. Durch die geringere **Anzahl** möglicher Kategorien, die auch besser an die relevanten Umweltvorgaben angepasst ist, kann die Komplexität der Kategorisierung vermindert werden.

Der **Prozess** der Kategorisierung konnte durch IFRS 9 insbesondere durch die stärkere Fokussierung auf zwei Kategorisierungskriterien, die im Wesentlichen prinzipienbasiert umgesetzt sind, vereinfacht werden. Im Vergleich hierzu sieht IAS 39 (2009) einen stark einzelfallorientierten Prozess vor, in dem diverse Kriterien angewendet werden.

---

668 Vgl. zum Projektaufbau Abschn. 31. Die Aufteilung der Überarbeitung in Teilschritte wird auch in diversen „Comment Lettern" kritisiert, vgl. etwa Société Générale (Hrsg.), CL: Classification and Measurement, S. 1 sowie IDW (Hrsg.), CL: Classification and Measurement, S. 2. Dies wird auch vom IASB im Rahmen der Zusammenfassung der „Comment Letter" eingestanden, vgl. IASB (Hrsg.), Comment Letter Summary Classification and Measurement, S. 2 f.

669 Zum Vorgehen des FASB vgl. http://www.fasb.org/cs/ContentServer?c=FASBContent_C&pagename=FASB%2FFASBContent_C%2FProjectUpdatePage&cid=1175801889654 (Abrufdatum: 09.07.2010).

670 Vgl. Märkl, H./Schaber, M., IFRS 9, S. 74.

671 Vgl. etwa EFRAG (Hrsg.), CL: Classification and Measurement, S. 5, die explizit auf die Rückwirkungen späterer Projektphasen auf den jetzt verabschiedeten Inhalt des IFRS 9 hinweisen. Ähnlich auch American Bankers Association (Hrsg.), CL: Classification and Measurement, S. 2. f., die explizit auf die Problematik der Konvergenz hinweisen.

672 In IAS 39 (2009) wurden Umgliederungen aus Fair Value-basierten Kategorien in „außergewöhnlichen Umständen" ermöglicht, vgl. Abschn. 331.27. Eine derartige Umgliederungsmöglichkeit aus der Kategorie Fair Value ist in IFRS 9 nicht mehr vorgesehen, vgl. Abschn. 332.24.

673 Vgl. auch Märkl, H./Schaber, M., IFRS 9, S. 72.

Lediglich die **Veränderlichkeit** der Bilanzierung von Finanzinstrumenten wird eher skeptisch betrachtet: Durch die Aufteilung des Projekts in Teilschritte, die darüber hinaus von dem Vorgehen des US-amerikanischen FASB abweichen, könnten sich zeitnahe Anpassungen des nun verabschiedeten Standards ergeben.

Insgesamt kann in Bezug auf die Komplexität der Kategorisierung durch IFRS 9 eine Verbesserung erreicht werden, die insbesondere darauf beruht, dass der Kategorisierungsprozess eindeutiger verläuft.

# 4 Bewertung und Ausweis finanzieller Vermögenswerte

## 41 Überblick

Für die Bilanzierung nach IFRS sind bereits im Framework einige Bewertungsmaßstäbe genannt, die im Rahmen der Bilanzierung nach IFRS zum Einsatz kommen. Diese sind:

- historische Anschaffungs- oder Herstellungskosten,
- Tageswert,
- Veräußerungswert und
- Barwert.[674]

Ein im Kontext der Bilanzierung von Finanzinstrumenten wesentlicher weiterer Wertmaßstab ist bei dieser Aufzählung noch nicht genannt – der **Fair Value**.

Für die Bilanzierung von Finanzinstrumenten sehen die IFRS ein sog. „Mixed Model" vor.[675] Das „Mixed" impliziert, dass nicht lediglich ein Bewertungsmaßstab angewandt wird: Zwar war (und ist)[676] es die Intention des IASB, für die Bilanzierung von Finanzinstrumenten ein „Full Fair Value-Modell" umzusetzen,[677] in dem sämtliche Finanzinstrumente in der Bilanz zum Fair Value angesetzt werden, indes ist dieses Vorhaben bis dato an inhaltlichen Einwendungen gescheitert.[678] Als Kompromiss wurde die Bilanzierung von Finanzinstrumenten nach dem Mixed Model festgeschrieben, wonach einige Vermögenswerte zum **Fair Value** und andere zu **(fortgeführten) Anschaffungskosten** zu bewerten sind.[679] Die Bewertungskonsequenzen richten sich hierbei (primär) nach den Kategorien, in die ein Finanzinstrument im Rahmen des erstmaligen Ansatzes eingeordnet wurde.[680] Im Folgenden werden daher zu-

---

674 Vgl. F.100.

675 Vgl. KUHN, S., Bilanzielle Abbildung von Finanzinstrumenten, S. 164-168 sowie KUHN, S., IFRS 9, S. 104.

676 Vgl. etwa IFRS 9.DO1-22 sowie KUHN, S., IFRS 9, S. 104 sowie S. 110.

677 Vgl. OERTZEN, C. V., in: Beck IFRS-HB, Rz. 1.

678 Vgl. etwa ERNST & YOUNG (Hrsg.), International GAAP 2010, S. 2104-2115 beziehungsweise S. 2417 f. sowie MEIER, M., Finanzinstrumente, S. 51. Im Jahr 1997 wurde vom IASC – dem Vorgängergremium des IASB – eine Joint Working Group of Standard Setters (JWG) ins Leben gerufen, die langfristige Vorschläge für die Bilanzierung von Finanzinstrumenten erarbeiten sollte, vgl. etwa PAPE, J./BREKER, N., Financial Instruments, S. 1 f. Im Ergebnis wurde von dieser Expertengruppe im Wesentlichen eine Full Fair Value-Bilanzierung vorgeschlagen, vgl. JOINT WORKING GROUP OF STANDARD SETTERS (Hrsg.), Financial Instruments, S. i. An diesen Standpunkten wurde in der Literatur starke Kritik geübt: BREKER/GEBHARDT/PAPE zeigen diverse Problembereiche einer Full Fair Value-Bilanzierung auf, vgl. BREKER, N./GEBHARDT, G./PAPE, J., Das Fair-Value-Projekt für Finanzinstrumente, S. 735-740 sowie PAPE, J., Standard der Joint Working Group, S. 1464-1467. Kritisch äußern sich auch WÜSTEMANN/DUHR, die eine Bilanzierung nach dem Full Fair Value-Konzept an den Informationsbedürfnissen der Adressaten spiegeln, vgl. WÜSTEMANN, J./DUHR, A., Entspricht die Fair Value-Bewertung den Informationsbedürfnissen?, S. 118-122. Hierbei konstatieren die Autoren insbesondere, dass die JWG den Adressatenkreis nicht klar festgelegt hat. BAETGE/LIENAU zeigen an einem Beispiel, dass eine Full Fair Value-Bilanzierung zu kontraintuitiven Ergebnissen führen kann, vgl. BAETGE, J./LIENAU, A., Fair Value auf der Passivseite?, S. 312-318. Vor dem Hintergrund des Spannungsverhältnisses von Prognoseeignung und Verlässlichkeit lehnt auch DOHRN eine Full Fair Value-Bilanzierung ab, vgl. DOHRN, M., Entscheidungsrelevanz des Fair Value-Accounting, S. 236-242.

679 Vgl. SCHWARZ, C., Finanzinstrumente, S. 123 f.

680 Vgl. hierzu nach dem IAS 39 (2009) Abschn. 331.2 und nach IFRS 9 Abschn. 332.2.

nächst allgemein die alternativen Bewertungsmaßstäbe dargestellt, die grundsätzlich für die Standards identisch sind – IFRS 9 verweist zumeist auf die Regelungen des IAS 39 (2009).[681] Anschließend werden die konkreten Bewertungskonsequenzen der einzelnen Kategorien der beiden Standards dargestellt.

## 42 Allgemeine Bewertungsmaßstäbe und Bewertungshierarchie

### 421. Fair Value

#### 421.1 Definition des Fair Value

IAS 39.9 definiert den Fair Value[682] als den Betrag, zu dem zwischen **sachverständigen**, **vertragswilligen** und voneinander **unabhängigen** Geschäftspartnern ein Vermögenswert getauscht oder eine Verbindlichkeit beglichen werden könnte.[683] Es wird somit grundsätzlich von einer hypothetischen Transaktion zwischen Dritten ausgegangen.[684] In der Literatur werden drei Ausprägungen des Fair Value für Finanzinstrumente diskutiert, die nachfolgend dargestellt werden.[685]

**Ausstiegspreis (Exit Price oder Geldkurs)**
Der Ausstiegspreis ist der Betrag, der bei einer Veräußerung beziehungsweise einer Glattstellung eines finanziellen Vermögenswerts am Bewertungsstichtag erzielt werden könnte. Dieser Betrag wird an einer Börse durch den Geldkurs widergespiegelt, also den Kurs eines Finanzinstruments an einem Markt, zu dem Kaufaufträge vorliegen, ohne dass diese durch ein passendes Angebot bedient werden können.[686] Der Ausstiegspreis wird folglich an den Verkaufsmärkten der zu bewertenden finanziellen Vermögenswerte ermittelt.[687]

**Einstiegspreis (Entry Price oder Briefkurs)**
Unter dem Einstiegspreis wird der Betrag verstanden, der für den Kauf eines finanziellen Vermögenswerts am Bewertungsstichtag zu entrichten wäre.[688] Dieser Betrag wird an einer

681 Vgl. IFRS 9.5.1.1 für die Verweise im Zusammenhang mit der erstmaligen Bewertung und IFRS 9.5.2.1 für die Verweise im Bereich der Folgebewertung. Einige ergänzende Hinweise werden in den Anwendungsleitlinien des IFRS 9 gegeben, vgl. IFRS 9.B5.1 - B5.4. Hierdurch ergeben sich allerdings keine inhaltlichen Anpassungen, in IFRS 9.B5.1 f. werden Vorschriften aus IAS 39.AG64 übernommen, IFRS 9.B5.3 beinhaltet die Regelungen des IAS 39.AG66, die letzte Textziffer beschreibt die Behandlung von Transaktionskosten, die jeweils von der Kategorisierung abhängt und erst in den folgenden Abschnitten 431 und 432 differenziert für IAS 39 (2009) und IFRS 9 dargestellt wird.

682 Das deutsche Synonym für Fair Value lautet beizulegender Zeitwert, vgl. WOLLMERT, P./DOLECZIK, G./WAGNER, T./KELLER, A., in: Baetge u. a., Rechnungslegung nach IFRS, S. 9.

683 Vgl. IAS 39.9. Es wird folglich nicht auf das rechtliche Kriterium der Realisierung abgestellt, lediglich die Realisierbarkeit ist von Bedeutung.

684 Vgl. DOHRN, M., Entscheidungsrelevanz des Fair Value-Accounting, S. 116.

685 Vgl. BAETGE, J./LIENAU, A., Fair Value auf der Passivseite?, S. 319 f.; BARTH, M./LANDSMAN, W., Fair Value Accounting, S. 99-105; KAHLE, H., Informationsversorgung, S. 45 sowie KUßMAUL, H., Fair Value-Bewertung, S. 185.

686 Vgl. zur weiteren begrifflichen Erläuterung KUHN, S./SCHARPF, P., Rechnungslegung von Financial Instruments, S. 162 f.

687 Vgl. BARTH, M./LANDSMAN, W., Fair Value Accounting, S. 99.

688 Bereits SCHMIDT wies auf die Bedeutung des Einstiegspreises hin und führte in diesem Zusammenhang die folgende Definition an: „Der Tagesbeschaffungswert eines Gutes ist der Preis, zu dem am wirklichen

Börse durch den Briefkurs widergespiegelt, also den Kurs, zu dem Verkaufsangebote vorliegen, die allerdings nicht zu einem Umsatz führen.[689] Insofern orientiert sich die Bewertung dieser Ausprägung des Fair Value an den Preisverhältnissen der Beschaffungsmärkte.[690]

**Nutzungswert (Value-in-Use)**

Der Nutzungswert stellt einen unternehmensspezifischen Wert dar, der gegenüber Marktpreisen die Verwendung interner Informationen und bewertungsspezifischer Handlungsoptionen inkorporiert.[691] Der Value-in-Use soll den Wertanteil des Vermögenswerts am Gesamtwert des Unternehmens verkörpern (Unternehmenswertanteil). Aufgrund dieser unternehmensinternen Sichtweise wird der Value-in-Use nur zufällig dem Marktwert entsprechen. Diese Bewertungskomponente wird in der Literatur auch als die schwierigste bezeichnet, „because estimating value-in-use involves incorporating firm-specific and potentially private information“[692].

Fraglich ist nunmehr, wie der **Fair Value für Finanzinstrumente der Rechnungslegung nach IFRS** zu interpretieren ist. Hierfür sind in IAS 39 (2009) einige weitere Anhaltspunkte gegeben, die im Folgenden zur Konkretisierung herangezogen werden.

Zunächst ist im Zusammenhang mit der Fair Value-Ermittlung generell von **der Fortführung des Unternehmens** auszugehen.[693] Der Fair Value kann somit nicht aus **erzwungenen Transaktionen** – etwa in Zusammenhang mit der Unternehmensauflösung – ermittelt werden. Gleichwohl sind **unternehmensindividuelle Sachverhalte**, wie eine Veräußerungsabsicht, in die Wertermittlung einzubeziehen, sodass Faktoren wie die aktuelle Marktliquidität bedeutsam sein können. Auch die **Bonität** des zu bewertenden Instruments ist zu berücksichtigen.[694]

Neben einer Marktpreisbewertung werden zur Fair Value Ermittlung alternative Bewertungsverfahren angewandt.[695] Für die **Fair Value-Ermittlung** ergibt sich insgesamt ein fünfstufiges Vorgehen,[696] das allerdings für die Anhangangaben zu einer dreistufigen **Fair Value-Hierarchie** verdichtet wird.[697] Die Strukturierung durch die Konzeption des IFRS 7 reicht für

oder einem fingierten Beschaffungs- oder Wiederbeschaffungstage das betreffende Gut im Beschaffungsmarkte erworben werden kann.“, SCHMIDT, F., Tageswertbilanz 1929, S. 65.

689 Vgl. zur weiteren begrifflichen Erläuterung KUHN, S./SCHARPF, P., Rechnungslegung von Financial Instruments, S. 162 f.

690 Mit einer tabellarischen Zusammenfassung vgl. KUẞMAUL, H., Fair Value-Bewertung, S. 185.

691 Vgl. KUHN, S., Bilanzielle Abbildung von Finanzinstrumenten, S. 166.

692 Vgl. BARTH, M./LANDSMAN, W., Fair Value Accounting, S. 101.

693 Vgl. IAS 39.AG69 sowie SCHARPF, P./KUHN, S., Fair Value-Bewertung, S. 208.

694 Vgl. IAS 39.AG69.

695 Vgl. IAS 39.AG74-79.

696 Vgl. hierzu BAETGE, J./BREMBT, T./BRÜGGEMANN, P., Mark-to-Model-Bewertung, S. 1005.

697 Diese Fair Value-Hierarchie wurde durch einen Exposure Draft aus dem Oktober 2008 in IFRS 7 eingefügt, vgl. IASB (Hrsg.), ED: Improving Disclosures about Financial Instruments. Ursprünglich wurde diese Hierarchie vom US-Amerikanischen FASB entwickelt, vgl. ERNST & YOUNG (Hrsg.), How fair is fair value?, S. 3. Vgl. auch KIRSCH, H.-J./DOHRN, M., Umsetzung der Fair Value-Richtlinie in Deutschland, S. 136 f.

den hier relevanten Kontext aus, weil bereits durch diese dreistufige Hierarchisierung der Fair Value anhand der Marktnähe der Wertermittlung – die für die spätere Analyse essenziell sein wird – unterteilt wird. Die weitere Erläuterung wird auf Basis des dreistufigen Konzepts vorgenommen.

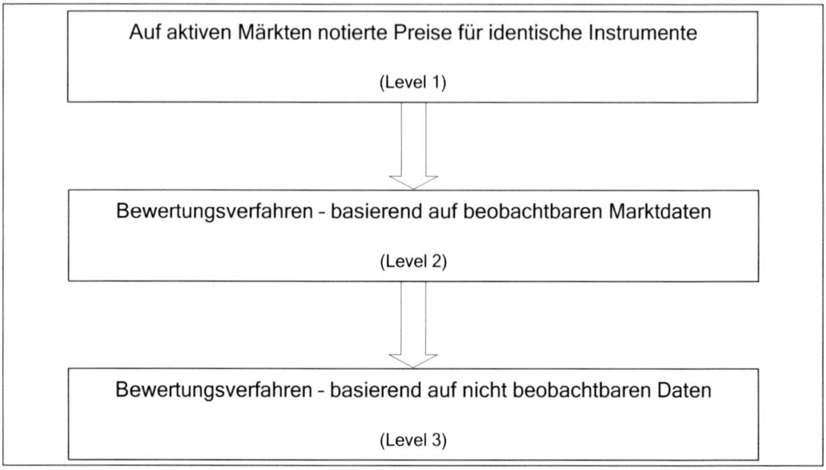


**Abbildung 4-1: Fair Value-Hierarchie**[698]

Bei der **erstmaligen Einbuchung** wird der Transaktionspreis grundsätzlich als bester Schätzer für den Fair Value angesehen, Finanzinstrumente werden daher grundsätzlich erstmalig zu ihrem Kaufpreis angesetzt.[699]

Sofern sich allerdings ein Teil des Transaktionspreises auf etwas anderes als das Finanzinstrument bezieht, ist der Fair Value des isolierten Finanzinstruments durch ein Bewertungsverfahren zu ermitteln.[700] Die Differenz zwischen dem Transaktionspreis und dem Fair Value des isolierten Finanzinstruments ist unterschiedlich zu behandeln: Falls der Differenzbetrag nicht einem anderen aktivierungsfähigen Vermögenswert zugeordnet werden kann, ist eine sofortige erfolgswirksame Abschreibung vorzunehmen.[701] Sofern sich die Differenz zwischen dem Fair Value und dem Transaktionspreis auf das Finanzinstrument selbst bezieht, ist fraglich, wie solche sog. „**Day one Gains or Losses**" im Zeitpunkt der erstmaligen Erfassung zu

---

698 In Anlehnung an IFRS 7.27A. Die genauen Definitionskriterien eines aktiven Markts werden in Abschn. 421.2 beschrieben.

699 Vgl. IAS 39.43 beziehungsweise IFRS 9.5.1.1 sowie PRICEWATERHOUSECOOPERS (Hrsg.), IFRS manual, S. 6293 f.

700 Vgl. IAS 39.AG64 sowie IFRS 9.B5.1, der die Formulierung aus IAS 39 (2009) unverändert übernimmt. Vgl. auch BEINE, F./MEYER, C., in: Wiley-Handbuch 2010, Abschn. 7, Rz. 186.

701 Vgl. IAS 39.AG64 beziehungsweise IFRS 9.B5.1 sowie ERNST & YOUNG (Hrsg.), International GAAP 2010, S. 2419-2421.

behandeln sind. Hierbei sieht der Standard ein differenziertes Vorgehen in Abhängigkeit von der Ermittlung des beizulegenden Zeitwerts vor:

1. Der Fair Value könnte einerseits durch den **Börsenkurs** auf einem anderen Markt als dem Transaktionsmarkt determiniert werden,
2. andererseits könnte sich durch ein **Bewertungsverfahren** ein vom Transaktionspreis abweichender Fair Value ergeben.

In dem **ersten Fall** ist jeweils der für das Unternehmen vorteilhafteste Markt heranzuziehen, der nicht unbedingt mit dem Transaktionsmarkt identisch sein muss. Sofern etwa eine Aktie an einer Börse in den USA erworben wurde, kann sich für diese Aktie an einer deutschen Börse ein günstigerer Preis ergeben, sodass dieser Wertpapiermarkt – unter Berücksichtigung von Transaktionskosten – den vorteilhaftesten Markt darstellen könnte. Eine derartige Differenz zwischen dem Fair Value und dem Transaktionspreis ist sofort erfolgswirksam zu erfassen.[702] Im **zweiten Fall**, wird die Differenz zwischen dem Transaktionspreis und dem Fair Value nur dann erfolgswirksam erfasst, wenn die Bewertungstechnik ausschließlich auf beobachtbaren Marktdaten basiert.[703] Andernfalls werden Differenzen zwischen dem Fair Value und dem Transaktionspreis bei der Einbuchung nicht erfolgswirksam erfasst werden – der Transaktionspreis wird dann als bester Schätzer des Fair Value angesehen.[704]

Abschließend wäre für die Verwendung des Fair Value im Rahmen der Rechnungslegung nach IFRS die Frage zu klären, wie Transaktionskosten, also solche Kosten, die dem Erwerb direkt zuzuordnen sind und die ohne die Transaktion nicht entstanden wären, zu behandeln sind. Da die Behandlung in Abhängigkeit von der Kategorisierung variiert, wird dies erst an späterer Stelle in Abschnitt 43 thematisiert.[705]

Die Bewertung auf den einzelnen Stufen der Fair Value-Hierarchie wird im Folgenden näher beschrieben.

### 421.2 Marktbewertung

Sofern ein Finanzinstrument auf einem **aktiven Markt** gehandelt wird und daher entsprechende Börsen- oder Marktpreise vorliegen, stellen diese Preise den besten Indikator für den

702 Vgl. IAS 39.BC98 sowie ERNST & YOUNG (Hrsg.), International GAAP 2010, S. 2452.

703 Vgl. IAS 39.BC104. Der IASB hat relativ strikte Anforderungen an die Fair Value-Ermittlung gestellt, falls eine Ertragsrealisierung im Zeitpunkt der erstmaligen Erfassung vorgenommen werden soll. Die Anforderungen bezeichnet der IASB als notwendig und angemessen, um mit ausreichender Sicherheit festzustellen, dass der Fair Value nicht dem Transaktionspreis entspricht.

704 Vgl. IAS 39.AG76A sowie ERNST & YOUNG (Hrsg.), International GAAP 2010, S. 2453.

705 Zu den Transaktionskosten zählen etwa Aufwendungen für Berater, Vermittler, Makler beziehungsweise Händler, Abgaben an Aufsichtsbehörden oder Wertpapierbörsen sowie Steuern und Gebühren. Explizit nicht zu den Anschaffungsnebenkosten gehören Agien und Disagien von Schuldtiteln, da diese einen Zinscharakter aufweisen, oder Finanzierungskosten sowie anteilige interne Verwaltungskosten, vgl. hierzu IAS 39.AG13 sowie SCHARPF, P./KUHN, S., Finanzinstrumente, S. 157 f.

Fair Value dar.[706] Ein aktiver Markt liegt vor, wenn die folgenden drei Bedingungen kumulativ erfüllt sind:[707]

- Die auf dem Markt gehandelten Produkte sind homogen.
- Verkaufswillige Käufer und Verkäufer können i. d. R. jederzeit gefunden werden.
- Die Preise stehen der Öffentlichkeit zur Verfügung.

Ein Finanzinstrument gilt als auf einem aktiven Markt gehandelt, wenn notierte Preise an einer Börse, von einem Händler, Broker, einer Branchengruppe, einem Preisberechnungs-Service oder einer Aufsichtsbehörde leicht und regelmäßig erhältlich sind und diese Preise aktuelle und regelmäßige Markttransaktionen wie unter unabhängigen Dritten darstellen.[708]

Ziel der Bestimmung des Fair Value ist die Festlegung eines Preises, zu dem das Unternehmen am Bewertungsstichtag das Finanzinstrument auf dem vorteilhaftesten Markt[709], zu dem das Unternehmen Zugang hat, veräußern könnte.[710]

Finanzielle Vermögenswerte sind somit auf Basis des Exit Price, der dem Geldkurs des börsengehandelten, aktivischen Finanzinstruments entspricht, zu bewerten.[711] Falls ein Geldkurs nicht verfügbar ist, kann alternativ der beizulegende Zeitwert aus bei jüngsten Transaktionen erzielten Kursen abgeleitet werden, wenn sich die wirtschaftlichen Eckdaten seitdem nicht wesentlich verändert haben.[712] Sofern sich diese Daten seit dem letzten Transaktionszeitpunkt wesentlich verändert haben, ist der Fair Value auf Basis von Transaktionen für ähnliche Finanzinstrumente zu ermitteln, wenn dies zu angemessenen Ergebnissen führt.[713] Zudem sind Anpassungen vorzunehmen, falls das Unternehmen nachweisen kann, dass der Preis einer Transaktion für ein ähnliches Finanzinstrument nicht dem Fair Value entspricht – etwa weil es sich um einen Verkauf in einer Zwangssituation handelte.[714]

Der Fair Value eines Portfolios ergibt sich durch die Summe der Produkte aus der Anzahl der Finanzinstrumente und deren notierten Preisen. In dem Fall, dass ein Finanzinstrument als Ganzes nicht an einem aktiven Markt notiert ist, aktive Märkte für die einzelnen Komponenten indes existieren, wird der Fair Value additiv aus den jeweiligen Marktpreisen abgeleitet.[715]

---

706 Vgl. IAS 39.BC97 sowie MUJKANOVIC, R., Fair Value, S. 117 f.

707 Vgl. IAS 36.6.

708 Vgl. IAS 39.AG71.

709 Diese Anforderung – die aufgrund der fehlenden Bindung von Finanzinstrumenten an einen Markt zu der Objektivierung der Rechnungslegung beiträgt – kann bereits im Zeitpunkt des erstmaligen Ansatzes zu einer Differenz zwischen dem Transaktionspreis und dem Fair Value führen, vgl. hierzu Abschn. 421.1.

710 Hierbei muss das Unternehmen indes Anpassungen vornehmen, falls sich Unterschiede des Ausfallrisikos der Gegenpartei zwischen den am vorteilhaftesten Markt gehandelten Finanzinstrumenten und den zu bewertenden Instrumenten ergeben, vgl. IAS 39.AG71; BAETGE, J./ZÜLCH, H., Fair Value-Accounting, S. 545 sowie OERTZEN, C. v., in: Beck IFRS-HB, Rz. 156-162.

711 Vgl. IAS 39.AG72 sowie BAETGE, J./ZÜLCH, H., Fair Value-Accounting, S. 545..

712 Vgl. OERTZEN, C. v., in: Beck IFRS-HB, Rz. 162.

713 Vgl. IAS 39.AG72 sowie BEINE, F./MEYER, C., in: Wiley-Handbuch 2010, Abschn. 7, Rz. 196.

714 Vgl. IAS 39.AG72 sowie KUHN, S., Bilanzielle Abbildung von Finanzinstrumenten, S. 169 f.

715 Vgl. IAS 39.AG72.

Der an einem aktiven Markt ermittelte Fair Value wird folglich auch dann als bester Schätzer angesehen, wenn es sich um einen wesentlichen Anteil an einem Unternehmen handelt, der unter Umständen strategische Handlungsmöglichkeiten eröffnet. Folglich werden Paketzu- und -abschläge für derartige wesentliche Anteile nicht berücksichtigt.[716]

### 421.3 Alternative Bewertungsverfahren

#### 421.31 Überblick

Sofern ein Finanzinstrument nicht auf einem aktiven Markt gehandelt wird und daher keine notierten Preise verfügbar sind, ist die Ermittlung des Fair Value auf der Basis von Bewertungsverfahren vorzunehmen, die wiederum in drei Kategorien eingeteilt werden können:[717]

- Vergleich mit dem Fair Value anderer, im Wesentlichen identischer Finanzinstrumente,[718]
- Analyse von diskontierten Zahlungsströmen oder
- Optionspreismodelle.[719]

In der ersten Kategorie wird der Fair Value **basierend** auf marktbezogenen Daten ermittelt, wohingegen die übrigen Bewertungsmethoden **weitgehend** ohne derartige Daten auskommen müssen.[720] Grundsätzlich ist ein Verfahren, das von den Marktteilnehmern üblicherweise für die Preisfindung herangezogen wird und das nachweislich verlässliche Schätzwerte für die Preise liefert, im Rahmen der Fair Value-Ermittlung vorrangig anzuwenden.[721] Zudem ist ein marktbezogener Zinssatz zu verwenden, falls dieser auf einem aktiven Markt ermittelt werden kann.[722] Generell soll durch die Bewertungsverfahren der Transaktionspreis ermittelt werden, der sich am Bewertungsstichtag zwischen unabhängigen Vertragspartnern unter normalen Geschäftsbedingungen ergeben hätte.[723] Insofern wird eine **typisierende Marktsicht** eingenommen.[724] Die einzelnen Methoden werden in den folgenden Unterabschnitten näher beleuchtet.

#### 421.32 Auf marktbezogenen Inputfaktoren basierende Bewertung

Im Rahmen der Ermittlung des Fair Value durch ein Bewertungsverfahren sind zunächst solche Methoden heranzuziehen, die auf marktbezogenen Daten basieren und diese möglichst

---

716 Vgl. IAS 39.IG.E.2.2.

717 Vgl. IAS 39.AG74 sowie BEINE, F./MEYER, C., in: Wiley-Handbuch 2010, Abschn. 7, Rz. 196.

718 Vgl. IAS 39.AG77 f. sowie .BC103.

719 Zur Vertiefung der möglichen Bewertungsmodelle für Optionen vgl. HULL, J., Options, Futures, and other Derivatives.

720 Dies bedeutet indes nicht, dass in einem Verfahren der zweiten Kategorie gar keine marktbezogenen Variablen eingehen. So kann etwa der Basiszins – der dann risikoadäquat angepasst wird – in vielen Fällen marktbezogen ermittelt werden, auch wenn das Bewertungsverfahren insgesamt nicht auf marktbezogenen Daten basiert.

721 Vgl. IAS 39.AG74 sowie OERTZEN, C. V., in: Beck IFRS-HB, Rz. 167.

722 Vgl. IAS 39.AG73 sowie KPMG (Hrsg.), Insights into IFRS, S. 466-469.

723 Vgl. IAS 39.AG75 sowie KPMG (Hrsg.), Insights into IFRS, S. 466.

724 Vgl. KIRSCH, H.-J., Fair Value – quo vadis?

weitgehend implementieren.[725] Mit anderen Worten sind alle Faktoren in die Bewertung einzubeziehen, die Marktteilnehmer im Rahmen der Preisermittlung für eine Transaktion berücksichtigen würden – zudem muss die Bewertung konsistent zu anerkannten wirtschaftlichen Bewertungsmethoden sein.[726] Die Bewertungstechniken sind regelmäßig auf ihre Validität zu prüfen, indem sie auf ein an einem aktiven Markt gehandeltes Finanzinstrument angewendet werden und das Ergebnis mit dem Marktpreis verglichen wird.[727]

Eine mögliche Bewertungsmethode besteht in dem Vergleich mit dem Fair Value eines anderen Finanzinstruments mit im Wesentlichen identischen Zahlungsströmen, das an einem aktiven Markt gehandelt wird. Für die Frage, wann die Zahlungsströme eines Vergleichsobjekts „im Wesentlichen identisch" sind, wird auf eine Betrachtung der Restlaufzeit, Cashflow-Verläufe, Währung, Ausfallrisiken und Sicherheiten verwiesen.[728] Beispielhaft führt der Standard aus, dass, sofern für die Folgebewertung eines Schuldinstruments kein Marktpreis vorliegen sollte und sich die Bonität des Schuldners nicht verändert hat, der Fair Value ermittelt werden kann, indem lediglich die Veränderung des Marktzinssatzes berücksichtigt wird und der Risikoaufschlag konstant gehalten wird.[729] Von der konstanten Bonität des Schuldners kann ausgegangen werden, sofern keine Marktdaten zur Beurteilung der Veränderung der Bonität verfügbar sind und keine Anzeichen für eine veränderte Bonität vorliegen.[730]

Bedingt durch den Verweis auf die Ähnlichkeit der Cashflow-Verläufe anderer Finanzinstrumente, die als Vergleichsobjekt für die Bewertung herangezogen werden können, werden diese Vergleichsverfahren im Wesentlichen auf Instrumente mit ex ante festgelegten (vertraglichen) Zahlungsströmen anwendbar sein. Daher werden im Folgenden die anzuwendenden Verfahren beschrieben, falls es sich bei dem zu bewertenden Vermögenswert etwa um ein Eigenkapitalinstrument handelt oder ein adäquates Vergleichsobjekt für ein Fremdkapitalinstrument nicht gefunden werden kann.

### 421.33 Nicht auf marktbezogenen Inputfaktoren basierende Bewertung

Sofern keine ausreichenden marktbezogenen Daten beziehungsweise Vergleichsobjekte vorliegen, auf denen das Bewertungskalkül basieren kann, sind alternative Bewertungsverfahren anzuwenden.[731] Diese Verfahren verwenden zwar Marktdaten, beispielsweise können marktorientierte Zinssätze in die Bewertung einfließen; Marktdaten können allerdings nicht mehr die **Basis der Bewertung** darstellen. Hierbei kommen etwa Discounted Cashflow-Verfahren

---

[725] Vgl. IAS 39.AG75. Die Maximierung der marktbezogenen Inputdaten basiert auf der Annahme, dass diese Daten einen besseren Schätzer für den Fair Value liefern als unternehmensindividuelle Daten. Vgl. auch KUHN, S., Bilanzielle Abbildung von Finanzinstrumenten, S. 170 f.

[726] Vgl. auch ERNST & YOUNG (Hrsg.), International GAAP 2010, S. 2442.

[727] Vgl. IAS 39.AG76 sowie PRICEWATERHOUSECOOPERS (Hrsg.), IFRS manual, S. 6337.

[728] Vgl. IAS 39.AG77.

[729] Vgl. IAS 39.AG77.

[730] Vgl. IAS 39.AG78. In diesem Zusammenhang werden von dem Unternehmen „angemessene Anstrengungen gefordert", um sicherzustellen, dass keine Anzeichen gegen eine konstante Bonität sprechen. Vgl. auch PRICEWATERHOUSECOOPERS (Hrsg.), IFRS manual, S. 6339 -6343.

[731] Vgl. SCHARPF, P./KUHN, S., Fair Value-Bewertung, S. 210 f.

oder Optionspreismodelle in Betracht.[732] Bei erstgenanntem Verfahren werden die aus einem Finanzinstrument erwarteten Zahlungsströme mit einem risikoadäquaten Zinssatz diskontiert,[733] um so den Zeitwert des Instruments zu ermitteln, der dann den hypothetischen Transaktionspreis darstellen soll, um so den Anforderungen eines Fair Value zu genügen.[734] Durch Optionspreismodelle können die Werte (insbesondere von derivativen Finanzinstrumenten) etwa auf Basis von stochastischen Prozessen ermittelt werden.[735]

Nach IAS 39 (2009) wird zusätzlich die Verlässlichkeit der Wertermittlung gefordert. Der Fair Value von Eigenkapitalinstrumenten, für die keine Preise auf einem aktiven Markt verfügbar sind, und Derivaten auf derartige Instrumente gilt nur dann als verlässlich bestimmbar, wenn:[736]

- die Schwankungsbreite von plausiblen Werten in Bezug auf diese Finanzinstrumente nicht wesentlich ist oder
- die Eintrittswahrscheinlichkeit der verschiedenen Schätzungen innerhalb dieser Bandbreite vernünftig beurteilt und für die Schätzung des Fair Value zugrunde gelegt werden kann.

Generell gilt auch nach IAS 39 (2009) die Vermutung, dass die Schätzung des Fair Value eines jeden Vermögenswerts, den ein Unternehmen extern erworben hat, möglich ist. Falls indes in Ausnahmefällen eine der obigen Bedingungen nicht erfüllt werden kann und der Fair Value somit nicht verlässlich ermittelbar ist, muss das betreffende Finanzinstrument nach IAS 39 (2009) zu Anschaffungskosten bewertet werden (Cost Exemption).[737] IFRS 9 sieht eine derartige Cost Exemption nicht mehr vor.

### 421.4 Das Fair Value Measurement-Projekt des IASB

Im Mai 2009 hat der IASB seinen lange erwarteten Exposure Draft „Fair Value Measurement“ (ED 2009/5) veröffentlicht.[738] Der Exposure Draft hat das Ziel, sämtliche Vorschriften zur Fair Value-Bewertung, die aktuell in den jeweiligen Standards geregelt sind, zu bündeln, ohne hierbei neue Bewertungsanlässe zu schaffen.[739] Zudem soll durch den Standard ein Pendant zu dem US-amerikanischen SFAS 157 geschaffen werden, der für die US-GAAP-

---

[732] Vgl. IAS 39.AG79 sowie OBERMAIER, R., Fair Value-Bilanzierung nach IFRS auf der Basis von Barwertkalkülen, S. 545-554..

[733] Die Zinssätze sind nach Möglichkeit aus verfügbaren Marktdaten abzuleiten. Hierfür können Zinssätze aus öffentlich gehandelten Instrumenten abgeleitet werden, deren Cashflows im Wesentlichen denen des zu bewertenden Instruments entsprechen, vgl. IAS 39.AG79.

[734] Vgl. grundlegend zu dem Verfahren BAETGE, J./NIEMEYER, K./KÜMMEL, J./SCHULZ, R., DCF-Verfahren, insbesondere S. 344-350. Die Verwendung von Discounted Cashflow-Verfahren im Kontext der Unternehmensbewertung wird umfassend von TINZ thematisiert, der hierbei Vorschläge zur Objektivierung des Wachstumsabschlags erarbeitet, vgl. TINZ, O., Abbildung von Wachstum, Abschn. 52.

[735] Vgl. KÖNIG-SCHICHTEL, S., Die Fair Value-Bewertung von Termingeschäften, S. 748-752. Vgl. zu Optionspreismodellen insgesamt HULL, J., Options, Futures, and other Derivatives.

[736] Vgl. IAS 39.AG80 sowie KUHN, S., Bilanzielle Abbildung von Finanzinstrumenten, S. 171.

[737] Vgl. IAS 39.AG81.

[738] Vgl. IASB (Hrsg.), ED: Fair Value Measurement sowie CASTEDELLO, M., Fair Value Measurement, S. 914.

[739] Vgl. IASB (Hrsg.), ED: Fair Value Measurement, Rz. 3 sowie KIRSCH, H.-J., Fair Value – quo vadis?

Rechnungslegung bereits einen Standard darstellt, der die Vorschriften zur Fair Value-Bewertung bündelt.[740] Die bisherigen Vorschriften des IAS 39 (2009) in Bezug auf die Ermittlung des Fair Value sollen weitgehend ausgelagert werden.[741]

Der aus dem Exposure Draft entstehende Standard würde somit generell auch für die Fair Value-Ermittlung von Finanzinstrumenten relevant sein. Daher wird der Entwurf im Folgenden kurz dargestellt, wobei insbesondere die wesentlichen Änderungen zum aktuellen Regelungsstand herausgearbeitet werden.

Die generelle Definition des Fair Value ist im Wesentlichen unverändert: Der Fair Value wird als Wert definiert, den das Unternehmen beim **Verkauf** des Vermögenswerts in einer **ordentlichen Transaktion** zwischen **Marktteilnehmern** am Bilanzstichtag erzielen könnte.[742] Der Fair Value wird somit grundsätzlich als Exit Price[743] definiert, die vorgeschlagene Neuregelung weicht für Finanzinstrumente daher nicht von der aktuellen Regelung ab.[744] Die übrigen Elemente der Definitionen differieren lediglich in der Formulierung: Während IAS 39 (2009) von einer Transaktion zwischen **sachverständigen**, **vertragswilligen** und voneinander **unabhängigen** Geschäftspartnern spricht, stellt der Exposure Draft auf eine **ordentliche** Transaktion zwischen **Marktteilnehmern** ab. Eine ordentliche Transaktion wird als Transaktion beschrieben, die für den Vermögenswert üblich ist – Zwangssituationen erfüllen diese Bedingung nicht.[745] Marktteilnehmer werden als **sachverständige, vertragswillige** und **unabhängige** Personen beschrieben.[746] Die grundlegenden Definitionskriterien des IAS 39 (2009) sind somit mit denen des Exposure Draft deckungsgleich.

Änderungen ergeben sich in Bezug auf die formale Umsetzung der Fair Value-Hierarchie: Die bisherige dreistufige Fair Value-Hierarchie wird definitorisch auf die Ebene der Input-Faktoren verlagert.[747] In dem Exposure Draft werden drei Ebenen unterschieden: Auf der ersten Ebene wird auf nicht modifizierte Preise auf aktiven Märkten – also Märkten, auf denen nachhaltig, regelmäßig und in ausreichendem Volumen gehandelt wird – für identische Vermögenswerte zurückgegriffen, die nicht mehr an spezielle Gegebenheiten des zu bewertenden Vermögenswerts angepasst werden müssen.[748] Die Inputfaktoren der zweiten Ebene bestehen aus ebenfalls direkt oder indirekt beobachtbaren Parametern, die indes Einschrän-

---

740 Vgl. FASB (Hrsg.), SFAS 157.

741 Vgl. IASB (Hrsg.), ED: Fair Value Measurement, S. 59-61.

742 Vgl. IASB (Hrsg.), ED: Fair Value Measurement, Rz. 1.

743 Hieran wird insbesondere vor dem Hintergrund des weiten Anwendungsbereichs des Standards teils Kritik geübt, vgl. etwa DRSC (Hrsg.), CL: Fair Value Measurement, S. 3 f.

744 Vgl. Abschn. 421.2.

745 Vgl. IASB (Hrsg.), ED: Fair Value Measurement, Appendix A.

746 Vgl. IASB (Hrsg.), ED: Fair Value Measurement, Appendix A. Neben der Vertragswilligkeit wird in dem Exposure Draft auch explizit die Transaktionsfähigkeit des Marktteilnehmers genannt. Hierdurch sollte indes kein wesentlicher Unterschied zu der bestehenden Regelung entstehen, da Personen, denen es an der Transaktionsfähigkeit mangelt, unter rationalen Gesichtspunkten auch keine Transaktionswilligkeit im Sinne des IAS 39 (2009) aufweisen sollten.

747 Vgl. KIRSCH, H.-J., Fair Value – quo vadis? sowie CASTEDELLO, M., Fair Value Measurement, S. 916 f.

748 Vgl. IASB (Hrsg.), ED: Fair Value Measurement, Rz. 45 sowie FISCHER, D., Fair Value Measurement, S. 341 f.

kungen gegenüber der ersten Ebene aufweisen.[749] Diese können etwa darin bestehen, dass zwar Preise auf einem aktiven Markt verfügbar sind, die sich allerdings nur auf ein **ähnliches** Finanzinstrument beziehen, oder dass Preise für ein **identisches** Finanzinstrument nur auf einem **nicht aktiven Markt** ermittelt werden können.[750] Zu dieser Ebene werden auch Zinskurven, Volatilitäten, Zinsspreads oder Ausfallraten gezählt. Schließlich fallen hierunter auch Parameter, die aus grundsätzlich beobachtbaren Daten indirekt abgeleitet wurden – hierbei führen indes wesentliche Anpassungen an die Besonderheiten des Einzelfalls zu einer Einordnung in der zweiten Ebene.[751] Die dritte Ebene fungiert als Auffangbecken, in dem Parameter eingeordnet werden, die die Anforderungen der beiden höheren Ebenen nicht erfüllen können. Es handelt sich daher im Wesentlichen um solche Daten, die nicht auf beobachtbaren Markttransaktionen beruhen, weil solche Daten nicht verfügbar sind.[752] Die nicht marktbezogenen Daten sollen trotzdem die Annahmen widerspiegeln, die von Marktteilnehmern bei der Wertermittlung betrachtet werden würden.[753]

Die neue Hierarchie stellt eher eine Konkretisierung der bisherigen Hierarchie dar, wesentliche inhaltliche Anpassungen sollen nicht vorgenommen werden.[754] Unterschiede ergeben sich indes im Detail. Bei der Bewertung einer großen Anzahl identischer Vermögenswerte soll nach dem Exposure Draft der Marktpreis nicht unbedingt den besten Schätzer für den Fair Value darstellen. Die Berücksichtigung von Paketzu- und –abschlägen – die IAS 39 (2009) explizit verbietet – wird somit nicht mehr ausgeschlossen.[755]

Die Behandlung von **Transaktionskosten** wird durch den Exposure Draft nicht verändert – die hierfür relevanten Passagen des IAS 39 (2009) sollen durch die Überarbeitung nicht angepasst werden, sodass Transaktionskosten weiterhin in Abhängigkeit von der jeweiligen Kategorie zu behandeln wären.[756]

Wie bereits dargelegt, konzentriert sich der Exposure Draft auf den Exit Price als Fair Value. Hierdurch kann es – wie auch im aktuellen IAS 39 (2009) – zu Differenzen zwischen dem Transaktionspreis und dem Fair Value theoretisch bereits im Zeitpunkt der erstmaligen Einbuchung kommen, sofern Exit und Entry Price nicht identisch sind (**Day one Gains or Losses**).[757] Derartige Differenzen sind nach den Vorgaben des Exposure Draft grundsätzlich

[749] Vgl. IASB (Hrsg.), ED: Fair Value Measurement, Rz. 51.

[750] Vgl. IASB (Hrsg.), ED: Fair Value Measurement, Rz. 51 sowie CASTEDELLO, M., Fair Value Measurement, S. 917.

[751] Vgl. IASB (Hrsg.), ED: Fair Value Measurement, Rz. 51 f. sowie CASTEDELLO, M., Fair Value Measurement, S. 917.

[752] Vgl. IASB (Hrsg.), ED: Fair Value Measurement, Rz. 53 f.

[753] Vgl. IASB (Hrsg.), ED: Fair Value Measurement, Rz. 53 sowie FISCHER, D., Fair Value Measurement, S. 341 f..

[754] Vgl. auch CASTEDELLO, M., Fair Value Measurement, S. 917.

[755] Vgl. IASB (Hrsg.), ED: Fair Value Measurement, Rz. 49 für die vorgeschlagene Regelung und IAS 39.IG.E.2.2 sowie Abschn. 421.2 für die Regelung nach IAS 39 (2009).

[756] Vgl. hierzu Abschn. 43.

[757] Vgl. IASB (Hrsg.), ED: Fair Value Measurement, Rz. 34-37. Zur Identifikation von Situationen, in denen sich die beiden Preise nicht entsprechen, werden im Entwurf beispielhaft Anzeichen genannt, die allerdings nicht abschließend sind, vgl. IASB (Hrsg.), ED: Fair Value Measurement, Rz. 36.

sofort erfolgswirksam zu erfassen, es sei denn ein anderer Standard schreibt eine andere Behandlung vor.[758] In Bezug auf die Bilanzierung von Finanzinstrumenten sind daher weiterhin die Regelungen des IAS 39 relevant, dessen Vorgaben allerdings durch den neuen Standard umformuliert werden sollen. Danach werden Differenzen direkt erfolgswirksam erfasst, sofern der Fair Value durch den Vergleich mit anderen beobachtbaren Markttransaktionen desselben Instruments oder durch eine Bewertungsmethode, die ausschließlich auf beobachtbaren Daten beruht, ermittelt wurde.[759] Zudem ist weiterhin zu prüfen, ob sich ein Teil des Transaktionspreises nicht auf das Finanzinstrument bezieht, die Regelungen sollen hier durch den Exposure Draft nicht verändert werden.[760] In allen anderen Fällen darf die Differenz erst in den Folgejahren erfolgswirksam aufgelöst werden, sofern die Wertänderung auf die Änderung eines Faktors (inklusive der Zeit) zurückzuführen ist, der von Marktteilnehmern bei der Preisfindung betrachtet werden würde.[761] Somit werden die Vorgaben des IAS 39 (2009) zwar neu formuliert, inhaltliche Anpassungen haben sich indes nicht ergeben.[762] Die Behandlung von Day one Gains or Losses würde somit durch den Exposure Draft nicht verändert.[763]

Zusammenfassend kann daher festgestellt werden, dass durch den Exposure Draft keine wesentlichen Änderungen im Bereich der Ermittlung des Fair Value von Finanzinstrumenten vorgenommen werden sollen.

### 422. Kostenbasierte Bewertungsmethoden

#### 422.1 Anschaffungskosten

Im Rahmen eines Mixed Model der Bilanzierung von Finanzinstrumenten kann neben der Fair Value-Bewertung auch eine Bewertung zu Anschaffungskosten in Betracht kommen, wobei nach IAS 39 (2009) zwei Möglichkeiten bestehen, die zu einer anschaffungskostenbasierten Bewertung führen:

1. anschaffungskostenbasierte Kategorien und
2. anschaffungskostenbasierte Bewertung aufgrund nicht verlässlich ermittelbarer Fair Values.

Im ersten Fall ergibt sich die anschaffungskostenbasierte Bewertung, weil dies direkt als Bewertungskonsequenz aus der Kategorisierung folgt. Hierbei werden meist die fortgeführten Anschaffungskosten als Unterkategorie der anschaffungskostenbasierten Bewertung relevant sein, da lediglich Finanzinstrumente für eine anschaffungskostenbasierte Kategorie vorgese-

758 Vgl. IASB (Hrsg.), ED: Fair Value Measurement, Rz. 37.

759 Day one Gains or Losses sollen nach der Überarbeitung in IAS 39.43 i. V. m. AG76 näher geregelt werden, vgl. zu dem vorgeschlagenen Wortlaut IASB (Hrsg.), ED: Fair Value Measurement, S. 59-61.

760 Vgl. zu den Regelungen des IAS 39 (2009) Abschn. 421.1.

761 Vgl. IASB (Hrsg.), ED: Fair Value Measurement, S. 60 f.

762 Vgl. Abschn. 421.1.

763 Vgl. auch IASB (Hrsg.), ED: Fair Value Measurement, BC.78 f.

hen sind, für die fortgeführte Anschaffungskosten ermittelt werden können, die also über eine begrenzte Laufzeit verfügen.[764]

Der zweite Fall schließt sich nach IAS 39 (2009) direkt an die dreistufige Fair Value-Ermittlung an.[765] Sofern auf keiner dieser Stufen ein Fair Value ermittelt werden kann, der die Voraussetzungen der Verlässlichkeit erfüllt, ist die Bewertung alternativ zu Anschaffungskosten vorzunehmen.[766] Indes ist wieder zum Fair Value zu bewerten, sobald das Unternehmen diesen (wieder) verlässlich ermitteln kann.[767] Die Regelungen des IFRS 9 sehen diese Ausnahme von der Fair Value-Bewertung nicht mehr vor. Allerdings können die Anschaffungskosten unter bestimmten Bedingungen als Schätzer des Fair Value herangezogen werden.[768] Diese Regelungen werden in Abschnitt 432. direkt im Zusammenhang mit den aus der Kategorisierung folgenden Bewertungskonsequenzen thematisiert.

Anschaffungskosten stellen den dominierenden Wertmaßstab der Rechnungslegung nach IFRS dar, sind indes weder in IAS 39 noch in IFRS 9 explizit definiert.[769] Eine Definition wird allerdings im Framework und in IAS 2 geliefert. Danach sind Anschaffungskosten die zum Erwerb eines Vermögenswerts zu entrichtenden Zahlungsmittel, Zahlungsmitteläquivalente oder der Fair Value einer anderen Entgeltform.[770] Hierbei sind nach der grundlegenden Definition auch Anschaffungsnebenkosten einzubeziehen, die im Zusammenhang mit Finanzinstrumenten insbesondere durch die Transaktionskosten determiniert werden. Da die Behandlung von Anschaffungsnebenkosten von der Kategorisierung abhängt, wird für die Beschreibung auf den späteren Abschnitt 43 verwiesen.

Im Zeitpunkt der erstmaligen Erfassung eines Finanzinstruments besteht grundsätzlich kein Unterschied zu der in Abschnitt 421. beschriebenen Fair Value-Bilanzierung, da die Anschaffungskosten im Transaktionszeitpunkt grundsätzlich als bester Schätzer für den Fair Value angesehen werden.[771] Erst durch die Folgebewertung ergeben sich Unterschiede zwischen der Fair Value-Bewertung und der anschaffungskostenbasierten Bewertung. Im Rahmen einer reinen Bewertung auf Basis der Anschaffungskosten wird in den Folgeperioden grundsätzlich keine Anpassung des zunächst eingebuchten Werts vorgenommen – die Anschaffungskosten bleiben als Bilanzbuchwert erhalten. Eine Ausnahme hiervon kann sich indes durch die Vorschriften zu außerplanmäßigen Abschreibungen ergeben: Außerplanmäßige Abschreibungen sind unter Umständen vorzunehmen, sofern ein Vermögenswert oder eine Gruppe von Ver-

---

764 Vgl. KUHN, S./SCHARPF, P., Rechnungslegung von Financial Instruments, S. 271 sowie Tabelle 4-3 in Abschn. 431.5 für IAS 39 (2009) und Abschn. 432.2 für IFRS 9.

765 Für eine schematische Darstellung der dreistufigen Fair Value-Ermittlung vgl. Abbildung 4-1 in Abschn. 421.

766 Vgl. IAS 39.46(c).

767 Vgl. BELLAVITE-HÖVERMANN, Y./BARCKOW, A., in: Baetge u. a., Rechnungslegung nach IFRS, Rz. 123.

768 Es handelt sich indes nicht um eine Bewertung zu Anschaffungskosten, die Anschaffungskosten werden lediglich als Schätzer des Fair Value herangezogen, der weiterhin die Bewertungsbasis darstellt. Vgl. IFRS 9.B5.5.

769 Vgl. KUHN, S., Bilanzielle Abbildung von Finanzinstrumenten, S. 171 f. für IAS 39 (2009).

770 Vgl. F.100 sowie IAS 2.10 f.

771 Vgl. IAS 39.AG76.

mögenswerten zum Abschlussstichtag im Wert gemindert ist.[772] In diesem Fall wird somit die Fair Value-Bewertung imparitätisch wieder relevant. Die in diesem Zusammenhang relevanten Regelungen werden in Abschnitt 422.3 näher erläutert – die speziellen Ausprägungen der Abschreibungsregeln für die einzelnen Kategorien werden sukzessive in Abschnitt 43 beschrieben.

### 422.2 Fortgeführte Anschaffungskosten

Als weitere Unterkategorie der kostenbasierten Bewertung werden in der Rechnungslegung nach IFRS die fortgeführten Anschaffungskosten eingesetzt. Auf fortgeführte Anschaffungskosten ist immer dann zurückzugreifen, wenn eine anschaffungskostenbasierte Bewertung durch die Kategorisierung vorgesehen ist und der betreffende Vermögenswert über eine begrenzte Nutzungsdauer verfügt.[773] Für die Wertermittlung ist hierbei die **Effektivzinsmethode**[774] heranzuziehen, nach der die effektiven Zahlungsströme aus dem Finanzinstrument durch einen über die Laufzeit konstanten (effektiven) Zinssatz[775] periodisiert werden.[776] Der Effektivzinssatz ist hierbei derjenige Kalkulationszinssatz, mit dem die geschätzten künftigen Zahlungsströme über die erwartete Laufzeit des Finanzinstruments oder eine gegebenenfalls kürzere Periode auf den Nettobuchwert des finanziellen Vermögenswerts abgezinst werden.[777] Für die Ermittlung der erwarteten Zahlungsströme werden alle vertraglichen Bedingungen (inklusive Agien, Disagien sowie Transaktionskosten und sonstige Entgelte) in die Betrachtung einbezogen;[778] künftige Kreditausfälle werden indes außer Acht gelassen, da nach dem aktuellen Abschreibungsmodell des IAS 39 (2009) – das zunächst auch durch IFRS 9 angewendet werden soll –[779] lediglich bereits eingetretene Verluste berücksichtigt werden.[780]

Die Effektivzinsmethode wird anhand eines Beispiels näher verdeutlicht.[781] Hierfür sei angenommen, dass eine Bank ein festverzinsliches Wertpapier über nominal 1.300 GE mit einer

772 Vgl. IAS 39.58 i. V. m. IAS 39.63, .66 sowie .67.

773 Vgl. BELLAVITE-HÖVERMANN, Y./BARCKOW, A., in: Baetge u. a., Rechnungslegung nach IFRS, Rz. 124 für IAS 39 (2009) sowie IFRS 9.5.2.1 f.

774 Eine spezielle Methode wird durch den Standard nicht vorgegeben. Die Methoden unterscheiden sich im Wesentlichen durch die Tageszählung und Unterschiede bei der Verzinsung unterjähriger Zinsperioden, vgl. hierzu HEIDORN, T., Finanzmathematik, S. 31-77.

775 In einigen Fällen ist auch eine Anpassung des Zinssatzes vorgesehen. Diese Fälle werden im weiteren Verlauf dieses Abschnitts erläutert.

776 Die Definition von fortgeführten Anschaffungskosten des IAS 39.9 verweist direkt auf die Effektivzinsmethode, die in derselben Textziffer definiert wird. IFRS 9 übernimmt diese Definitionen aus IAS 39 (2009), vgl. IFRS 9.Appendix A. Daher ergeben sich an dieser Stelle für die Wertermittlung keine inhaltlichen Unterschiede zwischen IAS 39 (2009) und IFRS 9.

777 Vgl. IAS 39.9.

778 Sofern sich derartige Bestandteile lediglich auf einen kürzeren Zeitraum beziehen, ist dieser Zeitraum zugrunde zu legen, vgl. IAS 39.AG6.

779 Vgl. IFRS 9.Appendix A. Mittelfristig soll indes das Abschreibungsmodell des IFRS 9 überarbeitet werden, vgl. Abschn. 31 für den weiteren Ablauf des Projekts zum Ersatz von IAS 39.

780 Vgl. ERNST & YOUNG (Hrsg.), International GAAP 2010, S. 2457 f. Eine Ausnahme hiervon bilden finanzielle Vermögenswerte mit hohen Disagien, die bereits eingetretene Kreditausfälle widerspiegeln. In diesem Fall sind die bereits eingetretenen Verluste zu berücksichtigen, vgl. IAS 39.AG5. Vgl. zu den Regelungen im Zusammenhang mit außerplanmäßigen Abschreibungen Abschn. 422.3.

781 Beispiel in Anlehnung an ERNST & YOUNG (Hrsg.), International GAAP 2010, S. 2459.

Restlaufzeit von fünf Jahren erwirbt. Der beizulegende Zeitwert im Ausgangszeitpunkt betrage 1.000 GE, der als Buchwert von der Bank erfasst wird. Der Titel sei mit einem Kupon von 5 % ausgestattet – die jährliche Zinszahlung beträgt somit 65 GE ($1.300 * 5\% = 65$). Zur Ermittlung des Effektivzinssatzes ist nunmehr derjenige Zins zu ermitteln, der dazu führt, dass der Barwert der künftigen Zahlungsströme aus dem Finanzinstrument dem Buchwert entspricht. Somit ist die folgende Gleichung zu lösen:

$$1.000\,GE = \frac{65\,GE}{(1+i)} + \frac{65\,GE}{(1+i)^2} + \frac{65\,GE}{(1+i)^3} + \frac{65\,GE}{(1+i)^4} + \frac{1.365\,GE}{(1+i)^5} \Rightarrow i \approx 11{,}29\%$$

Die Diskontierung aller zu erwartenden Zahlungsströme aus dem Finanzinstrument mit diesem Zinssatz führt im Zeitpunkt der erstmaligen Erfassung zum Buchwert von 1.000 GE. Wird der Buchwert unter Abzug der erhaltenen Zinsen jährlich mit dem Effektivzins aufgezinst, ergeben sich in den Folgeperioden die folgenden fortgeführten Anschaffungskosten:

| Periode | Fortgeführte Anschaffungskosten zum Periodenbeginn | Effektiver Cashflow | Rechnerischer Zinsertrag | Fortgeführte Anschaffungskosten zum Periodenende |
|---|---|---|---|---|
| | (a) | (b) | (c)=(a)*11,29 % | (d)=(a)-(b)+(c) |
| 1 | 1.000 GE | 65 GE | 113 GE | 1.048 GE |
| 2 | 1.048 GE | 65 GE | 118 GE | 1.101 GE |
| 3 | 1.101 GE | 65 GE | 124 GE | 1.161 GE |
| 4 | 1.161 GE | 65 GE | 131 GE | 1.227 GE |
| 5 | 1.227 GE | 1.365 GE | 138 GE | 0 GE |

**Tabelle 4-1: Wertentwicklung nach der Effektivzinsmethode**

Bei **variabel verzinslichen** Finanzinstrumenten führen die periodisch vorgenommenen Neuschätzungen der Zahlungsströme zu einer Anpassung des Effektivzinssatzes.[782] Ändert sich indes lediglich die **Einschätzung** des Unternehmens über die **zu erwartenden Zahlungsströme**, wird hierdurch der Effektivzinssatz nicht tangiert – das Unternehmen wird vielmehr die aktualisierten Cashflows mit dem ursprünglichen Effektivzinssatz diskontieren, um den Buchwert des Finanzinstruments zu ermitteln.[783]

### 422.3 Regelungen zur außerplanmäßigen Abschreibung

In der Rechnungslegung nach IFRS sind Regelungen implementiert, nach denen die anschaffungskostenbasierte Bewertung unter bestimmten Bedingungen einseitig zugunsten einer Fair Value-Bewertung ausgesetzt wird, um einen außerplanmäßigen Abschreibungsbedarf (Impairment)[784] zu berücksichtigen.[785] Diese Regelungen sind derzeit in IAS 39 (2009) festge-

782 Vgl. IAS 39.AG7.

783 Vgl. IAS 39.AG8 sowie Abschn. 431.2 im Zusammenhang mit den Abwertungsvorschriften.

784 Vgl. zum Begriff des Impairment in der Rechnungslegung nach IFRS auch KIRSCH, H.-J./KOELEN, P./TINZ, O., Berichterstattung (Teil 1) sowie KIRSCH, H.-J./KOELEN, P./TINZ, O., Berichterstattung (Teil

schrieben; IFRS 9 verweist zunächst auf die Regelungen des IAS 39 (2009).[786] Im Zusammenhang mit dem Projekt zum Ersatz des IAS 39 sollen zeitnah auch die Regeln zur Abschreibung überarbeitet und dann direkt in IFRS 9 integriert werden.[787] Ein Exposure Draft zu einer möglichen neuen Umsetzung der Abschreibungsregeln ist am 05.11.2009 veröffentlicht worden, die Kommentierungsfrist endet am 30.06.2010.[788] Die vorgeschlagenen Regelungen zum Impairment basieren hierbei auf einem Expected Loss Model, in dem auch noch nicht eingetretene aber erwartete Wertminderungen in die Rechnungslegung einfließen.[789]

Im Rahmen dieser Arbeit werden die Vorschriften für außerplanmäßige Abschreibungen des IAS 39 (2009) behandelt und für die kritische Würdigung in Abschnitt 44 zugrunde gelegt. Die Regelungen zur Ermittlung eines außerplanmäßigen Abschreibungsbedarfs basieren danach auf einem zweistufigen Prozess: Zunächst ist zu prüfen, ob objektive Hinweise für eine Wertminderung eines finanziellen Vermögenswerts oder einer Gruppe finanzieller Vermögenswerte vorliegen (Impairment-Test), um anschließend die Höhe der eventuell notwendigen Abschreibung festzulegen.[790]

Eine Wertminderung liegt nur dann vor, wenn infolge eines oder mehrerer Ereignisse, die nach dem erstmaligen Ansatz eingetreten sind (Schadensfall), ein objektiver Hinweis auf eine Wertminderung vorliegt und eine verlässliche Schätzung der Auswirkung auf die erwarteten künftigen Cashflows des finanziellen Vermögenswerts (oder der Gruppe finanzieller Vermögenswerte) möglich ist.[791] Hierbei kann die Wertminderung auch durch das Zusammentreffen mehrerer Ereignisse ausgelöst werden, es ist nicht notwendig, dass ein isoliertes Ereignis identifiziert werden kann. Verluste aus künftigen Ereignissen dürfen indes (unabhängig von deren Eintrittswahrscheinlichkeit) nicht berücksichtigt werden.[792] Daher handelt es sich konzeptionell in IAS 39 (2009) um ein Incurred Loss Model[793], bei dem nur tatsächlich eingetretene Schadensfälle zu berücksichtigen sind.[794] Einige explizite Anzeichen für erhöhte Ausfallrisiken, die einen Impairment-Test notwendig machen, werden im Standard genannt.[795] Zu diesen Indikationen können auch Informationen über signifikante technische, marktbezogene, rechtliche oder wirtschaftliche Rahmenbedingungen des Emittenten gehören, die sich für diesen nachteilig auswirken und daher einen objektiven Hinweis auf die Wertminderung eines

2), die die Berichterstattung der DAX-30-Unternehmen in Zusammenhang mit dem Impairment empirisch analysieren.

785 Vgl. KÖSTER, O., Impairment von Finanzinstrumenten, S. 97 f.

786 Vgl. IFRS 9.5.2.2 sowie KUHN, S., IFRS 9, S. 109.

787 Vgl. zum Projektablauf Abschn. 32. Zum Inhalt des Exposure Darft zum Impairment vgl. SCHABER, M./MÄRKL, H./KROH, T., Impairment, S. 241-246 sowie FLICK, P./GEHRER, J./MEYER, S., ED: Impairment, S. 221-229.

788 Vgl. IASB (Hrsg.), ED: Impairment, S. 7.

789 Vgl. IASB (Hrsg.), ED: Impairment, Tz. 9.

790 Vgl. IAS 39.58.

791 Vgl. IAS 39.59.

792 Vgl. IAS 39.59.

793 Vgl. hierzu KUHN, S./SCHARPF, P., Rechnungslegung von Financial Instruments, S. 294 f.

794 Vgl. IAS 39.BC108 f. Sofern auch Wertminderungen auf Basis künftiger Erwartungen vorgenommen werden dürften, würde es sich um ein Expected Loss Model handeln.

795 Vgl. IAS 39.59(a) bis (f) sowie PRICEWATERHOUSECOOPERS (Hrsg.), IFRS manual, S. 6348 f..

Eigenkapitalinstruments darstellen.[796] Auch ein **signifikanter**[797] oder **länger anhaltender**[798] Rückgang des Fair Value unter die Anschaffungskosten eines gehaltenen Eigenkapitalinstruments kann ein objektiver Hinweis auf eine Wertminderung sein.[799]

Das Verschwinden eines aktiven Markts als Folge der Einstellung des öffentlichen Handels ist isoliert gesehen noch kein Hinweis auf eine Wertminderung – auch die Herabstufung des Bonitätsratings eines Unternehmens ist für sich genommen kein direkter Hinweis auf eine Wertminderung, kann aber zusammen mit anderen verfügbaren Informationen auf eine Wertminderung hinweisen.[800]

Die Ermittlung und Erfassung einer Wertminderung unterscheidet sich für den IAS 39 (2009) in Abhängigkeit von der Kategorisierung des betreffenden Finanzinstruments beziehungsweise der Gruppe von Finanzinstrumenten. Weitergehende Erläuterungen werden daher zunächst sukzessive für die jeweiligen Kategorien des IAS 39 (2009) in Abschnitt 431. gegeben, die relevanten Regelungen für den IFRS 9 werden anschließend in Abschnitt 432.2 beschrieben.

## 43 Bewertung und Ausweis finanzieller Vermögenswerte in Abhängigkeit von der Kategorisierung

### 431. Bewertung und Ausweis nach IAS 39 (2009)

#### 431.1 Bewertung in der Kategorie At Fair Value through Profit or Loss

Finanzinstrumente dieser Kategorie, deren Bezeichnung schon auf die Art der Bewertung schließen lässt, werden beim erstmaligen Ansatz und im Rahmen der Folgebewertung mit dem Fair Value angesetzt, wobei der Fair Value bei der Einbuchung des Finanzinstruments i. d. R. dem Transaktionspreis entspricht.[801] Änderungen des Fair Value werden in den Folgeperioden grundsätzlich erfolgswirksam verbucht.[802] Transaktions- sowie Anschaffungsnebenkosten werden nicht aktiviert, sondern sofort aufwandswirksam erfasst.[803] Diese direkte erfolgswirksame Erfassung trägt der Tatsache Rechnung, dass die Transaktionskosten in den Fair Values der Folgeperioden nicht mehr enthalten sind, weil diese sich auf die Zukunft beziehen und Transaktionskosten für vergangene Geschäfte daher nicht relevant sind. Die Aktivierung dieser Kostenbestandteile würde somit in den Folgeperioden c. p. zu einer erfolgswirksamen Abwertung des Finanzinstruments führen. Transaktionskosten werden daher

---

796 Vgl. IAS 39.61 sowie DELOITTE (Hrsg.), iGAAP 2009, S. 352-357.

797 Eine signifikante Wertminderung wird ab 20 % Wertminderung gegenüber den Anschaffungskosten angenommen, vgl. LÖW, E./LORENZ, K., Ansatz und Bewertung, S. 541 f.

798 Eine dauerhafte Wertminderung wird in der Literatur durch eine Neunmonatsfrist konkretisiert, vgl. LÖW, E./LORENZ, K., Ansatz und Bewertung, S. 540 f.

799 Vgl. IAS 39.61.

800 Vgl. IAS 39.60. Kritisch äußert sich hierzu BAETGE, vgl. BAETGE, J., DCF-Kalküle bei der Bilanzierung, S. 17.

801 Vgl. IAS 39.43 sowie OERTZEN, C. V., in: Beck IFRS-HB, Rz. 136 für die Erstbewertung. Die Folgebewertung ist in IAS 39.46 geregelt, vgl. auch OERTZEN, C. V., in: Beck IFRS-HB, Rz. 145-154 sowie LÜDENBACH, N., in: Haufe IFRS-Kommentar, § 28, Rz. 142 f.

802 Vgl. IAS 39.55(a) sowie DELOITTE (Hrsg.), iGAAP 2009, S. 290..

803 Vgl. IAS 39.43 sowie LÜDENBACH, N., in: Haufe IFRS-Kommentar, § 28, Rz. 142.

grundsätzlich nur in den Kategorien angesetzt, in denen keine erfolgswirksame Folgebewertung vorgesehen ist. Hierdurch soll c. p. eine erfolgswirksame Abwertung des Instruments in der Folgeperiode vermieden werden, weil der Aufwand wirtschaftlich nicht der Folgeperiode zuzuordnen ist.

Bereits der Titel der Kategorie At Fair Value through Profit or Loss suggeriert, dass alle hierin enthaltenen Finanzinstrumente zum Fair Value bewertet werden. Allerdings kann der Fall eintreten, dass ein Finanzinstrument zwar zu Handelszwecken gehalten wird – und daher zwangsweise in diese Kategorie einzuordnen ist –[804], der Fair Value dieses Instruments indes nicht (mehr) verlässlich ermittelt werden kann.[805] Auch für Finanzinstrumente, die nach der Fair Value-Option in diese Kategorie eingeordnet wurden, kann eine verlässliche Ermittlung des Fair Value in den Folgeperioden nicht mehr möglich sein. In diesen Fällen sind die Instrumente zu Anschaffungskosten zu bewerten (Cost-Exemption).[806]

Da Finanzinstrumente in dieser Kategorie generell zum Fair Value bewertet werden, sind die Regelungen zum **Impairment** für Finanzinstrumente grundsätzlich nicht relevant. Eine Ausnahme hiervon bilden Finanzinstrumente, die wegen nicht verlässlich ermittelbarer Fair Values zu Anschaffungskosten angesetzt werden. Sofern sich für ein solches Finanzinstrument ein objektiver Hinweis darauf ergibt, dass eine Wertminderung eingetreten ist, wird eine Wertberichtigung in Höhe der Differenz zwischen dem Buchwert und dem Barwert der geschätzten künftigen Cashflows (abgezinst mit der aktuellen Marktrendite eines vergleichbaren finanziellen Vermögenswerts) erfasst. Eine solche Wertminderung darf nicht rückgängig gemacht werden.[807]

### 431.2 Bewertung in der Kategorie Held-to-Maturity

Finanzinstrumente der Kategorie Held-to-Maturity werden beim erstmaligen Ansatz mit ihrem Fair Value bewertet, der i. d. R. dem Transaktionspreis entspricht.[808] Hierbei gehen auch Transaktionskosten in die Bewertung ein.[809] Für die Folgebewertung wird das Instrument nach der Effektivzinsmethode[810] bewertet – aktivierte Transaktionskosten sowie Agien

---

804 Vgl. Abschn. 331.22.

805 Zu der Frage, ab wann eine verlässliche Ermittelbarkeit nicht mehr möglich ist, vgl. Abschn. 421.33.

806 Vgl. IAS 39.46(c) sowie .54 für den Fall, dass die verlässliche Ermittelbarkeit des Fair Value erst in einer Folgeperiode nicht mehr möglich sein sollte. In dem Standard wird in diesem Zusammenhang allerdings explizit von „dem seltenen Fall, dass der Fair Value nicht länger verlässlich bestimmt werden kann“, gesprochen.

807 Vgl. IAS 39.66 sowie DELOITTE (Hrsg.), iGAAP 2009, S. 366.

808 Vgl. IAS 39.43 i. V. m. AG64. Sofern sich ein Teil des gezahlten Transaktionspreises auf etwas anderes als das Finanzinstrument bezieht, wird der beizulegende Zeitwert unter Anwendung eines Bewertungsverfahrens nach IAS 39.AG74-79 geschätzt.

809 Vgl. IAS 39.43. Transaktionskosten werden generell nur dann beim erstmaligen Ansatz als Aufwand erfasst, wenn das betreffende Finanzinstrument im Rahmen der Folgebewertung erfolgswirksam zum Fair Value bewertet wird – also zum Fair Value in der Kategorie At Fair Value through Profit or Loss bilanziert werden.

810 Vgl. zur Effektivzinsmethode mit einem Beispiel Abschn. 422.2.

oder Disagien werden so auf die Laufzeit des Finanzinstruments verteilt.[811] Die durch die Effektivzinsmethode ermittelten Wertänderungen werden direkt erfolgswirksam erfasst.[812]

Aufgrund der anschaffungskostenbasierten Bewertung sind für diese Kategorie die Regelungen des **Impairment** generell relevant. Sofern sich ein objektiver Hinweis darauf ergibt, dass eine Wertminderung eingetreten ist, ergibt sich die Höhe des zu erfassenden Verlusts durch die Differenz zwischen dem Buchwert des Finanzinstruments und dem Barwert der erwarteten Cashflows, abgezinst mit dem ursprünglich ermittelten Effektivzinssatz.[813] Diese erfolgswirksam zu erfassende Wertminderung kann alternativ direkt von dem Buchwert abgesetzt oder auf einem separaten Wertberichtigungskonto gebucht werden.[814] Durch die Abzinsung der Cashflows mit dem ursprünglichen Effektivzinssatz wird an dieser Stelle die langfristige Halteabsicht des Managements betont: Es werden lediglich solche Wertminderungen erfasst, die auf verringerten Cashflows beruhen, zwischenzeitliche Änderungen des Marktwerts, die auch durch veränderte Marktzinsen entstehen können, fließen nicht in die Betrachtung ein. Generell wird zunächst festgestellt, ob für finanzielle Vermögenswerte, die für sich genommen bedeutsam sind, ein objektiver Hinweis auf eine **individuelle** Wertminderung und bei finanziellen Vermögenswerten, die für sich genommen nicht bedeutsam sind, ein objektiver Hinweis auf eine **individuelle oder kollektive** Wertminderung vorliegt.[815] Sofern hierbei kein individueller Wertminderungsbedarf festgestellt wurde, wird eine Gruppe finanzieller Vermögenswerte mit vergleichbaren Ausfallrisiken auf einen gemeinsamen Wertminderungsbedarf untersucht, wobei auch individuell bedeutsame Finanzinstrumente einbezogen werden. Allerdings werden solche Vermögenswerte nicht mehr berücksichtigt, für die bereits im Rahmen der individuellen Betrachtung ein Wertminderungsbedarf festgestellt wurde.[816]

Falls sich der Wertberichtigungsbedarf in den Folgeperioden verringert und diese Verringerung objektiv auf einen nach der Erfassung der Wertberichtigung eingetretenen Sachverhalt zurückgeführt werden kann, ist eine erfolgswirksame Aufwertung zu erfassen.[817] Hierbei stellen indes die fortgeführten Anschaffungskosten die Obergrenze der Aufwertung dar.[818]

### 431.3 Bewertung in der Kategorie Loans and Receivables

Finanzinstrumente der Kategorie Loans and Receivables werden beim erstmaligen Ansatz mit ihrem Fair Value bewertet, der i. d. R. dem Transaktionspreis entspricht.[819] Hierbei gehen

---

[811] Eine begrenzte Laufzeit stellt eine Kategorisierungsvoraussetzung von Instrumenten dieser Kategorie dar, vgl. Abschn. 331.23.

[812] Vgl. ERNST & YOUNG (Hrsg.), International GAAP 2010, S. 2428.

[813] Vgl. IAS 39.63 sowie DELOITTE (Hrsg.), iGAAP 2009, S. 366-377.

[814] Vgl. IAS 39.63.

[815] Vgl. IAS 39.64.

[816] Vgl. IAS 39.64.

[817] Vgl. KUHN, S./SCHARPF, P., Rechnungslegung von Financial Instruments, S. 331 f.

[818] Vgl. IAS 39.65.

[819] Vgl. IAS 39.43 i. V. m. AG64. Sofern sich ein Teil des gezahlten Transaktionspreises auf etwas anderes als das Finanzinstrument bezieht, wird der beizulegende Zeitwert unter Anwendung eines Bewertungsverfahrens nach IAS 39.AG74-79 geschätzt.

auch Transaktionskosten in die Bewertung ein.[820] Für die Folgebewertung wird die Effektivzinsmethode angewendet.[821] Die aktivierten Transaktionskosten sowie Agien oder Disagien werden hierdurch auf die Laufzeit des Finanzinstruments verteilt. Die Wertänderungen, die durch die Effektivzinsmethode ermittelt werden, werden direkt erfolgswirksam erfasst.[822] Sofern das Finanzinstrument nicht über eine Endfälligkeit verfügt, es sich also um ein ewiges Schuldinstrument handelt, bei dem lediglich (fixe oder variable) Zinszahlungen geleistet werden, wird die Effektivzinsmethode nicht zur Amortisation angewandt, weil dies bei einer unendlichen Nutzungsdauer und einem Rückzahlungsbetrag von null nicht zu sachgerechten Ergebnissen führen würde.[823] Vielmehr werden in diesem Fall die Zinszahlungen mit dem Effektivzins diskontiert, um so die fortgeführten Anschaffungskosten zu ermitteln, die dann auch dem Nominalwert des Finanzinstruments entsprechen.[824]

Durch die anschaffungskostenbasierte Bewertung sind die Regelungen zum **Impairment** auch hier relevant. Die Impairment-Regelungen entsprechen denen der Kategorie Held-to-Maturity.[825]

### 431.4 Bewertung in der Kategorie Available-for-Sale

In der Kategorie Available-for-Sale werden Finanzinstrumente beim erstmaligen Ansatz zum Fair Value bilanziert, der auch hier i. d. R. dem Transaktionspreis entspricht.[826] Hierbei gehen auch Transaktionskosten in die Bewertung ein.[827] Für die Folgebewertung wird grundsätzlich der Fair Value herangezogen. Indes wird in diesem Fall die Fair Value-Bewertung nicht generell erfolgswirksam vorgenommen: Änderungen des Fair Value von **Eigenkapitalinstrumenten** werden zunächst erfolgsneutral in einem Sonderposten des Eigenkapitals – dem Other Comprehensive Income (OCI)[828] – erfasst, falls es sich nicht um eine Wertminderung oder Gewinne und Verluste aus der Währungsumrechnung handelt. Dividenden sind mit der Entstehung des rechtlichen Zahlungsanspruchs in der Gesamtergebnisrechnung als Ertrag auszuweisen.[829] Erst mit der Ausbuchung des Finanzinstruments werden die kumulierten im

---

820 Vgl. IAS 39.43. Vgl. weiterführend auch Fn. 809.

821 Vgl. BEYER, S., IFRS: Finanzinstrumente, S. 64-66. Zur Effektivzinsmethode mit einem Beispiel vgl. Abschn. 422.2.

822 Vgl. ERNST & YOUNG (Hrsg.), International GAAP 2010, S. 2429.

823 Vgl. sowie KUHN, S./SCHARPF, P., Rechnungslegung von Financial Instruments, S. 276 f.

824 Vgl. IAS 39.IG.B.24 sowie KUHN, S./SCHARPF, P., Rechnungslegung von Financial Instruments, S. 276 f.

825 Vgl. IAS 39.63, der auf beide Kategorien gleichermaßen verweist.

826 Vgl. IAS 39.43 i. V. m. AG64. auch Fn. 819.

827 Vgl. IAS 39.43. Vgl. weiterführend auch Fn. 809.

828 Von einer erfolgsneutralen Erfassung wird in der Rechnungslegung nach IFRS gesprochen, sofern Ereignisse in der Gesamtergebnisrechnung nach IAS 1.82 unter dem „Gewinn oder Verlust" als „sonstiges Ergebnis" ausgewiesen werden. Eine erfolgswirksame Erfassung liegt dementsprechend vor, sofern Ereignisse über dem „Gewinn oder Verlust" ausgewiesen werden. Im OCI werden auch weitere Komponenten zeitweise erfolgsneutral erfasst, zur erfolgsneutralen Erfassung einiger Wertänderungen von Pensionsrückstellungen vgl. etwa KIRSCH, H.-J./KURZ, L., Pensionsrückstellungen, S. 444-451.

829 Vgl. IAS 18.5(c) beziehungsweise 30(c) sowie KUHN, S./SCHARPF, P., Rechnungslegung von Financial Instruments, S. 227 beziehungsweise S. 158 f.

OCI erfassten Wertänderungen im Rahmen des sog. Recycling in den erfolgswirksamen Teil der Gesamtergebnisrechnung umgegliedert und dort als Umgliederungsbetrag ausgewiesen.[830]

Auch **Fremdkapitalinstrumente** können in dieser Kategorie zum Fair Value angesetzt werden. Indes ist hier in Bezug auf die Folgebewertung differenziert vorzugehen. Durch die Effektivzinsmethode wird zunächst der vorläufige Bilanzwert des Finanzinstruments ermittelt – die so ermittelten Wertänderungen werden direkt erfolgswirksam erfasst.[831] Die Differenz zwischen diesem vorläufigen Bilanzwert und dem Fair Value wird (vorbehaltlich eventueller Wertminderungen und Wechselkursänderungen) erfolgsneutral in der OCI-Komponente des Eigenkapitals erfasst.[832]

Dieses Vorgehen wird anhand eines Beispiels verdeutlicht. Hierfür wird das in Abschnitt 422.2 aufgeführte Beispiel erweitert: Die Fair Values in den Folgeperioden betragen annahmegemäß 1.050, 1.090, 1.200, 1.290 und schließlich – nach der Rückzahlung – null. Die Wertentwicklung des Instruments stellt sich in der Kategorie Available-for-Sale wie folgt dar:

| Periode | Fortgeführte Anschaffungs-kosten zum Periodenbeginn | Effektiver Cashflow | Rechnerischer Zinsertrag (erfolgswirksam) | Fortgeführte Anschaffungs-kosten zum Periodenende | Gewinn/Verlust - OCI-Buchung (erfolgsneutral) | Fair Value zum Periodenende (Buchwert) |
|---|---|---|---|---|---|---|
| | (a) | (b) | (c)=(a)*11,29 % | (d)=(a)+(c)-(b) | (e)=(f)-[(f(t-1))+(c)-(b)] | (f) |
| 0 | - | - | - | 1.000,00 GE | 0,00 GE | 1.000,00 GE |
| 1 | 1.000,00 GE | 65,00 GE | 112,89 GE | 1.047,89 GE | 2,11 GE | 1.050,00 GE |
| 2 | 1.047,89 GE | 65,00 GE | 118,30 GE | 1.101,19 GE | -13,30 GE | 1.090,00 GE |
| 3 | 1.101,19 GE | 65,00 GE | 124,32 GE | 1.160,51 GE | 50,68 GE | 1.200,00 GE |
| 4 | 1.160,51 GE | 65,00 GE | 131,02 GE | 1.226,53 GE | 23,98 GE | 1.290,00 GE |
| 5 | 1.226,53 GE | 1.365,00 GE | 138,47 GE | 0,00 GE | -63,47 GE | 0,00 GE |

**Tabelle 4-2: Wertermittlung in der Kategorie Available-for-Sale für Fremdkapitalinstrumente**

Anhand der Tabelle wird deutlich, dass zunächst, wie in Abschnitt 422.2 für die Effektivzinsmethode beschrieben, die fortgeführten Anschaffungskosten ermittelt werden, die hier indes lediglich einen vorläufigen Bilanzwert darstellen. Da der sich ergebende Wert in der ersten Periode um rund zwei GE unter dem Fair Value liegt, ist eine entsprechende Aufwertung vorzunehmen, die erfolgsneutral im OCI erfasst wird. In der zweiten Periode liegt der Fair Value um rund elf GE unter dem fortgeführten Buchwert (wobei hier annahmegemäß keine erfolgswirksam zu erfassende Wertminderung vorliegen soll). Die OCI-Komponente im Eigenkapital muss – bedingt durch den Vorzeichenwechsel – daher um rund 13 GE angepasst werden, damit der absolute Stand der OCI-Komponente zum Ende der zweiten Periode mit rund elf GE die Differenz zwischen den fortgeführten Anschaffungskosten und dem Fair

830 Vgl. IAS 39.55(b) sowie ERNST & YOUNG (Hrsg.), International GAAP 2010, S. 2266.

831 Vgl. LÜDENBACH, N., Erfolgsneutrage vs. erfolgswirksame Wertänderungen bei available-for-sale Zerobond, S. 149 f.

832 Vgl. ERNST & YOUNG (Hrsg.), International GAAP 2010, S. 2430 f.

Value ausgleicht. Diese Logik wird in den folgenden Perioden fortgesetzt. Falls das Finanzinstrument vor der Endfälligkeit ausgebucht wird, sind die erfolgsneutral im OCI erfassten Wertänderungen in den erfolgswirksamen Teil der Gesamtergebnisrechnung umzugliedern und dort als Umgliederungsbetrag auszuweisen.[833]

Eine Ausnahme von der generellen Fair Value-Bewertung besteht – wie auch in der Kategorie At Fair Value through Profit or Loss – für den Fall, dass eine verlässliche Ermittlung der Fair Values von Eigenkapitalinstrumenten nicht (mehr) möglich ist (Cost-Exemption).[834] In diesen Fällen werden die Eigenkapitalinstrumente anschaffungskostenbasiert bewertet, wobei der letzte verlässlich ermittelte Fair Value als Wert für die Anschaffungskosten fortgeführt wird. Zuvor erfolgsneutral erfasste Bestandteile werden, sofern keine Wertminderung vorliegt, erst bei dem Abgang des Instruments in den erfolgswirksamen Teil der Gesamtergebnisrechnung umgebucht.[835]

Die Kategorie Available-for-Sale sieht eine grundsätzliche Bewertung aller Finanzinstrumente zum Fair Value vor, sodass Regelungen zum **Impairment** für in dieser Kategorie geführte Finanzinstrumente redundant sein sollten.[836] Indes könnte ein Impairment in zwei Fällen von Bedeutung sein:[837]

1. Die Bewertung wird aufgrund von nicht verlässlich ermittelbaren Fair Values auf Basis der Anschaffungskosten vorgenommen.
2. Der verlässlich ermittelbare und für die Bewertung herangezogene Fair Value führt dazu, dass die OCI-Komponente eines Finanzinstruments negativ wird – der Fair Value liegt also unter den (fortgeführten) Anschaffungskosten.

Sofern im ersten Fall ein Fair Value nicht verlässlich ermittelt werden kann, wird alternativ der letzte Fair Value als neuer Anschaffungswert angesetzt und in den Folgeperioden konstant beibehalten. Daher sind in diesem Fall die Regelungen zum Impairment von Bedeutung, um eine eingetretene Wertminderung bilanziell abzubilden.[838] Die Abwertung wird hier analog zum Impairment in der Kategorie At Fair Value through Profit or Loss vorgenommen, in der ebenfalls eine anschaffungskostenbasierte Bewertung im Falle nicht verlässlich ermittelbarer Fair Values vorgesehen ist.[839]

---

833 Vgl. IAS 39.55(b) sowie Ernst & Young (Hrsg.), International GAAP 2010, S. 2266.

834 Vgl. IAS 39.46(c) sowie .54 für den Fall, dass die verlässliche Ermittelbarkeit des Fair Value erst in einer Folgeperiode nicht mehr möglich sein sollte. In dem Standard wird in diesem Zusammenhang allerdings explizit von „dem seltenen Fall, dass der Fair Value nicht länger verlässlich bestimmt werden kann", gesprochen.

835 Vgl. IAS 39.54(b).

836 Durch die Bewertung zum Fair Value werden Abwertungen direkt durch die Bewertung erfasst und eine gesonderte Reglementierung für den Verlustfall ist nicht nötig, vgl. Abschn. 431.1.

837 Vgl. Deloitte (Hrsg.), iGAAP 2009, S. 366.

838 Vgl. hierzu Abschn. 422.3.

839 Vgl. hierzu Abschn. 431.1.

Der zweite Fall ist relevant, weil zwar die Finanzinstrumente zum Fair Value angesetzt werden, die Wertänderungen allerdings nicht vollständig erfolgswirksam erfasst werden. Sofern allerdings eine Wertminderung des finanziellen Vermögenswerts vorliegt, sieht der Standard eine erfolgswirksame Erfassung vor. Daher ist im Falle einer negativen (absoluten) OCI-Komponente für ein Finanzinstrument (wie in der zweiten Periode des obigen Beispiels, hier beträgt der absolute Wert der OCI-Komponente -11,19) zu prüfen, ob ein objektiver Hinweis auf eine Wertminderung des Vermögenswerts vorliegt.[840] Sofern das Vorliegen eines objektiven Hinweises bejaht werden muss, ist die bisher erfolgsneutral im Eigenkapital erfasste Fair Value-Minderung in den erfolgswirksamen Teil der Gesamtergebnisrechnung umzugliedern.[841] Der erfolgswirksam zu erfassende Abwertungsbetrag ergibt sich hierbei aus der Differenz zwischen den (fortgeführten) Anschaffungskosten und dem aktuellen beizulegenden Fair Value, abzüglich etwaiger, bereits früher erfolgswirksam erfasster Wertminderungen.[842]

Erfolgswirksam erfasste Wertminderungen eines gehaltenen **Eigenkapitalinstruments** dürfen in dieser Kategorie nicht erfolgswirksam rückgängig gemacht werden.[843] Durch die Wertminderung ergibt sich für das Eigenkapitalinstrument ein neuer Referenzwert, der durch spätere Steigerungen des Fair Value nicht erfolgswirksam überschritten werden darf. Sofern der Fair Value wieder steigt, muss dieser gestiegene Wert erfolgsneutral erfasst werden.

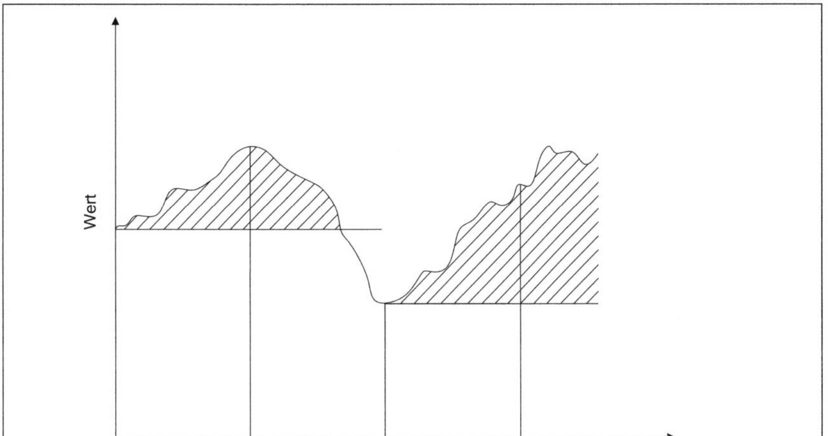


**Abbildung 4-2: Wertentwicklungen eines Eigenkapitalinstruments in der Kategorie Available-for-Sale**

---

840 Vgl. IAS 39.67. Vgl. hierzu auch Abschn. 422.3.
841 Vgl. IAS 39.67.
842 Vgl. IAS 39.68.
843 Vgl. IAS 39.69.

Eine mögliche Wertentwicklung eines Eigenkapitalinstruments wird in der obigen Abbildung 4-2 dargestellt, wobei der schattierte Bereich erfolgsneutral zu erfassende Wertänderungen darstellt.[844] Nachdem das Instrument in $t_0$ eingebucht wurde, wird in $t_1$ erfolgsneutral eine Aufwertung erfasst. In $t_2$ ergibt sich eine negative OCI-Komponente, die hier annahmegemäß eine Wertminderung widerspiegelt. Die Abwertung wird daher erfolgswirksam vorgenommen. Der in $t_3$ gestiegene Marktwert ist dann ausgehend von dem in $t_2$ gesetzten neuen Referenzwert erfolgsneutral vorzunehmen.

Sofern sich indes für ein **Fremdkapitalinstrument** nach einem Impairment in einer folgenden Periode ein höherer Fair Value ergibt und die Erhöhung objektiv auf ein Ereignis zurückgeführt werden kann, das nach der erfolgswirksamen Erfassung der Wertminderung eingetreten ist, ist die Aufwertung erfolgswirksam zu erfassen, wobei die fortgeführten Anschaffungskosten die Obergrenze darstellen.[845] Darüber hinausgehende Wertsteigerungen werden erfolgsneutral im OCI erfasst.[846]

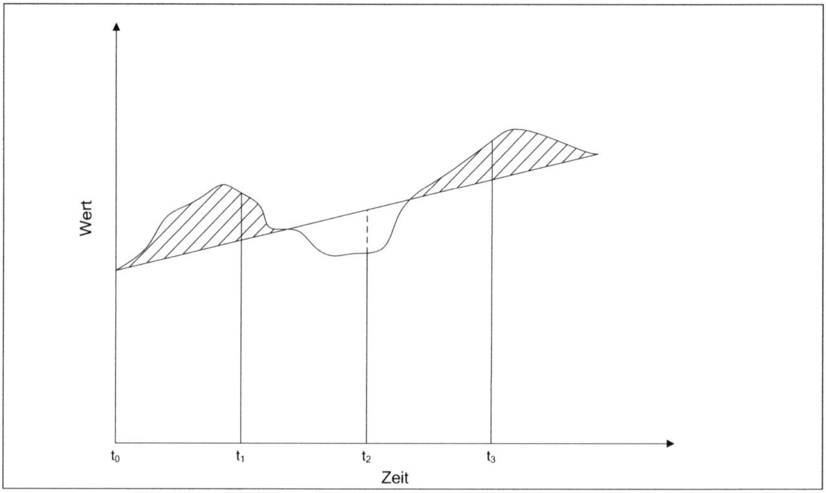


**Abbildung 4-3: Wertentwicklungen eines Fremdkapitalinstruments in der Kategorie Available-for-Sale**

844 Unter Umständen kann auch ein unter den Anschaffungskosten liegender Fair Value erfolgsneutral erfasst werden. Von diesem Szenario wird an dieser Stelle abstrahiert, da annahmegemäß eine Wertminderung vorliegt.

845 Vgl. IAS 39.70 sowie WEBER, C.-P., in: Wiley-Handbuch 2010, Abschn. 12, Rz. 62.

846 Vgl. LÜDENBACH, N., Erfolgsneutrage vs. erfolgswirksame Wertänderungen bei available-for-sale Zerobond, S. 149 f.

Die Wertentwicklung soll anhand der obigen Abbildung 4-3 verdeutlicht werden, wobei wiederum der schattierte Bereich erfolgsneutral zu erfassende Wertänderungen darstellt.[847] Nachdem das Instrument in $t_0$ eingebucht wurde, wird in $t_1$ erfolgsneutral eine Aufwertung erfasst. In $t_2$ ergibt sich eine negative OCI-Komponente, die hier annahmegemäß eine Wertminderung widerspiegelt. Die Abwertung wird daher erfolgswirksam vorgenommen. Der in $t_3$ gestiegene Marktwert ist dann bis zu den durch die Effektivzinsmethode ermittelten fortgeführten Anschaffungskosten erfolgswirksam zu erfassen, die darüber hinausgehende Wertsteigerung ist indes erfolgsneutral zu behandeln. In diesem Fall wird durch die Wertminderung kein neuer Referenzpunkt ermittelt, die Wertaufholung bis zu den fortgeführten Anschaffungskosten muss erfolgswirksam erfasst werden, sofern die Werterhöhung auf einem Ereignis beruht, das objektiv nach der erfolgswirksamen Erfassung der Wertminderung eingetreten ist.

### 431.5 Zusammenfassung

Die dargestellten Bewertungskonsequenzen der einzelnen Kategorien werden im Folgenden in einer tabellarischen Übersicht zusammengefasst. Hierbei wird lediglich die Folgebewertung einbezogen, da für die Bewertung beim erstmaligen Ansatz für alle Finanzinstrumente der Fair Value vorgesehen. Zudem wird die Behandlung der Transaktionskosten beim erstmaligen Ansatz verdeutlicht.[848]

| Bewertungskategorie | Instrument | Wertmaßstab | Fair Value-Änderungen | Wertminderung | Einbezug TK |
|---|---|---|---|---|---|
| ***At Fair Value through Profit or Loss*** | Eigen-/ Fremdkapitalinstrumente, Derivate | Fair Value | erfolgswirksam | implizit | Nein |
| | Eigenkapitalinstrumente, verbundene Derivate: Kein verlässlicher Fair Value | Anschaffungskosten | - | erfolgswirksam | |
| ***Held-to-maturity*** | Fremdkapitalinstrumente | fortgeführte Anschaffungskosten | - | erfolgswirksam | Ja |
| ***Loans and Receivables*** | Fremdkapitalinstrumente | fortgeführte Anschaffungskosten | - | erfolgswirksam | Ja |
| ***Available-for-sale*** | Fremdkapitalinstrumente | Fair Value | OCI | erfolgswirksam (Umgliederung) | Ja |
| | Eigenkapitalinstrumente | Fair Value | OCI | erfolgswirksam (Umgliederung) | |
| | Eigenkapitalinstrumente, Kein verlässlicher Fair Value | Anschaffungskosten | - | erfolgswirksam | |

**Tabelle 4-3: Zusammenfassung der Folgebewertung finanzieller Vermögenswerte**[849]

### 431.6 Bewertungskonsequenzen aus dem Wechsel der Kategorien

Unter bestimmten Bedingungen kann beziehungsweise muss die Kategorisierung nach IAS 39 (2009) geändert werden.[850] In diesen Fällen ist folglich auch die Bewertung der

[847] Unter Umständen kann auch ein unter den fortgeführten Anschaffungskosten liegender Fair Value erfolgsneutral erfasst werden. Von diesem Szenario wird an dieser Stelle abstrahiert, da annahmegemäß eine Wertminderung vorliegt.

[848] Vgl. IAS 39.43.

[849] In Anlehnung an ERNST & YOUNG (Hrsg.), International GAAP 2010, S. 2431.

betreffenden Instrumente anzupassen. Sofern ein Finanzinstrument aus der Fair Value-Bewertung in eine anschaffungskostenbasierte Bewertung übergeht, ist der Fair Value im Umgliederungszeitpunkt als neuer Ausgangswert der anschaffungskostenbasierten Bewertung heranzuziehen. Zuvor erfasste Gewinne und Verluste dürfen nicht rückgängig gemacht werden.[851] Falls ein Finanzinstrument ausgehend aus einer erfolgsneutralen Fair Value-Bewertung in eine anschaffungskostenbasierte Bewertung übergeht, sind die erfolgsneutral im OCI erfassten Bestandteile mittels Effektivzinsmethode über die Laufzeit zu verteilen. Sofern der Vermögenswert über keine feste Laufzeit verfügt, wird die Umbuchung der erfolgsneutral erfassten Wertänderungen erst mit der Ausbuchung des Finanzinstruments vorgenommen.[852]

Falls ein Finanzinstrument ausgehend von einer anschaffungskostenbasierten Bewertung in die Fair Value-Bewertung übergeht, wird der aktuell ermittelte Fair Value als Buchwert angesetzt. Die Differenz zwischen diesem Wert und dem letzten anschaffungskostenbasiert ermittelten Wert wird in Abhängigkeit von der Behandlung in der Zielkategorie erfasst.[853]

Das beschriebene Vorgehen ist auch für den Fall relevant, dass die Bewertung aufgrund eines nicht mehr verlässlich ermittelbaren Fair Value oder eines wieder verlässlich ermittelbaren Fair Value innerhalb einer Kategorie wechselt.[854]

### 432. Bewertung und Ausweis nach IFRS 9

#### 432.1 Überblick

Bei der Bewertung greift IFRS 9 weitgehend auf in IAS 39 (2009) definierte Begriffe und Verfahren zurück.[855] Daher sind die in Abschnitt 32 dargelegten Definitionen und die in Abschnitt 42 dargestellten Bewertungsmaßstäbe auch für den IFRS 9 relevant.

In den folgenden Abschnitten werden die Bewertungskonsequenzen aus den jeweiligen Kategorisierungen dargelegt. Die wesentlichen Bewertungskonsequenzen sind im Gegensatz zu den Regelungen des IAS 39 (2009) bereits aus der Bezeichnung der Kategorien ablesbar.

#### 432.2 Bewertung in der Kategorie At Cost

In der Kategorie At Cost werden finanzielle Vermögenswerte anschaffungskostenbasiert bewertet. Die anschaffungskostenbasierte Bewertung ist allerdings erst für die Folgebewer-

---

850 Vgl. Abschn. 331.27.

851 Vgl. IAS 39.50C beziehungsweise .50F; OERTZEN, C. V., in: Beck IFRS-HB, Rz. 81; LÜDENBACH, N., in: Haufe IFRS-Kommentar, § 28, Rz. 182 f. sowie ERNST & YOUNG (Hrsg.), International GAAP 2010, S. 2432-2434.

852 Vgl. IAS 39.50F i. V. m. IAS 39.54(a) beziehungsweise (b); PRICEWATERHOUSECOOPERS (Hrsg.), IFRS manual, S. 6306-6308 sowie OERTZEN, C. V., in: Beck IFRS-HB, Rz. 81.

853 Vgl. IAS 39.52 f. i. V. m. IAS 39.55. Vgl. für die Behandlung in den möglichen Zielkategorien Abschn. 431.1 sowie Abschn. 431.4.

854 Vgl. IAS 39.54.

855 Vgl. IFRS 9.Appendix A. sowie diverse Textziffern des Standards, in denen auf die Regelungen des IAS 39 (2009) verwiesen wird, etwa IFRS 9.5.1.1 für die Regelungen zur Erstbewertung sowie IFRS 9.5.2.1-5.2.3 für die Regelungen zur Folgebewertung.

tung relevant.[856] Bei der erstmaligen Erfassung eines Instruments in der Kategorie At Cost stellt der Fair Value die relevante Wertgröße dar, der aber um Transaktionskosten, die der Akquisition direkt zurechenbar sind, zu erweitern ist.[857] Der Fair Value im Zeitpunkt der erstmaligen Erfassung eines Instruments wird zumeist durch den Transaktionspreis repräsentiert.[858] Erst in den Folgeperioden werden die finanziellen Vermögenswerte dieser Kategorie anschaffungskostenbasiert folgebewertet, wobei die Bewertung zu **fortgeführten Anschaffungskosten**, die weiterhin durch die Effektivzinsmethode ermittelt werden, vorgesehen ist.[859] Durch die Effektivzinsmethode ermittelte Wertänderungen werden generell erfolgswirksam erfasst.[860]

Aufgrund der anschaffungskostenbasierten Bewertung sind für diese Kategorie die Regelungen des **Impairment** generell relevant.[861] IFRS 9 verweist hier auf die Regelungen des IAS 39 (2009), der durch den neuen Standard in diesem Bereich inhaltlich vorerst nicht angepasst wird.[862] Die Höhe der erfolgswirksam zu erfassenden Wertminderung ergibt sich daher durch die Differenz zwischen dem Buchwert und dem Barwert der erwarteten Zahlungsströme (mit Ausnahme künftiger, noch nicht eingetretener Kreditausfälle).[863] Sofern sich in späteren Perioden eine Verringerung des Wertminderungsbedarfs ergibt und diese Verringerung objektiv auf einen nach der Erfassung der Wertberichtigung eingetretenen Sachverhalt zurückgeführt werden kann, ist eine erfolgswirksame Wertaufholung zu erfassen, wobei die Aufwertung durch die fortgeführten Anschaffungskosten begrenzt wird.[864]

### 432.3 Bewertung in der Kategorie Fair Value

Die Bezeichnung lässt auch für die zweite mögliche Kategorie nach IFRS 9 einen ersten Rückschluss auf die Folgebewertung zu. Allerdings ist in der Kategorie Fair Value vor der

---

856 Vgl. CHRISTIAN, D., IFRS 9, S. 367.

857 Vgl. IFRS 9.5.1.1 sowie BEINE, F./MEYER, C., in: Wiley-Handbuch 2010, Abschn. 7, Rz. 272 f.

858 Vgl. IFRS 9.B5.1.

859 Vgl. KUHN, S., IFRS 9, S. 109 f. Nach IAS 39 (2009) ist teilweise die Verwendung der originären Anschaffungskosten vorgesehen, die nicht unter Anwendung der Effektivzinsmethode in die fortgeführten Anschaffungskosten übertragen werden, vgl. hierzu Abschn. 431.5. Indes ist dies lediglich für Kategorien vorgesehen, in denen grundsätzlich eine Fair Value-Bewertung vorgeschrieben ist, die teils aufgrund nicht verlässlich ermittelbarer Fair Values ausgesetzt werden muss. In den originär anschaffungskostenbasierten Kategorien Held-to-Maturity und Loans and Receivables ist auch die Verwendung der fortgeführten Anschaffungskosten vorgesehen.

860 Vgl. IFRS 9.5.4.2; sowie BEINE, F./MEYER, C., in: Wiley-Handbuch 2010, Abschn. 7, Rz. 282.

861 Vgl. MÄRKL, H./SCHABER, M., IFRS 9, S. 72.

862 Vgl. IFRS 9.5.2.2. Durch IFRS 9 wird IAS 39 (2009) in diesem Bereich nur formal an die neuen Kategorisierungskriterien angepasst. Vgl. zu den Regelungen im Bereich des Impairment Abschn. 422.3.

863 Vgl. IFRS 9.5.2.2. unter Verweis auf IAS 39.63. Die Ermittlung und Erfassung des Wertminderungsbedarfs entspricht dem Vorgehen für den Fall eines in der Kategorie Held-to-Maturity gehaltenen Instruments nach IAS 39 (2009). Daher wird in diesem Zusammenhang auf die früheren Ausführungen verwiesen, vgl. Abschn. 431.2.

864 Vgl. IFRS 9.5.2.2. unter Verweis auf IAS 39.65.

eigentlichen Erfassung eines finanziellen Vermögenswerts zunächst über die Ausübung eines Wahlrechts zu entscheiden.[865]

Das **Wahlrecht** bezieht sich auf die Erfolgswirksamkeit der Folgebewertung für **Eigenkapitalinstrumente**: Bei der erstmaligen Erfassung eines Eigenkapitalinstruments darf ein Unternehmen die unwiderrufliche Entscheidung treffen, ob die Folgebewertung erfolgswirksam oder erfolgsneutral vorgenommen werden soll.[866] Das Wahlrecht darf für jedes Instrument individuell ausgeübt werden.[867] Hiervon ausgenommen sind indes Instrumente, die von dem Unternehmen zu **Handelszwecken** gehalten werden,[868] sowie Portfolien, die auf Basis ihrer **Fair Values verwaltet und beurteilt** werden, und Instrumente, die durch die **Fair Value-Option** der Kategorie zugeordnet wurden.[869] In diesen Fällen ist eine erfolgswirksame Folgebewertung vorgeschrieben. Sofern also eine Aktie erworben wird, um von kurzfristigen Wertschwankungen zu profitieren, ist eine erfolgswirksame Folgebewertung verpflichtend.

Durch das Wahlrecht soll es Unternehmen ermöglicht werden, Eigenkapitalinstrumente, die nicht vorrangig zur Realisation von Wertänderungen erworben wurden, erfolgsneutral zum Fair Value zu bewerten, um so nicht betrieblich bedingte Schwankungen des Jahresergebnisses zu vermeiden.[870] So kann beispielsweise eine Aktie erfolgsneutral folgebewertet werden, wenn es sich um eine strategische Beteiligung an einem anderen Unternehmen handelt.

Nach der Entscheidung über das obige Wahlrecht wird die eigentliche Bewertung des finanziellen Vermögenswerts vorgenommen. Die Erstbewertung erfolgt zum Fair Value, der grundsätzlich durch den Transaktionspreis repräsentiert wird.[871] Transaktionskosten, die dem Erwerb direkt zurechenbar sind, werden hierbei nur in die Erstbewertung einbezogen, sofern das Wahlrecht zur erfolgsneutralen Folgebewertung genutzt wurde.[872] Der Grund für diese Unterscheidung ist – analog zum Vorgehen nach IAS 39 (2009) – darin zu sehen, dass der Fair Value in den Folgeperioden keine Transaktionskosten enthält und das Instrument im Fall einer erfolgswirksamen Folgebewertung in den späteren Perioden c. p. abzuwerten wäre.[873]

---

865 Das Wahlrecht wurde bereits in der Abbildung 3-7 in Abschn. 332.23 im schattierten Bereich der Abbildung angedeutet.

866 Vgl. IFRS 9.5.4.4; CHRISTIAN, D., IFRS 9, S. 368 sowie KUHN, S., IFRS 9, S. 110.

867 Vgl. IFRS 9.B5.12.

868 Für eine Definition von „zu Handelszwecken gehalten“ verweist IFRS 9 auf IAS 39, vgl. IFRS 9.Appendix A. Die Definition wurde in Abschn. 32 dargestellt. Durch diesen Verweis sind auch Derivate von dem Wahlrecht ausgenommen, weil Derivate per Definition „zu Handelszwecken gehalten“ sind.

869 In IFRS 9.5.4.4 ist zunächst direkt eine Ausnahme für Instrumente, die zu Handelszwecken gehalten werden, vorgeschrieben. Die zweite Ausnahme ergibt sich aus den Kategorisierungskriterien, da in Bezug auf Portfolien, die auf Basis der Fair Values verwaltet und beurteilt werden, bereits im Rahmen der Kategorisierung eine erfolgswirksame Folgebewertung vorgeschrieben wird, vgl. IFRS 9.B4.6. Abschließend ist die Fair Value-Option direkt mit einer erfolgswirksamen Folgebewertung verknüpft, vgl. IFRS 9.4.5.

870 Vgl. IFRS 9.BC83. Jahresergebnis bezeichnet hier den Gewinn oder Verlust im Sinne des IAS 1.82(f), der vor der Berücksichtigung der Einflüsse des sonstigen Ergebnisses ermittelt wird.

871 Vgl. IFRS 9.B5.1.

872 Vgl. IFRS 9.5.1.1.

873 Vgl. weiterführend Abschn. 431.1.

Sofern das Wahlrecht zur erfolgsneutralen Folgebewertung genutzt wurde, werden die Transaktionskosten aktiviert. In den Folgeperioden wird das Instrument allerdings zum Fair Value bewertet, der keine Transaktionskosten beinhaltet, sodass aktivierte Transaktionskosten dann (bei einem unveränderten Fair Value) gegen das OCI gekürzt werden.[874]

Die Änderungen der Fair Values werden – sofern das Wahlrecht zur erfolgsneutralen Folgebewertung keine Anwendung findet – erfolgswirksam erfasst.[875] Für Eigenkapitalinstrumente, die erfolgsneutral folgebewertet werden sollen, ergibt sich eine Besonderheit in Zusammenhang mit der Abbildung ausgeschütteter Dividendenzahlungen: Während Änderungen des Fair Value erfolgsneutral im OCI abgebildet werden, sind **vereinnahmte Dividenden** grundsätzlich erfolgswirksam abzubilden.[876] Voraussetzung hierfür ist, dass die Dividenden im Sinne des IAS 18 realisiert sind.[877] Im Gegensatz zu der erfolgsneutralen Folgebewertung der Kategorie Available-for-Sale des IAS 39 (2009) ist hier kein Impairment vorgesehen, weil nach IFRS 9 nur noch zu Anschaffungskosten bewertete Instrumente einem Impairment unterzogen werden.[878] Eine erfolgswirksame Umbuchung einer negativen OCI-Komponente kommt daher nicht mehr in Betracht. Auch nach der Ausbuchung eines erfolgsneutral bewerteten Eigenkapitalinstruments ist eine Umgliederung der OCI-Komponente **lediglich innerhalb des Eigenkapitals** möglich, eine Umgliederung in den erfolgswirksamen Teil der Gesamtergebnisrechnung ist nicht zulässig.[879] Der IASB begründet dieses Vorgehen damit, dass Wertänderungen nur einmal erfasst werden sollen – entweder im erfolgswirksamen oder im erfolgsneutralen Teil der Gesamtergebnisrechnung.[880] In Kombination mit der Umbuchung der OCI-Komponente innerhalb des Eigenkapitals bei der Ausbuchung werden derartige Instrumente den erfolgswirksamen Teil der Gesamtergebnisrechnung nur durch Dividendenausschüttungen beeinflussen. Sofern also ein Unternehmen in dem obigen Beispiel eine Aktie aus strategischen Gründen hält (und wahlweise erfolgsneutral folgebewertet), werden im erfolgswirksamen Teil der Gesamtergebnisrechnung nur die Dividenden aus dieser Beteiligung gezeigt.

Die nach IAS 39 (2009) vorgesehene Ausnahme von der Fair Value-Bewertung, sofern die Verlässlichkeit der Wertermittlung nicht sichergestellt werden kann, ist in IFRS 9 nicht implementiert.[881] Diese Änderung war bereits im Exposure Draft zu IFRS 9 vorgeschlagen, um

874 Vgl. IFRS 9.B5.4 sowie CHRISTIAN, D., IFRS 9, S. 367.

875 Vgl. IFRS 9.5.4.1 sowie MÄRKL, H./SCHABER, M., IFRS 9, S. 72 f.

876 Vgl. IFRS 9.5.4.5. Dividenden sind indes dann erfolgsneutral zu erfassen, wenn es sich eindeutig um eine Rückzahlung des Investments handelt, vgl. KUHN, S., IFRS 9, S. 110. Lediglich Dividenden, die eine Rendite des Investments darstellen, sind erfolgswirksam abzubilden, vgl. IFRS 9.B5.12 sowie .BC86 (a).

877 Vgl. KUHN, S., IFRS 9, S. 110.

878 Der Titel des Exposure Draft zu diesem Thema, der später in IFRS 9 umgesetzt werden soll, lautet daher auch „Amortised Cost and Impairment", vgl. IASB (Hrsg.), ED: Impairment.

879 Vgl. IFRS 9.B5.12 sowie KUHN, S., IFRS 9, S. 110.

880 Vgl. IFRS 9.BC86(b). Weitergehend wird vom IASB angemerkt, dass eine nachträgliche Umgliederung der OCI-Bestandteile in den erfolgswirksamen Teil der Gesamtergebnisrechnung eine starke Ähnlichkeit zur Kategorie Available-for-Sale hervorrufen würde. In diesem Fall müssten nach Ansicht des Board auch Regelungen zum Impairment implementiert werden, was das Ziel der Komplexitätsreduzierung konterkarieren würde.

881 Vgl. MÄRKL, H./SCHABER, M., IFRS 9, S. 72 f.

eine möglichst weitgehende Fair Value-Bewertung durchzusetzen, ist dann allerdings auf Kritik gestoßen.[882] In dem finalen Standard wurde daher eine Erleichterung für **nicht notierte Eigenkapitalinstrumente**[883] aufgenommen. Danach können die Anschaffungskosten in seltenen Fällen als Schätzer des Fair Value herangezogen werden, sofern[884]

- keine ausreichenden, aktuellen Informationen zur Fair Value-Ermittlung verfügbar sind oder
- der Fair Value nur in einer großen Bandbreite ermittelt werden kann und die Anschaffungskosten den besten Schätzer innerhalb dieser Bandbreite darstellen.

Lediglich der erste Fall ähnelt der Ausnahme von der Fair Value-Bewertung nach IAS 39 (2009), im zweiten Fall werden weitere Anforderungen an die Anschaffungskosten gestellt: Die Anschaffungskosten müssen **innerhalb der Bandbreite** der möglichen Fair Values liegen und den **besten Schätzer** darstellen.[885] Daher handelt es sich hierbei nicht wirklich um eine Ausnahme, es wird lediglich darauf hingewiesen, dass im Rahmen des Prozesses der Fair Value-Ermittlung die Anschaffungskosten ein mögliches Ergebnis darstellen können.[886]

Sofern beispielsweise ein Unternehmen eine Aktie erworben hat und zur Ermittlung des Fair Value in den Folgeperioden nicht über ausreichende Informationen verfügt, kann es das Instrument nur dann mit den Anschaffungskosten bewerten, wenn diese auch als Schätzer des Fair Value angesehen werden können. Falls allerdings die Anschaffungskosten deutlich von dem Fair Value abweichen – und daher keinen adäquaten Schätzer darstellen können –, muss das Unternehmen die Aktie unabhängig von der Verlässlichkeit der Wertermittlung zum Fair Value bewerten. Für die Frage, wann eine derartige Abweichung vorliegt und die Anschaffungskosten somit nicht mehr als Schätzer genutzt werden können, sind einige Indikatoren vorgegeben:[887]

- signifikante Änderung der Performance des Investitionsobjekts,[888]
- Änderungen in der Einschätzung in Bezug auf die technische Umsetzbarkeit von Produkten des Investitionsobjekts,
- signifikante Änderung des Markts für das Eigenkapital des Investitionsobjekts oder dessen aktuellen oder potenziellen Produkte,

---

882 Vgl. MÄRKL, H./SCHABER, M., Zur Nachfolgeregelung des IAS 39, S. 541 sowie IFRS 9.BC12. Daher stellen reine Anschaffungskosten auch keinen relevanten Bewertungsmaßstab des IFRS 9 mehr dar; lediglich die fortgeführten Anschaffungskosten finden in der Kategorie At Cost weiterhin Verwendung.

883 Eigenkapitalinstrumente, die an einem aktiven Markt gehandelt werden, sind explizit von dieser Erleichterung ausgeschlossen, vgl. IFRS 9.B5.8.

884 Vgl. IFRS 9.B5.5.

885 Vgl. IFRS 9.B5.5 sowie CHRISTIAN, D., IFRS 9, S. 367.

886 Vgl. KUHN, S., IFRS 9, S. 105 und S. 110.

887 Vgl. IFRS 9.B5.6.

888 Als Investitionsobjekt wird an dieser Stelle das Unternehmen bezeichnet, an dessen Eigenkapital sich das Bericht erstattende Unternehmen beteiligt hat.

- signifikante Änderung der Weltwirtschaft oder des wirtschaftlichen Umfelds des Investitionsobjekts,
- signifikante Änderung der Leistung vergleichbarer Unternehmen oder eine signifikante Änderung der Bewertungen durch den gesamten Markt,
- interne Sachverhalte des Investitionsobjekts wie betrügerische Handlungen, geschäftliche Dispute, Gerichtsverfahren, Veränderungen des Managements oder der Strategie, oder
- Belege durch Eigenkapitaltransaktionen des Investitionsobjekts (durch Kapitalerhöhungen oder Transaktionen zwischen Dritten).

Die Liste wird im Standard als nicht abschließend bezeichnet; ein Unternehmen soll alle verfügbaren Informationen über das Investitionsobjekt nutzen, die nach der erstmaligen Erfassung verfügbar werden.[889] Jeder dieser relevanten Indikatoren kann andeuten, dass die Anschaffungskosten keinen repräsentativen Schätzer für den Fair Value darstellen. In diesem Fall muss das Eigenkapitalinstrument durch den Fair Value bewertet werden.[890] Die nunmehr in IFRS 9 festgeschriebene Ausnahme von der Fair Value-Bewertung stellt daher nicht auf die Verlässlichkeit der Wertermittlung ab. Vielmehr kann die Fair Value-Bewertung aus Effizienzgesichtspunkten teils unterbleiben.[891] Sofern allerdings Veränderungen der Rahmenbedingungen oder unternehmensinterner Bedingungen dazu führen, dass die Kosten keinen relevanten Schätzer des Fair Value darstellen, kann auf diese Ausnahme nicht zurückgegriffen werden.[892]

### 432.4 Bewertungskonsequenzen aus der Änderung des Geschäftsmodells

Auch die Regelungen des IFRS 9 sehen unter bestimmten Umständen eine Änderung der Bewertung von Finanzinstrumenten vor.[893] Sofern ein finanzieller Vermögenswert hierbei in die Kategorie Fair Value umgegliedert wird, ist der Fair Value zum Datum der Umklassifizierung zu ermitteln. Eventuelle Gewinne oder Verluste sind direkt erfolgswirksam zu erfassen.[894] Falls ein finanzieller Vermögenswert in die Kategorie At Cost umgegliedert wird, stellt der Fair Value zum Datum der Umklassifizierung den neuen Buchwert dar.[895]

---

889 Vgl. IFRS 9.B.5.7.

890 Vgl. IFRS 9.B.5.7.

891 Das Aussetzen der Fair Value-Bewertung aufgrund nicht verlässlich ermittelbarer Werte wurde vom IASB abgelehnt, die hier erläuterte Ausnahme soll lediglich aus Effizienzgesichtspunkten zur Anwendung kommen, vgl. IFRS 9.BC79 f.

892 Vgl. IFRS 9.BC75-81, insbesondere BC79(b).

893 Vgl. Abschn. 332.24.

894 Vgl. IFRS 9.5.3.2 sowie KUHN, S., IFRS 9, S. 108.

895 Vgl. IFRS 9.5.3.3 sowie MÄRKL, H./SCHABER, M., IFRS 9, S. 72.

# 44 Kritische Würdigung der Bewertung und des Ausweises finanzieller Vermögenswerte

## 441. Vergleichende Analyse des IAS 39 (2009) und des IFRS 9 in Bezug auf die qualitativen Kriterien des IASB-Framework

### 441.1 Analyse in Bezug auf das qualitative Kriterium Relevanz

#### 441.11 Überblick

Für die Beurteilung der Bewertung und des Ausweises von Finanzinstrumenten wird auf die in Abschnitt 23 hergeleiteten Kriterien zurückgegriffen. Im Folgenden wird zunächst die **Relevanz der Bewertung** von Finanzinstrumenten analysiert. Hierbei ist die Frage zu beantworten, inwiefern die Beurteilung der Adressaten durch die Rechnungslegungsinformation verändert oder bestätigt wird.[896]

Im Rahmen der Rechnungslegung von Finanzinstrumenten nach IFRS wird ein sog. Mixed Model eingesetzt, in dem zwei Bewertungsmaßstäbe implementiert sind: der Fair Value und die (fortgeführten) Anschaffungskosten. Die Definition der jeweiligen Wertmaßstäbe differiert hierbei zwischen den relevanten Standards IAS 39 (2009) und IFRS 9 nicht, vielmehr wird durch letzteren die Kategorisierung von finanziellen Vermögenswerten neu geregelt, für die Bewertungsregeln wird weitgehend auf IAS 39 (2009) verwiesen.[897] Daher wird, um eine Aussage über die Relevanz der Rechnungslegung zu treffen, zunächst die Relevanz der für beide Standards identischen Bewertungsmaßstäbe beurteilt. Die Relevanz eines Bewertungsmaßstabs ist vor dem Hintergrund der Informationsinteressen der relevanten Adressatengruppe zu beurteilen. Die Informationsinteressen des relevanten Adressatenkreises werden für diese Arbeit durch die eines Kleinanlegers approximiert,[898] die im Wesentlichen am künftigen Ertragspotenzial des Unternehmens interessiert sind, da hierdurch mögliche Dividendenausschüttungen determiniert werden. Um diese einschätzen zu können, benötigt die Adressaten Informationen über die Breite, zeitliche Struktur und Unsicherheit der künftigen Zahlungsströme. Die jeweiligen Ein- oder Auszahlungspotenziale können durch den Ertragswert, also die Summe der diskontierten künftigen Zahlungsströme, verdichtet werden.[899]

Die hier relevanten Bewertungsmaßstäbe sind in der Literatur vor diesem Hintergrund bereits umfassend analysiert und kontrovers diskutiert worden.[900] In dieser Arbeit werden daher lediglich die wesentlichen Ergebnisse dieser Diskussion zusammengefasst, um anschließend

896 Vgl. Abschn. 212.33.

897 Vgl. IFRS 9.5.1.1-5.2.3. An den Stellen, an denen IFRS 9 selbst Vorgaben zu der konkreten Wertermittlung macht, ergeben sich keine inhaltlichen Unterschiede zu den Regelungen des IAS 39 (2009), hier sind vielmehr die Regelungen bereits in den neuen Standard übernommen worden. In Bezug auf die konkrete Ermittlung der fortgeführten Anschaffungskosten und des Fair Value wird allerdings vollständig auf IAS 39 (2009) und die dortigen Anwendungsleitlinien verwiesen.

898 Vgl. Abschn. 211.22.

899 Vgl. STREIM, H./BIEKER, M./ESSER, M., Entscheidungsnützliche Informationen durch Fair Values, S. 470.

900 Vgl. etwa KIRSCH, H.-J., Fair Value – quo vadis?; BALLWIESER, W./KÜTING, K./SCHILDBACH, T., Fair Value; STREIM, H./BIEKER, M./ESSER, M., Entscheidungsnützliche Informationen durch Fair Values sowie BAETGE, J./BREMBT, T./BRÜGGEMANN, P., Mark-to-Model-Bewertung.

den Umfang der Nutzung der jeweiligen Bewertungsmaßstäbe durch die Standards zu analysieren.

### 441.12 Relevanz der implementierten Wertmaßstäbe

#### 441.121. Relevanz der kostenbasierten Bewertung

Kostenbasierte Bewertungsmaßstäbe stellen auf den im Erwerbszeitpunkt zwischen den Transaktionsparteien vereinbarten Preis ab.[901] Dieser wird grundsätzlich auch in den Folgeperioden beibehalten: Die Bewertung basiert dann folglich auf der **Vergangenheit**. Lediglich durch die Regelungen zur außerplanmäßigen Abschreibung (Impairment) werden einseitig geänderte Rahmenbedingungen abgebildet.[902] Der Transaktionspreis wurde im **Erwerbszeitpunkt** zwischen zwei unabhängigen Vertragsparteien ermittelt und beinhaltet deren Erwartungen über künftige Ertragspotentiale des Finanzinstruments. Insofern stellt der Transaktionspreis im Ausgangszeitpunkt grundsätzlich eine zukunftsbezogene Größe dar, die für den Adressaten relevant ist.[903] Allerdings gibt der Transaktionspreis nicht unbedingt den Ertragswert des Finanzinstruments aus der Sicht des bilanzierenden Unternehmens wieder. Vielmehr ergibt er sich aus Verhandlungen zwischen zwei Vertragspartnern und stellt daher lediglich eine externe **Approximation** des Ertragswerts des betreffenden Finanzinstruments dar.[904] Die grundsätzlich positive Beurteilung ist daher an dieser Stelle nicht gänzlich ungetrübt.

Für die **Folgeperioden** ist die Relevanz einer kostenbasierten Bewertung indes eher kritisch zu sehen.[905] Bedingt durch die im Wesentlichen konstanten Anschaffungskosten, die lediglich als Reaktion auf ein Verlustereignis an neue Rahmenbedingungen angepasst werden, bleiben eventuelle Veränderungen des Ertragswerts großteils unberücksichtigt. Auch durch die Effektivzinsmethode werden ausschließlich im Erwerbszeitpunkt bekannte Sachverhalte einbezogen.

Insofern kann festgehalten werden, dass die Anschaffungskosten zwar im Transaktionszeitpunkt relativ positiv beurteilt werden konnten, die Relevanz allerdings mit zunehmender zeitlicher Entfernung von diesem Zeitpunkt abnimmt.

---

901 Vgl. Abschn. 422.

902 Vgl. Abschn. 422.3.

903 Vgl. PELLENS, B./FÜLBIER, R. U., Rechnungslegungsregulierung, S. 584; BALLWIESER, W./KÜTING, K./SCHILDBACH, T., Fair Value, S. 535; BARRETT, M./BEAVER, W./COOPER, W./MILBURN, A./SOLOMONS, D./TWEEDIE, D. S., Measurement, S. 94 sowie SHIM, E./LARKIN, J., Relevancy, S. 40.

904 Vgl. PELLENS, B./FÜLBIER, R. U., Rechnungslegungsregulierung, S. 584; BAETGE, J., DCF-Kalküle bei der Bilanzierung, S. 16; DOHRN, M., Entscheidungsrelevanz des Fair Value-Accounting, S. 100 sowie S. 193; WATRIN, C./SCHOLZ, A., in: HdJ, Abt. II/8 (2006), Rz. 85 sowie SCHNEIDER, D., Lehre vom gerechten Preis und Fair Value, S. 15. Allerdings stellt ein auf einem aktiven Markt ermittelter Preis einen relativ guten Schätzer des Ertragswerts eines Finanzinstruments dar, weil in diesem Fall keine betrieblichen Synergien zu Verzerrungen führen können, vgl. DOHRN, M., Entscheidungsrelevanz des Fair Value-Accounting, S. 203 f.

905 Vgl. BAETGE, J./NOELLE, J., Shareholder-Value-Reporting, S. 178 sowie MUJKANOVIC, R., Fair Value, S. 214.

### 441.122. Relevanz des Fair Value

Der Fair Value eines Finanzinstruments soll in der Rechnungslegung nach IFRS einen (hypothetischen) Transaktionspreis widerspiegeln, der auf aktiven Märkten oder alternativ durch Bewertungsverfahren ermittelt wird.[906] Er kann daher als regelmäßig aktualisierte **zukunftsbezogene** Größe bezeichnet werden, weil sich Preise auf einem Markt auf Basis der Erwartungen über die Zukunft ergeben.

Auf der **ersten Stufe** wird der Fair Value auf Basis der Marktpreise ermittelt, die für den Adressaten grundsätzlich relevante Informationen beinhalten.[907] Allerdings stellen Marktpreise wiederum lediglich eine **Approximation** des Ertragswerts des betreffenden Finanzinstruments dar.[908] An der Güte dieser Approximation sind insbesondere im Zusammenhang mit der sog. Finanzkrise zunehmend Zweifel aufgekommen.[909] Diesen Vorbehalten zum Trotz wird in der Literatur die Meinung vertreten, dass ein marktbasiert ermittelter Fair Value in den Folgeperioden wohl eine höhere Relevanz besitzen wird als die Anschaffungskosten.[910] Dieser Ansicht wird hier gefolgt.

Ein auf der **zweiten Stufe** der Fair Value-Hierarchie ermittelter Wert weist im Vergleich zu einem auf der ersten Stufe ermittelten Wert die Schwäche auf, dass für das betreffende Finanzinstrument selbst kein aktiver Markt zur Verfügung steht. Daher wird der Wert etwa auf Basis von Vergleichstransaktionen ermittelt, wobei der Bilanzierende weitgehende Freiheiten in Bezug auf die Festlegung des Vergleichsobjekts genießt.[911] Die Relevanz eines auf dieser Stufe ermittelten Fair Value wird daher eher kritisch beurteilt; der ermittelte Wert könnte sich im Vergleich zur ersten Stufe tendenziell vom Ertragswert des Instruments entfernt haben.

Auf der **dritten Stufe** ist der Fair Value durch Bewertungsverfahren zu ermittelt, die nicht mehr auf externen Marktdaten basieren. Die Wertermittlung beruht hierbei etwa auf DCF-Verfahren oder Optionspreismodellen. Indes soll durch die Verfahren trotzdem ein Wert

---

906 Vgl. Abschn. 421.

907 Vgl. PELLENS, B./FÜLBIER, R. U., Rechnungslegungsregulierung, S. 584; BALLWIESER, W./KÜTING, K./SCHILDBACH, T., Fair Value, S. 535; BARRETT, M./BEAVER, W./COOPER, W./MILBURN, A./SOLOMONS, D./TWEEDIE, D. S., Measurement, S. 94 sowie SHIM, E./LARKIN, J., Relevancy, S. 40.

908 Vgl. FN 904. Konzeptionell kritisch zum Fair Value äußern sich auch HORTON, J./MACVE, R., Fair Value, S. 19-24.

909 Vgl. SCHILDBACH, T., Fair value-Statik, S. 591-593; ERNST & YOUNG (Hrsg.), International GAAP 2010, S. 2112; LÜDENBACH, N./FREIBERG, J., Finanzkrise, S. 370-375; BAETGE, J., DCF-Kalküle bei der Bilanzierung, S. 16; BALLWIESER, W./KÜTING, K./SCHILDBACH, T., Fair Value, S. 535 sowie DOBLER, M./KUHNER, C., Subprime-Krise, S. 30-33. Kritisch in Bezug auf die Relevanz einiger Fair Values äußern sich etwa BAETGE und BALLWIESER/KÜTING/SCHILDBACH, vgl. BAETGE, J., DCF-Kalküle bei der Bilanzierung, S. 17 f. sowie BALLWIESER, W./KÜTING, K./SCHILDBACH, T., Fair Value, S. 535-541.

910 Vgl. BAETGE, J., DCF-Kalküle bei der Bilanzierung, S. 17 sowie WATRIN, C./SCHOLZ, A., in: HdJ, Abt. II/8 (2006), Rz. 160. Vgl. umfassend und differenziert zur Beurteilung des Fair Value DOHRN, M., Entscheidungsrelevanz des Fair Value-Accounting, S. 233-242, der in Bezug auf die Relevanz der Bewertung zu demselben Ergebnis kommt. Vgl. auch BAETGE, J./ZÜLCH, H., Fair Value-Accounting, S. 544; STREIM, H./BIEKER, M./ESSER, M., Entscheidungsnützliche Informationen durch Fair Values, S. 458 sowie S. 472; SIEGEL, S., Emergence of Fair Value, S. 83; WILLIS, D., Fair Value or Historical Cost?, S. 854 sowie STREIM, H./BIEKER, M./LEIPPE, B., Theoretische Fundierung der Rechnungslegung, S. 201 f.

911 Vgl. BAETGE, J., DCF-Kalküle bei der Bilanzierung, S. 17.

ermittelt werden, der sich in einer Markttransaktion ergeben hätte;[912] es wird daher eine typisierende Marktsicht eingenommen.[913] Insofern wird weiterhin eine unternehmensexterne Sichtweise gewählt, sodass auch auf dieser Stufe nicht direkt der Ertragswert des Instruments ermittelt wird.

Insgesamt kann festgehalten werden, dass ein marktbasierter Fair Value in den Folgeperioden in Bezug auf die Relevanz Vorteile gegenüber einer anschaffungskostenbasierten Bewertung aufweist. Diese Vorteile sind allerdings durch eine Wertermittlung auf den übrigen Stufen geschmälert, weil hier eine weitere Entfernung des ermittelten Fair Value vom Ertragswert zu befürchten ist.[914]

### 441.13 Vergleichende Analyse in Bezug auf den Umfang der Nutzung der Wertmaßstäbe in den Standards

#### 441.131. Überblick

Im folgenden Abschnitt wird der Einfluss der Neuregelung durch IFRS 9 auf den Umfang der Verwendung der jeweiligen Wertmaßstäbe von Finanzinstrumenten in der Rechnungslegung nach IFRS untersucht. Hierbei wird die Bewertung in der Bilanz analysiert, die eventuell abweichende Erfassung der Wertänderungen in der Gesamtergebnisrechnung wird in Abschnitt 441.14 thematisiert. Um den Umfang der jeweiligen Bewertungsmaßstäbe in der Bilanz beurteilen zu können, ist zunächst die Aufteilung von Finanzinstrumenten in die anschaffungskostenbasierten und die Fair Value-basierten Kategorien durch den jeweiligen Standard zu analysieren. Eine anschaffungskostenbasierte Bewertung wird nach IAS 39 (2009) in den Kategorien Loans and Receivables und Held-to-Maturity vorgenommen, nach IFRS 9 ist hier die Kategorie At Cost relevant. In den übrigen Kategorien At Fair Value through Profit or Loss und Available-for-Sale des IAS 39 (2009) und der Kategorie Fair Value des IFRS 9 wird für die Bewertung grundsätzlich der beizulegende Zeitwert herangezogen.[915] Im Folgenden werden daher Verschiebungen zwischen den Bewertungsmaßstäben analysiert, indem die Frage betrachtet wird, wie Instrumente, die einer der vier Kategorien nach IAS 39 (2009) zugeordnet wurden, nach IFRS 9 im Zugangszeitpunkt zu kategorisieren wären.[916] Umkategorisierungen werden hierbei ausgeblendet, auch die Übergangsregelungen fließen in diesem Zusammenhang nicht in die Betrachtung ein. Vielmehr werden die **Kategorisierungskriterien** vergleichend analysiert, um Verschiebungen zwischen den anschaffungskostenbasierten und den Fair Value-basierten Kategorien offenzulegen.

---

912 Vgl. Abschn. 421.33.

913 Vgl. KIRSCH, H.-J., Fair Value – quo vadis?

914 So auch HITZ, J.-M., Fair Value Accounting, S. 325.

915 Vgl. Abschn. 431. für IAS 39 (2009) und Abschn. 432. für IFRS 9.

916 Die Analyse könnte ohne Abweichungen im Ergebnis auch ausgehend von den beiden Kategorien des IFRS 9 die Aufteilung dieser Instrumente in die Kategorien des IAS 39 (2009) betrachten. In dieser Arbeit wird indes die oben beschriebene Vorgehensweise gewählt, weil dies der chronologischen Entwicklung der Rechnungslegung entspricht und daher didaktisch vorteilhaft ist.

### 441.132. Neubeurteilung von Instrumenten der Kategorie At Fair Value through Profit or Loss

Für die Neubeurteilung von Finanzinstrumenten sind die jeweiligen **Kategorisierungskriterien** vergleichend zu analysieren. In Bezug auf die Kategorie At Fair Value through Profit or Loss ist nach IAS 39 (2009) hierbei zunächst eine Handelsabsicht des Unternehmens vorgesehen; zudem sind alle derivativen Finanzinstrumente, unabhängig von der Handelsabsicht, der Kategorie zuzuordnen.[917] Nach IFRS 9 ist eine Einordnung in die Kategorie Fair Value verpflichtend, falls das Kriterium des Geschäftsmodells oder das Kriterium der Zahlungsströme verletzt wird.[918] Weil eine Handelsabsicht nicht im Einklang mit dem Kriterium des Geschäftsmodells steht, entspricht das Vorgehen des IAS 39 (2009) grundsätzlich dem des IFRS 9. Die betreffenden Finanzinstrumente wären der Kategorie Fair Value zuzuordnen.[919] Sofern ein Unternehmen eine Aktie oder Anleihe erwirbt, um von kurzfristigen Wertschwankungen zu profitieren, sehen somit beide Standards eine Fair Value-Bewertung vor. Allerdings ist das Geschäftsmodell nach IFRS 9 auf einer höheren Ebene als einem **individuellen** Finanzinstrument festzustellen. Somit könnte ein Unternehmen ein isoliertes (Fremdkapital-) Instrument auch innerhalb eines Geschäftsfelds, das generell das Kriterium des Geschäftsmodells erfüllt, mit einer Handelsabsicht halten – der Erfüllung des Kriteriums des Geschäftsmodells und somit einer möglichen Kategorisierung At Cost stände dies nicht grundsätzlich im Wege.[920] Beispielsweise könnte ein Unternehmen in einem Geschäftsfeld, in dem Finanzinstrumente grundsätzlich gehalten werden, um die vertraglichen Zahlungsströme zu realisieren, eine Fremdwährungsanleihe erwerben, um kurzfristige Finanzmittelüberschüsse spekulativ zu nutzen. Nach IFRS 9 wäre in diesem Fall eine anschaffungskostenbasierte Bewertung möglich, was vor dem Hintergrund des spekulativen Charakters des Investments nicht sachgerecht erscheint. Allerdings sind derartige Sachverhalte nur in Ausnahmefällen für isolierte Fremdkapitalinstrumente denkbar, bereits für ein Portfolio finanzieller Vermögenswerte wird dies in IFRS 9 explizit ausgeschlossen.[921] Zudem ist eine Neubeurteilung des Geschäftsmodells des Geschäftsfelds erforderlich, sofern Verkäufe nicht nur selten auftreten.[922]

Weil derivative Finanzinstrumente das Kriterium der Zahlungsströme des IFRS 9 nicht erfüllen können, ist hier – analog zu den Regelungen des IAS 39 – eine verpflichtende Einordnung in die Kategorie Fair Value vorgesehen.[923] So wäre beispielsweise ein Zinsswap nach beiden

---

917 Vgl. Abschn. 331.22.

918 Vgl. hierzu Abschn. 332.21.

919 Vgl. Abschn. 332.212.

920 Zudem wäre dementsprechend das Kriterium der Zahlungsströme zu prüfen, daher kommen für einen solchen Sachverhalt ausschließlich Fremdkapitalinstrumente infrage. Grundsätzlich werden derartige Möglichkeiten, die aus der Beurteilung des Kriteriums auf einer höheren Aggregationsebene als dem individuellen Finanzinstrument entstehen, auch vom IDW bemängelt, vgl. IDW (Hrsg.), Brief des IDW an das BMJ sowie IDW (Hrsg.), Brief des IDW an die Europäische Kommission.

921 Vgl. IFRS 9.B4.6.

922 Vgl. IFRS 9.B4.3. Zudem ist durch den Standard explizit festgeschrieben, dass Portfolien, die auf Basis von Fair Value-Änderungen beurteilt und verwaltet werden, das Kriterium des Geschäftsmodells nicht erfüllen, vgl. IFRS 9.B4.5 f.

923 Vgl. KUHN, S., IFRS 9, S. 105.

Standards zum Fair Value zu bewerten, was vor dem Hintergrund der volatilen Wertentwicklung sachgerecht erscheint.

Ein weiterer Aspekt besteht in der **Fair Value-Option**, die sowohl nach IAS 39 (2009) als auch nach IFRS 9 eine freiwillige Kategorisierung von Finanzinstrumenten in den Kategorien At Fair Value through Profit or Loss beziehungsweise der Kategorie Fair Value unter bestimmten Bedingungen zulässt.[924] Sofern durch den Fair Value bewertungsabhängige Verzerrungen verringert oder beseitigt werden können, ist diese Option in beiden Standards kodifiziert. Allerdings sieht IFRS 9 in Bezug auf den zweiten Anwendungsfall der Fair Value-Option des IAS 39 (2009) eine **verpflichtende** Anwendung der Fair Value-Bewertung vor: Finanzinstrumente aus einem Portfolio ähnlicher Finanzinstrumente, die auf Basis ihres beizulegenden Zeitwerts gesteuert werden, sind nach IFRS 9 verpflichtend der Kategorie Fair Value zuzuordnen.[925] An dieser Stelle ist somit eine Ausweitung der verpflichtenden Fair Value-Bewertung erkennbar. Der dritte Anwendungsfall der Fair Value-Option nach IAS 39 (2009) ist nicht in IFRS 9 umgesetzt worden, weil nunmehr keine getrennte Bilanzierung von hybriden Finanzinstrumenten mehr vorgesehen ist. Insofern besteht auch keine Notwendigkeit für eine Option, durch die eine Trennungspflicht umgangen werden kann. Somit könnten hybride Finanzinstrumente, die nach IAS 39 (2009) wahlweise zum Fair Value bewertet wurden, durch den Kategorisierungsprozess des IFRS 9 theoretisch der Kategorie At Cost zugeordnet werden. Dieser Fall dürfte indes relativ unbedeutend sein, da das Kriterium der Zahlungsströme von den meisten hybriden Finanzinstrumenten wohl nicht erfüllt werden kann, sodass weiterhin eine Einordnung in die Kategorie Fair Value vorzunehmen wäre.[926]

Abschließend ist ein weiterer Aspekt zu beachten, der eine Ausweitung der Fair Value-Bilanzierung mit sich bringt. Nach IAS 39 (2009) muss die Fair Value-Bewertung ausgesetzt werden, sofern eine verlässliche Ermittlung des Werts nicht möglich ist (**Cost-Exemption**).[927] Eine derartige Ausnahme ist in den neuen Regelungen des IFRS 9 nicht mehr vorgesehen, Finanzinstrumente der Kategorie Fair Value müssen grundsätzlich zum Fair Value bilanziert werden.[928] Zwar können nach IFRS 9 die Anschaffungskosten teilweise als Schätzer des Fair Value herangezogen werden, allerdings ist hierin keine originäre Bewertung durch die Anschaffungskosten zu sehen. Die restriktiven Anwendungsvoraussetzungen für diese aus Kosten-Nutzen-Erwägungen motivierte Erleichterung führen dazu, dass die Anschaffungskosten nur dann als Schätzer des Fair Value herangezogen werden dürfen, wenn sie den Fair Value

---

924 Vgl. für IAS 39 (2009) Abschn. 331.22 sowie Abschn. 332.22 für IFRS 9.

925 Vgl. zu den Anwendungsmöglichkeiten der Fair Value-Option nach IAS 39 Abschn. 331.22.

926 Vgl. auch SCHRUFF, W., Subprime Krise, S. 577.

927 Vgl. Abschn. 431.1.

928 Vgl. Abschn. 432.3.

angemessen approximieren.[929] Sofern dies – etwa bedingt durch Änderungen des wirtschaftlichen Umfelds – nicht mehr der Fall ist, muss die Bewertung unabhängig von der Verlässlichkeit der Wertermittlung durch den Fair Value vorgenommen werden. Falls ein Unternehmen etwa Anteile an einer Personengesellschaft vor einigen Jahren erworben hat und sich die wirtschaftlichen Rahmenbedingungen seitdem wesentlich verändert haben (was wohl durch die aktuelle Finanzkrise begründet werden könnte), sieht IFRS 9 eine verpflichtende Fair Value-Bewertung unabhängig von der Verlässlichkeit der Wertermittlung vor. Nach IAS 39 (2009) hätte das Unternehmen die Möglichkeit, die Anteile alternativ zu Anschaffungskosten zu bewerten, wenn eine verlässliche Wertermittlung nicht möglich ist. Somit kann für die Frage nach dem Umfang der Fair Value-Bewertung durch die jeweiligen Standards festgehalten werden, dass die Cost-Exemption des IAS 39 (2009) nicht in IFRS 9 übernommen wurde. Daher ist an dieser Stelle eine Ausweitung der Fair Value-Bewertung feststellbar.[930]

Zusammenfassend werden Instrumente der Kategorie At Fair Value through Profit or Loss grundsätzlich auch nach IFRS 9 zum Fair Value bewertet. Unterschiede ergeben sich durch die Abgrenzung des Geschäftsfelds auf einer höheren Aggregationsebene sowie durch die Umsetzung der Fair Value-Option und der Cost-Exemption.

#### 441.133. Neubeurteilung von Instrumenten der Kategorie Available-for-Sale

Die Kategorie Available-for-Sale stellt nach den Regelungen des IAS 39 (2009) eine Auffangkategorie dar. In diese Kategorie sind alle Finanzinstrumente einzuordnen, für die keine anderweitige Kategorisierung vorgeschrieben ist, zudem ist teils eine wahlweise Kategorisierung möglich. Insofern sind dieser Kategorie **verpflichtend** im Wesentlichen nicht derivative Finanzinstrumente zugeordnet, die das Unternehmen nicht mit einer Handelsabsicht erworben hat und die nicht als Fremdkapitalinstrument mit festen oder bestimmbaren Zahlungen entweder bis zur festgelegten Endfälligkeit gehalten werden sollen (und die daher als Held-to-Maturity klassifiziert werden) oder als nicht an einem aktiven Markt gehandelte Fremdkapitalinstrumente der Kategorie Loans and Receivables zugeordnet werden. Der Pflichtbestandteil der Kategorie Available-for-Sale setzt sich somit im Wesentlichen aus

- **Eigenkapitalinstrumenten** und
- bestimmten **Fremdkapitalinstrumenten**,
  - die auf einem **aktiven Markt** gehandelt werden oder
  - deren ursprüngliches Investment infolge **anderer Gründe als einer Bonitätsverschlechterung** nicht vollständig zurückgezahlt werden kann oder
  - bei denen es sich um einen **Anteil an einem Pool** von Vermögenswerten handelt, die weder Kredite noch Forderungen sind, und
  - die nicht bis zur **Endfälligkeit** gehalten werden sollen beziehungsweise können, oder

929 Vgl. IFRS 9.BC80.
930 Vgl. auch MÄRKL, H./SCHABER, M., IFRS 9, S. 73.

- für die die Tainting Rule einschlägig ist oder
- deren **Zahlungen nicht fest oder bestimmbar** sind,

zusammen; eine Handelsabsicht darf jeweils nicht bestehen.[931]

Zudem können Finanzinstrumente **wahlweise** in diese Kategorie eingeordnet werden, sofern keine Kategorisierung At Fair Value through Profit or Loss vorgeschrieben ist.[932]

IFRS 9 sieht keine Auffangkategorie vor, da durch den prinzipienbasierten Prozess der Kategorisierung alle Finanzinstrumente einer der beiden vorgesehenen Kategorien zugeordnet werden. Zur Beurteilung der Finanzinstrumente der Kategorie Available-for-Sale werden daher die dargelegten Pflichtbestandteile sukzessive analysiert, um die neuerliche Kategorisierung der jeweiligen Instrumente nach IFRS 9 offenzulegen.

Zunächst werden die **Eigenkapitalinstrumente** nach IFRS 9 verpflichtend der Kategorie Fair Value zuzuordnen sein, da sie das Kriterium der Zahlungsströme nicht erfüllen können. In diesem Zusammenhang besteht daher zunächst kein Unterschied zwischen IAS 39 (2009) und IFRS 9. Allerdings ist in IAS 39 an dieser Stelle wiederum die Cost-Exemption vorgesehen, sofern der Fair Value nicht verlässlich ermittelbar ist. Diese Ausnahme ist, wie bereits in Abschnitt 441.132. beschrieben, in IFRS 9 nicht mehr vorgesehen. Die dort abgeleiteten Implikationen einer ausgeweiteten Fair Value-Bewertung für Eigenkapitalinstrumente lassen sich auch auf diese Kategorie übertragen.

In Bezug auf die **Fremdkapitalinstrumente** ergibt sich ein differenzierteres Bild. Die Pflichtbestandteile könnten hier unter Beachtung der grundsätzlichen Kategorisierungskriterien des IFRS 9 auch der Kategorie At Cost zugeordnet werden.[933] Für die Analyse wird im Folgenden die Annahme getroffen, dass die beschriebenen Fremdkapitalinstrumente jeweils nicht bis zur Endfälligkeit gehalten werden sollen beziehungsweise können.

Zunächst wird die Frage, ob ein Instrument an einem **aktiven Markt gehandelt** wird, für die Kategorisierung nach IFRS 9 nicht in die Betrachtung einbezogen. Daher können an einem aktiven Markt gehandelte Fremdkapitalinstrumente das Kriterium der Zahlungsströme erfüllen und (unter Berücksichtigung des Kriteriums des Geschäftsmodells) der Kategorie At Cost zugeordnet werden.[934] So kann beispielsweise eine börsengehandelte Anleihe, die ein Unter-

---

931 Durch die Fair Value-Option kann die Kategorisierung als Available-for-Sale hier teils noch umgangen werden. Da es sich hierbei allerdings um ein Wahlrecht des Bilanzierenden handelt, soll diese Möglichkeit für die Analyse an dieser Stelle ausgeblendet werden.

932 Vgl. hierzu Abschn. 331.25.

933 MÄRKL/SCHABER nennen in einem Beitrag zu dem Exposure Draft Classification and Measurement beispielhaft für derartige Verschiebungen Staatsanleihen, vgl. MÄRKL, H./SCHABER, M., Zur Nachfolgeregelung des IAS 39, S. 536. Weil sich in diesem Zusammenhang keine inhaltlichen Veränderungen zwischen dem Exposure Draft und dem IFRS 9 ergeben haben, kann die Aussage auch auf den IFRS 9 übertragen werden.

934 Vgl. im Zusammenhang mit dem Exposure Draft Classification and Measurement, der in diesem Zusammenhang nicht von IFRS 9 abweicht, DELOITTE (Hrsg.), Heads Up, S. 4.

nehmen langfristig, aber nicht unbedingt bis zur Endfälligkeit halten möchte, nach IFRS 9 anschaffungskostenbasiert bewertet werden. Dieses Vorgehen erscheint hier sachgerecht zu sein, da die Ausnahme für an einem aktiven Markt gehandelte Anleihen nach IAS 39 (2009) systemfremd ist.

Für die Kategorisierung von Fremdkapitalinstrumenten, bei denen der Inhaber die ursprüngliche Investition infolge **anderer Gründe als einer Bonitätsverschlechterung** nicht vollständig zurückerlangen kann, ist nach IFRS 9 wohl im Einzelfall zu prüfen, ob diese Gründe mit dem Kriterium der Zahlungsströme vereinbar sind. Hierbei wird zu prüfen sein, ob trotz der Gründe, die zur Verringerung des Zahlungsstroms führen, weiterhin ausschließlich Zins- und Tilgungszahlungen durch das Finanzinstrument generiert werden.[935] Da es sich explizit nicht (lediglich) um eine Bonitätsverschlechterung handelt, wird der Grund, der zu einer Verringerung der Zahlungen führt, wohl häufig einen derivativen Charakter haben und daher das Kriterium der Zahlungsströme nicht erfüllen können. Eine generelle Aussage zur Kategorisierung derartiger Instrumente nach IFRS 9 kann indes nicht getroffen werden.

Fremdkapitalinstrumente, die einen Anteil an einem **Pool von Vermögenswerten, die weder Kredite noch Forderungen** sind, darstellen, werden in den Regelungen des IFRS 9 nicht grundsätzlich von der Kategorisierung At Cost ausgeschlossen. Vielmehr hat der Bilanzierende das Kriterium der Zahlungsströme hier in Abhängigkeit von der Gestaltung des Finanzinstruments unter Umständen auf Basis der zugrunde liegenden Finanzinstrumente oder Vermögenswerte zu beurteilen.[936] Durch diese explizite Nennung der Vermögenswerte wird deutlich, dass grundsätzlich auch Fremdkapitalinstrumente, denen keine Finanzinstrumente zugrunde liegen, das Kriterium der Zahlungsströme erfüllen können. Eine Kategorisierung At Cost ist somit nicht ausgeschlossen. Vielmehr werden die wirtschaftlichen Gegebenheiten auf Basis der zugrunde liegenden Vermögenswerte beurteilt, um so bilanzielle Gestaltungsmöglichkeiten durch strukturierte Finanzinstrumente zu vermindern. Sofern im Rahmen dieser Beurteilung die allgemeinen Kriterien des IFRS 9 erfüllt werden können, ist eine Kategorisierung At Cost nach der hier vertretenen Ansicht sachgerecht.

In Bezug auf die **Halteabsicht** und **Haltefähigkeit** werden Instrumente nach IAS 39 (2009) immer dann der Kategorie Available-for-Sale zugeordnet, wenn die Tainting Rule einschlägig wird, Instrumente also aus der Kategorie Held-to-Maturity zwingend umzugliedern sind und die Kategorie für neue Instrumente zeitweise gesperrt wird.[937] Eine derartige zwingende Umgliederung beziehungsweise die Sperrung einer Kategorie ist nach IFRS 9 nicht mehr vorgesehen. Instrumente, die ausschließlich aufgrund dieser Regel der Kategorie Available-for-Sale zugeordnet werden mussten, werden folglich nach IFRS 9 großteils der Kategorie At Cost zugeordnet.[938] Das Vorgehen des IFRS 9 erscheint hier sachgerecht; Durch die Tainting

---

935 Vgl. zum Kriterium der Zahlungsströme Abschn. 332.213.

936 Vgl. Abschn. 332.213.

937 Vgl. hierzu Abschn. 331.23 sowie Abschn. 331.27.

938 Sofern das Management in Bezug auf das Instrument die erforderliche Halteabsicht und Haltefähigkeit aufweist, wird das Kriterium des Geschäftsmodells in den meisten Fällen wohl ebenfalls erfüllt sein. In-

Rule wurde die Abbildung des wirtschaftlichen Gehalts einer Transaktion in IAS 39 (2009) teils stark geschwächt.[939]

Abschließend sind nach IAS 39 (2009) der Kategorie Available-for-Sale zwingend solche Fremdkapitalinstrumente zuzuordnen, deren **Zahlungsströme nicht fest oder bestimmbar** sind. Derartige Instrumente können auch das Kriterium der Zahlungsströme des IFRS 9 nicht erfüllen, da auch in diesem Standard vertraglich festgelegte Zahlungen gefordert werden.[940] Folglich müssen die Instrumente der Kategorie Fair Value zugeordnet werden. Somit ergibt sich an dieser Stelle kein Unterschied zwischen IAS 39 (2009) und IFRS 9.

Neben diesen verpflichtenden Bestandteilen besteht nach IAS 39 (2009) ein Kategorisierungswahlrecht, nach dem praktisch jedes Finanzinstrument, das nicht der (ebenfalls Fair Value-basierten) Kategorie At Fair Value through Profit or Loss zugeordnet wurde, in die Kategorie Available-for-Sale eingeordnet werden darf. Ein Pendant für dieses Wahlrecht existiert in IFRS 9 nicht. Insofern sind Instrumente, für die nach IAS 39 (2009) das Wahlrecht zur Kategorisierung als Available-for-Sale genutzt wurde, dem üblichen Kategorisierungsprozess des IFRS 9 zu unterziehen. Weil in diesem Prozess einige Instrumente der Kategorie At Cost zuzuordnen sein werden, ist hierin eher eine Einschränkung der Fair Value-Bewertung zu sehen. So kann beispielsweise eine Anleihe, von der die Anwendungsvoraussetzungen der Fair Value-Option nicht erfüllt werden, die allerdings die Kategorisierungskriterien der Kategorie At Cost des IFRS 9 erfüllt, nicht mehr wahlweise zum Fair Value bewertet werden. Die Einschränkung dieser wahlweisen Fair Value-Bewertung des IAS 39 (2009), für die keine weiteren Voraussetzungen bestehen, ist nach der hier vertretenen Ansicht zweckmäßig.

Zusammenfassend ergibt sich ein differenziertes Bild: Während sich für Eigenkapitalinstrumente kein Unterschied ergibt, könnten bestimmte Fremdkapitalinstrumente der Kategorie Available-for-Sale durch den IFRS 9 einer anschaffungskostenbasierten Bewertung unterworfen werden.

### 441.134. Neubeurteilung von Instrumenten der Kategorie Loans and Receivables

Der Kategorie Loans and Receivables sind Fremdkapitalinstrumente mit festen oder bestimmbaren Zahlungen zuzuordnen, die nicht an einem aktiven Markt gehalten werden und für die das Management keine direkte Veräußerungsabsicht hat.[941] Diese Eigenschaft der

des können sich – wie bereits in Abschn. 441.132. beschrieben – Unterschiede durch die höhere Aggregationsebene der Feststellung des Kriteriums des Geschäftsmodells ergeben. Es könnten individuelle Instrumente, die das Management zur Realisation der vertraglichen Zahlungsströme hält, in einem Geschäftsfeld gehalten werden, dessen Ziel grundsätzlich nicht in der Realisation der vertraglichen Zahlungsströme besteht. Dies sollte aber wohl nur in Ausnahmefällen auftreten.

[939] Vgl. Abschn. 341.22.

[940] Das Kriterium der Zahlungsströme ist enger zu interpretieren als die Anforderungen an die Zahlungsströme nach IAS 39 (2009), vgl. hierzu Abschn. 441.134.

[941] Ausgeschlossen sind bestimmte Finanzinstrumente, deren ursprüngliches Investment infolge anderer Gründe als einer Bonitätsverschlechterung noch vollständig zurückerlangt werden kann oder bei denen es sich um einen Anteil an einem Pool handelt, der nicht aus Krediten oder Forderungen besteht, vgl. Abschn. 331.24.

Zahlungsströme wird in IAS 39 (2009) weiter definiert, danach „bedeuten feste oder bestimmbare Zahlungen […], dass eine vertragliche Vereinbarung existiert, die die Höhe und den Zeitpunkt der Zahlungen an den Inhaber **wie Zins- oder Kapitalzahlungen** definiert"[942]. Sofern diese Bestimmbarkeit nicht gegeben ist, sieht IAS 39 (2009) eine Fair Value-Bewertung in der Bilanz vor.[943] IFRS 9 ermöglicht eine anschaffungskostenbasierte Bewertung, wenn (u. a.) das Kriterium der Zahlungsströme erfüllt ist. Hierin kann in Teilen ein Pendant zu der beschriebenen Regelung nach IAS 39 (2009) gesehen werden. Durch das Kriterium der Zahlungsströme wird verlangt, dass die vertraglichen Vereinbarungen des Finanzinstruments zu festgelegten Terminen zu „Zahlungsströmen [führen], die **lediglich Tilgungen und Zinszahlungen** auf die ausstehenden Tilgungen darstellen"[944]. Diese Vorgabe ist enger als die entsprechende Regelung des IAS 39 (2009): Während dort feste und bestimmbare Zahlungen gefordert werden, die **beispielsweise** aus Zins- und Tilgungszahlungen (aber auch weiteren Komponenten) bestehen können, dürfen die Zahlungen nach IFRS 9 **ausschließlich** aus Zins- und Tilgungszahlungen bestehen. Wann diese Voraussetzung erfüllt ist, wird in den Anwendungsleitlinien zudem weiter expliziert. In diesem Zusammenhang ist daher eine Verschärfung der Anforderungen durch IFRS 9 erkennbar.[945] Bestimmte Finanzinstrumente, die zwar die Anforderungen an die Zahlungsströme nach IAS 39 (2009) erfüllen, werden das Kriterium der Zahlungsströme nach IFRS 9 nicht erfüllen können und folglich der Kategorie Fair Value zuzuordnen sein. So kann etwa eine Anleihe, die nicht laufzeitäquivalent verzinst wird, das Kriterium der Zahlungsströme nicht erfüllen, obwohl die Zahlungen fest oder bestimmbar im Sinne des IAS 39 (2009) sind. Diese strengere Auslegung trägt der Tatsache Rechnung, dass die Anleihe durch die spezielle Verzinsung einen gewissen derivativen Charakter aufweist. Vor diesem Hintergrund erscheint die strengere Auslegung des IFRS 9 sachgerecht zu sein.

Die Frage, ob ein Instrument an einem **aktiven Markt gehandelt** wird, spielt in IFRS 9 keine Rolle.[946] Folglich wird sich die Tatsache, dass der Kategorie Loans and Receivables nur Instrumente zugeordnet sind, die beim erstmaligen Ansatz nicht dem aktiven Handel unterlagen, keinen Einfluss auf die Kategorisierung nach IFRS 9 haben. Auch die Vorgabe, dass die Instrumente **keinen** Anteil an einem Pool von Vermögenswerten, die weder Kredite noch Forderungen sind, darstellen dürfen, ist für die Kategorisierung nach IFRS 9 irrelevant. Dementsprechend ist auch die Negativabgrenzung zu Instrumenten, deren ursprüngliche Investition infolge anderer Gründe als einer Bonitätsverschlechterung nicht vollständig zurückerlangt werden kann, hier nicht bedeutsam.

---

942 IAS 39.AG17 [eingefügt/ausgelassen durch den Autor], Hervorhebungen durch den Autor.

943 Das Kriterium der festen oder bestimmbaren Zahlungen ist für die beiden Kategorien vorgesehen, in denen grundsätzlich eine anschaffungskostenbasierte Folgebewertung vorgesehen ist, vgl. Abschn. 331.26.

944 IFRS 9.4.2(b) [eingefügt/ausgelassen durch den Autor], Hervorhebungen durch den Autor.

945 MÄRKL/SCHABER nennen hier beispielhaft Verbriefungstitel, die nach IFRS 9 neuerlich zum Fair Value bewertet werden könnten, vgl. MÄRKL, H./SCHABER, M., IFRS 9, S. 74.

946 Vgl. MÄRKL, H./SCHABER, M., IFRS 9, S. 69.

Weitergehend darf bei der erstmaligen Einordnung in die Kategorie Loans and Receivables keine **direkte Veräußerungsabsicht** für die betreffenden Instrumente vorliegen. Eine derartige Absicht wäre auch mit dem Kriterium des Geschäftsmodells nach IFRS 9 nicht vereinbar, wobei sich an dieser Stelle wiederum Unterschiede durch die Determinierung des Geschäftsmodells auf einer höheren Aggregationsebene ergeben können.[947] Falls ein individuelles Instrument, für das keine direkte Veräußerungsabsicht besteht, einem Geschäftsfeld zugeordnet wird, dessen Geschäftsmodell nicht in der Realisation der vertraglichen Zahlungsströme besteht, wird das Instrument der Kategorie Fair Value zuzuordnen sein.[948] Vor dem Hintergrund der fehlenden Handelsabsicht in Bezug auf das betreffende Instrument ist diese Regelung kritisch zu sehen. Allerdings dürften derartige Sachverhalte nur in Ausnahmefällen auftreten.

Eine Besonderheit kann sich im Zusammenhang mit der Bilanzierung **hybrider Finanzinstrumente** ergeben. Für diese ist in IAS 39 (2009) teilweise eine getrennte Bilanzierung des Basisvertrags und des eingebetteten Derivats vorgesehen.[949] Basisverträge sind dann der nach IAS 39 (2009) üblichen Kategorisierung zu unterziehen und können dabei grundsätzlich den anschaffungskostenbasierten Kategorien Loans and Receivables oder Held-to-Maturity zugeordnet werden.[950] Die getrennte Bilanzierung ist in IFRS 9 nicht mehr vorgesehen – hybride Finanzinstrumente sind vielmehr als Einheit derselben Prüfung zu unterziehen wie sonstige Finanzinstrumente. Die relativ strengen Anforderungen des Kriteriums der Zahlungsströme werden hybride Finanzinstrumente durch ihren derivativen Bestandteil wohl häufig nicht erfüllen können.[951] Folglich wäre das gesamte Instrument in die Kategorie Fair Value einzuordnen. In diesem Zusammenhang ist daher eine Ausweitung der Fair Value-Bewertung erkennbar. Beispielsweise wird der Basisvertrag einer Wandelanleihe, die nach IAS 39 (2009) getrennt in derivativen und nicht derivativen Bestandteil zu bilanzieren wäre,[952] nach IFRS 9 mit dem gesamten hybriden Instrument der Kategorie Fair Value zuzuordnen sein.[953] Dieses Vorgehen erscheint hier vor dem Hintergrund der wirtschaftlichen Eigenschaften der isolierten Anleihe nicht sachgerecht.[954]

Abschließend ist hier der zweite Anwendungsfall der Fair Value-Option nach IAS 39 (2009) für Portfolien ähnlicher Finanzinstrumente, die auf Basis ihrer beizulegenden Zeitwerte gesteuert werden, zu nennen, der nunmehr eine verpflichtende Fair Value-Bewertung nach sich

---

947 Vgl. hierzu in Zusammenhang mit der Handelsabsicht Abschn. 441.132.

948 Für derartige Konstellationen sieht IFRS 9 keine Neubeurteilung des Geschäftsmodells vor. Eine Neubeurteilung ist lediglich bei Verkäufen aus einem Geschäftsfeld vorgesehen, dessen Ziel in der Realisation der vertraglichen Zahlungsströme besteht.

949 Vgl. Abschn. 331.3.

950 Vgl. KUHN, S./SCHARPF, P., Rechnungslegung von Financial Instruments, S. 477-519, insbesondere S. 483 f.

951 Vgl. SCHRUFF, W., Subprime Krise, S. 577 sowie MÄRKL, H./SCHABER, M., IFRS 9, S. 73. Diese Vermutung wird auch in den Basis for Conclusion des IFRS 9 aufgestellt, vgl. IFRS 9.BC59(b).

952 Vgl. IAS 39.AG30(a).

953 Vgl. Abschn. 341.122.

954 Allgemein zur Kritik an der Abschaffung einer getrennten Bilanzierung hybrider Instrumente vgl. Abschn. 341.122.

zieht.[955] Sofern ein Unternehmen sich nach IAS 39 (2009) gegen die Nutzung dieser Option entscheidet, können die betreffenden Instrumente in die anschaffungskostenbasierten Kategorien (wie die Kategorie Loans and Receivables) eingeordnet werden. Derartige Instrumente sind nach IFRS 9 verpflichtend der Kategorie Fair Value zuzuordnen.

Zusammenfassend kann festgehalten werden, dass Instrumente der Kategorie Loans and Receivables weiterhin grundsätzlich anschaffungskostenbasiert bewertet werden. Ausnahmen hiervon bestehen für Instrumente, die die strengeren Anforderungen des Kriteriums der Zahlungsströme nicht erfüllen oder die einem Geschäftsfeld zugeordnet werden, dessen Ziel nicht in der Realisation der vertraglichen Zahlungsströme besteht. Zudem könnten nach IFRS 9 durch die Neuregelung der Bilanzierung hybrider Finanzinstrumente Basisverträge aus einer anschaffungskostenbasierten Kategorie bei gemeinsamer Bilanzierung mit dem eingebetteten Derivat in Gänze der Kategorie Fair Value zugeordnet werden. Abschließend führt die verpflichtende Ausübung des zweiten Anwendungsfalls der Fair Value-Option zu einer Ausweitung der Fair Value-Bewertung nach IFRS 9.

#### 441.135. Neubeurteilung von Instrumenten der Kategorie Held-to-Maturity

Der Kategorie Held-to-Maturity sind Fremdkapitalinstrumente mit festen oder bestimmbaren Zahlungen und einer festen Endfälligkeit zuzuordnen, die bis zur Endfälligkeit gehalten werden sollen und können. In Bezug auf die Kategorisierung derartiger Instrumente durch IFRS 9 wird im Zusammenhang mit der Analyse der Forderung nach festen und bestimmbaren Zahlungen im Vergleich zu dem Kriterium der Zahlungsströme auf die Ausführungen im Zusammenhang mit der Neubeurteilung von Instrumenten der Kategorie Loans and Receivables verwiesen.[956] Eine feste Endfälligkeit fließt nach IFRS 9 nicht mehr in die Betrachtung ein, daher ist das Vorliegen einer Endfälligkeit für die Neukategorisierung irrelevant. In Bezug auf die Halteabsicht und Fähigkeit des Managements kann festgehalten werden, dass diese grundsätzlich im Einklang mit dem Kriterium des Geschäftsmodells steht. Letzteres ist an dieser Stelle sogar etwas weniger streng, da etwa Verkäufe das Kriterium nicht unmittelbar verletzen und keine Strafregel im Sinne der Tainting Rule existiert.[957] Unterschiede können sich für isolierte Instrumente ergeben, da nach IFRS 9 das Geschäftsmodell auf einer höheren Aggregationsebene als dem individuellen Finanzinstrument festgestellt wird. Somit müssen isolierte Instrumente, für die zwar eine Halteabsicht und Haltefähigkeit besteht, die allerdings einem Geschäftsfeld zugeordnet werden, dessen grundsätzliches Ziel nicht in der Realisation der vertraglichen Zahlungsströme besteht, der Kategorie Fair Value zugeordnet werden.[958]

---

[955] Vgl. Abschn. 441.132.

[956] Vgl. Abschn. 441.134.

[957] Vgl. Abschn. 332.212.

[958] Dieser Sachverhalt wurde ähnlich bereits für Instrumente der Kategorie Loans and Receivables diskutiert und beurteilt, vgl. Abschn. 441.134.

Der Kategorie Held-to-Maturity können grundsätzlich auch Basisverträge hybrider Finanzinstrumente zugeordnet werden.[959] Für die Diskussion der Implikationen des IFRS 9 in diesem Zusammenhang wird auf die Ausführungen des Abschnitts 441.134. verwiesen. Auch in Bezug auf die Implikationen aus der Umsetzung des zweiten Anwendungsfalls der Fair Value-Option des IAS 39 (2009) in IFRS 9 wird auf den vorigen Abschnitt 441.134. verwiesen.

Zusammenfassend kann festgehalten werden, dass Instrumente der Kategorie Held-to-Maturity nach IAS 39 (2009) im Wesentlichen der Kategorie At Cost des IFRS 9 zuzuordnen sein werden. Ausnahmen hiervon ergeben sich durch die strengeren Anforderungen des Kriteriums der Zahlungsströme. Zudem können sich Unterschiede durch die Determinierung des Geschäftsmodells auf einer höheren Aggregationsebene ergeben. Abschließend führt die verpflichtende Ausübung des zweiten Anwendungsfalls der Fair Value-Option auch hier zu einer Ausweitung der Fair Value-Bewertung nach IFRS 9.

### 441.136. Zusammenfassung

Die Neukategorisierung der Finanzinstrumente wird zusammenfassend anhand der folgenden Abbildung 4-4 verdeutlicht. Hierbei stellen die durchgehenden Linien jeweils den „Standardfall“ dar, in dem die Kategorisierung in Bezug auf die resultierende Folgebewertung in der Bilanz nicht abweicht. Die gestrichelten Linien stellen Abweichungen der Kategorisierungen im Detail dar, die nachfolgend anhand der Buchstaben A-D zusammengefasst werden.

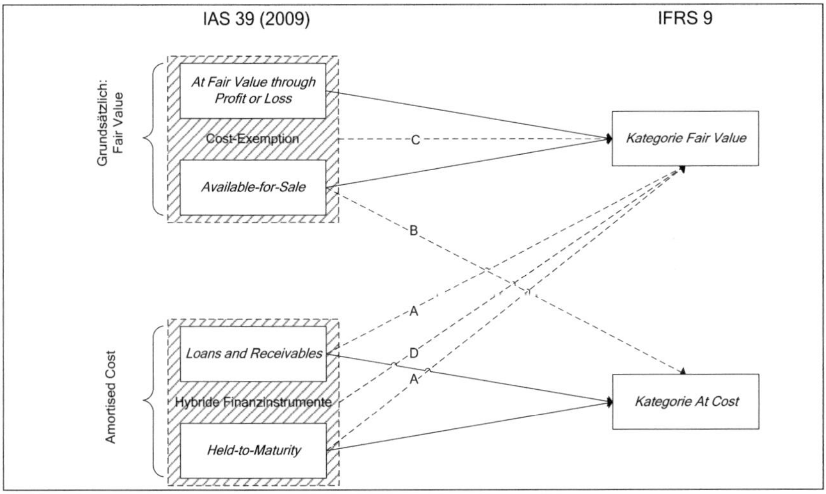


**Abbildung 4-4: Umfang der Fair Value-Bewertung durch die Neuregelung**

[959] Vgl. KUHN, S./SCHARPF, P., Rechnungslegung von Financial Instruments, S. 477-519, insbesondere S. 483 f.

Im Zusammenhang mit den durch den Buchstaben „**A**" gekennzeichneten Linien ergeben sich die Unterschiede der Kategorisierung durch drei Faktoren. Zunächst sind hier die strengeren Anforderungen durch das Kriterium der Zahlungsströme zu nennen, die eventuell nicht von allen Instrumenten der anschaffungskostenbasierten Kategorien des IAS 39 (2009) erfüllt werden können. Beispielsweise können sich hier Unterschiede für eine nicht laufzeitäquivalent verzinste Anleihe ergeben. Zudem wirkt sich aus, dass das Kriterium des Geschäftsmodells auf einer höheren Ebene als dem individuellen Finanzinstrument festgestellt werden muss, woraus sich Unterschiede für isolierte Finanzinstrumente ergeben können. Sofern demnach eine isolierte Anleihe ohne eine Handelsabsicht erworben wird, dieses Instrument allerdings in einem Geschäftsfeld gehalten wird, in dem grundsätzlich eine Handelsabsicht verfolgt wird, wäre diese Anleihe nach IFRS 9 der Kategorie Fair Value zuzuordnen. Abschließend ist der zweite Anwendungsfall der Fair Value-Option zu nennen, der nach IFRS 9 kein Wahlrecht mehr darstellt, sondern zu einer verpflichtenden Fair Value-Bewertung führt.

Die mit dem Buchstaben „**B**" versehene Linie ist auf diverse Detailfälle zurückzuführen. Die Unterschiede können sich hier für Instrumente ergeben,

- die auf einem **aktiven Markt** gehalten werden und nicht bis zur Endfälligkeit gehalten werden sollen beziehungsweise können (etwa eine börsengehandelte Anleihe, die nicht unbedingt bis zur Endfälligkeit gehalten werden soll),
- bei denen es sich um einen **Anteil an einem Pool** von Vermögenswerten handelt, die weder Kredite noch Forderungen sind und die nicht bis zur Endfälligkeit gehalten werden sollen beziehungsweise können,
- für die die Tainting Rule nach IAS 39 (2009) einschlägig war oder
- für die nach IAS 39 (2009) das **Wahlrecht** zur Kategorisierung als Available-for-Sale genutzt wurde (etwa eine Anleihe, die die Kriterien zur Kategorisierung At Cost erfüllt und für die die Fair Value-Option nicht nutzbar ist).

Die Linie, die durch den Buchstaben „**C**" markiert ist, verdeutlicht die Ausweitung der Fair Value-Bewertung durch den Wegfall der Cost-Exemption. Dies kann sich beispielsweise auf die Bewertung von Anteilen an Personengesellschaften auswirken. Die mit dem Buchstaben „**D**" versehene Linie stellt die eventuelle Ausweitung der Fair Value-Bewertung durch die Neuregelung der Bilanzierung hybrider Finanzinstrumente dar. Diese Änderung kann beispielsweise Einfluss auf die Behandlung des Basisvertrags einer Wandelanleihe haben.

Eine pauschale Gesamtaussage über den Umfang der Bewertungsmaßstäbe der jeweiligen Standards kann durch diese gegenläufigen Tendenzen nicht getroffen werden.[960] Allerdings könnte die Neuregelung der Bilanzierung von Finanzinstrumenten bei vielen Unternehmen

[960] Im Zusammenhang mit dem Exposure Draft zeichnete sich bereits ab, dass keine eindeutige Tendenz identifizierbar sein wird, vgl. DELOITTE (Hrsg.), Heads Up, S. 4.

wohl eher zu einer Ausweitung der Fair Value-Bilanzierung führen.[961] Die Sachverhalte, bei denen eine Fair Value-Bilanzierung nach IAS 39 (2009) zu einer anschaffungskostenorientierten Bewertung nach IFRS 9 führen würde, beruhen im Wesentlichen auf diversen Einzelfällen, deren Auftreten unternehmensindividuell zu prüfen ist. Der umgekehrte Fall, in dem eine anschaffungskostenbasierte Bewertung nach IAS 39 (2009) durch eine Fair Value-Bilanzierung nach IFRS 9 ersetzt wird, scheint hingegen für zahlreiche Unternehmen von Relevanz zu sein: Insbesondere die Abschaffung der Cost-Exemption und die nicht mehr vorgesehene Trennung eingebetteter Derivate werden hierbei wohl bedeutsam sein.[962] Insofern wird die Neuregelung wohl eher zu einer Ausweitung der Fair Value-Bilanzierung führen.[963]

### 441.14 Relevanz des Ausweises

Der Ausweis von Finanzinstrumenten ist in Bezug auf die **bilanzielle Abbildung** durch IFRS 9 nicht wesentlich verändert worden.[964] Änderungen ergeben sich allerdings für die **Darstellung von Wertänderungen** in der Gesamtergebnisrechnung.[965] Daher wird die folgende vergleichende Analyse den Ausweis von Wertänderungen in der Gesamtergebnisrechnung betrachten. Hierbei liegt der wesentliche Unterschied in der Frage, ob Änderungen des Fair Value erfolgsneutral oder erfolgswirksam erfasst werden. Für die Analyse soll diese Frage als Ausweisfrage interpretiert werden. Hintergrund dieser Interpretation ist, dass durch die Frage nach der Erfolgswirksamkeit der Wertänderungen deren Darstellung in der Gesamtergebnisrechnung festgelegt wird. Die Bedeutung dieser Entscheidung sollte indes nicht unterschätzt werden, weil der Zwischensumme „Gewinn/Verlust" in der Gesamtergebnisrechnung eine wesentliche Indikatorrolle zukommt.

Nach den Regelungen des IAS 39 (2009) sind Wertänderungen von Finanzinstrumenten grundsätzlich erfolgswirksam zu erfassen, lediglich Instrumente der Kategorie Available-for-Sale werden teils erfolgsneutral behandelt.[966] IFRS 9 sieht ebenfalls eine grundsätzlich erfolgswirksame Erfassung der Änderungen des Fair Value vor, räumt allerdings für nicht zu Handelszwecken gehaltene Eigenkapitalinstrumente ein Wahlrecht zum erfolgsneutralen Ausweis der Wertänderungen ein.[967] Für Fremdkapitalinstrumente, die nach IAS 39 (2009)

---

961 Vgl. etwa AMERICAN BANKERS ASSOCIATION (Hrsg.), CL: Classification and Measurement, S. 3, die eine Ausweitung der Fair Value-Bilanzierung bereits im Zusammenhang mit dem Exposure Draft konstatiert haben.

962 Vgl. in Bezug auf den Exposure Draft SWISS LIFE (Hrsg.), CL: Classification and Measurement, S. 4. Die hier relevanten Aspekte des Exposure Draft wurden durch IFRS 9 nicht angepasst, sodass die Aussage so auf den Standard übertragen werden kann.

963 Ähnlich äußerte NAUMANN vor dem Hintergrund der abgeschafften Cost-Exemption bereits im Zusammenhang mit dem Exposure Draft, vgl. NAUMANN, K.-P., Neue Regeln.

964 Vgl. IFRS 9.Amendment to other Standards, S. 21 f.

965 Vgl. Abschn. 432.2. Ein Unternehmen darf Ertrags- und Aufwandspositionen alternativ in einer Gesamtergebnisrechnung oder in einer Gewinn- und Verlustrechnung mit einer anschließenden Überleitung zum Gesamtergebnis darstellen, vgl. IAS 1.81. Weil sich aus dieser Unterscheidung hier keine inhaltlichen Unterschiede ergeben, wird im Folgenden nur noch von der Gesamtergebnisrechnung gesprochen.

966 Vgl. Abschn. 431.4.

967 Vgl. Abschn. 432.3.

teils wahlweise der Kategorie Available-for-Sale zugeordnet werden können, ist nach IFRS 9 keine erfolgsneutrale Fair Value-Bewertung mehr möglich.[968] Dieses Wahlrecht des IAS 39 (2009) besteht allerdings direkt nur im Verhältnis zu den anschaffungskostenbasierten Kategorien,[969] daher stellt das Wahlrecht primär eine Option zur Fair Value-Bewertung dar. Die Entscheidung des Bilanzierenden besteht hier nicht originär in der Erfolgswirksamkeit der Wertänderungen. In Bezug auf die Relevanz der Bewertung wird auf die Ausführungen des Abschn. 441.12 verwiesen. Für die weitere Analyse wird daher lediglich das Wahlrecht zum Ausweis von Wertänderungen von Eigenkapitalinstrumenten analysiert.

Für die Erfassung von Fair Value-Änderungen ergeben sich durch die Neuregelungen des IFRS 9 Verschiebungen zwischen der wahlweisen und der verpflichtenden Erfolgswirksamkeit. Nach IAS 39 (2009) ist eine erfolgsneutrale Folgebewertung von Eigenkapitalinstrumenten verpflichtend, wenn ein nicht derivatives Eigenkapitalinstrument nicht zu Handelszwecken gehalten wird und die Anwendungsvoraussetzungen der Fair Value-Optionen[970] nicht erfüllt sind.[971] Demnach muss beispielsweise eine Aktie verpflichtend erfolgsneutral behandelt werden, wenn keine Handelsabsicht besteht und die Anwendungsvoraussetzungen der Fair Value-Optionen nicht erfüllt sind. Sofern die Anwendungsvoraussetzungen einer der Fair Value-Optionen hier erfüllt sind, besteht ein indirektes Wahlrecht zur erfolgsneutralen Folgebewertung, indem die Fair Value-Option nicht genutzt wird.

IFRS 9 sieht für nicht derivative Finanzinstrumente, die nicht zu Handelszwecken gehalten werden, zunächst eine verpflichtende Ausübung des zweiten Anwendungsfalls der Fair Value-Option für Portfolien ähnlicher Instrumente, die auf Basis ihrer Fair Values gesteuert werden, vor.[972] An dieser Stelle ist somit die verpflichtende erfolgswirksame Erfassung von Wertänderungen ausgeweitet worden. Sofern allerdings ein nicht derivatives Eigenkapitalinstrument nicht zu Handelszwecken gehalten wird und die Anwendungsvoraussetzungen der zweiten Fair Value-Option nicht erfüllt, besteht unabhängig von den Anwendungsvoraussetzungen der ersten Fair Value-Option ein Wahlrecht.[973] Die Aktie aus dem obigen Beispiel könnte daher nach IFRS 9 wahlweise erfolgsneutral behandelt werden. IFRS 9 sieht keine verpflichtende erfolgsneutrale Folgebewertung für einige Eigenkapitalinstrumente mehr vor. Die erfolgsneutrale Folgebewertung von Finanzinstrumenten ist durch IFRS 9 somit insgesamt eingeschränkt worden.

---

968 Das Wahlrecht ist explizit auf Eigenkapitalinstrumente beschränkt, vgl. IFRS 9.5.4.4. Sofern Fremdkapitalinstrumente der Kategorie Fair Value zugeordnet werden, ist eine verpflichtende erfolgswirksame Folgebewertung vorzunehmen.

969 Vgl. Abschn. 331.26.

970 Zu den Anwendungsvoraussetzungen der Fair Value-Optionen vgl. Abschn. 331.22.

971 Diese Instrumente sind verpflichtend der Kategorie Available-for-Sale zuzuordnen, vgl. Abschn. 331.25 sowie insbesondere Abschn. 431.4.

972 Vgl. Abschn. 332.22.

973 Eigenkapitalinstrumente sind nach IFRS 9 grundsätzlich der Kategorie Fair Value zuzuordnen. Für die hier relevanten Eigenkapitalinstrumente steht dem Bilanzierenden dann grundsätzlich das Wahlrecht zur erfolgsneutralen Folgebewertung offen.

Der IASB hat das Wahlrecht in IFRS 9 mit dem Hinweis eingefügt, dass der Fair Value zwar die „nützlichsten Informationen“ bereitstellt, Wertänderungen allerdings teilweise keine Aussage über die wirtschaftliche Leistung des Unternehmens zulassen.[974] Daher soll im Wesentlichen eine verpflichtende erfolgswirksame Folgebewertung von aus strategischen Gründen gehaltenen Eigenkapitalinstrumenten vermieden werden. Sofern ein Unternehmen das Wahlrecht dergestalt nutzt, dass Eigenkapitalinstrumente, die etwa aus strategischen Gründen gehalten werden und für die keinerlei Veräußerungsabsicht besteht, erfolgsneutral folgebewertet werden, könnte eine Stärkung der Relevanz realisiert werden.[975] Nach dieser Argumentation könnte eine erfolgsneutrale Fair Value-Bewertung auch für weitere Instrumente vorteilhaft sein, etwa für Aktien, die ein Industrieunternehmen ohne strategische Beteiligungsüberlegungen zu einer eher langfristigen Anlage überschüssiger Finanzmittel nutzt. Auch hier sind die Änderungen des beizulegenden Zeitwerts kein Indikator für die Unternehmensleistung. Um diese positiven Implikationen zu realisieren müsste allerdings eine klare **systematische Trennung** der Bestandteile der Gesamtergebnisrechnung vorliegen.[976] Somit müssen die erfolgsneutralen Bestandteile der Gesamtergebnisrechnung klar definiert sein, um den erfolgswirksamen Teil der Gesamtergebnisrechnung in Abgrenzung hierzu als Indikator der Unternehmensleistung interpretieren zu können.[977] Da allerdings eine grundsätzliche Definition der erfolgsneutralen Bestandteile fehlt,[978] kann eine derartige systematische Trennung nicht erkannt werden.[979] Im hier relevanten Zusammenhang der Aufteilung von Eigenkapitalinstrumenten für die erfolgswirksame und die erfolgsneutrale Folgebewertung konnte ebenfalls keine Systematik gefunden werden, was final in der Implementierung des Wahlrechts mündete.[980] Somit ist es dem IASB nicht gelungen eine klare Abgrenzung der Sachverhaltsgruppen zu definieren, für die eine erfolgsneutrale Fair Value-Bewertung entscheidungsnützlichere Informationen liefert, was vor dem Hintergrund der fehlenden systematischen Definition des OCI zu sehen ist. Insofern ist fraglich, ob die positiven Implikationen in Bezug auf die Relevanz durch IFRS 9 realisiert werden können. Daher sollte der Standardsetter in die-

---

974 Vgl. IFRS 9.BC83.

975 Die erfolgsneutrale Folgebewertung derartiger Instrumente scheint der IASB mit dem Wahlrecht adressieren zu wollen, vgl. IFRS 9.BC83 f.

976 Häufig wird das OCI vielmehr genutzt, um in der Bilanz den tatsächlichen Wert zu zeigen, das Jahresergebnis allerdings gleichzeitig von „unerwünschten“ Ergebnisvolatilitäten zu schützen, vgl. etwa im Zusammenhang mit Pensionsrückstellungen BAETGE, J./HAENELT, T., Vereinnahmung versicherungsmathematischer Gewinne und Verluste, S. 2418. Kritisch in Bezug auf die Nutzung der OCI-Komponente in diesem Zusammenhang äußern sich auch KIRSCH/KURZ, vgl. KIRSCH, H.-J./KURZ, L., Pensionsrückstellungen, S. 444-451.

977 Mögliche Konzepte der Ertragsrealisation diskutiert PLOCK, der hierbei die Eignung dieser Konzepte für ausgewählte Geschäftsvorfälle analysiert, vgl. PLOCK, M., Ertragsrealisation, insb. S. 27-45. Den Zeitpunkt der Ertragsrealisation im Spezialfall einer Spenden sammelnden Organisation diskutieren SCHRUFF/BUSSE/HOFFMANN, vgl. SCHRUFF, L./BUSSE, J. S./HOFFMANN, T., Rechnungslegung Spenden sammelnder Organisationen, S. 816-820.

978 Die erfolgsneutralen Bestandteile werden in IAS 1 lediglich aufgezählt, bezüglich der Regelungen, wann Ereignisse erfolgsneutral abgebildet werden, wird auf die jeweils anderen Standards verwiesen, vgl. IAS 1.7.

979 Vgl. auch HACHMEISTER, D., Reporting Financial Performance, S. 373-388 sowie BOGAJEWSKAJA, J., Reporting Financial Performance, S. 218 f.

980 Vgl. IFRS 9.BC86(c).

sem Bereich die Regelung nachbessern und – nach der Ableitung einer systematischen Definition des OCI – das Wahlrecht zur erfolgsneutralen Folgebewertung durch eine klare Abgrenzung von Sachverhalten, die verpflichtend erfolgsneutral zu behandeln sind, ersetzen.

Die obigen Implikationen der fehlenden systematischen Trennung der Bestandteile der Gesamtergebnisrechnung ergeben sich auch für IAS 39 (2009). An dieser Stelle ist daher eher ein Vorteil des IFRS 9 erkennbar, in dem weniger Fälle einer erfolgsneutralen Folgebewertung auftreten werden. Gleichwohl besteht auch hier – wie soeben dargestellt – Verbesserungsbedarf, weil die wahlweise erfolgsneutrale Folgebewertung nicht gänzlich überzeugen kann.

Sofern ein Eigenkapitalinstrument nach IFRS 9 erfolgsneutral zum Fair Value bewertet wird, ergibt sich ein Unterschied zu den Regelungen des IAS 39 (2009) in Bezug auf die Behandlung der **kumulierten OCI-Komponente** im Zuge der **Ausbuchung**. Nach IAS 39 (2009) werden bei der Ausbuchung eines Finanzinstruments aus der Kategorie Available-for-Sale die erfolgsneutral erfassten Beträge in der Gesamtergebnisrechnung in den erfolgswirksamen Teil umgebucht.[981] Im Gegensatz dazu sehen die Regelungen des IFRS 9 in diesem Fall lediglich eine Umbuchung innerhalb des Eigenkapitals vor.[982] Der IASB nimmt durch diese Neuregelung einen klaren Verstoß gegen das Kongruenzprinzip, wonach die Summe aller über die Totalperiode erfassten Periodenerfolge den kumulierten Eigenkapitalveränderungen eines Unternehmens entspricht, in Kauf.[983] Begründet wird dieses Vorgehen damit, dass Wertänderungen lediglich einmal in der Gesamtergebnisrechnung erfasst werden sollen; eine Trennung in realisierte und unrealisierte Wertänderungen wird daher vom IASB nicht weiter verfolgt.[984] In Bezug auf die Relevanz dieser alternativen Vorgehensweisen der Standards ist wiederum auf die fehlende systematische Trennung zwischen erfolgswirksamen und erfolgsneutralen Bestandteilen der Gesamtergebnisrechnung zu verweisen. Insofern kann die Aussagekraft einer Umbuchung in der Gesamtergebnisrechnung nicht beurteilt werden. Eine klare Aussage über die Vorteilhaftigkeit einer der beiden Alternativen kann daher nicht getroffen werden.

Ein weiterer Unterschied besteht in der Erfassung von **Dividenden** auf die erfolgsneutral bewerteten Eigenkapitalinstrumente. Dividenden sind zunächst nach beiden Rechnungslegungswerken erfolgswirksam zu erfassen.[985] Ein Unterschied kann sich durch die Behandlung

---

981 Vgl. IAS 39.55(b) i. V. m. IAS 1.

982 Vgl. IFRS 9.B5.12.

983 Vgl. BIEG, H./BOFINGER, P./KÜTING, K./KUßMAUL, H./WASCHBUSCH, G./WEBER, C.-P., Saarbrücker Initiative gegen den Fair Value S. 2544. Zum Kongruenzprinzip vgl. WAGENHOFER, A./EWERT, R., Externe Unternehmensrechnung, S. 111-113 sowie ZIMMERMANN, J./PROKOP, J., Clean Surplus Accounting, S. 135 f.

984 Vgl. IFRS 9.BC86(b). An dieser Stelle wird wiederum deutlich, dass keine systematische Definition des OCI existiert, was einer klaren Abgrenzung von erfolgsneutral zu behandelnden Wertänderungen entgegensteht.

985 Vgl. für IAS 39.55(b) sowie KUHN, S./SCHARPF, P., Rechnungslegung von Financial Instruments, S. 158 f. für IAS 39 (2009). Vgl. IFRS 9.5.4.5 für die entsprechenden Regelungen nach IFRS 9. Nach IFRS 9 ist allerdings eine erfolgswirksame Erfassung explizit ausgeschlossen, sofern es sich eindeutig um eine Rückzahlung des Investments handelt, vgl. IFRS 9.BC86(a).

der resultierenden Wertänderung des Eigenkapitalinstruments ergeben.[986] Die bilanzielle Abbildung eines solchen Instruments wird anhand des folgenden Beispiels unter Berücksichtigung einer Dividendenausschüttung und der Ausbuchung des Instruments verdeutlicht.

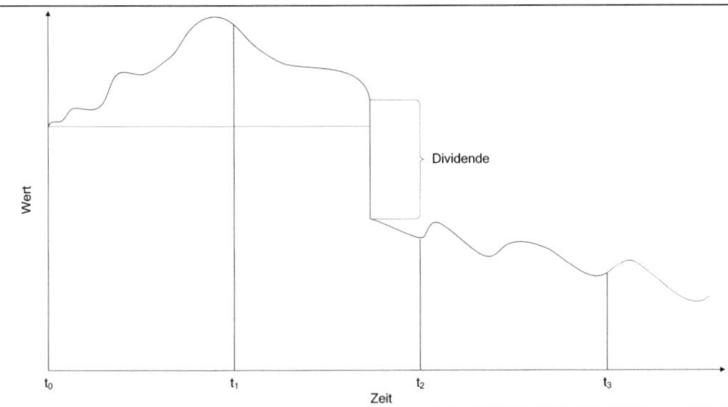


**Abbildung 4-5: Wertentwicklung eines Eigenkapitalinstruments**

Ein Unternehmen erwirbt im Ausgangszeitpunkt ($t_0$) eine Aktie, die der Kategorie Available-for-Sale beziehungsweise erfolgsneutral der Kategorie Fair Value zugeordnet wird. Annahmegemäß entwickelt sich der Wert des Eigenkapitalinstruments zunächst positiv, was in $t_1$ nach beiden Standards durch eine erfolgsneutrale Aufwertung abgebildet wird. Kurz vor dem nächsten Bilanzstichtag in $t_2$ wird eine Dividende ausgeschüttet, was sich in einer entsprechenden Abwertung der Aktie widerspiegelt. Nach beiden Standards wird die Dividende erfolgswirksam vereinnahmt. Allerdings kann die resultierende Abwertung des Instruments ausschließlich nach IAS 39 (2009) zu einem Impairment – also einer **erfolgswirksamen** Abwertung – führen.[987] Zum nächsten Bilanzstichtag $t_3$ wird das Eigenkapitalinstrument veräußert und ausgebucht.[988] Nach den Regelungen des IAS 39 (2009) wird im Rahmen der Ausbuchung die verbleibende OCI-Komponente erfolgswirksam innerhalb der Gesamtergeb-

[986] Mit der Ausschüttung der Dividende sinkt finanzierungstheoretisch der Aktienkurs um den Ausschüttungsbetrag, vgl. PRÄTSCH, J./LUDWIG, E./SCHIKORRA, U., Finanzmanagement, S. 49-53; FRIEND, I./PUCKETT, M., Dividends and Stock Prices, S. 656-663 sowie COPELAND, T./WESTON, J./SHASTRI, K., Finanzierungstheorie, S. 840-849. Empirisch wurde allerdings beobachtet, dass die Kursabschläge geringer ausfallen als die Dividendenausschüttung, vgl. etwa FRANK, M./JAGANNATHAN, R., Why do stock prices, S. 171-188. Die grundsätzliche und theoretisch fundierte technische Bewertung des Aktienkurses konnte indes auch in diesen empirischen Untersuchungen festgestellt werden, lediglich die Höhe der Kurskorrektur lag unter den erwarteten Werten. Die Höhe der Wertkorrektur kann hier für die weitere Argumentation negiert werden, weil sich hieraus kein Unterschied für die grundsätzliche Analyse der Bilanzierungsmethode ergibt.

[987] Eine solche Abwertung kommt nur dann in Betracht, wenn sich eine negative OCI-Komponente ergibt, in diesem Beispiel der Kurs also unter die Anschaffungskosten fällt. Andernfalls ergäbe sich kein Unterschied zwischen IAS 39 (2009) und IFRS 9.

[988] Die Veräußerung erfüllt hier annahmegemäß die Voraussetzungen für eine Ausbuchung. Vgl. hierzu Kapitel 5.

nisrechnung umgebucht.[989] Der IFRS 9 sieht für die Ausbuchung lediglich eine Umgliederung der OCI-Komponente innerhalb des Eigenkapitals vor.[990] Somit führen erfolgsneutral zum Fair Value bilanzierte Eigenkapitalinstrumente nach IFRS 9 zu einem verzerrten Ertragsausweis: Durch ein solches Instrument können erfolgswirksam nur Erträge ausgewiesen werden, die entsprechenden Aufwendungen in Form von Wertminderungen werden erfolgsneutral erfasst.[991] In dieser verzerrten Wiedergabe der Ertragslage besteht eine Schwäche der Regelung des IFRS 9 vor dem Hintergrund der Relevanz.

### 441.2 Analyse in Bezug auf das qualitative Kriterium Verlässlichkeit

#### 441.21 Überblick

Nachdem in Abschnitt 441.1 die Relevanz der Bewertungs- und Ausweiskonzeption der Rechnungslegung von Finanzinstrumenten analysiert wurde, wird nunmehr die Beurteilung vor dem Hintergrund der Verlässlichkeit fortgesetzt. In Bezug auf die Verlässlichkeit ist die Freiheit von wesentlichen Fehlern und verzerrenden Einflüssen gefordert – der Adressat muss sich darauf verlassen können, dass die Informationen glaubwürdig das darstellen, was sie vorgeben darzustellen oder was vernünftigerweise inhaltlich von ihnen erwartet werden kann.[992] Das Framework der Rechnungslegung der IFRS konkretisiert die Verlässlichkeit weitergehend durch Sekundärgrundsätze.[993] Zunächst wird hier wiederum die Verlässlichkeit der relevanten Bewertungsmaßstäbe analysiert. Anschließend wird die Verlässlichkeit des Ausweises beurteilt.

#### 441.22 Verlässlichkeit der implementierten Bewertungsmaßstäbe

##### 441.221. Verlässlichkeit der kostenbasierten Bewertung

Die kostenbasierten Bewertungsverfahren setzen auf dem durch eine Transaktion zwischen zwei Parteien ermittelten Transaktionspreis auf. Die Informationen beruhen somit auf vergangenen Zahlungsströmen.[994] Insofern stellen die Anschaffungskosten – die ohne Schätzungen des Managements auskommen – einen objektivierten Bewertungsmaßstab[995] dar.[996] Durch diese Objektivierung erfüllt eine anschaffungskostenbasierte Bewertung zum einen weitgehend die Anforderungen einer **glaubwürdigen Darstellung**,[997] zum anderen wird ein hohes

---

989 Vgl. IAS 39.55(b).

990 Vgl. IFRS 9.B5.12.

991 Die Regelungen zum Impairment sind nur noch auf Instrumente anzuwenden, die zu fortgeführten Anschaffungskosten bewertet werden, vgl. IFRS 9.5.2.2.

992 Vgl. F.31.

993 Vgl. Abschn. 212.34.

994 Vgl. zu den Implikationen dieser Vergangenheitsorientierung BAETGE, J., Möglichkeiten der Objektivierung, S. 169.

995 Zum Begriff der Objektivierung vgl. BAETGE, J., Möglichkeiten der Objektivierung, S. 167-173 sowie KOELEN, P., Investitionstheoretische Bewertungskalküle, S. 16-25.

996 Vgl. BAETGE, J./KIRSCH, H.-J./THIELE, S., Bilanzanalyse, S. 61.

997 Das Subkriterium der glaubwürdigen Darstellung ist dann gefährdet, wenn durch inhärente Notwendigkeiten zur Schätzung das Management subjektive Einschätzungen in die Bilanzierung einfließen lassen muss, vgl. PELLENS, B./FÜLBIER, R. U./GASSEN, J./SELLHORN, T., Internationale Rechnungslegung, S. 116.

Maß an **Neutralität** erreicht.[998] Die Forderung nach einer **wirtschaftlichen Betrachtungsweise** kann von den Anschaffungskosten ebenfalls erfüllt werden, eine Überbetonung der rechtlichen Verhältnisse sollte durch die Marktobjektivierung vermieden werden.[999] Als weiteren Sekundärgrundsatz sieht das Framework den Grundsatz der **Vorsicht** vor, wonach die Bewertung zutreffend, d. h. vorsichtig, vorgenommen werden muss. In diesem Zusammenhang sind insbesondere die Regelungen zur außerplanmäßigen Abschreibung relevant, weil hierdurch negative Ereignisse bilanziell erfasst werden, die ansonsten bei einer rein anschaffungskostenbasierten Bewertung nicht ersichtlich werden würden.[1000] Abschließend sieht der letzte Sekundärgrundsatz eine **vollständige** Wiedergabe der relevanten Informationen vor. An dieser Stelle können ebenfalls keine Schwächen des Bewertungsmaßstabs erkannt werden, da im Rahmen der marktobjektivierten Preisfindung alle relevanten Fakten Berücksichtigung finden sollten.

Zusammenfassend ergibt sich in Bezug auf die Verlässlichkeit ein positives Urteil für eine anschaffungskostenbasierte Bewertung. Bedingt durch den Vergangenheitsbezug und die Marktobjektivierung kann ein hohes Maß an Objektivierung erreicht werden, wodurch die Sekundärgrundsätze des Kriteriums der Verlässlichkeit im Wesentlichen erfüllt werden.

### 441.222. Verlässlichkeit des Fair Value

Für eine Beurteilung der Fair Value-Bewertung in Bezug auf die Verlässlichkeit ist ein differenziertes Vorgehen erforderlich. Die Wertermittlung des Fair Value wird auf Basis eines dreistufigen Prozesses vorgenommen, der Marktdaten favorisiert, in Ermangelung derartiger Daten allerdings auf Bewertungsverfahren zurückgreift.[1001] Daher werden hier in einem ersten Schritt die direkt auf aktiven Märkten beobachteten Preise, die als Fair Value Einzug in die Bewertung finden, beurteilt.

Fair Values, die auf der **ersten Stufe** einem aktiven Markt ermittelt wurden, können grundsätzlich als objektiviert bezeichnet werden, weil eine große Zahl repräsentativer und unabhängiger Marktteilnehmer ausschlaggebend für die Wertermittlung ist.[1002] Sofern etwa eine börsengehandelte Aktie zum Fair Value bewertet wird, kann der ermittelte Börsenkurs als objektivierter Wert angesehen werden. Durch dieses hohe Maß an Objektivierung können die Sekundärgrundsätze des Kriteriums der Verlässlichkeit im Wesentlichen erfüllt werden: Eine **glaubwürdige** und **neutrale** Darstellung wird sichergestellt, durch die Marktbewertung wer-

---

998 Das Subkriterium der Neutralität fordert die Freiheit von verzerrenden Einflüssen, etwa zur Verfolgung bestimmter Interessen durch das Management, vgl. Abschn. 212.34.

999 Das Subkriterium der wirtschaftlichen Betrachtungsweise verlangt, dass Geschäftsvorfälle oder Ereignisse nicht allein nach den rechtlichen Verhältnissen, sondern gemäß ihrem wirtschaftlichen Gehalt abgebildet werden, vgl. Abschn. 212.34.

1000 Weil durch die Impairment-Regeln eine einseitige Fair Value-Bewertung vorgenommen wird, wird in Bezug auf die weiteren Implikationen dieser Maßnahme auf den Abschnitt 441.222 verwiesen

1001 Vgl. zu der Fair Value-Hierarchie Abschn. 421.1.

1002 Vgl. BAETGE, J., DCF-Kalküle bei der Bilanzierung, S. 16 f.; BÖCKING, H.-J./DREISBACH, M./GROS, M., Der fair value als Wertmaßstab im Handelsbilanzrecht un den IFRS, S. 212; SCHILDBACH, T., Zeitwertbilanzierung, S. 587 sowie STREIM, H./BIEKER, M./ESSER, M., Entscheidungsnützliche Informationen durch Fair Values, S. 473.

den zudem negative Ereignisse zeitnah[1003] abgebildet, sodass der Sekundärgrundsatz der **Vorsicht** erfüllt werden kann. Auch in Bezug auf die abschließenden Sekundärgrundsätze der **Vollständigkeit** und der **wirtschaftlichen Betrachtungsweise** können keine Schwächen dieser idealtypischen Marktbewertung festgestellt werden.[1004] Indes existieren auch Schwächen des marktbasierten Fair Value: Um der obigen Interpretation zu genügen, muss es sich um ein auf einem vollkommenen und vollständigen Markt[1005] ermittelten Preis handeln.[1006] Allerdings wird auch ein auf einem aktiven Markt ermittelter Preis diese Voraussetzung nicht automatisch erfüllen.[1007] Vielmehr kann der Wert durch marktpsychologische Verzerrungen – also positive oder negative Blasenbildung – beeinflusst sein.[1008] Derartige Verzerrungen können etwa durch den Kauf oder Verkauf von großen Aktienpaketen oder Firmenübernahmen entstehen.[1009] Beispielsweise waren solche Verzerrungen im Oktober 2008 für die Aktie von Volkswagen beobachtbar, die aufgrund von Spekulationen zeitweise Kurssteigerungen von über 100 Prozent an einem Tag aufwies.[1010]

Sofern für ein Finanzinstrument kein aktiver Markt zur Verfügung steht, ist die Wertermittlung alternativ durch Bewertungsverfahren vorzunehmen.[1011] Hierbei wird auf der **zweiten Stufe** der Fair Value-Hierarchie zunächst auf Bewertungsverfahren zurückgegriffen, die **auf beobachtbaren Marktdaten basieren**. Derartige Bewertungen können etwa durch den Rückgriff auf unlängst aufgetretene Geschäftsvorfälle oder durch den Vergleich mit anderen, im Wesentlichen identischen Finanzinstrumenten vorgenommen werden.[1012] In diesem Zusammenhang werden „erhebliche Spielräume, die einer objektiven Bewertung entgegenstehen“[1013], konstatiert.[1014] Kritisch ist insbesondere die Freiheit des Bilanzierenden bezüglich der Auswahl der Vergleichsobjekte beziehungsweise der Vergleichsmärkte zu sehen.[1015] Beispielsweise könnte hier einer Anleihe, die nicht mehr an einem aktiven Markt gehandelt wird, auf Basis des Börsenkurses einer anderen Anleihe mit im Wesentlichen identischen

---

1003 Vgl. auch zur Zeitnähe BAETGE, J., DCF-Kalküle bei der Bilanzierung, S. 16.

1004 Durch die Preisbildung an einem aktiven Markt sollten alle relevanten Informationen vollständig und unter wirtschaftlichen Gesichtspunkten abgebildet werden.

1005 Zur Definition eines vollkommenen und vollständigen Markts vgl. PERRIDON, L./STEINER, M./RATHGEBER, A., Finanzwirtschaft, S. 538-540.

1006 Vgl. BALLWIESER, W./KÜTING, K./SCHILDBACH, T., Fair Value, S. 530 f.

1007 Vgl. KIRSCH, H.-J., Fair Value – quo vadis?, S. I; SCHILDBACH, T., IFRS – Irre Führendes Rechnungslegungs-System Teil 1, S. 14 f. sowie BALLWIESER, W./KÜTING, K./SCHILDBACH, T., Fair Value, S. 535 f.

1008 Vgl. BALLWIESER, W./KÜTING, K./SCHILDBACH, T., Fair Value, S. 534.

1009 Vgl. BAETGE, J., DCF-Kalküle bei der Bilanzierung, S. 16 f. Zu Paketzuschlägen allgemein vgl. BALLWIESER, W., Unternehmensbewertung, S. 200 f.

1010 Vgl. HACKHAUSEN, J./IWERSEN, S./KOLF, F./DRESCHER, R./AFHÜPPE, S., VW verzerrt den Markt.

1011 Vgl. Abschn. 421.1.

1012 Vgl. IAS 39.AG71 sowie OERTZEN, C. V., in: Beck IFRS-HB, Rz. 165.

1013 BAETGE, J., DCF-Kalküle bei der Bilanzierung, S. 17.

1014 Ähnlich äußern sich etwa BALLWIESER, W./KÜTING, K./SCHILDBACH, T., Fair Value, S. 535-538; BAETGE, J./BREMBT, T./BRÜGGEMANN, P., Mark-to-Model-Bewertung, S. 1005-1009 sowie BUNDESVERBAND DEUTSCHER BANKEN (Hrsg.), Lehren aus den Finanzmarktturbulenzen, Tz. 14-16.

1015 Vgl. BALLWIESER, W./KÜTING, K./SCHILDBACH, T., Fair Value, S. 536 f.

Zahlungsströmen bewertet werden. Durch die tendenziell geringe Objektivierung ist die Bewertung auf dieser Stufe der Fair Value-Hierarchie weniger verlässlich.[1016]

Auch auf der **dritten Stufe** der Fair Value-Hierarchie, die eine Wertermittlung durch Bewertungstechniken wie DCF-Verfahren[1017] vorsieht, bestehen Vorbehalte in Bezug auf die Verlässlichkeit der Wertermittlung.[1018] Ein spezielles Verfahren zur Wertermittlung wird durch die IFRS nicht vorgegeben, auch spezielle Vorgaben zu den Variablen (wie etwa dem Zinssatz)[1019] unterbleiben.[1020] Zudem wird insbesondere für Eigenkapitalinstrumente, die nicht über vertraglich fixierte Zahlungsströme verfügen,[1021] die Extrapolation der Zahlungsströme den Bilanzierenden vor Probleme stellen und ihm gleichzeitig weiteren Handlungsfreiraum eröffnen.[1022] Diese Probleme werden etwa bei der Bewertung von Anteilen an einer nicht börsengehandelten Personengesellschaft auftreten. Da die Freiheiten des Managements in Bezug auf die Wertermittlung auf der dritten Stufe der Fair Value-Hierarchie im Vergleich zu den soeben beschriebenen Vergleichsverfahren sogar noch gestiegen sind, wird die Objektivierung dieses Fair Value tendenziell weiter gesunken sein, sodass ihm eine noch geringere Verlässlichkeit zu attestieren wäre.[1023]

Zusammenfassend kann festgehalten werden, dass, während die Verlässlichkeit von Fair Values, die auf einem aktiven Markt ermittelt wurden, als akzeptabel bezeichnet werden kann, diese Verlässlichkeit auf den weiteren Stufen der Fair Value-Hierarchie sukzessive ab-

---

1016 Vgl. BAETGE, J., DCF-Kalküle bei der Bilanzierung, S. 17; WATRIN, C./SCHOLZ, A., in: HdJ, Abt. II/8 (2006), Rz. 162 sowie PRICEWATERHOUSECOOPERS (Hrsg.), Measuring Assets and Liabilities, S. 6, die in einer Befragung Vorbehalte von Investoren gegenüber derartigen Wertmaßstäben feststellen konnten.

1017 Vgl. insg. kritisch zu dem Verfahren KIRSCH, H.-J./KRAUSE, C., Kritische Überlegungen zur DCF-Methode, S. 795-809.

1018 Vgl. BIEG, H./BOFINGER, P./KÜTING, K./KUßMAUL, H./WASCHBUSCH, G./WEBER, C.-P., Saarbrücker Initiative gegen den Fair Value, S. 2543 f.

1019 Für eine Vorgabe in diesem Bereich spricht sich auch KIRSCH aus, vgl. KIRSCH, H.-J., Fair Value – quo vadis?, S. I. Zur Ermittlung des Kapitalisierungszinssatzes (im Kontext der Unternehmensbewertung) vgl. SCHULZ, R., Größenabhängige Risikoanpassungen, S. 17-42.

1020 KÜMMEL kommt in seiner Arbeit zu dem Ergebnis, dass die „Möglichkeiten zur Objektivierung der Einflussfaktoren" insgesamt eingeschränkt sind. „Da die Verlässlichkeit der sich aus diesen Einflussfaktoren ergebenden Barwerte von der Verlässlichkeit der Einflussfaktoren abhängt, sind demzufolge auch die Möglichkeiten der Objektivierung der Barwerte [...] eingeschränkt", vgl. KÜMMEL, J., Fair Value-Ermittlung, S. 189 f. [ausgelassen durch den Autor]. Auch die Extrapolation künftiger Zahlungsströme ist (insbesondere bei Eigenkapitalinstrumenten) mit besonderen Problemen verbunden. Vgl. grundsätzlich zur Objektivierung künftiger Zahlungsströme bei einer Bewertung nach IFRS KIRSCH, H.-J., Objektivierung künftiger Zahlungsströme, S. 370-377.

1021 Vgl. zur Differenzierung vertraglicher und nicht vertraglicher Zahlungsströme KÜMMEL, J., Fair Value-Ermittlung, S. 169.

1022 Vgl. BAETGE, J., DCF-Kalküle bei der Bilanzierung, S. 18.

1023 Vgl. BAETGE, J., DCF-Kalküle bei der Bilanzierung, S. 17-23; KREHER, M., Komplexität und Dynamik der Rechnungslegung, S. 224-229; BIEG, H./BOFINGER, P./KÜTING, K./KUßMAUL, H./WASCHBUSCH, G./WEBER, C.-P., Saarbrücker Initiative gegen den Fair Value, S. 2543; STREIM, H./BIEKER, M./ESSER, M., Entscheidungsnützliche Informationen durch Fair Values, S. 473; DOHRN, M., Entscheidungsrelevanz des Fair Value-Accounting, S. 234; LÜDENBACH, N./FREIBERG, J., Zweifelhafter Objektivierungsbeitrag, S. 441-445; RUHNKE, K./SCHMIDT, M., Fair Value und Wirtschaftsprüfung, S. 579 f. sowie SCHILDBACH, T., Fair value-Statik, S. 592.

nimmt.[1024] Bereits auf der zweiten Stufe der Fair Value-Hierarchie ist die Verlässlichkeit im Einzelfall kritisch zu hinterfragen.[1025]

### 441.23 Verlässlichkeit des Ausweises

Für die Beurteilung der Verlässlichkeit des Ausweises wird an dieser Stelle wiederum die Darstellung der Wertänderungen analysiert.[1026] In diesem Zusammenhang ist in IFRS 9 ein Wahlrecht zum erfolgsneutralen Ausweis von Fair Value-Änderungen von Eigenkapitalinstrumenten normiert. Wahlrechte sind vor dem Hintergrund der Verlässlichkeit kritisch, weil dem Management die Möglichkeit zur manipulativen Ausnutzung dieser Wahlmöglichkeiten offen steht.[1027] Somit wird hier das Subkriterium der **Neutralität** durch IFRS 9 nur bedingt erfüllt. Gleichzeitig werden durch die eventuell manipulative Ausübung des Wahlrechts die **Glaubwürdigkeit der Darstellung** und das **Vorsichtsprinzip** geschwächt. Diese Gefahr erscheint hier besonders eklatant zu sein: Ein Unternehmen wird nach IFRS 9, bedingt durch die erfolgswirksame Erfassung von Dividenden, aus derartigen Instrumenten in dem erfolgswirksamen Teil der Gesamtergebnisrechnung ausschließlich Erträge generieren; Wertminderungen werden im erfolgsneutralen Teil der Gesamtergebnisrechnung erfasst.[1028] Auch eine spätere erfolgswirksame Umbuchung der erfolgsneutralen Bestandteile unterbleibt. Das Management könnte das Wahlrecht vor dem Hintergrund dieser verzerrten Ergebnisdarstellung ausnutzen.

Für die übrigen Subkriterien der **wirtschaftlichen Betrachtungsweise** und der **Vollständigkeit** sind keine wesentlichen Unterschiede zwischen den Regelungen feststellbar. Sowohl in IAS 39 (2009) als auch in IFRS 9 ist keine Überbetonung der rechtlichen Verhältnisse oder die Auslassung von relevanten Informationen erkennbar. Zusammenfassend sind daher in Bezug auf die Verlässlichkeit des Ausweises Vorteile des IAS 39 (2009) erkennbar, die insbesondere aus der Umsetzung der erfolgsneutralen Folgebewertung in IFRS 9 und der bilanziellen Behandlung von Dividenden resultieren.

### 441.3 Analyse in Bezug auf das qualitative Kriterium Vergleichbarkeit

Das Kriterium der **Vergleichbarkeit** fordert zum einen die intertemporale Vergleichbarkeit von Abschlüssen eines Unternehmens, zum anderen müssen die Abschlüsse unterschiedlicher Unternehmen miteinander vergleichbar sein.[1029] Für die Bewertung von Finanzinstrumenten ist hier insbesondere die Verschiebung zwischen den Bewertungsmaßstäben durch die Neu-

---

1024 Vgl. BIEG, H./BOFINGER, P./KÜTING, K./KUßMAUL, H./WASCHBUSCH, G./WEBER, C.-P., Saarbrücker Initiative gegen den Fair Value, S. 2543.

1025 Vgl. BAETGE, J., DCF-Kalküle bei der Bilanzierung, S. 17.

1026 In Abschn. 441.23 wurde bereits hergeleitet, dass sich in Bezug auf den bilanziellen Ausweis keine wesentlichen Änderungen ergeben.

1027 Vgl. Abschn. 341.2.

1028 Vgl. Abschn. 441.14.

1029 Vgl. Abschn. 212.35.

beurteilung der Kategorisierung ausschlaggebend.[1030] Um hier ein Gesamturteil abgeben zu können, ist zunächst die Vergleichbarkeit der jeweiligen Bewertungsmaßstäbe zu beurteilen.

Die **anschaffungskostenbasierte Bewertung** stellt einen objektivierten Bewertungsmaßstab dar. Zwei Unternehmen, die an einem identischen Zeitpunkt ein Finanzinstrument auf demselben Markt erwerben, werden daher eine identische anschaffungskostenbasierte Bewertung aufweisen. Dies wirkt sich positiv auf die unternehmensübergreifende Vergleichbarkeit aus. Indes ergibt sich durch dieses Vorgehen eine Schwäche in Bezug auf die intertemporale Vergleichbarkeit. Sofern ein Finanzinstrument im Zeitpunkt $t_0$ erworben wurde und im Zeitpunkt $t_1$ (nach einem Kursanstieg) ein weiteres, gleichartiges Finanzinstrument erworben wird, werden die identischen Instrumente mit unterschiedlichen Bilanzwerten angesetzt. Die Bewertung ist somit vom Anschaffungszeitpunkt abhängig.

Für die **Fair Value-Bewertung** ergibt sich ein differenziertes Bild in Abhängigkeit von der Ermittlung des Fair Value auf den unterschiedlichen Stufen der Fair Value-Hierarchie.[1031] Sofern der Fair Value auf der ersten Stufe auf einem aktiven Markt ermittelt wurde, kann sowohl die intertemporale als auch die unternehmensübergreifende Vergleichbarkeit weitgehend gewährleistet werden. Durch die Ermittlung des Preises an einem aktiven Markt zu jedem Bilanzstichtag ergibt sich kein Unterschied durch den Anschaffungszeitpunkt, sodass die intertemporale Vergleichbarkeit gestärkt wird. Ferner werden zwei Unternehmen ein identisches Finanzinstrument mit demselben Wert ansetzen, was der unternehmensübergreifenden Vergleichbarkeit zuträglich ist.[1032] Sofern der Fair Value allerdings auf einer anderen Stufe der Fair Value-Hierarchie ermittelt wird, ist diese positive Beurteilung nur noch eingeschränkt zutreffend. Bedingt durch Schwächen der Wertermittlung im Bereich der Objektivierung kann die unternehmensübergreifende Vergleichbarkeit nicht sichergestellt werden.[1033]

Für die Beurteilung der Vergleichbarkeit der Bewertung von Finanzinstrumenten ergibt sich somit ein differenziertes Bild. In Abschnitt 441.136. wurde hergeleitet, dass durch IFRS 9 wohl eher eine Ausweitung der Fair Value-Bilanzierung zu erwarten ist. Sofern diese Fair Value-Bewertung auf marktbezogenen Werten basiert, kann hierin ein Vorteil sowohl für die intertemporale als auch für die unternehmensübergreifende Vergleichbarkeit gesehen werden. Indes ist insbesondere durch den Wegfall der Cost-Exemption eine zunehmende Nutzung von Fair Values, die nicht auf einem aktiven Markt ermittelt wurden, zu erwarten. Das positive Bild würde somit geschwächt, weil derartige Werte, vor allem in Bezug auf die unternehmensübergreifende Vergleichbarkeit, mit Schwächen verbunden sind.

---

1030 An dieser Stelle werden keine Umgliederungen im Rahmen der erstmaligen Umstellung auf IFRS 9 betrachtet. Vielmehr werden die grundlegenden Kategorisierungskonsequenzen betrachtet.

1031 Vgl. hierzu DOHRN, M., Entscheidungsrelevanz des Fair Value-Accounting, S. 196-199.

1032 Hierbei ist allerdings die Annahme zu treffen, dass die Unternehmen denselben Markt zur Preisfindung nutzen.

1033 Vgl. zur Objektivität der Wertermittlung Abschn. 441.222. Die Schwäche ergibt sich insbesondere im unternehmensübergreifenden Bereich, weil ein Unternehmen intertemporal grundsätzlich stetig bilanzieren muss, vgl. WAWRZINEK, W., in: Beck IFRS-HB, Rz. 38.

Die Vergleichbarkeit der **Ausweisregeln** wird in beiden Standards wesentlich durch die implementierten Wahlrechte beeinflusst. Nach IFRS 9 wirkt sich hierbei das Wahlrecht zur erfolgsneutralen Folgebewertung von Eigenkapitalinstrumenten aus.[1034] Durch diese Option können die Wertänderungen identischer Finanzinstrumente unterschiedlich behandelt werden, zudem ist das Wahlrecht nicht an bestimmte Anwendungsvoraussetzungen geknüpft. Daher kann nicht davon ausgegangen werden, dass unterschiedliche Unternehmen die Option identisch nutzen. Hierin ist eine Schwächung der unternehmensübergreifenden Vergleichbarkeit erkennbar. Diesem Wahlrecht steht indes die Kategorisierungsoption als Available-for-Sale des IAS 39 (2009) gegenüber.[1035] Auch in diesem Fall ist ein Wahlrecht implementiert, durch das Einfluss auf den Ausweis von Finanzinstrumenten ausgeübt werden kann. Ein klarer Vorteil eines Standards kann daher nicht ausgemacht werden.

### 441.4 Zwischenfazit in Bezug auf die Entscheidungsnützlichkeit der Bewertung

Ein Urteil in Bezug auf die **Relevanz der Bewertung** von Finanzinstrumenten kann auf Basis der bisher abgeleiteten Implikationen getroffen werden. Hinsichtlich der alternativen Bewertungsmaßstäbe kann von einer grundsätzlich höheren Relevanz der marktbasierten Fair Value-Bewertung im Vergleich zur anschaffungskostenbasierten Bewertung ausgegangen werden. Für die weiteren Stufen der Fair Value-Hierarchie konnte allerdings kein eindeutiges Urteil festgestellt werden, lediglich ein erhöhter Zukunftsbezug kann der Fair Value-Bewertung insgesamt bescheinigt werden.[1036] In Kombination mit der wohl eher ausgeweiteten Fair Value-Bilanzierung durch IFRS 9 kann daher auch von einem gestiegenen Zukunftsbezug der Bewertung von Finanzinstrumenten ausgegangen werden. Für die Relevanz der Bewertung von Finanzinstrumenten kann allerdings kein abschließendes Urteil gefällt werden, weil durch die hergeleiteten Verschiebungen zwischen den Bewertungsmaßstäben nicht die Stufe der Wertermittlung in der Fair Value-Hierarchie abgeleitet werden kann. Allerdings ist der Abschaffung der Cost-Exemption besondere Aufmerksamkeit zu widmen. Diese Ausnahme sah in IAS 39 (2009) einen Rückgriff auf die Anschaffungskosten vor, sofern die Fair Value-Ermittlung direkt gegen das Kriterium der Verlässlichkeit verstoßen hätte.[1037] Durch die Abschaffung der Cost-Exemption könnten auf der dritten Stufe der Fair Value-Hierarchie ermittelte Werte verstärkt genutzt werden müssen.

In Bezug auf die **Verlässlichkeit der Bewertung** kann für die alternativen Bewertungsmaßstäbe von einer höheren Verlässlichkeit der anschaffungskostenbasierten Bewertung im Vergleich zur Fair Value-Bewertung ausgegangen werden.[1038] Vor dem Hintergrund der in Abschnitt 441.136. hergeleiteten Ausweitung der Fair Value-Bewertung sind daher Nachteile des IFRS 9 erkennbar, da dieser durch die wohl ausgeweitete Fair Value-Bewertung die Verlässlichkeit der Bewertung von Finanzinstrumenten schmälert. Die Abschaffung der Cost-

[1034] Vgl. Abschn. 432.3.
[1035] Vgl. Abschn. 331.25.
[1036] Vgl. Abschn. 441.12.
[1037] Vgl. Abschn. 422.1.
[1038] Vgl. Abschn. 441.22.

Exemption wirkt sich hierbei besonders stark aus, da der Bilanzierende nunmehr gezwungen ist, auch einen nicht verlässlich ermittelten Fair Value in der Bilanz abzubilden.[1039] Da nicht verlässliche Werte keine entscheidungsnützlichen Informationen liefern können, sollte der Standardsetter die Regelung an dieser Stelle überarbeiten. Die Cost-Exemption des IAS 39 (2009) sollte nach der hier vertretenen Ansicht auch in IFRS 9 implementiert werden.

Zusammenfassend kann festgehalten werden, dass durch die Überarbeitung der Bilanzierung von Finanzinstrumenten durch IFRS 9 ein verstärkter Zukunftsbezug der Bewertung zulasten der Verlässlichkeit durchgesetzt wurde. Ob hierdurch auch die Relevanz der Bewertung verbessert wurde, bleibt abzuwarten. Allerdings könnte es zu einer verstärkten Nutzung von Fair Values kommen, die nicht auf der ersten Stufe der Fair Value-Hierarchie ermittelt wurden, was sich negativ auf die Relevanz der Bewertung auswirken würde.

Für die **Vergleichbarkeit der Bewertung** wurde festgestellt, dass durch die wohl eher ausgeweitete Fair Value-Bewertung die Vergleichbarkeit gestärkt werden könnte, sofern es sich um einen auf einem aktiven Markt ermittelten Fair Value handelt. Allerdings ist zu erwarten, dass zunehmend Fair Values genutzt werden, die nicht auf der ersten Stufe der Fair Value-Hierarchie ermittelt wurden. Das positive Bild ist daher entsprechend zu relativieren.

Für den **Ausweis** von Finanzinstrumenten sind Schwächen des IFRS 9 deutlich geworden, der im Rahmen der Erfassung von Wertänderungen erfolgsneutral folgebewerteter Eigenkapitalinstrumente zu einer verzerrten Ergebnisdarstellung führen könnte. Zu einer verzerrten Ergebnisdarstellung kann es kommen, weil Dividenden in jedem Fall erfolgswirksam erfasst werden, indes keine Impairment-Prüfung mehr vorgesehen ist, durch die der resultierende Kursrückgang des Instruments unter Umständen kompensierend erfolgswirksam auszuweisen wären.[1040] Zudem wurde eine fehlende systematische Trennung der erfolgsneutralen und erfolgswirksamen Bestandteile der Gesamtergebnisrechnung festgestellt, auch die Umsetzung der erfolgsneutralen Folgebewertung als Wahlrecht ist kritisch zu betrachten. Die in beiden Standards vorgesehene erfolgsneutrale Folgebewertung ist daher insgesamt verbesserungsbedürftig. Dem Standardsetter wird hier empfohlen, zunächst eine systematische Trennung der erfolgswirksamen und erfolgsneutralen Bestandteile der Gesamtergebnisrechnung zu erarbeiten. Darauf aufbauend sollte das Wahlrecht des IFRS 9 durch eine klare Definition von verpflichtend erfolgsneutral zu behandelnden Sachverhalten ersetzt werden.

---

1039 In anderen Bereichen der Rechnungslegung nach IFRS ist die Verlässlichkeit der Wertermittlung teils sogar als Ansatzkriterium vorgesehen, vgl. für immaterielle Vermögenswerte etwa KURZ, L., Bilanzierung von Klimaschutzprojekten, S. 129-131. Die in IFRS 9 vorgesehene Nutzung der Anschaffungskosten als Schätzer des Fair Value kann nicht als gleichwertiger Ersatz der Cost-Exemption angesehen werden, vgl. Abschn. 432.3.

1040 Vgl. Abschn. 441.14.

## 442. Vergleichende Analyse des IAS 39 (2009) und des IFRS 9 in Bezug auf die Komplexität

### 442.1 Analyse in Bezug auf die Kriterien der Vielzahl und Vielfalt

Für die Beurteilung des Komplexitätsgrads der Regelungen werden wiederum die in Abschnitt 23 hergeleiteten Kriterien herangezogen. Dort wurde auch festgestellt, dass durch die Komplexität einer Regelung gleichzeitig deren Verständlichkeit approximiert werden kann.

Durch die **Vielzahl** einer Regelung wird zunächst die bloße Anzahl relevanter Ausprägungen analysiert, ohne hierbei die Unterschiedlichkeit der jeweiligen Ausprägungen in die Betrachtung einzubeziehen. Erst durch die Analyse der **Vielfalt** wird der Grad der Unterschiedlichkeit in der Betrachtung berücksichtigt.[1041]

In Bezug auf die Bewertung der **Vielzahl** ergeben sich für die **Bewertung** von Finanzinstrumenten keine wesentlichen Unterschiede zwischen IAS 39 (2009) und IFRS 9. Die Anzahl der implementierten Wertmaßstäbe unterscheidet sich zwischen den beiden Standards nicht, es wird jeweils auf die anschaffungskostenbasierte Bewertung und auf den Fair Value zurückgegriffen.[1042] Die Komplexitätswirkung ist hierbei aus der Sichtweise des Bilanzierenden und der des Bilanzadressaten identisch.

Fraglich ist, ob sich bedingt durch die zusätzlichen Anwendungsfälle der Fair Value-Bilanzierung – insbesondere durch den Wegfall der Cost-Exemption – eine erhöhte Anzahl **anzuwendender Bewertungsverfahren** ergibt. Durch die nunmehr erforderliche Fair Value-Bewertung von Instrumenten, die nach IAS 39 (2009) auf Basis der Cost Exemption durch ihre Anschaffungskosten bewertet wurden, müssen einzelne Unternehmen nach IFRS 9 wohl neue und zusätzliche Bewertungsverfahren verwenden.[1043] Die komplexitätssteigernden Implikationen dieser Veränderungen werden für den Bilanzierenden problematisch sein, der die neuen Verfahren anwenden muss. Beispielsweise werden einige Unternehmen Anteile an Personengesellschaften zum Fair Value ansetzen müssen, die nach IAS 39 (2009) durch die Cost-Exemption zu Anschaffungskosten bewertet werden konnten.[1044] Auch für den Bilanzadressaten entstehen hieraus neue Komplexitätsquellen, weil der Adressat die Verfahren kennen muss, um Bewertungsspielräume des Managements einschätzen zu können.

Die **Vielfalt der Bewertung** von Finanzinstrumenten ist zwischen den Standards ebenfalls vergleichbar. Beide Standards greifen auf identische Wertmaßstäbe zurück, deren Ermittlung durch die hier relevante Neuregelung nicht angepasst wird. Wiederum könnten indes Unter-

1041 Vgl. Abschn. 23.

1042 Zwar wurde durch IFRS 9 die reine Anschaffungskostenbewertung abgeschafft, nunmehr sind lediglich die fortgeführten Anschaffungskosten vorgesehen, vgl. Abschn. 432.2. Indes stellen die fortgeführten Anschaffungskosten lediglich eine Weiterentwicklung der reinen Anschaffungskosten dar. Daher sollen die Anschaffungskosten und die fortgeführten Anschaffungskosten als anschaffungskostenbasierte Bewertung hier lediglich als ein Bewertungsverfahren interpretiert werden.

1043 So auch MÄRKL, H./SCHABER, M., IFRS 9, S. 74.

1044 Vgl. hierzu Abschn. 441.132.

schiede für individuelle Unternehmen auftreten, die neue und zusätzliche Bewertungsverfahren einsetzen müssen. In diesem Zusammenhang ist wohl auch eine erhöhte Unterschiedlichkeit der eingesetzten Bewertungsverfahren zu erwarten.[1045] Hierbei stellen sich die Auswirkungen auf den Bilanzierenden und den Bilanzadressaten wie für die Vielzahl der Bewertung beschrieben dar.

In Bezug auf den **Ausweis** von Finanzinstrumenten weisen die Standards keine wesentlichen Unterschiede auf. Durch IFRS 9 wird lediglich der Ausweis der Wertänderungen angepasst, wobei ausschließlich auf bereits nach IAS 39 (2009) relevante Ausweismöglichkeiten zurückgegriffen wird. Die Vielzahl und Vielfalt der Regelung wird hierdurch nicht tangiert.

### 442.2 Analyse in Bezug auf die Kriterien der Vieldeutigkeit und Veränderlichkeit

Abschließend wird nunmehr die Vieldeutigkeit und Veränderlichkeit der Bewertung und des Ausweises von Finanzinstrumenten beurteilt. Im Zusammenhang mit der Vieldeutigkeit einer Regelung wird deren Eindeutigkeit analysiert, fraglich ist also, ob die Norm eindeutig formuliert ist oder ob Interpretationen nötig beziehungsweise möglich sind.[1046] Das Kriterium der Veränderlichkeit betrachtet die Dynamik des Gesamtsystems.[1047]

Für eine Analyse der **Vieldeutigkeit der Bewertung** ist die Frage nach der Interpretierbarkeit der Bewertung zu beantworten. Diese Fragestellung ähnelt der Analyse der Verlässlichkeit der Bewertung.[1048] Dort wurden zunächst Schwächen der Fair Value-Bewertung abgeleitet, die daher eine höhere Vieldeutigkeit impliziert: Die Auslegungsmöglichkeiten des Bilanzierenden bei der Wertermittlung wurden in der Literatur häufig kritisch angemahnt.[1049] Diese kritische Einstellung wird insbesondere einem Fair Value, der nicht auf aktiven Märkten ermittelt werden konnte, entgegengebracht. Die anschaffungskostenbasierte Bewertung ist hingegen verlässlich und eindeutig definiert.[1050] Die Fair Value-Bewertung wird durch IFRS 9 wohl eher ausgeweitet, speziell die Nutzung von nicht auf aktiven Märkten ermittelten Fair Values dürfte zunehmen.[1051] In Bezug auf die Beurteilung der Bewertung von Finanzinstrumenten ergeben sich Schwächen hinsichtlich der Verlässlichkeit, die sich folglich in einer

---

1045 Vgl. zur Bedeutung des Fair Value als Komplexitätstreiber der Rechnungslegung nach IFRS allgemein auch MEYER, H./BRAUN, R., Fair Value als Treiber der Komplexität, S. 1779-1782.

1046 Vgl. Abschn. 223.4.

1047 Vgl. Abschn. 223.5.

1048 Vgl. hierzu Abschn. 23.

1049 Vgl. KIRSCH, H.-J., Fair Value – quo vadis?, S. I; BAETGE, J., DCF-Kalküle bei der Bilanzierung, S. 16-23; BIEG, H./BOFINGER, P./KÜTING, K./KUßMAUL, H./WASCHBUSCH, G./WEBER, C.-P., Saarbrücker Initiative gegen den Fair Value, S. 2543-2546; KING, A., Why Fair Value Accounting Can't Work, S. 53-55; SCHRUFF, W., Subprime Krise, S. 570 f.; BALLWIESER, W./KÜTING, K./SCHILDBACH, T., Fair Value, S. 535-541 sowie STREIM, H./BIEKER, M./ESSER, M., Entscheidungsnützliche Informationen durch Fair Values, S. 472-475.

1050 Vgl. Abschn. 441.221.

1051 Vgl. Abschn. 441.136. Der IASB spricht diesen Sachverhalt in der Basis for Conclusion selbst an, rechtfertigt das Vorgehen allerdings durch die vermeintlich resultierende geringere Kategorisierungskomplexität, vgl. IFRS 9.BC76(c).

höheren Vieldeutigkeit des IFRS 9 widerspiegeln. Die zunehmende Komplexität ist wiederum sowohl für den Bilanzierenden als auch für den Bilanzadressat kritisch.

Für die Vieldeutigkeit des **Ausweises** sind keine wesentlichen Unterschiede erkennbar. Beide Standards nutzen grundsätzlich dieselben Ausweisalternativen und verweisen zum konkreten Ausweis in der Bilanz und der Gesamtergebnisrechnung auf IAS 1. Unterschiede bestehen lediglich in Bezug auf die konkrete Nutzung dieser Ausweisalternativen. Die Vieldeutigkeit der Regelung wird daher nicht wesentlich verändert.

Für die Bewertung und den Ausweis von Finanzinstrumenten ergibt sich bezüglich der **Veränderlichkeit** zunächst ein positives Bild der Überarbeitung, weil keine wesentlichen Veränderungen der Bewertungs- und Ausweiskonzeption vorgenommen werden. Die vornehmlichen Veränderungen durch IFRS 9 beziehen sich auf die Kategorisierung von Finanzinstrumenten. Die Bewertungsmaßstäbe und deren Ermittlung sowie die grundsätzlichen Ausweisregeln wurden nicht angepasst. Indes ist bereits absehbar, dass eine Überarbeitung der Bewertungsregelungen stattfinden wird, was zu einer zusätzlichen Regulierungsdynamik führen könnte.[1052]

### 442.3 Zwischenfazit in Bezug auf den Komplexitätsgard der Bewertung

Zusammenfassend kann festgehalten werden, dass die **Komplexität der Bewertung** von Finanzinstrumenten durch IFRS 9 eher gestiegen ist. Dies ist insbesondere durch die wohl ausgeweitete Fair Value-Bewertung zu begründen, wobei insbesondere zusätzliche nicht marktbasierte Fair Values ermittelt werden müssen. Daher werden Unternehmen auch die Beteiligungen, für die nach IAS 39 (2009) die Fair Value-Ermittlung durch die Cost-Exemption umgangen werden konnte, bewerten müssen.

In Bezug auf die **Komplexität des Ausweises** konnten keine wesentlichen Unterschiede zwischen den Standards festgestellt werden, da beide auf identische Ausweisalternativen zurückgreifen.

[1052] Vgl. Abschn. 421.4.

# 5 Ausbuchung finanzieller Vermögenswerte

## 51 Einordnung des Exposure Draft in das Projekt Replacement of IAS 39

Nachdem die Regelungen zu dem Ansatz, der Klassifizierung und der Bewertung von Finanzinstrumenten beschrieben wurden, ist abschließend die Frage zu beantworten, wann ein Finanzinstrument ausgebucht wird. Der IASB hat im März 2009 eine Überarbeitung der Ausbuchungsregeln auf den Weg gebracht,[1053] die Kommentierungsperiode des Exposure Draft endete am 31.07.2009. Die Umsetzung des Exposure Draft in den Standard wurde allerdings vorerst verschoben, da die Staats- und Regierungschefs der G20 im Zusammenhang mit der Finanzkrise den Standardsetter im April 2009 dazu aufgefordert haben, die Bilanzierung von Finanzinstrumenten **grundlegend** zu überarbeiten.[1054] Daraufhin hat der IASB ein grundlegendes Projekt zum Ersatz von IAS 39 gestartet, aus dem bereits IFRS 9 in einem ersten Teilschritt entstanden ist. Die Änderungen der Ausbuchungsregeln sollen in einem späteren Projektschritt in IFRS 9 einfließen. Bis diese Änderungen in Kraft treten, sind – auch für IFRS 9 – die aktuellen Regelungen des IAS 39 (2009) relevant.

## 52 Grundlegende Konzepte zur Ausbuchung eines Finanzinstruments

Für die Ausbuchung eines Finanzinstruments kann die Prüfung auf Basis von verschiedenen grundlegenden Konzeptionen vorgenommen werden. Zu unterscheiden ist hier zwischen dem

1. **Risk and Reward-Konzept** und dem
2. **Control and Continuing Involvement-Konzept**.

Der erste Ansatz betrachtet primär die Risikoposition eines Unternehmens in Bezug auf ein Finanzinstrument. Sofern dem Unternehmen noch wirtschaftliche Chancen und Risiken aus dem Instrument zuzurechnen sind, käme eine Ausbuchung demnach nicht infrage.[1055]

Der zweite Ansatz stellt die Frage in den Vordergrund, ob ein Unternehmen weiterhin die Verfügungsmacht über das Finanzinstrument hat oder ob vertragliche Rechte und Pflichten zurückbehalten worden sind. Insofern werden durch den zweiten Ansatz die vertraglichen Vereinbarungen stärker berücksichtigt, während das Risk and Reward-Konzept eine eher wirtschaftliche Betrachtungsweise einnimmt, um die Risikoposition des Unternehmens zu analysieren.

Während IAS 39 (2009) Elemente beider Ansätze implementiert,[1056] soll durch den Exposure Draft nur noch das Control and Continuing Involvement-Konzept genutzt werden.[1057]

---

[1053] Vgl. IASB (Hrsg.), ED: Derecognition. Es handelt sich hierbei um ein gemeinsames Projekt mit dem US-amerikanischen Standardsetter FASB. Vgl. zu den Vereinheitlichungsbestrebungen IASB/FASB (Hrsg.), Norwalk Agreement. Zu dem expliziten Ziel dieses Projekts vgl. auch DOLECZIK, G./FÄRBER, M., ED: Derecognition, S. 1193.

[1054] Vgl. Abschn. 31 für den Ablauf des Projekts zum Ersatz von IAS 39 sowie für einen Überblick der Änderungen, die an IAS 39 im Zusammenhang mit der Finanzkrise bereits vorgenommen wurden.

[1055] Vgl. JENSEN-NISSEN, L., IAS 32/IAS 39, S. 245-247.

## 53 Ausbuchung nach IAS 39 (2009)

### 531. Überblick

Die Ausbuchung eines Finanzinstruments definieren die IFRS als „die Entfernung eines finanziellen Vermögenswerts oder einer finanziellen Verbindlichkeit aus der Bilanz eines Unternehmens“[1058].

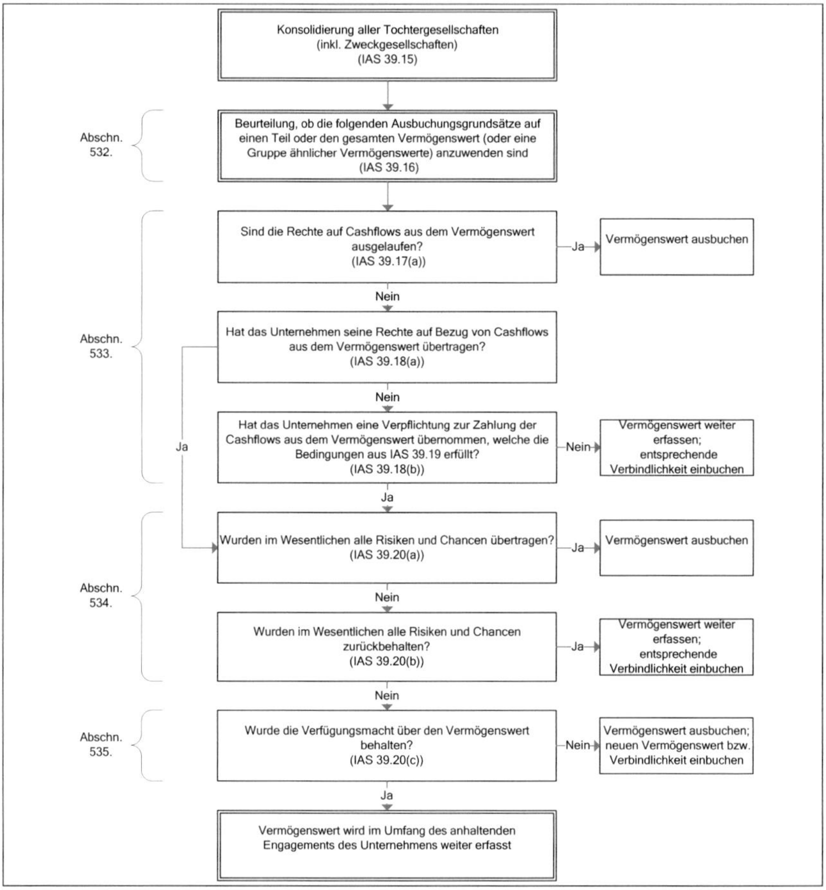


**Abbildung 5-1: Prüfungsablauf zur Ausbuchung eines Finanzinstruments nach IAS 39 (2009)**[1059]

---

[1056] Vgl. WATRIN, C./STRUFFERT, R., Ausbuchungsregeln, S. 238 sowie PAPE, J./BOGAJEWSKAJA, J./BORCHMANN, T., Der Standardentwurf des IASB zur Änderung von IAS 32 und IAS 39, S. 222.

[1057] Vgl. IASB (Hrsg.), ED: Derecognition, IN2 sowie IN11.

[1058] IAS 39.9.

Im Folgenden wird der Prüfungsablauf nach IAS 39 (2009) dargestellt. Hierfür sind diverse Prüfungsschritte vorgesehen, die grafisch anhand der obigen Abbildung 5-1 veranschaulicht und in den anschließenden Unterabschnitten sukzessive erläutert werden. Die Ausbuchung soll basierend auf einer wirtschaftlichen Betrachtungsweise vorgenommen werden, allerdings stellt die Definition von objektiven Kriterien für die Ausbuchung ein komplexes Problem dar. Nach IAS 39 (2009) werden hierfür Bestandteile aus den beiden im vorigen Abschnitt 52 erläuterten Ansätzen (Risk and Reward-Konzept; Control and Continuing Involvement-Konzept) kombiniert.

### 532. Anwendung auf einen Teil oder auf den gesamten Vermögenswert

Nach der Abgrenzung des Konsolidierungskreises ist im nächsten Schritt aufbauend auf der konsolidierten Bilanz zu prüfen,[1060] ob die Regelungen zur Ausbuchung auf einen finanziellen Vermögenswert (beziehungsweise eine Gruppe ähnlicher Vermögenswerte) insgesamt oder nur auf einen Teil anzuwenden sind. Hierdurch soll sichergestellt werden, dass die relevanten Komponenten für die bilanzielle Zuordnungsentscheidung herangezogen werden.[1061] Sofern beispielsweise ein Unternehmen lediglich die Rechte an den Zinszahlungen einer Anleihe überträgt, wäre es nicht sachgerecht, wenn diese Transaktion zu einer vollständigen Ausbuchung des Finanzinstruments führt. In IAS 39.16(a) werden drei alternative Bedingungen genannt, deren Vorliegen zu einer nur teilweisen Ausbuchung des Vermögenswerts (oder der Gruppe ähnlicher Vermögenswerte) führen kann:[1062]

1. Der Teil umfasst nur speziell abgegrenzte Zahlungsströme, beispielsweise die Zinszahlungen eines Finanzinstruments, nicht aber die Tilgung.
2. Der Teil umfasst lediglich einen exakt proportionalen (pro rata) Teil an den Zahlungsströmen, beispielsweise 90 % der gesamten Rückzahlungen aus einem Finanzinstrument.[1063]
3. Eine Kombination von 1 und 2 liegt vor: Der Anteil besteht aus einem genau abgrenzbaren Teil an einem gesondert identifizierbaren Zahlungsstrom, beispielsweise 90 % der Zinszahlungen eines Finanzinstruments.[1064]

---

1059 Vgl. in Anlehnung an IAS 39.AG36.

1060 Vgl. IAS 39.15. Vgl. zu dem Einfluss der Konsolidierungsregeln in diesem Zusammenhang KUHN, S./SCHABER, M., Transparenz bei Spezialfonds durch IAS 39, S. 2662 f.; KUHN, S./SCHARPF, P., Rechnungslegung von Financial Instruments, S. 891-919; SCHRUFF, W./ROTHENBURGER, M., Konsolidierung von SPEs, S. 761-763; STRUFFERT, R./WOLFGARTEN, W., Verbriefungstransaktionen, S. 373 und SCHULTZ, F., Special Purpose Vehicle, S. 715-717. Im Rahmen der Konsolidierung ist auch der SIC 12, der die Behandlung von Zweckgesellschaften thematisiert, zu beachten. Zweckgesellschaften sind solche Gesellschaften, die allein für einen bestimmten Zweck respektive eine genau definierte Geschäftstätigkeit gegründet werden, vgl. hierzu KEITZ, I. V./EWELT, C., in: Baetge/Kirsch/Thiele, Rz. 101.

1061 Vgl. KUHN, S., Bilanzielle Abbildung von Finanzinstrumenten, S. 145 unter Bezugnahme auf KANE, G., Accounting for Transfers, S. 14.

1062 Vgl. hierzu auch BERGER, J./KACZMARSKA, K., ED Derecognition, S. 317; PRICEWATERHOUSECOOPERS (Hrsg.), Derecognition, S. 9 f. sowie REILAND, M., Derecognition, S. 111-116.

1063 Wenn mehrere Vertragsparteien existieren, ist es ausreichend, wenn insgesamt ein genau abgrenzbarer Anteil veräußert wurde.

1064 Auch hier ist es ausreichend, wenn bei mehreren Vertragsparteien insgesamt ein genau abgrenzbarer Anteil veräußert wurde.

Wenn keine der obigen Bedingungen erfüllt ist, sind die Ausbuchungskriterien, die im Folgenden beschrieben werden, jeweils auf den kompletten finanziellen Vermögenswert (beziehungsweise die komplette Gruppe ähnlicher Vermögenswerte) anzuwenden.[1065]

### 533. Die Begriffsbestimmung des Auslaufens beziehungsweise der Übertragung von Cashflows

Nachdem der Umfang des für die Ausbuchung infrage kommenden Finanzinstruments festgestellt wurde, ist in weiteren Schritten zu prüfen, ob die Voraussetzungen vorliegen, um das Instrument aus der Bilanz zu entfernen. Zunächst wird geprüft, ob das Unternehmen weiterhin Nutzen aus den Zahlungsströmen ziehen kann. Die erste, eng abgegrenzte Fallgruppe führt zu einer Ausbuchung, falls die vertraglichen Rechte auf die Cashflows **ausgelaufen** sind – entweder durch Ausübung oder durch Verfall.[1066] Die Bedingung ist erfüllt, wenn das Ende der Laufzeit des finanziellen Vermögenswerts erreicht wird und eindeutig keine Cashflows aus dem Finanzinstrument mehr entstehen.[1067] In diesem Fall ist das Finanzinstrument auszubuchen.

Für die zweite, umfassendere Fallgruppe ist zu prüfen, ob das Unternehmen seine Rechte an den Cashflows aus dem Vermögenswert **übertragen** hat. Eine Übertragung muss den Vorgaben des IAS 39.18(a) oder IAS 39.18(b) i. V. m. IAS 39.19 entsprechen, damit das Instrument ausgebucht werden darf.[1068] Die erste Bedingung des **IAS 39.18(a)** ist relevant, falls die vertraglichen Rechte auf die Cashflows aus dem Vermögenswert direkt übertragen wurden.[1069] Sofern die Rechte übertragen wurden, findet im nächsten Schritt die Prüfung der Übertragung der Chancen und Risiken statt, die in Abschnitt 534. beschrieben wird. Im alternativen zweiten Fall ist nach **IAS 39.18(b)** zu prüfen, ob eine **Durchleitungsvereinbarung** im Sinne des IAS 39.19 vorliegt, die das Unternehmen zur Weiterleitung der Cashflows verpflichtet.[1070] Die Vereinbarung muss hierfür die folgenden Voraussetzungen erfüllen:[1071]

1. Das übertragende Unternehmen muss **nicht in Vorleistung** treten; die Zahlungen werden erst dann an den Empfänger weitergeleitet, wenn die Zahlungen aus dem ursprünglichen Vermögenswert eingegangen sind. Unschädlich sind indes kurzfristige Vorauszahlungen, die vollständig und zu marktüblichen Konditionen verzinst werden.

1065 Vgl. IAS 39.16(b).
1066 Vgl. IAS 39.17(a).
1067 Vgl. KUHN, S./SCHARPF, P., Rechnungslegung von Financial Instruments, S. 197.
1068 Vgl. IAS 39.17(b) sowie BERGER, J./KACZMARSKA, K., ED Derecognition sowie S. 317. KÄUFER, A., Übertragung finanzieller Vermögenswerte, S. 228-323. Nach Ansicht des HFA des IDW ist die Beurteilung jeweils anhand des maßgeblichen Rechts vorzunehmen, wobei als unabdingbare Voraussetzung genannt wird, dass die Übertragung auch bei einer Insolvenz des Übertragenden Bestand hat, vgl. HFA DES IDW (Hrsg.), IDW RS HFA 9, Rz. 119.
1069 Vgl. ERNST & YOUNG (Hrsg.), International GAAP 2010, S. 2242-2246.
1070 Vgl. BERGER, J./KACZMARSKA, K., ED Derecognition, S. 317.
1071 Vgl. IAS 39.19 sowie WATRIN, C./STRUFFERT, R., Ausbuchungsregeln, S. 239..

2. Dem übertragenden Unternehmen ist es vertraglich untersagt, den Vermögenswert **zu veräußern oder zu verpfänden**, es sei denn, die Transaktion dient der Sicherung der Zahlung an den Endempfänger.
3. Das übertragende Unternehmen ist zur Weitergabe der Cashflows **ohne wesentliche Verzögerungen** an den Endempfänger vertraglich verpflichtet. Eine Reinvestition der Cashflows ist grundsätzlich untersagt. Lediglich kurzfristige Investitionen in Zahlungsmittel oder Zahlungsmitteläquivalente sind unschädlich, sofern die entstehenden Zinsgewinne an den Endempfänger weitergeleitet werden.

Die Bedingungen führen dazu, dass eine Durchleitungsvereinbarung insbesondere dann nicht zu einer Ausbuchung führen kann, wenn eine garantierte Zahlung an den Endempfänger geleistet werden muss, weil dies der ersten Bedingung widerspricht.[1072] Für die Interpretation der dritten Bedingung ist genauer festzulegen, ab wann eine **wesentliche Verzögerung** vorliegt.[1073] Hierbei sind aus Sicht des HFA des IDW Verzögerungen von bis zu drei Monaten unbedenklich.[1074]

Sofern weder die Bedingungen des IAS 39.18(a) noch die des IAS 39.18(b) i. V. m. IAS 39.19 erfüllt sind, muss der Vermögenswert weiterhin von dem Unternehmen erfasst werden. Sollte indes eine der beiden Bedingungen erfüllt sein, muss im nächsten Schritt geprüft werden, ob im Wesentlichen alle Chancen und Risiken übertragen wurden.

### 534. Berücksichtigung der Chancen und Risiken

Im nächsten Schritt ist die Frage zu beantworten, ob im Wesentlichen alle Chancen und Risiken entweder übertragen oder zurückbehalten wurden.[1075] Daher ist die Frage zu analysieren, wie sich die Risikoposition des Unternehmens in Bezug auf die Höhe und den Eintrittszeitpunkt der Netto-Cashflows durch die Übertragung verändert hat.[1076] Alle Chancen und Risiken sind demnach zurückbehalten worden, wenn sich die Anfälligkeit des Unternehmens für Schwankungen des Barwerts der künftigen Netto-Cashflows im Wesentlichen nicht verändert hat.[1077] Dies könnte beispielsweise durch Rückkaufverpflichtungen zu einem zuvor festgelegten Preis der Fall sein.

Dieser Prüfungsschritt wird vom HFA des IDW technisch dahin gehend konkretisiert, dass die Barwerte der Zahlungsströme für verschiedene Umweltzustände zu prognostizieren sind, um diese mit aus historischen Häufigkeiten abgeleiteten Eintrittswahrscheinlichkeiten zu gewichten. Die Risikoposition des Unternehmens kann dann durch die Standardabweichung approximiert werden. Anschließend wird die gleiche Berechnung vorgenommen, nachdem

---

1072 Vgl. BEINE, F./MEYER, C., in: Wiley-Handbuch 2010, Abschn. 7, Rz. 156.

1073 Der Standard selbst liefert hierzu keine Anhaltspunkte, vgl. KUHN, S./SCHARPF, P., Rechnungslegung von Financial Instruments, S. 199.

1074 Vgl. HFA DES IDW (Hrsg.), IDW RS HFA 9, Rz. 121-125.

1075 Vgl. IAS 39.20; Abbildung 5-1 in Abschn. 531. sowie BERGER, J./KACZMARSKA, K., ED Derecognition, S. 317.

1076 Vgl. STRUFFERT, R., ABS, S. 86 f.

1077 Vgl. IAS 39.21 sowie KÄUFER, A., Übertragung finanzieller Vermögenswerte, S. 230.

das Finanzinstrument übertragen wurde, wobei das Risiko wiederum durch die Standardabweichung approximiert wird. Alle Chancen und Risiken sind im Wesentlichen übertragen worden, wenn die Standardabweichung sich durch die Übertragung signifikant verringert hat.[1078]

Wenn durch den Transfer im Wesentlichen alle Chancen und Risiken in dem Unternehmen verbleiben, ist der Vermögenswert weiterhin in der Bilanz zu erfassen.[1079] Ergibt die Prüfung hingegen, dass im Wesentlichen alle Chancen und Risiken übertragen wurden, ist der Vermögenswert auszubuchen. Falls die Frage nicht eindeutig beantwortet werden kann – im Wesentlichen also weder Chancen und Risiken übertragen noch zurückbehalten wurden – muss in einem nächsten Schritt die Verfügungsmacht über das Finanzinstrument einer genaueren Prüfung unterzogen werden.[1080]

### 535. Berücksichtigung der Verfügungsmacht

Im letzten Schritt wird die Verfügungsmacht des Unternehmens über das Finanzinstrument betrachtet.[1081] Relevant ist hierbei die einseitige Fähigkeit des Erwerbers[1082], das Finanzinstrument weiterzuveräußern. Wenn der **Erwerber die tatsächliche Fähigkeit** hat, das Finanzinstrument ohne weitere Einschränkungen an einen nicht verbundenen Dritten weiterzuveräußern, hat das Unternehmen die Verfügungsmacht verloren.[1083] Durch die Betonung der tatsächlichen Fähigkeit wird hier eine wirtschaftliche Betrachtungsweise eingenommen – vertragliche Verfügungsmöglichkeiten oder -verbote sind folglich auf Basis ihrer wirtschaftlichen Auswirkungen zu beurteilen.[1084] So ist beispielsweise ein vertraglich festgelegtes Recht zur Weiterveräußerung nicht relevant, wenn der Erwerber in Ermangelung eines Markts nicht die tatsächliche Fähigkeit hat, das Finanzinstrument zu veräußern. Somit besteht die notwen-

---

1078 Vgl. HFA DES IDW (Hrsg.), IDW RS HFA 9, Rz. 129-131. Ein Zahlenbeispiel hierzu führt REILAND an, vgl. REILAND, M., Derecognition, S. 180-185.

1079 Vgl. KUHN, S./SCHARPF, P., Rechnungslegung von Financial Instruments, S. 201-208.

1080 Vgl. BEINE, F./MEYER, C., in: Wiley-Handbuch 2010, Abschn. 7, Rz. 164; WATRIN, C./STRUFFERT, R., Ausbuchungsregeln, S. 243 f. sowie BERGER, J./KACZMARSKA, K., ED Derecognition, S. 317.

1081 Vgl. IAS 39.20(c). Kritisch zum Konzept der Verfügungsmacht AMERICAN ACCOUNTING ASSOCIATION'S FINANCIAL ACCOUNTING STANDARDS COMMITTEE (Hrsg.), Recommendations, S. 89, das anmerkt, dass die Übertragung der Verfügungsmacht nicht automatisch mit der Übertragung der Chancen und Risiken verbunden ist. In den IFRS ist daher die Prüfung der Übertragung der Chancen und Risiken der Prüfung in Bezug auf die Verfügungsmacht vorgeschaltet.

1082 Als Erwerber wird in diesem Zusammenhang die Partei bezeichnet, die das Finanzinstrument von den bilanzierenden Unternehmen erworben hat. Die bilanziellen Konsequenzen aufseiten des Erwerbers werden daher hier nicht weiter betrachtet.

1083 Vgl. IAS 39.23. In diesem Zusammenhang wird in den Anwendungsleitlinien konkretisiert, dass die Veräußerungsmöglichkeit von Handlungen Dritter unabhängig sein muss und der Erwerber in der Lage sein muss, den Vermögenswert ohne einschränkende Bedingungen oder Auflagen für die Übertragung zu veräußern, vgl. IAS 39.AG43. In der Literatur wird diskutiert, ob formale Zustimmungsvorbehalte Dritter, die typischerweise nicht ausgeübt werden und/oder lediglich verkehrsüblicher Bestandteil der Eigentumsposition sind, ein relevantes Hindernis der Veräußerbarkeit darstellen. Hier soll der Meinung von BEINE/MEYER gefolgt werden, die die Hinderlichkeit derartiger Konstellationen verneinen, weil es in IAS 39.AG43 auf die tatsächlichen Verhältnisse ankommt, auf die derartige Beschränkungen nur im Extremfall Einfluss haben werden, vgl. BEINE, F./MEYER, C., in: Wiley-Handbuch 2010, Abschn. 7, Rz. 165.

1084 Vgl. IAS 39.AG43 sowie REILAND, M., Derecognition, S. 153-162.

dige Bedingung für den Übergang der Verfügungsmacht darin, dass ein **Markt** existiert.[1085] Die Veräußerungsmöglichkeit des Erwerbers ist indes immer dann gegeben, wenn das Finanzinstrument an einem **aktiven Markt** gehandelt wird. In diesem Fall kann der Erwerber den übertragenen Vermögenswert am Markt zurückkaufen, falls dieser an das Unternehmen zurückgegeben werden muss – vertragliche Beschränkungen könnten daher umgangen werden.[1086] Das Vorliegen eines aktiven Markts stellt folglich eine hinreichende Bedingung bezüglich der Veräußerbarkeit dar.[1087]

Die Frage, ob der Erwerber von der Möglichkeit der Weiterveräußerung wahrscheinlich Gebrauch macht, ist grundsätzlich nicht weiter relevant. Indes ist zu beachten, ob an die Transaktion Bedingungen geknüpft wurden, die eine Weiterveräußerung wirtschaftlich unattraktiv machen.[1088]

Falls das Unternehmen die Verfügungsmacht über das Finanzinstrument behalten hat, wird das Finanzinstrument in Höhe des **anhaltenden Engagements** weiterbilanziert.[1089] Andernfalls ist der Vermögenswert auszubuchen.

### 536. Konsequenzen für Bilanz und Gesamtergebnisrechnung

Wenn eine Transaktion die **Bedingungen für die Ausbuchung erfüllt**, ist der finanzielle Vermögenswert aus der Bilanz zu entfernen. Für alle Rechte und Pflichten, die nach der Übertragung im Unternehmen verbleiben oder die durch die Übertragung entstehen, ist ein neuer Vermögenswert beziehungsweise eine Schuld anzusetzen und zum Fair Value zu bewerten.[1090] Die Differenz zwischen dem Buchwert des abgegangenen Vermögenswerts und der Summe aus dem erhaltenen Entgelt (einschließlich jedes neu erhaltenen Vermögenswerts und abzüglich erhaltener Schulden) und allen kumulierten Gewinnen und Verlusten, die bisher erfolgsneutral im Eigenkapital erfasst wurden, ist als Ergebnis der Transaktion erfolgswirksam in der Gesamtergebnisrechnung zu erfassen.[1091] Falls der übertragene Vermögenswert Teil eines größeren Vermögenswerts ist, ermittelt das Unternehmen den Erfolg der Transaktion durch die Differenz zwischen dem Buchwert, der dem auszubuchenden Teil auf Basis der Relation der Fair Values zuzuordnen ist, und der Summe aus dem erhaltenen Entgelt (einschließlich jedes neu erhaltenen Vermögenswerts und abzüglich erhaltener Schulden) und den anteiligen kumulierten Gewinnen und Verlusten, die bisher erfolgsneutral im Eigenkapital erfasst wurden.[1092] Dieser Betrag ist wiederum erfolgswirksam in der Gesamtergebnis-

---

1085 Vgl. HFA DES IDW (Hrsg.), IDW RS HFA 9, Rz. 137.

1086 Vgl. IAS 39.AG42.

1087 Vgl. HFA DES IDW (Hrsg.), IDW RS HFA 9, Rz. 137.

1088 Im Standard wird hierfür beispielsweise eine Verkaufsoption oder Garantie angeführt, die werthaltig ist. In diesem Fall ist die Ausübung durch das Unternehmen wahrscheinlich und eine zwischenzeitliche Veräußerung würde aus Sicht des Erwerbers wirtschaftlich nicht vorteilhaft sein, vgl. IAS 39.AG44.

1089 Die Bilanzierung des anhaltenden Engagements wird in Abschn. 536. genauer beschrieben.

1090 Vgl. IAS 39.20(a) und 25 sowie KUHN, S./SCHARPF, P., Rechnungslegung von Financial Instruments, S. 211.

1091 Vgl. IAS 39.26.

1092 Vgl. IAS 39.27 sowie KPMG (Hrsg.), Insights into IFRS, S. 488 f.

rechnung zu erfassen. Insgesamt werden durch dieses Vorgehen folglich die bisher erfolgsneutral erfassten Wertänderungen innerhalb der Gesamtergebnisrechnung erfolgswirksam umgebucht.

Der Erfolg aus dem (vollständigen oder teilweisen) Abgang eines finanziellen Vermögenswerts ergibt sich dann wie folgt:

| | |
|---|---|
| | (anteiliger) **Buchwert** des finanziellen Vermögenswerts |
| ./. | erhaltene **Gegenleistung** (einschließlich jeglicher neu entstandener Vermögenswerte abzüglich jeglicher eingegangener Verbindlichkeiten) |
| + (./.) | (anteiliger) **kumulierter Gewinn (oder Verlust)** aus dem finanziellen Vermögenswert im **OCI** |
| | = **<u>Abgangserfolg</u>** |

**Abbildung 5-2: Gewinnermittlung bei dem Abgang eines finanziellen Vermögenswerts**

Besondere Regelungen existieren zudem, sofern das Unternehmen ein **Recht auf die Verwaltung** des übertragenen Vermögenswerts erhält, oder ein **anhaltendes Engagement** im Unternehmen verbleibt.[1093]

Im Falle einer vollständigen oder teilweisen Übertragung eines Vermögenswerts, die die **Kriterien der Ausbuchung nicht erfüllt**, ist der Vermögenswert weiter zu erfassen.[1094] Erhaltene Zahlungen sind als Verbindlichkeit zu passivieren. In den Folgeperioden sind Erträge aus dem Finanzinstrument sowie Aufwendungen aus der finanziellen Verbindlichkeit erfolgswirksam abzubilden.[1095] Hierbei ist die Bilanzierung nach der Bruttomethode vorzunehmen, Vermögenswerte und Schulden sind genauso wie Aufwendungen und Erträge getrennt abzubilden, eine Saldierung ist unzulässig.[1096]

### 537. Zwischenfazit

Die Ausbuchungskonzeption des IAS 39 (2009) basiert auf einem mehrstufigen Prozess, in dem einerseits die Chancen und Risiken und andererseits die Rechte und Pflichten des Unternehmens in die Betrachtung einfließen. Die Prüfung basiert daher teils auf dem Risk and Reward-Konzept und teils auf dem Control and Continuing Involvement-Konzept.

Im folgenden Abschnitt werden zunächst die Vorschläge zur Überarbeitung der Ausbuchungskonzeption vorgestellt. Abschließend werden die alternativen Vorgehensweisen vergleichend analysiert.

1093 Vgl. weitergehend hierzu KUHN, S./SCHARPF, P., Rechnungslegung von Financial Instruments, S. 211-222.
1094 Vgl. KPMG (Hrsg.), Insights into IFRS, S. 489 f.
1095 Vgl. IAS 39.29.
1096 Vgl. IAS 39.36.

## 54 Geplante Änderungen der Regelungen zur Ausbuchung durch den Exposure Draft Derecognition

### 541. Überblick

Der IASB hat im April 2009 einen Exposure Draft veröffentlicht, der im Kern die unterschiedlichen Ausbuchungskonzepte, die im aktuellen IAS 39 (2009) verankert sind (Risk and Reward, Control and Continuing Involvement),[1097] durch **ein** einziges Konzept ersetzen soll, um so die interne Konsistenz des Standards zu erhöhen und die Komplexität zu verringern.[1098] Daher soll in der neuen Ausbuchungsprüfung ausschließlich das Control and Continuing Involvement-Konzept implementiert werden.

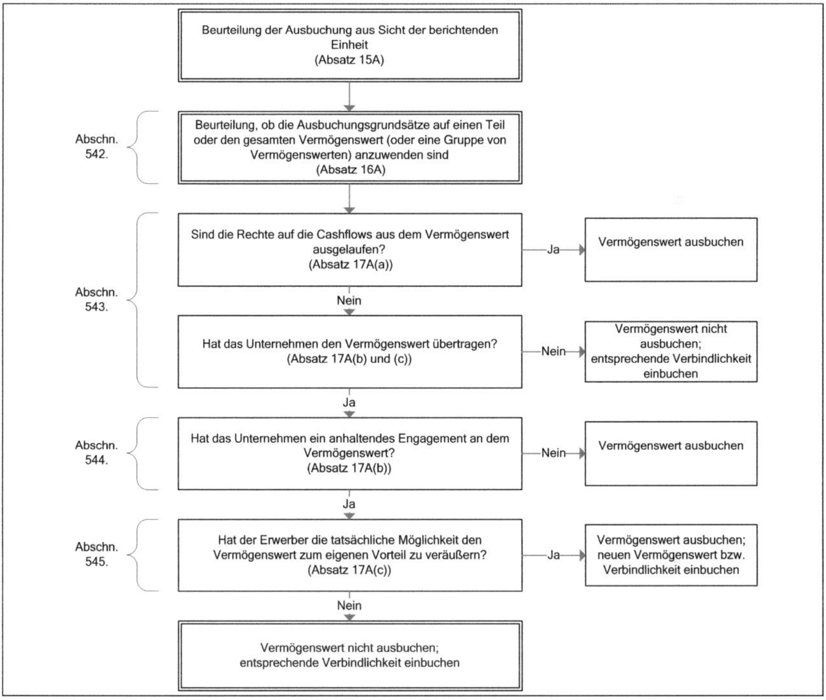


**Abbildung 5-3: Prüfungsablauf zur Ausbuchung eines Finanzinstruments nach ED 2009/3**[1099]

Im Folgenden wird der Prüfungsablauf des Exposure Draft dargestellt. Hierfür sind diverse Prüfungsschritte vorgesehen, die grafisch anhand der obigen Abbildung 5-3 veranschaulicht und in den anschließenden Unterabschnitten sukzessive erläutert werden

[1097] Vgl. IASB (Hrsg.), ED: Derecognition, IN.2.
[1098] Vgl. IASB (Hrsg.), ED: Derecognition, IN.11.
[1099] In Anlehnung an IASB (Hrsg.), ED: Derecognition, AG36A.

## 542. Anwendung auf einen Teil oder auf den gesamten Vermögenswert

Wie für die aktuell geltenden Regelungen des IAS 39 (2009) beschrieben, muss auch nach dem Exposure Draft – aufbauend auf der konsolidierten Bilanz – zunächst geprüft werden, ob der gesamte Vermögenswert (beziehungsweise die gesamte Gruppe von Vermögenswerten) oder nur ein Teil für eine Ausbuchung infrage kommt. Hierbei sind die Kriterien inhaltlich im Wesentlichen unverändert im Vergleich zu der aktuell geltenden Regelung. Unterschiede bestehen in einigen Detailregelungen.[1100] Es wird nunmehr eine Ausnahme festgeschrieben, falls das Finanzinstrument während der Laufzeit zeitweise einen Vermögenswert und zeitweise eine Verbindlichkeit darstellen kann, was z. B. bei unbedingten Termingeschäften der Fall ist.[1101] Derartige Sachverhalte sind stets auf Basis des gesamten Instruments beziehungsweise der gesamten Gruppe von Instrumenten zu untersuchen. Eine weitere Neuerung besteht darin, dass das zur Ausbuchung erforderliche Kriterium der Übertragung eines fest definierten Bestandteils der Cashflows nicht erfüllt ist, wenn nicht proportionale Übertragungen (z. B. die Übertragung der ersten 80 % der Zahlungsströme eines Forderungsportfolios) stattfinden.[1102] Hierdurch sollen insbesondere CDO-Transaktionen[1103] berücksichtigt werden, bei denen verbriefte Verbindlichkeiten in bonitätsabhängigen Tranchen am Kapitalmarkt veräußert werden. Diese Instrumente haben im Rahmen der Finanzmarktkrise eine wesentliche Rolle gespielt und sind daher in den Fokus des Standardsetters gerückt.[1104] Deren Ausbuchung soll daher zur Verbesserung der Transparenz erschwert werden.

Bis auf diese Anpassungen ist die Prüfung in diesem Bereich identisch zu der in IAS 39 (2009) vorgesehenen Prüfung, daher wird weitergehend auf Abschnitt 532. verwiesen.

## 543. Die Begriffsbestimmung des Auslaufens von Cashflows beziehungsweise der Übertragung eines Finanzinstruments

In den nächsten Schritten ist zu untersuchen, ob die Voraussetzungen zur Ausbuchung aus der Bilanz vorliegen. Hierfür muss zunächst geprüft werden, ob Rechte und Pflichten auf den Cashflows das Unternehmen verlassen haben. Daher wird in einem ersten Schritt beurteilt, ob

1100 Ein formaler Unterschied besteht darin, dass von den drei Bedingungen des IAS 39 (2009), nach denen nur ein Teil des Vermögenswerts oder der Gruppe von Vermögenswerten auszubuchen ist, lediglich zwei genannt werden. Die dritte Bedingung des IAS 39 (2009) stellt indes eine Kombination der ersten beiden dar. In der Basis for Conclusion des Exposure Draft wird allerdings klargestellt, dass die Definitionen deckungsgleich sind, daher werden weiterhin Kombinationen der ersten beiden Bedingungen als Komponenten für eine teilweise Ausbuchung infrage kommen, vgl. IASB (Hrsg.), ED: Derecognition, BC35 sowie BERGER, J./KACZMARSKA, K., ED Derecognition, S. 320. Zu den Bedingungen nach IAS 39 (2009) vgl. Abschn. 532.

1101 Vgl. IASB (Hrsg.), ED: Derecognition, AG41A sowie BERGER, J./KACZMARSKA, K., ED Derecognition, S. 321.

1102 Vgl. IASB (Hrsg.), ED: Derecognition, AG39A sowie BERGER, J./KACZMARSKA, K., ED Derecognition, S. 321. Einige Mitglieder des IASB sehen in dieser Bedingung weiterhin eine Berücksichtigung des Risk and Reward-Konzepts, das in IAS 39 (2009) in einem eigenen Prüfungsschritt vorgeschrieben ist, und lehnen den Vorschlag u. a. aus diesem Grund ab, vgl. IASB (Hrsg.), ED: Derecognition, AV.3.

1103 Vgl. zum Aufbau einer solchen Transaktion Abschn. 332.213.2.

1104 Vgl. BAETGE, J./BREMBT, T./BRÜGGEMANN, P., Mark-to-Model-Bewertung, S. 1002-1004 sowie IASB (Hrsg.), ED: Derecognition, BC35.

die Rechte auf die Cashflows aus dem Vermögenswert **ausgelaufen** sind – entweder durch Ausübung oder durch Verfall.[1105] Da der Wortlaut der Regelung dem des IAS 39 (2009) entspricht, ist die Prüfung an dieser Stelle deckungsgleich.[1106] Die Bedingung ist demnach erfüllt, wenn das Ende der Laufzeit des Finanzinstruments erreicht ist und keine Cashflows mehr zu erwarten sind. Das Finanzinstrument ist in diesem Fall auszubuchen.

Sofern die Cashflows aus dem Vermögenswert nicht ausgelaufen sind, ist in einem zweiten Schritt zu prüfen, ob das Unternehmen den Vermögenswert **übertragen** hat und diese Übertragung die Voraussetzungen für die Ausbuchung des Instruments erfüllt.[1107] Hierfür wird eine neue Definition für „Übertragung" (eines Vermögenswerts) eingeführt. Demnach liegt eine Übertragung vor, wenn eine Partei einer anderen Partei einige oder alle ökonomischen Vorteile, die einem oder mehreren Vermögenswerten zugrunde liegen, überträgt oder eine derartige Übertragung vereinbart wird. Die Definition soll hierbei weit ausgelegt werden, um möglichst alle Übertragungsarten abzudecken – exemplarisch werden im Standard Verkauf, Hingabe von Sicherheiten, Aufgabe von Nutzen, Verteilung und sonstige Tauschgeschäfte genannt.[1108] Von dieser Definition werden auch **Durchleitungsvereinbarungen** abgedeckt, weil neben der direkten Weitergabe der ökonomischen Vorteile auch die Vereinbarung einer derartigen Weitergabe als Übertragung definiert ist.[1109] Explizite Anforderungen werden an derartige Vereinbarungen nicht mehr gestellt.[1110] Daher sind nach den Regelungen des Exposure Draft auch solche Transaktionen der Ausbuchungsprüfung zu unterziehen, die nach IAS 39 (2009) die Anforderungen an eine Durchleitungsvereinbarung nicht erfüllt hätten und daher nicht weiter analysiert worden wären.[1111]

Falls ein Vermögenswert nicht im Sinne der obigen Definition übertragen wurde, ist dieser bilanziell weiterhin zu erfassen. Falls das Finanzinstrument indes übertragen wurde, ist weitergehend das anhaltende Engagement des Unternehmens in dem Instrument zu analysieren.

### 544. Berücksichtigung des anhaltenden Engagements

Im anschließenden Schritt wird untersucht, ob ein anhaltendes Engagement in dem finanziellen Vermögenswert vorliegt.[1112] Das anhaltende Engagement wird in dem Exposure Draft auf Basis der Rechte und Pflichten des Unternehmens beurteilt: Ein Unternehmen hat kein anhaltendes Engagement, wenn es weder dem Finanzinstrument innewohnende vertragliche Rechte

1105 Vgl. IASB (Hrsg.), ED: Derecognition, Rz.17A(a).
1106 Vgl. Abschn. 533.
1107 Vgl. IASB (Hrsg.), ED: Derecognition, Rz.17A(b) und (c).
1108 Vgl. IASB (Hrsg.), ED: Derecognition, Rz. 9 sowie DOLECZIK, G./FÄRBER, M., ED: Derecognition, S. 1193 und BERGER, J./KACZMARSKA, K., ED Derecognition, S. 321.
1109 Vgl. BERGER, J./KACZMARSKA, K., ED Derecognition, S. 320 sowie EFRAG (Hrsg.), CL: Derecognition, S. 10 sowie GOLDMAN SACHS (Hrsg.), CL: Derecognition, S. 5.
1110 Vgl. zu den Anforderungen, die nach IAS 39 (2009) in diesem Zusammenhang vorgegeben sind Abschn. 533.
1111 So auch EFRAG (Hrsg.), CL: Derecognition, S. 10.
1112 Vgl. FISCHER, D., ED: Derecognition, S. 209.

oder Pflichten zurückhält noch neue vertragliche Rechte oder Pflichten erhält, die i. V. m. dem Vermögenswert stehen.[1113]

Zudem werden einige Beispiele genannt, die nicht dazu führen, dass ein anhaltendes Engagement vorliegt:[1114]

1. Gängige Zusagen und Gewährleistungen in Bezug auf betrügerische Übertragungen und Konzepte von Angemessenheit, Treu und Glauben sowie anständigem Geschäftsgebaren, welche die Rechtmäßigkeit einer Übertragung als Ergebnis eines Rechtsstreits unwirksam machen können.
2. Rückbehaltung eines Rechts zur Bedienung des Ausbuchungsgegenstands im Wege der Treuhand oder Kommission. Hierbei müssen die Gebühren allerdings marktgerecht sein, im Rang höher stehen als jegliche Zahlungen an die Gegenpartei aus dem Übertragungsgegenstand und die Gegenpartei muss ein Recht zur Beendigung des Bedienungsvertrags haben.
3. Rückkaufoptionen (oder Ähnliches), deren Ausübungspreis dem Fair Value entspricht.

Sofern die Prüfung ergibt, dass das Unternehmen kein anhaltendes Engagement zurückhält, ist das Finanzinstrument auszubuchen. Andernfalls wird im folgenden Schritt die Übertragung der praktischen Fähigkeit zur Weiterveräußerung untersucht.

**545. Berücksichtigung der praktischen Fähigkeit zur Weiterveräußerung**

In diesem Prüfungsschritt muss beurteilt werden, ob der Erwerber die **tatsächliche Fähigkeit** hat, das Finanzinstrument zum eigenen Nutzen zu veräußern.[1115] Die tatsächliche Fähigkeit zur Veräußerung ist immer dann gegeben, wenn der Erwerber den Vermögenswert **unmittelbar** nach der Transaktion **einseitig** an eine unabhängige Partei veräußern kann, **ohne weitere Restriktionen** an den Verkauf zu knüpfen.[1116]

Diese Prüfung entspricht im Wesentlichen dem Vorgehen nach IAS 39 (2009) hinsichtlich der Übertragung der Verfügungsmacht; lediglich das Kriterium des **unmittelbaren Verkaufs** ist neu hinzugekommen. Die Fähigkeit zur unmittelbaren Veräußerung beschreibt, dass der Erwerber direkt nach dem Verkauf die Fähigkeit zur Weiterveräußerung haben muss. Spätere Neubeurteilungen aufgrund von geänderten Umständen kommen nur dann in Betracht, wenn die Ausbuchung zum Übertragungszeitpunkt an der Ermangelung der praktischen Fähigkeit zur Übertragung zum eigenen Nutzen gescheitert ist.[1117] In den Anwendungsleitlinien wird zusätzlich die Bedeutung von „einseitig“, „ohne weitere Restriktionen“ sowie von „zum

---

[1113] Vgl. IASB (Hrsg.), ED: Derecognition, Rz. 18A.

[1114] Vgl. IASB (Hrsg.), ED: Derecognition, Rz. 18A; DOLECZIK, G./FÄRBER, M., ED: Derecognition, S. 1195 sowie BERGER, J./KACZMARSKA, K., ED Derecognition, S. 321.

[1115] Vgl. IASB (Hrsg.), ED: Derecognition, Rz. 17A(c).

[1116] Vgl. IASB (Hrsg.), ED: Derecognition, AG51A sowie DOLECZIK, G./FÄRBER, M., ED: Derecognition, S. 1195 f.

[1117] Vgl. IASB (Hrsg.), ED: Derecognition, AG52F i. V. m. AG52G sowie BERGER, J./KACZMARSKA, K., ED Derecognition, S. 322.

eigenen Nutzen“ beschrieben. **Einseitig** ist die Weiterveräußerungsmöglichkeit danach, wenn das übernehmende Unternehmen das Finanzinstrument unabhängig von Handlungen anderer (mit Ausnahme des potenziellen Käufers) weiterveräußern kann.[1118] Als **weitere Restriktionen** werden dabei Vereinbarungen betrachtet, die im Rahmen der erneuten Übertragung notwendig wären.[1119] Die Bedingung der **eigennützlichen** Weiterveräußerung wird dahin gehend konkretisiert, dass der Erwerber bei einer Weiterveräußerung den Kaufpreis nicht weiterleiten müsste.[1120]

Darüber hinaus werden einige Faktoren genannt, die bei der Beurteilung der praktischen Fähigkeit zur Übertragung zu berücksichtigen sind, wobei die Aufzählung nicht abschließend ist:[1121]

1. Vertragsbedingungen der Übertragung, einschließlich aller sonstigen relevanten Nebenabreden,
2. Art des Ausbuchungsgegenstands (Fungibilität und Verfügbarkeit),
3. Markt des Ausbuchungsgegenstands,
4. Fähigkeit der übernehmenden Partei, den vollen Nutzen aus dem Ausbuchungsgegenstand zu ziehen,
5. Wirtschaftliche Zwänge.

Sofern die tatsächliche Fähigkeit der Weiterveräußerung übertragen wurde, ist der Vermögensgegenstand auszubuchen, andernfalls wird er weiterhin in vollem Umfang bilanziell abgebildet.

### 546. Konsequenzen für Bilanz und Gesamtergebnisrechnung

Sofern die Prüfung ergeben hat, dass der Vermögenswert oder die Gruppe von Vermögenswerten ganz oder teilweise für eine **Ausbuchung qualifiziert**, entspricht das Vorgehen im Wesentlichen dem des IAS 39 (2009).[1122] Ein Unterschied ergibt sich indes, sofern das veräußernde Unternehmen als Gegenleistung für das veräußerte Finanzinstrument einen Kapitalanteil an dem erwerbenden Unternehmen erhält.[1123] Der Kapitalanteil führt zu einem Anrecht auf einen Teil der Zahlungsströme aus dem Finanzinstrument und wird daher als zurückbehaltener Anteil an diesem interpretiert und abgebildet. Lediglich sofern das übernehmende Unternehmen außer dem übertragenen Finanzinstrument weitere Vermögenswerte und Schulden hält, ist der zu erwartende Cashflow nicht ausschließlich von dem Finanzinstrument abhängig.

---

1118 Vgl. IASB (Hrsg.), ED: Derecognition, AG52A sowie DOLECZIK, G./FÄRBER, M., ED: Derecognition, S. 1195 f.

1119 Vgl. IASB (Hrsg.), ED: Derecognition, AG53C sowie BERGER, J./KACZMARSKA, K., ED Derecognition, S. 322.

1120 Vgl. IASB (Hrsg.), ED: Derecognition, AG52D.

1121 Vgl. IASB (Hrsg.), ED: Derecognition, AG52E.

1122 Vgl. hierzu Abschn. 536. Lediglich die Erläuterungen zur Bilanzierung von Servicing Assets und Liabilities wurden in die Anwendungsleitlinien verschoben. Zu der Identität der Regelungen des IAS 39 (2009) und dem Exposure Draft vgl. auch IASB (Hrsg.), ED: Derecognition, Question 6. Zur Gewinnermittlung bei der Ausbuchung vgl. Abbildung 5-2 in Abschn. 536.

1123 Vgl. IASB (Hrsg.), ED: Derecognition, Rz. 22A.

Der Kapitalanteil ist dann auf Basis der Fair Values auf das anhaltende Engagement und auf den übrigen Anteil an dem übernehmenden Unternehmen aufzuteilen.[1124] Sofern also beispielsweise ein Aktienportfolio an ein neu gegründetes Unternehmen veräußert wird, in dem nur dieses Aktienportfolio gehalten wird, und der Veräußernde als Gegenleistung Anteile an dem neuen Unternehmen bekommt, wird sich der Wert dieser Anteile analog zu dem Wert des Aktienportfolios entwickeln. Der Anteil an dem neuen Unternehmen wird daher als anhaltendes Engagement in den Aktien interpretiert. Lediglich wenn das neue Unternehmen auch über weitere Vermögenswerte verfügt, wird sich dessen Wert nicht unbedingt gleichläufig entwickeln.

Auch für den Fall, dass die Kriterien zur **Ausbuchung nicht erfüllt** werden, entspricht die in dem Exposure Draft vorgesehene bilanzielle Abbildung der des IAS 39 (2009).[1125] Da in dem Prüfungsschema die bilanzielle Abbildung eines **anhaltenden Engagements** nicht mehr vorgesehen ist, enthält der Exposure Draft folglich auch keine Ausführungen zur bilanziellen Abbildung in diesem Fall.

### 547. Zwischenfazit

Durch die vorgeschlagene neue Regelung der Ausbuchungsprüfung sind Übertragungen weiterhin auf Basis eines mehrstufigen Prozesses zu untersuchen. Hierbei wurde das Control and Continuing Involvement-Konzept in den Fokus der Ausbuchungsprüfung gestellt. Allerdings sind weiterhin Aspekte des Risk and Reward-Konzepts zu erkennen, weil beispielsweise durch die Festlegung des auszubuchenden Teils des Finanzinstruments die verbleibenden Risiken des Unternehmens betrachtet werden: Sofern etwa die ersten 80 % der Zahlungsströme eines Instruments übertragen werden (nicht proportionale Übertragung), wird das Instrument insgesamt der Ausbuchungsprüfung zu unterziehen sein.[1126] Unabhängig davon, ob der Erwerber seinen Teil der Zahlungsströme veräußern kann, wird er nicht die Fähigkeit haben, das gesamte Instrument weiterzuveräußern, sodass das Instrument nicht ausgebucht werden darf – die Ausbuchung wird hier daher aufgrund von im Unternehmen verbleibenden Risiken untersagt.[1127]

## 55 Kritische Würdigung der Ausbuchung finanzieller Vermögenswerte

### 551. Vergleichende Analyse des IAS 39 (2009) und des Exposure Draft Derecognition in Bezug auf die qualitativen Kriterien des IASB-Framework

#### 551.1 Analyse in Bezug auf das qualitative Kriterium Relevanz

Für die Beurteilung der Ausbuchungsregeln wird auf die in Abschnitt 23 hergeleiteten Kriterien zurückgegriffen. Im Folgenden wird zunächst die Relevanz der Ausbuchungsregeln

---

1124 Vgl. IASB (Hrsg.), ED: Derecognition, Rz. 22A.

1125 Vgl. hierzu Abschn. 536. Zu der Identität der Regelungen des IAS 39 (2009) und dem Exposure Draft vgl. IASB (Hrsg.), ED: Derecognition, Question 6.

1126 Vgl. Abschn. 542.

1127 Vgl. IASB (Hrsg.), ED: Derecognition, AV.3.

vergleichend analysiert. Hierbei ist die Frage zu beantworten, inwiefern die Beurteilung der Adressaten durch die Rechnungslegungsinformation verändert oder bestätigt wird.[1128]

Vor diesem Hintergrund sollte ein Finanzinstrument erst dann ausgebucht werden, wenn es die Entscheidungsfindung des Adressaten nicht mehr beeinflussen kann. Dies wird stets dann der Fall sein, wenn das Instrument die erwarteten Cashflows des Unternehmens nicht mehr verändern kann.[1129] Dieser Zeitpunkt wird wiederum mit dem Übergang des **wirtschaftlichen Eigentums** zusammenfallen,[1130] das sich aus drei Rechten zusammensetzt: dem **Nutzungsrecht**, dem **Verwertungsrecht** und dem **Erwerbsrecht**.[1131] Diese Rechte werden im Folgenden kurz definiert, bevor untersucht wird, wie der Übergang des wirtschaftlichen Eigentums durch die alternativen Ausbuchungskonzepte berücksichtigt wird.

Das **Nutzungsrecht** besteht aus dem Recht zur Nutzung des Vermögenswerts (usus) sowie dem Recht auf die Aneignung der Erträge aus dem Vermögenswert (usus fructus).[1132] Für den Themenkomplex der Finanzinstrumente wird insbesondere das letztgenannte Recht von Bedeutung sein; als originäre Nutzung eines Finanzinstruments könnte lediglich die Ausübung der eventuell hiermit verbundenen Stimmrechte infrage kommen.[1133]

Das **Verwertungsrecht** setzt sich aus dem Recht zur Veränderung der äußeren Form und Substanz eines Gutes (abusus) sowie dem Recht der Veräußerung aller oder einiger Rechte an dem Gut zusammen.[1134] Durch dieses Recht wird dem Erwerber die Möglichkeit zur Verwertung der Substanz des Vermögenswerts eingeräumt. Hierbei kann zwischen einem unbedingten und einem bedingten Verwertungsrecht unterschieden werden. Ein unbedingtes Verwertungsrecht liegt vor, wenn die Verwertung ohne weitere Einschränkungen möglich ist. Bedingt ist ein Verwertungsrecht dann, wenn das Recht erst ausgeübt werden kann, wenn bestimmte Bedingungen erfüllt sind oder die Verwertung selbst an bestimmte Bedingungen geknüpft werden müsste.[1135]

Das **Erwerbsrecht** kann aus dem Verwertungsrecht abgeleitet werden. Es beschreibt das Recht, künftig das Eigentum (Vollrecht) an einem Gut zu erwerben.[1136] Eine Rückkaufoption

[1128] Vgl. Abschn. 212.33.

[1129] Zu den Informationsinteressen der Abschlussadressaten vgl. Abschn. 211.34.

[1130] Vgl. MATENA, S., Bilanzielle Vermögenszurechnung, S. 54 f.

[1131] Diese Rechte sind so systematisiert, dass nach Möglichkeit alle theoretischen Sachverhalte berücksichtigt werden, vgl. FURUBOTN, E./PEJOVICH, S., Property Rights and Economic Theory, S. 1139 sowie ALCHIAN, A./DEMSETZ, H., The Property Right Paradigm, S. 17.

[1132] Vgl. MATENA, S., Bilanzielle Vermögenszurechnung, S. 18 sowie umfassend zum Nutzungsrecht S. 19-25.

[1133] Eigenkapitalinstrumente können mit Stimmrechten verbunden sein, durch die der Eigentümer der Instrumente Einfluss auf die Steuerung des Unternehmens nehmen kann. Indes wurde für diese Arbeit eine Fokussierung auf Kleinanleger als relevante Adressatengruppe hergeleitet, vgl. Abschn. 211.22. Daher ist für die weitere Analyse insbesondere das Recht auf die Erträge aus dem Vermögenswert zu betrachten.

[1134] Vgl. MATENA, S., Bilanzielle Vermögenszurechnung, S. 18 sowie S. 26-35.

[1135] Vgl. BAUR, F./BAUR, J./STÜRNER, R., Sachenrecht, § 3 Rz. 39-41.

[1136] Vgl. BAUR, F./BAUR, J./STÜRNER, R., Sachenrecht, § 3 Rz. 42. Vgl. umfassend zum Erwerbsrecht MATENA, S., Bilanzielle Vermögenszurechnung, S. 35-38

stellt beispielsweise ein Erwerbsrecht an einem Vermögenswert dar. Auch hier kann zwischen einem bedingten und einem unbedingten Erwerbsrecht unterschieden werden.[1137]

Durch die Ausbuchungsprüfung sind somit diejenigen Übertragungen zu identifizieren, die zu einem Übergang der Komponenten des wirtschaftlichen Eigentums führen. Hierfür ist nach beiden Regelwerken zunächst **der Umfang** des relevanten Ausbuchungsgegenstands festzulegen; das Vorgehen divergiert an dieser Stelle nicht wesentlich.

Im nächsten Prüfungsschritt ist sowohl nach IAS 39 (2009) als auch nach den Regelungen des Exposure Draft zu prüfen, ob die Rechte auf Cashflows aus dem Vermögenswert ausgelaufen sind. In diesem Fall sind der Vermögenswert und folglich auch die Eigentumsrechte untergegangen, sodass keine weitere Prüfung notwendig ist.[1138]

Der erste Unterschied zwischen den Regelungen ergibt sich durch den Wegfall der Voraussetzungen, die nach IAS 39 (2009) an eine **Durchleitungsvereinbarung** gestellt werden.[1139] Nach den Regelungen des Exposure Draft werden an eine Durchleitungsvereinbarung keine spezifischen Vorgaben geknüpft, sodass jegliche Vereinbarung zur Weitergabe von Cashflows zunächst der Ausbuchungsprüfung unterzogen werden muss.[1140]

Im weiteren Prüfungsablauf wurde die Prüfung der **wesentlichen Chancen und Risiken** durch die Untersuchung des anhaltenden Engagements ersetzt.[1141] Anhaltendes Engagement ist in dem Exposure Draft als die Zurückhaltung von **vertraglichen Rechten und Pflichten** definiert.[1142] Somit werden anstatt Chancen und Risiken nunmehr Rechte und Pflichten betrachtet, auch das Kriterium der Wesentlichkeit ist an dieser Stelle nicht mehr vorgesehen. Die vertraglichen Rechte und Pflichten beeinflussen allerdings die wirtschaftlichen Chancen und Risiken, sodass die Beurteilung an dieser Stelle ähnlich ist. Die Prüfung des anhaltenden Engagements nach dem Exposure Draft stellt allerdings stärker auf die rechtlichen Verhältnisse ab, da direkt die **vertraglichen** Rechte und Pflichten relevant sind.[1143] Bedingt durch diese

---

1137 Vgl. MATENA, S., Bilanzielle Vermögenszurechnung, S. 35-37.

1138 Vgl. Abschn. 533. für die Regelung des IAS 39 (2009) sowie Abschn. 543. für die Regelung des Exposure Draft.

1139 IAS 39.18(b) i. V. m. IAS 39.19 stellt bestimmte Anforderungen an Durchleitungsvereinbarungen, damit diese für eine Ausbuchung qualifizieren können, vgl. Abschn. 533. Der Exposure Draft sieht keine derartigen Voraussetzungen mehr vor, vgl. Abschn. 543.

1140 Teils wird konstatiert, dass die Definition der Übertragung an dieser Stelle nicht eindeutig sei, sodass nicht eindeutig festgelegt werden kann, welche Durchleitungsvereinbarungen einer weitergehenden Prüfung zu unterziehen sind. Vgl. ERNST & YOUNG (Hrsg.), CL: Derecognition, S. 2 sowie EFRAG (Hrsg.), CL: Derecognition, S. 10. Aufgrund des eindeutigen Wortlauts des Exposure Draft ist indes davon auszugehen, dass die weite Auslegung vom IASB so angestrebt wurde.

1141 Vgl. Abschn. 544.

1142 Vgl. IASB (Hrsg.), ED: Derecognition, Rz. 18A.

1143 Ein Unterschied könnte sich durch diese begriffliche Neuordnung beispielsweise für eine Transaktion ergeben, in der Unternehmen A ein Finanzinstrument an Unternehmen B veräußert, Unternehmen B allerdings alle Cashflows direkt an Unternehmen A weiterleitet und nach einem festgelegten Zeitraum das Finanzinstrument zu einem festen Preis zurückgekauft wird. Nach IAS 39 (2009) hätte Unternehmen A weiterhin im Wesentlichen alle Chancen und Risiken behalten, während nach den Vorgaben des Exposure Draft die Rechte und Pflichten an dem Vermögenswert an Unternehmen B übergegangen wären,

verstärkte Fokussierung auf die vertraglichen Rahmenbedingungen (unter Umständen zulasten der wirtschaftlichen Tatsachen) besteht die Gefahr, dass **wirtschaftlich relevante Sachverhalte** nicht angemessen berücksichtigt werden. Dieser Unterschied wirkt sich auch auf die Beurteilung von Durchleitungsvereinbarungen aus, die wohl häufig ein anhaltendes Engagement des Unternehmens darstellen werden, weil die vertraglichen Rechte und Pflichten teils in dem Unternehmen verblieben sind.[1144] Grundsätzlich wird an dieser Stelle der Einfluss der Transaktion auf das **Nutzungsrecht** analysiert, weil das Recht an den Cashflows – also den Erträgen, die aus der Nutzung des Finanzinstruments entstehen, – betrachtet wird.

Die Prüfung der **Verfügungsmacht** an dem Vermögenswert ist zwar nach beiden Regelwerken im Wesentlichen identisch,[1145] faktisch hat das Kriterium der Verfügungsmacht allerdings an Bedeutung gewonnen, weil Übertragungen häufiger bis zu diesem letzten Prüfungsschritt untersucht werden müssen.[1146] Ausschlaggebend hierfür ist einerseits, dass zusätzliche Durchleitungsvereinbarungen zu untersuchen sind, andererseits wirkt sich hier aus, dass die vertraglichen Rechte und Pflichten betrachtet werden. Nach den Ausbuchungsregeln (des IAS 39 (2009) und des Exposure Draft) ist der Übergang der Verfügungsmacht in diesem Schritt anhand des **Verwertungsrechts** – genauer gesagt anhand des **Veräußerungsrechts** zu beurteilen. Hierbei wird ein unbedingtes Veräußerungsrecht vorausgesetzt, um eine Ausbuchung zu ermöglichen. Zudem muss dieses Recht **tatsächlich ausgeübt** werden können.[1147] Sofern ein Unternehmen somit zwar ein unmittelbares Veräußerungsrecht besitzt, indes kein Markt für das Finanzinstrument besteht, wären die Bedingungen für eine Ausbuchung nicht erfüllt. In diesem Punkt gehen sowohl die Anforderungen des IAS 39 (2009) als auch des Exposure Draft über die theoretisch dargelegten Anforderungen des wirtschaftlichen Eigentumsbegriffs hinaus. Wenn somit in einer Transaktion zu identischen Bedingungen zwei identische Vermögenswerte A und B übertragen werden, von denen nur für den Vermögenswert A ein Markt vorliegt, würde die Ausbuchungsbedingung auch nur durch diesen Vermögenswert erfüllt werden können. Vermögenswert B müsste weiterhin in der Bilanz erfasst

---

vgl. EFRAG (Hrsg.), CL: Derecognition, S. 12. Allerdings hat Unternehmen A durch die Transaktion neue Rechte und Pflichten erhalten, die in Verbindung zu dem ursprünglichen Finanzinstrument stehen – aus Sicht des Exposure Draft würde somit nach der hier vertretenen Ansicht ein anhaltendes Engagement vorliegen. Vgl. IASB (Hrsg.), ED: Derecognition, Rz. AG48A. Auch die EFRAG spricht davon, dass die Prüfung der Chancen und Risiken und die Prüfung des anhaltenden Engagements „in some ways similar" sind, vgl. EFRAG (Hrsg.), CL: Derecognition, S. 12.

1144 Vgl. ERNST & YOUNG (Hrsg.), CL: Derecognition, S. 3. Die Cashflows werden lediglich weitergeleitet, die originären Rechte und Pflichten verbleiben beim Unternehmen. Durchleitungsvereinbarungen werden als Vereinbarung definiert, bei denen das Unternehmen die vertragliche Rechte aus die Zahlungsströme zurückhält, vgl. KPMG (Hrsg.), Insights into IFRS, S. 479.

1145 Vgl. Abschn. 545. Allerdings wird der Test in dem Exposure Draft nicht mehr explizit als Prüfung der Verfügungsmacht bezeichnet, vielmehr wird die „praktische Weiterveräußerungsfähigkeit" analysiert. Da hierdurch allerdings weiterhin die Verfügungsmacht analysiert werden soll, wird an dieser Stelle weiterhin von der Prüfung der Verfügungsmacht gesprochen.

1146 Vgl. EFRAG (Hrsg.), CL: Derecognition, S. 2 sowie BERGER, J./KACZMARSKA, K., ED Derecognition, S. 319.

1147 STRUFFERT merkt in diesem Zusammenhang an, dass Forderungen, die durch eine Durchleitungsvereinbarung übertragen werden, nicht zu einem Übergang der Verfügungsmacht führen können, vgl. STRUFFERT, R., ABS, S. 92.

werden.[1148] Diese unterschiedliche Abbildung kann indes nicht zu einem entscheidungsnützlichen Bild führen, da hier identische Transaktionen unterschiedliche bilanzielle Konsequenzen nach sich ziehen würden.[1149] Zudem ergibt sich eine Inkonsistenz zu den sonstigen Bilanzierungsregeln. Diversen Vermögenswerten, die bilanziell erfasst werden, mangelt es an der tatsächlichen Weiterveräußerungsmöglichkeit.[1150] Nicht finanzielle Vermögenswerte können allerdings nach einer Übertragung trotzdem ausgebucht werden.[1151] Das Kriterium der faktischen Weiterveräußerbarkeit rückt somit lediglich im Zusammenhang mit der Ausbuchung von Finanzinstrumenten in den Fokus – hierin besteht ein Widerspruch innerhalb der Rechnungslegung nach IFRS.[1152]

Im Rahmen der Untersuchung der Verfügungsmacht des Erwerbers fließt nach beiden Regelwerken außerdem das **Erwerbsrecht** in die Betrachtung ein.[1153] Sofern das veräußernde Unternehmen über eine Rückkaufsoption verfügt, kann dies dem Übergang der Verfügungsmacht entgegenstehen. Der Einfluss des Erwerbsrechts wird folglich durch beide Regelungswerke berücksichtigt.

Insgesamt ist die Berücksichtigung der tatsächlichen Weiterveräußerungsfähigkeit durch beide Regelungswerke kritisch zu sehen. Hierbei wirkt sich für den Exposure Draft die gestiegene Bedeutung dieser Prüfung kritisch auf die Relevanz der Regelung aus. Vor diesem Hintergrund sollte der Standardsetter daher im Rahmen der Umsetzung des Exposure Draft in den IFRS 9 die Prüfung der Verfügungsmacht derart konkretisieren, dass Inkonsistenzen innerhalb der Rechnungslegung vermieden werden. Hierfür könnte eine weniger starke Betonung der **tatsächlichen** Fähigkeit angedacht werden. Allerdings ist in diesem Zusammenhang der Einfluss einer Anpassung auf das Kriterium der Verlässlichkeit zu berücksichtigen.

### 551.2 Analyse in Bezug auf das qualitative Kriterium Verlässlichkeit

Das Kriterium der Verlässlichkeit besagt, dass die Informationen frei von wesentlichen Fehlern oder verzerrenden Einflüssen sein müssen, sodass die Adressaten sich darauf verlassen können, dass sie glaubwürdig darstellen, was sie vorgeben darzustellen oder was vernünftigerweise inhaltlich von ihnen erwartet werden kann.[1154] Potenzielle Investoren werden Informationen nur dann berücksichtigen, wenn diese verlässlich und nachprüfbar sind.[1155] In Be-

---

1148 Vgl. Abschn. 535. zu den Regelungen des IAS 39 (2009) sowie Abschn. 545. zu den Regelungen des Exposure Draft.

1149 Vgl. Abschn. 545. sowie Ernst & Young (Hrsg.), CL: Derecognition, S. 9 und EFRAG (Hrsg.), CL: Derecognition, S. 15, die sich ebenfalls kritisch zu diesem Aspekt äußern.

1150 Das Framework der IFRS verlangt in der Definition eines Vermögenswerts nicht, dass der Vermögenswert einzeln veräußerbar sein muss, vgl. F.49(a) sowie Baetge, J./Kirsch, H.-J./Thiele, S., Bilanzen, S. 127 f.

1151 Vgl. EFRAG (Hrsg.), CL: Derecognition, S. 16.

1152 Vgl. hierzu auch Deutsche Bank (Hrsg.), CL: Derecognition, S. 1.

1153 Vgl. Abschn. 535. zu den Regelungen des IAS 39 (2009) sowie Abschn. 545. zu den Regelungen des Exposure Draft.

1154 Vgl. Abschn. 212.34.

1155 Vgl. Franke, G./Laux, H., Wert betrieblicher Informationen, S. 4.

zug auf die Ausbuchung eines Finanzinstruments muss der Prüfungsprozess daher zu einer objektivierten Ausbuchungsentscheidung führen.

Der erste Unterschied zwischen den alternativen Ausbuchungskonzeptionen ergibt sich durch die Behandlung von Durchleitungsvereinbarungen. Während IAS 39 (2009) explizite Anforderungen an derartige Vereinbarungen gestellt hat, sieht der Exposure Draft eine generelle Ausbuchungsprüfung derartiger Vereinbarungen vor. Zur Beurteilung der Voraussetzungen nach IAS 39 (2009) sind teilweise subjektive Einschätzungen erforderlich, so muss der Bilanzierende entscheiden, ab wann die Cashflows ohne wesentliche Verzögerungen weitergegeben wurden.[1156] Die Verlässlichkeit der Regelung könnte daher durch den Exposure Draft an dieser Stelle verbessert werden, da die mit den aktuellen Anforderungen verbundenen subjektiven Einschätzungen entfallen.

In der weiteren Prüfung soll die Untersuchung der wesentlichen Chancen und Risiken durch eine Betrachtung der vertraglichen Rechte und Pflichten ersetzt werden. Hier ist insbesondere der Wegfall der **Wesentlichkeitsrestriktion** zu betrachten: Nach IAS 39 (2009) kommt eine Ausbuchung infrage, wenn **im Wesentlichen** alle Chancen und Risiken eines Finanzinstruments übertragen wurden. Einen genauen Grenzwert gibt der Standard hierbei nicht vor, der Bilanzierende muss die Beurteilung somit aufbauend auf seinen subjektiven Einschätzungen durchführen.[1157] Durch den Exposure Draft wurde die Prüfung dahin gehend abgewandelt, dass geprüft wird, ob das Unternehmen ein anhaltendes Engagement in dem Finanzinstrument hat, wobei anhaltendes Engagement durch die **vertraglichen** Rechte und Pflichten definiert wird.[1158] Jegliches anhaltendes Engagement führt hierbei zu einer weitergehenden Prüfung – der subjektive Einfluss, der durch die Beurteilung der Wesentlichkeit entsteht, ist somit entfallen. Zudem wird durch die Fokussierung auf die **vertraglichen** Rechte und Pflichten ein höherer Grad der Objektivierung erreicht.

Im letzten Schritt der Ausbuchungsprüfung wird der Einfluss der Transaktion auf die Verfügungsmacht geprüft. Inhaltlich ist diese Prüfung im Wesentlichen unverändert aus IAS 39 (2009) in den Exposure Draft übernommen worden – die vorgenommenen Änderungen werden wohl keinen Einfluss auf die Verlässlichkeit der Rechnungslegung haben.[1159] Das Kriterium wird allerdings im Rahmen der Ausbuchungsprüfung an Bedeutung gewinnen, weil nach den Vorschriften des Exposure Draft die finale Entscheidung häufiger auf Basis der Verfügungsmacht getroffen wird.[1160] Insgesamt kann diese Entwicklung vor dem Hintergrund der Verlässlichkeit positiv beurteilt werden, weil die Prüfung der tatsächlichen Weiterveräußerungsfähigkeit eine relativ hohe Objektivierung aufweist. Einschränkend muss allerdings angemerkt werden, dass eine objektive Definition eines Marktes in der Rechnungslegung

1156 Vgl. Abschn. 533. Kritisch hierzu äußert sich auch STRUFFERT, vgl. STRUFFERT, R., ABS, S. 82-86.
1157 Vgl. kritisch hierzu auch STRUFFERT, R., ABS, S. 88-92.
1158 Vgl. hierzu auch Abschn. 551.1.
1159 Vgl. zu den Änderungen Abschn. 545. sowie Abschn. 551.1.
1160 Vgl. Abschn. 551.1.

nach IFRS nicht existiert. Hierdurch entstehen Interpretationsspielräume, was sich negativ auf die Verlässlichkeit der Rechnungslegung auswirkt.

Insgesamt ergibt sich indes in Bezug auf die Verlässlichkeit der Ausbuchungsprüfung ein positives Bild, weil der Ersatz der Prüfung der wesentlichen Chancen und Risiken durch die Betrachtung des anhaltenden Engagements zu einem höheren Grad der Objektivierung führen könnte. Zudem wirkt sich die stärkere Objektivierung durch die gestiegene Bedeutung der Prüfung der tatsächlichen Weiterveräußerungsfähigkeit aus.

### 551.3 Analyse in Bezug auf das qualitative Kriterium Vergleichbarkeit

Das Kriterium der **Vergleichbarkeit** fordert zum einen die intertemporale Vergleichbarkeit von Abschlüssen eines Unternehmens, zum anderen müssen die Abschlüsse unterschiedlicher Unternehmen miteinander vergleichbar sein.[1161] Hinsichtlich der Analyse der Ausbuchungsvorschriften ist daher zu analysieren, ob identische Geschäftsvorfälle einerseits intertemporal und andererseits von unterschiedlichen Unternehmen identisch abgebildet werden.

Bezüglich der Vergleichbarkeit der Abschlüsse unterschiedlicher Unternehmen sind Vorteile des Exposure Draft erkennbar, weil der subjektive Einfluss des Bilanzierenden insgesamt abnehmen würde.[1162] Somit hätten Unternehmen weniger Möglichkeiten, einen identischen Geschäftsvorfall unterschiedlich zu behandeln.[1163] Bedingt durch den höheren Grad der Objektivierung kann grundsätzlich auch die intertemporale Vergleichbarkeit verbessert werden.

## 552. Vergleichende Analyse des IAS 39 (2009) und des Exposure Draft Derecognition in Bezug auf die Komplexität

### 552.1 Analyse in Bezug auf die Kriterien der Vielzahl und Vielfalt

Für die Beurteilung des Komplexitätsgrads der Regelungen werden wiederum die in Abschnitt 23 hergeleiteten Kriterien herangezogen. Dort wurde auch festgestellt, dass durch die Komplexität einer Regelung gleichzeitig deren Verständlichkeit approximiert werden kann.

Das Kriterium der **Vielzahl** kann für die Ausbuchung eines Vermögenswerts durch die Anzahl der notwendigen Prüfschritte erfasst werden. Hierbei ergibt sich eine positive Beurteilung der vorgeschlagenen Änderungen, weil die Anzahl der Prüfschritte um zwei reduziert werden konnte.[1164] Ein Unternehmen muss (nach der Prüfung, ob für die Ausbuchung der gesamte Vermögenswert infrage kommt) nach den Vorschlägen des Exposure Draft vier weitere Prüfungsschritte durchlaufen. IAS 39 (2009) sieht nach der Determinierung des für die Ausbuchung relevanten Teils sechs weitere Prüfungsschritte vor. Die Implikationen dieser Verringerung sind aus der Sichtweise des Bilanzierenden und aus der Sichtweise des Bilanzadressaten identisch.

---

1161 Vgl. Abschn. 212.35.

1162 Vgl. Abschn. 551.2.

1163 Vgl. zur Reduktion der subjektiven Einflüsse auch Abschn. 551.2.

1164 Die Reduktion der Prüfschritte wird durch den Vergleich von Abbildung 5-1 und Abbildung 5-3 deutlich.

Bezüglich der **Vielfalt** der Regelung fällt insbesondere die Fokussierung auf nur ein Konzept zur Ausbuchung in dem Exposure Draft ins Gewicht.[1165] Nachdem IAS 39 (2009) Ansätze unterschiedlicher Ausbuchungskonzeptionen in sich vereint hat (Risk and Reward, Control and Continuing Involvement), basiert der Exposure Draft im Wesentlichen auf dem Control and Continuing Involvement-Konzept.[1166] Die Regelungen entstammen somit nicht mehr unterschiedlichen konzeptionellen Herangehensweisen, was zu einer Verringerung der Vielfalt der Regelung beitragen könnte. Durch diese Fokussierung können zudem Unstimmigkeiten zu dem Framework des IASB, das in der Definition eines Vermögenswerts ebenfalls auf die Verfügungsmacht des Unternehmens abstellt, verringert werden, sodass die Vielfalt der Rechnungslegung nach IFRS normenübergreifend verringert werden könnte.[1167] Indes ist nicht widerspruchsfrei geklärt, ob tatsächlich nur noch Elemente des Control and Continuing Involvement-Konzepts für die Prüfung der Ausbuchung nach dem Exposure Draft verwandt werden.[1168] Elemente des Risk and Reward-Konzepts sind teilweise in den Regeln zur Bestimmung des auszubuchenden Teils eines Finanzinstruments zu erkennen.[1169] Somit ist die beschriebene positive Auswirkung auf das Kriterium der Vielfalt nicht gänzlich ungetrübt: Die Berücksichtigung weiterer Ausbuchungskonzeptionen, die sich in den Detailregelungen widerspiegeln, konterkariert die Komplexitätsreduktion der Regelung. Auch hier sind die Implikationen auf den Bilanzierenden und den Bilanzadressaten identisch.

### 552.2 Analyse in Bezug auf die Kriterien der Vieldeutigkeit und Veränderlichkeit

In Bezug auf die **Vieldeutigkeit** der Regelung ist die Frage nach der Interpretierbarkeit der Norm zu analysieren.[1170] Fraglich ist an dieser Stelle, ob der Bilanzierende die Ausbuchungsprüfung durch Interpretationsspielräume beeinflussen kann. Derartige Interpretationsspielräume waren auch im Rahmen der Analyse der Verlässlichkeit der Ausbuchungsregeln relevant, für die eine objektive Ausbuchungsentscheidung gefordert wurde.[1171] In Bezug auf die Analyse der Vieldeutigkeit wird daher auf die Ausführungen zur Verlässlichkeit verwiesen.[1172] Dort wurden Vorteile des Exposure Draft abgeleitet, der zu einer stärkeren Objektivierung der Ausbuchungsprüfung führen könnte. Dies wirkt sich somit auch positiv auf die Vieldeutigkeit aus, die insbesondere für den Bilanzadressaten als Komplexitätstreiber zu

1165 Vgl. IASB (Hrsg.), ED: Derecognition, IN2.

1166 Vgl. IASB (Hrsg.), ED: Derecognition, IN11. Kritisch äußern sich hierzu indes BERGER/KACZMARSKA, vgl. BERGER, J./KACZMARSKA, K., ED Derecognition, S. 328.

1167 Vgl. BERGER, J./KACZMARSKA, K., ED Derecognition, S. 319 sowie DOLECZIK, G./FÄRBER, M., ED: Derecognition, S. 1193. Einschränkend ist an dieser Stelle die starke Betonung des Vorliegens eines Markts für die tatsächliche Handelbarkeit zu erwähnen, vgl. Abschn. 551.1.

1168 Vgl. Abschn. 547. Ähnlich auch BERGER, J./KACZMARSKA, K., ED Derecognition, S. 321. Kritisch äußern sich auch einige Mitglieder des IASB, die dem Vorschlag u. a. aus diesem Grund nicht zugestimmt haben, vgl. IASB (Hrsg.), ED: Derecognition, AV3. Auch in den Comment Lettern wurde dieser Aspekt teils kritisch angemerkt, vgl. etwa DEUTSCHE BANK (Hrsg.), CL: Derecognition, S. 1 sowie GOLDMAN SACHS (Hrsg.), CL: Derecognition, S. 1.

1169 Vgl. IASB (Hrsg.), ED: Derecognition, AV3.

1170 Vgl. für die Definition des Kriteriums der Vieldeutigkeit Abschn. 223.4.

1171 Vgl. Abschn. 551.2.

1172 Vgl. Abschn. 551.2.

identifizieren ist, da dieser die Entscheidungen und die Anreizsituation des Managements einschätzen muss, um die Ausübung der impliziten Wahlrechte deuten zu können.

Für das Kriterium der **Veränderlichkeit** wird das Zusammenwirken der neuen Regelungen des IFRS 9 zur Klassifizierung und Bewertung von Finanzinstrumenten und der Neuregelung der Ausbuchung von Bedeutung sein.[1173] Die erstgenannte Regelung wurde erst nach Veröffentlichung des Exposure Draft zur Ausbuchung finalisiert und veröffentlicht.[1174] Da indes Finanzinstrumente zeitlich vor deren Ausbuchung kategorisiert und bewertet werden, müssen die Ausbuchungsregeln hierauf abgestimmt sein, um den bestehenden Bilanzierungsfakten Rechnung zu tragen. Daher sollte der Standardsetter die Überarbeitung der Ausbuchungsregelungen auf Basis der Vorgaben des IFRS 9 fortsetzen. Hierbei zeichnet sich bereits ein gewisser Anpassungsbedarf des Exposure Draft ab, weil die dort vorgesehene erfolgswirksame Umbuchung der OCI-Komponente bei der Ausbuchung nach IFRS 9 nicht mehr zulässig ist.[1175]

Insgesamt könnte die Komplexität der Ausbuchungsvorschriften durch den Exposure Draft wohl leicht verringert werden.[1176] Hieraus kann ein positiver Einfluss auf die Verständlichkeit der Rechnungslegung unterstellt werden.[1177] Zwar ist auch die Ausbuchungssystematik des Exposure Draft nicht gänzlich frei von Komplexität. Allerdings muss der Standard komplexen realen Sachverhalten gerecht werden. Vor dem Hintergrund der in Abschnitt 224. hergeleiteten Entsprechung der Komplexität des abzubildenden Geschäftsvorfalls und der Komplexität der Rechnungslegungsstandards wird daher eine gewisse Komplexität unvermeidbar sein.

### 553. Zwischenfazit

Zusammenfassend kann festgestellt werden, dass durch die vorgeschlagene Neuregelung der Ausbuchung die **Relevanz** der Bilanzierung eher negativ beeinflusst wird. Ausschlaggebend ist hier die gestiegene Bedeutung der Prüfung der Verfügungsmacht, die nicht im Einklang mit dem allgemeinen Vorgehen in der Rechnungslegung nach IFRS steht.

In Bezug auf die **Verlässlichkeit** ergibt sich durch die Neuregelung insgesamt ein positives Bild, weil ein höherer Grad der Objektivierung erreicht werden konnte. Diese höhere Objektivierung ist insbesondere dem Ersatz der Prüfung der wesentlichen Chancen und Risiken durch die Prüfung des anhaltenden Engagements sowie der gestiegenen Bedeutung der Prüfung der Verfügungsmacht zuzuschreiben. Auch die **Vergleichbarkeit** kann hierdurch positiv beeinflusst werden, weil unterschiedliche Unternehmen die Bilanzierungskonsequenzen nicht mehr so stark beeinflussen können. Der kritischen Beurteilung der Prüfung der Verfügungsmacht in

---

1173 Vgl. IASB (Hrsg.), ED: Classification and Measurement für den Vorschlag zur Neuregelung der Klassifizierung und Bewertung sowie IASB (Hrsg.), ED: Derecognition für die Neuregelung der Ausbuchungsvorschriften.

1174 Vgl. Abschn. 31.

1175 Vgl. zu den Vorgaben des Exposure Draft Abschn. 546. und zu den Vorgaben des IFRS 9 Abschn. 432.3.

1176 Auch die ALLIANZ spricht von einer nicht signifikanten Senkung der Komplexität, vgl. ALLIANZ (Hrsg.), CL: Derecognition, S. 1.

1177 Vgl. zu diesem Zusammenhang auch Abschn. 23.

Bezug auf die Relevanz stehen somit Vorteile für die Verlässlichkeit und die Vergleichbarkeit gegenüber. Der Standardsetter sollte an dieser Stelle allerdings die finale Umsetzung dahingehend konkretisieren, dass Inkonsistenzen innerhalb der Rechnungslegung nach IFRS vermieden werden.

Die **Komplexität** der Regelung konnte insbesondere durch die Fokussierung auf das Control and Continuing Involvement-Konzept verringert werden. Dass nicht alle Elemente des Risk and Reward-Konzepts eliminiert werden konnten, schwächt diese Entwicklung zwar, trotzdem kann bereits durch die Fokussierung eine wesentliche Erleichterung erreicht werden.

# 6 Zusammenfassung und Ausblick

Die Bilanzierung von Finanzinstrumenten ist in der Rechnungslegung nach IFRS seit jeher ein umstrittener Themenbereich. IAS 39 hat sich aus umfangreichen Diskussionen als Interimslösung herauskristallisiert, dem Standard wird allerdings häufig eine unangemessen hohe Komplexität nachgesagt. Daher hat der IASB im Jahr 2008 erste Schritte für eine langfristige und grundlegende Reform der Rechnungslegung von Finanzinstrumenten in Angriff genommen, der Zeitplan dieser Reformbemühungen wurde in der Folge durch die Finanzkrise deutlich gestrafft. Auch das Ziel einer reduzierten Komplexität wurde von politischer Seite weiter betont. Da allerdings die Komplexität einer Regelung durch das Zielsystem des Framework der Rechnungslegung nicht explizit thematisiert wird, muss auch eine vor diesem Hintergrund getroffene Neuregelung insbesondere das Ziel der Generierung **entscheidungsnützlicher Informationen** für die Adressaten der Rechnungslegung erreichen. Der **Komplexitätsgrad** der Regelung kann hierbei stets nur in Form einer Nebenbedingung einfließen. Die Reformbestrebungen wurden daher in dieser Arbeit vor dem Hintergrund der grundlegenden Ziele der Rechnungslegung nach IFRS analysiert, wobei der Einfluss der Neuregelung auf den Komplexitätsgrad flankierend in die Betrachtung eingeflossen ist. Die zentralen Erkenntnisse werden im Folgenden in komprimierter Form wiedergegeben.

Aus den diversen Interessengruppen, die teils sehr heterogene Informationsinteressen in Bezug auf ein Unternehmen verfolgen, wurden die Eigenkapitalgeber als **Adressaten** – insbesondere die Kleinanleger – mit dem umfangreichsten Informationsbedarf identifiziert. Für ihre Investitionsentscheidung müssen die Kleinanleger die erwarteten künftigen Zahlungsströme aus dem Investitionsobjekt einschätzen können, wobei Höhe, Unsicherheit und zeitlicher Verlauf der Cashflows **relevant** sind. In diesem Zusammenhang sind zwingend Interessenskonflikte zwischen dem Management und den Adressaten zu beachten: Erstere verfügen über einen Informationsvorsprung und haben daher die Möglichkeit, nur gefilterte Aussagen über das Unternehmen zu publizieren, wodurch Prinzipal-Agenten-Konflikte entstehen können. Insbesondere im Hinblick auf Einschätzungen erwarteter Entwicklungen, die zur Generierung von Einschätzungen über künftige Zahlungsströme unerlässlich sind, besteht dieser Vorteil des Managements. Rechnungslegungsinformationen müssen daher auf Basis festgelegter Regelungen weitergegeben werden, um für den Adressaten **verlässlich** zu sein. Nur verlässliche Informationen können im Rahmen der Entscheidungsfindung einfließen. Die Rechnungslegung steht folglich stets in dem Zielkonflikt, relevante Informationen zu liefern, die gleichzeitig die Anforderungen der Verlässlichkeit erfüllen.

Hinsichtlich der Normierung der Rechnungslegung konnten Vorteile einer Festlegung der Standards durch eine übergeordnete Institution festgestellt werden, da dies aus effizienztheoretischen Überlegungen vorteilhaft erscheint. Die Rechnungslegung nach IFRS, die durch den IASB als übergeordnete Institution festgelegt wird, verfolgt hierbei das Ziel, **entscheidungsnützliche Informationen** zu generieren. Der **Komplexitätsgrad** fließt nur flankierend ein, da hierdurch die Verständlichkeit der Information beeinflusst wird.

Durch die Reform der Rechnungslegung von Finanzinstrumenten wurde zunächst die Kategorisierung und Bewertung **finanzieller Vermögenswerte** neu geregelt, die entsprechenden Vorgaben für finanzielle Verbindlichkeiten sowie Regelungen zum Impairment und Hedge Accounting sollen erst später in IFRS 9 integriert werden. Die **Kategorisierung** basiert in dem neuen Standard auf einem prinzipenbasierten Prozess, durch den die Aufteilung finanzieller Vermögenswerte in zwei Kategorien vorgenommen wird. IAS 39 (2009) sieht an dieser Stelle vier Kategorien zur Klassifizierung vor, wobei die Einordnung von Eigenschaften des Finanzinstruments und von Absichten des Managements abhängt. In Bezug auf die **Relevanz** der Kategorisierung wurde im Rahmen der kritischen Analyse untersucht, ob gleichartige Finanzinstrumente derselben Kategorie zugeordnet wurden. Diese Frage wurde für den Zeitpunkt der erstmaligen Erfassung und für Folgeperioden betrachtet; Hierbei sind Vorteile des IFRS 9 erkennbar, die insbesondere aus dem prinzipenbasierten Vorgehen und der Verringerung von Wahlrechten resultieren. Da auch implizite Wahlrechte, die aus Interpretationsspielräumen des Managements resultieren, verringert werden konnten, ergibt sich diese positive Beurteilung auch vor dem Hintergrund der **Verlässlichkeit**. Eine Schwachstelle des neuen Standards zeigt sich indes hinsichtlich der Bilanzierung hybrider Finanzinstrumente, die nun durch die rechtliche Umsetzung einer wirtschaftlich identischen Transaktion beeinflussbar ist. Der Standardsetzer sollte diese Regelungen in künftigen Überarbeitungsprojekten verfeinern. Nach der hier vertretenen Ansicht sollten wirtschaftlich zusammengehörige Basisverträge und Derivate stets einer gemeinsamen Betrachtung unterzogen werden. Die Analyse der **Komplexität** der Kategorisierung hat Vorteile des IFRS 9 verdeutlicht, die insbesondere auf der Reduzierung der Zielkategorien beruhen. In Bezug auf den Kategorisierungsprozess kann indes kein definitives Urteil gefällt werden: Zwar verläuft der Prozess des IFRS 9 prinzipienbasiert und berücksichtigt weniger Einflussfaktoren als nach IAS 39 (2009), indes kann eine abschließende Beurteilung hier bedingt durch die unterschiedliche Intensität der Prüfung nur im Einzelfall stattfinden.

In beiden Rechnungslegungsstandards liefert die Kategorisierung die Basis für die spätere **Bewertung** der finanziellen Vermögenswerte. In Bezug auf die Definition der grundsätzlichen Bewertungsmaßstäbe verweist IFRS 9 vorerst auf IAS 39 (2009), sodass diese für beide Standards identisch sind. Danach werden Finanzinstrumente jeweils mit den (fortgeführten) Anschaffungskosten oder mit dem Fair Value bewertet. Für die kritische Würdigung der Bewertungskonzeptionen ist daher zunächst die Entscheidungsnützlichkeit der Bewertungsmaßstäbe zu beurteilen. Hierbei zeichnen sich für die Relevanz Vorteile eines marktbasierten Fair Value ab. Für die auf den übrigen Stufen der Fair Value-Hierarchie ermittelten Werte konnte allerdings kein eindeutiges Urteil festgestellt werden. Lediglich ein stärkerer Zukunftsbezug wird dem Fair Value insgesamt zu attestieren sein. Indes sinkt gleichzeitig die Verlässlichkeit, da zwangsläufig Einschätzungen über noch nicht bekannte Ereignisse in die Bewertung einfließen. Die Anschaffungskosten hingegen weisen eine hohe Verlässlichkeit auf, da sie auf vergangenen und damit bekannten Ereignissen beruhen, allerdings sinkt die Relevanz der Information mit der zeitlichen Entfernung vom Transaktionszeitpunkt. Der Fair Value sollte daher nur dann in der Rechnungslegung eingesetzt werden, wenn er ein Mindestmaß an Verlässlichkeit aufweist, weil nicht verlässlich ermittelte Werte keine entscheidungsnützlichen Informationen liefern können. Zur Beurteilung der Bewertung von Finanzinstrumenten wurde in der Folge der Umfang der Nutzung der alternativen Bewertungsmaßstäbe festgestellt. Hierbei wurde festgehalten, dass durch den neuen Standard diverse Verschiebungen zwischen den anschaffungskostenbasierten Kategorien und den Fair Value-basierten Kategorien der beiden Standards stattfinden werden. Eine ausschließliche Verschiebung von anschaffungskostenbasierten Kategorien in Fair Value-basierte Kategorien oder umgekehrt konnte allerdings nicht festgestellt werden, vielmehr bestehen die Bewegungen aus sich kompensierenden Effekten. Insgesamt kann aber wohl davon ausgegangen werden, dass die Fair Value-Bewertung in vielen Unternehmen durch die Neuregelungen des IFRS 9 eher zunehmen wird. Abzuwarten bleibt allerdings, auf welcher Stufe diese zusätzlichen Fair Values zu ermitteln sein werden. Insbesondere durch den Wegfall der Cost-Exemption besteht hier die Gefahr, dass die Werte häufig nicht marktbasiert ermittelt werden können. Da hier die Gefahr besteht, dass nicht verlässliche Werte in die Bilanz einfließen – die dann keine entscheidungsnützlichen Informationen liefern können – sollte der Standardsetter die Regelung an dieser Stelle überarbeiten. Die Cost-Exemption des IAS 39 (2009) sollte nach der hier vertretenen Ansicht auch in IFRS 9 implementiert werden. Die **Komplexität** der Bewertung wird durch die Reform auf den ersten Blick nicht wesentlich tangiert, da weiterhin dieselben Bewertungsmaßstäbe eingesetzt werden. Allerdings werden individuelle Unternehmen wohl mit zusätzlich zu ermittelnden Fair Values konfrontiert werden, wodurch sich aus der Sicht dieser Unternehmen eine Steigerung der Komplexität der Bewertung abzeichnen könnte.

Für die **Ausweiskonzeption** von Finanzinstrumenten ergeben sich die wesentlichen Unterschiede zwischen den Standards durch den Ausweis der Wertänderungen. Der Anwendungsbereich der erfolgsneutralen Folgebewertung ist hier angepasst und eingeschränkt worden. Sofern eine erfolgsneutrale Folgebewertung vorgesehen ist, ergeben sich weitere Unterschiede. Während IAS 39 (2009) in diesem Bereich eine bedingte Erfolgswirksamkeit vorsieht, falls sich ein Impairment ergibt, sind nach IFRS 9 alle Wertänderungen erfolgsneutral zu behandeln. Auch die erfolgswirksame Umbuchung von Wertänderungen nach der Ausbuchung der Instrumente ist nicht mehr vorgesehen, lediglich ausgeschüttete Dividenden werden weiterhin erfolgswirksam erfasst. Hierdurch ergibt sich insgesamt eine verzerrte Ergebnisdarstellung von finanziellen Vermögenswerten, die erfolgsneutral zum Fair Value bewertet werden, da im erfolgswirksamen Teil der Gesamtergebnisrechnung lediglich die Erträge aus Dividendenausschüttungen verbucht werden. Insofern sind an dieser Stelle Schwächen des IFRS 9 in Bezug auf die Entscheidungsnützlichkeit erkennbar. Hier sollte der Standardsetter zunächst eine systematische Trennung der erfolgswirksamen und erfolgsneutralen Bestandteile der Gesamtergebnisrechnung erarbeiten, um darauf aufbauend die Regelung für Finanzinstrumente zu überarbeiten. Das Wahlrecht des IFRS 9 sollte durch eine klare Definition von verpflichtend erfolgsneutral zu behandelnden Sachverhalten ersetzt werden. Der **Komplexitätsgrad** der Regelung wird durch die Neuregelung nicht wesentlich tangiert.

Die Überarbeitung der **Ausbuchungsregeln** wurde bereits vor der Überarbeitung der Kategorisierung und Bewertung von Finanzinstrumenten auf den Weg gebracht. Die Umsetzung des Exposure Draft in IAS 39 wurde allerdings verschoben, damit die Vorschläge direkt in

IFRS 9 implementiert werden können – eine zwischenzeitliche Überarbeitung der Bilanzierung von Finanzinstrumenten sollte vermieden werden. Die aktuellen Ausbuchungsregeln beinhalten konzeptionell unterschiedliche Ausbuchungsvorschriften, neben dem Risk and Reward-Konzept kommen Komponenten des Control and Continuing Involvement-Konzepts zum Einsatz. Hierin sieht der Standardsetzer einen Grund der Komplexität der Ausbuchungsprüfung. Daher strebt der IASB mit der vorgeschlagenen Neuregelung eine konzeptionelle Fokussierung auf das Control and Continuing Involvement-Konzept an, wodurch die Komplexität der Regelung verringert werden soll. Während allerdings durch die Neuregelung des Exposure Draft wohl eine Verringerung der **Komplexität** erreicht werden kann, ergibt sich in Bezug auf die Entscheidungsnützlichkeit ein zweigeteiltes Bild. Zwar konnte die Verlässlichkeit gestärkt werden, da das Management weniger Einflussmöglichkeiten hat, allerdings wird die Ausbuchungsentscheidung häufig von der tatsächlichen Weiterveräußerungsmöglichkeit des Erwerbers abhängen. An der konzeptionellen Eignung dieser Prüfung bestehen Zweifel. Daher sollte der Standardsetter die Regelung vor der finalen Umsetzung in IFRS 9 dahingehend konkretisieren, dass Inkonsistenzen innerhalb der Rechnungslegung nach IFRS vermieden werden.

Das **Gesamturteil** der Überarbeitung der Bilanzierung von Finanzinstrumenten kann daher hier nicht zu einem eindeutig positiven oder negativen Urteil verdichtet werden. Während sich hinsichtlich der Kategorisierung Vorteile des IFRS 9 abzeichnen, stehen diesen Vorteilen die Schwächen der Neuregelung im Bereich der Bewertung und des Ausweises entgegen. Hier bleibt insbesondere abzuwarten, welche Probleme die Fair Value-Ermittlung von Finanzinstrumenten, für die nach IAS 39 (2009) die Cost Exemption genutzt wurde, mit sich bringt. Die Ausbuchungsprüfung könnte durch die vorgeschlagene Neuregelung zwar konzeptionell klarer abgegrenzt werden, indes sind auch in diesem Bereich weiterhin Schwächen erkennbar.

Der IASB steht vor der schwierigen Aufgabe, eine langfristig zufriedenstellende Gesamtlösung der Bilanzierung von Finanzinstrumenten zu finden. Nachdem die bisherigen Diskussionen sich über Jahrzehnte erstreckt haben, ist der jetzt zur Verfügung stehende Zeithorizont durch den politischen Druck deutlich verringert worden. Die Neuregelung der Kategorisierung und Bewertung liefert das Fundament für die weiteren Überarbeitungsschritte. Ob es dem IASB gelingt, trotz des zeitlichen Drucks und der daraus resultierenden Unterteilung des Überarbeitungsprojekts eine insgesamt schlüssige Lösung zu entwickeln, bleibt abzuwarten.

# Quellenverzeichnis

## Verzeichnis der Kommentare und Handbücher zur Bilanzierung

BALLWIESER, WOLFGANG/BEINE, FRANK/HAYN, SVEN/PEEMÖLLER, VOLKER/SCHRUFF, LOTHAR/WEBER, CLAUS-PETER (Hrsg.), Handbuch International Financial Reporting Standards 2010, 6. Aufl., Weinheim 2009 (zitiert: BEARBEITER, in: Wiley-Handbuch 2010).

BAETGE, JÖRG/KIRSCH, HANS-JÜRGEN/THIELE, STEFAN, Bilanzrecht, Loseblatt, Bonn/Berlin 2002 (zitiert: BEARBEITER, in: Baetge/Kirsch/Thiele).

BAETGE, JÖRG/WOLLMERT, PETER/KIRSCH, HANS-JÜRGEN/OSER, PETER/BISCHOF, STEFAN (Hrsg.), Rechnungslegung nach IFRS, Loseblatt, 2. Aufl., Stuttgart 2003 ff. (zitiert: BEARBEITER, in: Baetge u. a., Rechnungslegung nach IFRS).

BOHL, WERNER/RIESE, JOACHIM/SCHLÜTER, JÖRG (Hrsg.), Beck'sches IFRS-Handbuch, 3. Aufl., 2009 (zitiert: BEARBEITER: in: Beck IFRS-HB).

KROPFF, BRUNO/SEMLER, JOHANNES (Hrsg.), Münchener Kommentar zum Aktiengesetz, 3. Aufl., München 2008 (zitiert: BEARBEITER, in: Münchener Kommentar zum Aktiengesetz).

LÜDENBACH, NORBERT/HOFFMANN, WOLF-DIETER (Hrsg.), Haufe IFRS-Kommentar, 8. Aufl., Freiburg 2010 (zitiert: BEARBEITER, in: Haufe IFRS-Kommentar).

THIELE, STEFAN/KEITZ, ISABELLE VON/BRÜCKS, MICHAEL (Hrsg.), Internationales Bilanzrecht - Rechnungslegung nach IFRS, Bonn u. a. 2008 (zitiert: BEARBEITER, in: Thiele u. a., Internationales Bilanzrecht).

WYSOCKI, KLAUS VON/SCHULZE-OSTERLOH, JOACHIM/HENNRICHS, JOACHIM/KUHNER, CHRISTOPH (Hrsg.), Handbuch des Jahresabschlusses – Rechnungslegung nach HGB und internationalen Standards, Loseblatt, Köln 1984 ff. (zitiert: BEARBEITER, in: HdJ).

**Verzeichnis der Aufsätze und Monografien**

ACCOUNTING STANDARDS BOARD (Hrsg.), Press Notice: Strong Support for Stewardship as a Core Objective of Financial Reporting, London 2007 (Strong Support for Stewardship).

ADAM, DIETRICH/JOHANNWILLE, ULRICH, Die Komplexitätsfalle, in: DIETRICH ADAM (Hrsg.), Komplexitätsmanagement, S. 5-28, Wiesbaden 1998 (Die Komplexitätsfalle).

AITKEN, MICHAEL, A General Theory of Financial Reporting: Is It Possible, in: The International Journal of Accounting, Vol. 25,No. 4 1990, S. 221-233 (A General Theory of Financial Reporting).

AKERLOF, GEORGE, The Market for "Lemons": Quality Uncertainty and the Market Mechanism, in: The Quarterly Journal of Economics, Vol. 84,No. 3 1970, S. 488-500 (Market for Lemons).

ALCHIAN, ARMEN/DEMSETZ, HAROLD, The Property Right Paradigm, in: The Journal of Economic History, Vol. 33,No. 1 1973, S. 16-27 (The Property Right Paradigm).

ALLIANZ (Hrsg.), Comment Letter: Exposure Draft: Derecognition – ED 2009/3, München 2009 (CL: Derecognition).

ALPARSLAN, ADEM, Strukturalistische Prinzipal-Agent-Theorie – Eine Reformulierung der Hidden-Action-Modelle aus der Perspektive des Strukturalismus, Wiesbaden 2006 (Strukturalistische PAT).

AMERICAN ACCOUNTING ASSOCIATION'S FINANCIAL ACCOUNTING STANDARDS COMMITTEE (Hrsg.), Recommendations on Hedge Accounting and Accounting for Transfers of Financial Instruments, in: Accounting Horizons, 2002, S. 81-93 (Recommendations).

AMERICAN BANKERS ASSOCIATION (Hrsg.), Comment Letter: Exposure Draft: Classification and Measurement – ED 2009/7, Washington 2009 (CL: Classification and Measurement).

ANDRÉ, PAUL/CAZAVAN-JENY, ANNE/DICK, WOLFGANG/RICHARD, CHRYSTELLE/WALTON, PETER, Fair Value Accounting and the Banking Crisis in 2008: Shooting the Messenger, in: Accounting in Europe, Vol. 6, Issue 1 2009, S. 3-24 (Fair Value Accounting and the Banking Crisis).

ASHBY, WILLIAM, Einführung in die Kybernetik, 2. Aufl., Frankfurt am Main 1985 (Kybernetik).

BAETGE, JÖRG, Möglichkeiten der Objektivierung des Jahreserfolges, Düsseldorf 1970 (Möglichkeiten der Objektivierung).

BAETGE, JÖRG, Betriebswirtschaftliche Systemtheorie – Regelungstheoretische Planungs-Überwachungsmodelle für Produktion, Lagerung und Absatz, Opladen 1974 (Betriebswirtschaftliche Systemtheorie).

BAETGE, JÖRG, Möglichkeiten des Tests der dynamischen Eigenschaften betriebswirtschaftlicher Planungs-Überwachungs-Modelle, in: JÖRG BAETGE (Hrsg.), Grundlagen der Wirtschafts- und Systemkybernetik – Betriebswirtschaftliche Kontrolltheorie, S. 116-131, Opladen 1975 (Test dynamischer Eigenschaften).

BAETGE, JÖRG, Gesellschafterorientierung als Voraussetzung für Kunden- und Marktorientierung, in: MANFRED BRUHN und HARTWIG STEFFENHAGEN (Hrsg.), Marktorientierte Unternehmensführung. Reflexionen – Denkanstöße – Perspektiven; Festschrift für Heribert Meffert zum 60. Geburtstag, S. 103-117, Wiesbaden 1997 (Gesellschafterorientierung).

BAETGE, JÖRG, Verwendung von DCF-Kalkülen bei der Bilanzierung nach IFRS, in: WPg 2009, S. 13-23 (DCF-Kalküle bei der Bilanzierung).

BAETGE, JÖRG/BEERMANN, THOMAS, Die Bilanzierung von Vermögenswerten in der Bilanz nach International Accounting Standards und der dynamischen Bilanztheorie Schmalenbachs, in: BFuP 1998, S. 154-168 (Bilanzierung von Vermögenswerten).

BAETGE, JÖRG/HAENELT, TIMO, Pensionsrückstellungen im IFRS-Abschluss – Kritische Würdigung der Regelungen zur Vereinnahmung versicherungsmathematischer Gewinne und Verluste im IFRS-Abschluss unter Berücksichtigung der Neuregelung des FASB –, in: DB 2006, S. 2413-2419 (Vereinnahmung versicherungsmathematischer Gewinne und Verluste).

BAETGE, JÖRG/LIENAU, ACHIM, Fair Value auf der Passivseite der Bilanz?, in: HARTMUT BIEG und REINHARD HEYD (Hrsg.), Fair Value – Bewertung in Rechnungswesen, Controlling und Finanzwirtschaft, S. 309-331, München 2005 (Fair Value auf der Passivseite?).

BAETGE, JÖRG/NOELLE, JENNIFER, Shareholder-Value-Reporting sowie Prognose- und Performancepublizität in: KoR 2001, S. 174-180 (Shareholder-Value-Reporting).

BAETGE, JÖRG/THIELE, STEFAN, Gesellschafterschutz versus Gläubigerschutz – Rechenschaft versus Kapitalerhaltung – Zu den Zwecken des deutschen Einzelabschlusses vor dem Hintergrund der internationalen Harmonisierung, in: WOLFGANG DIETER BUDDE, ADOLF MOXTER und KLAUS OFFERHAUS (Hrsg.), Handelsbilanzen und Steuerbilanzen: Festschrift zum 70. Geburtstag von Prof. Dr. h. c. Heinrich Beisse, S. 11-24, Düsseldorf 1997 (Gesellschafterschutz).

BAETGE, JÖRG/ZÜLCH, HENNING, Fair Value-Accounting, in: BFuP 2001, S. 543-562 (Fair Value-Accounting).

BAETGE, JÖRG/BREMBT, TOBIAS/BRÜGGEMANN, PETER, Die Mark-to-Model-Bewertung des IAS 39 in der Subprime-Krise, in: WPg 2008, S. 1001-1010 (Mark-to-Model-Bewertung).

BAETGE, JÖRG/KIRSCH, HANS-JÜRGEN/SOLMECKE, HENRIK, Auswirkungen des BilMoG auf die Zwecke des handelsrechtlichen Jahresabschlusses, in: WPg 2009, S. 1211-1222 (Auswirkungen des BilMoG).

BAETGE, JÖRG/KIRSCH, HANS-JÜRGEN/THIELE, STEFAN, Bilanzanalyse, 2. Aufl., Düsseldorf 2004 (Bilanzanalyse).

BAETGE, JÖRG/KIRSCH, HANS-JÜRGEN/THIELE, STEFAN, Bilanzen, 10. Aufl., Düsseldorf 2009 (Bilanzen).

BAETGE, JÖRG/KIRSCH, HANS-JÜRGEN/LEUSCHNER, CARL-FRIEDRICH/JERZEMBEK, LOTHAR, Die Kapitalabgrenzung nach IFRS – Ein Vorschlag zur Modifizierung des IAS 32 –, in: DB 2006, S. 2133-2138 (Kapitalabgrenzung).

BAETGE, JÖRG/NIEMEYER, KAI/KÜMMEL, JENS/SCHULZ, ROLAND, 3. Kapitel: Bewertungsverfahren – Teil B: Darstellung der Discounted Cashflow-Verfahren (DCF-Verfahren) mit

Beispiel, in: VOLKER PEEMÖLLER (Hrsg.), Praxishandbuch der Unternehmensbewertung, 4. Aufl., S. 339-477, Herne 2009 (DCF-Verfahren).

BAILEY, GEORGETTE/WILD, KEN, International accounting standards, 2. Aufl., London 2000 (IAS).

BALARAM, PADMANABHAN, Information overload, in: Current Science, Vol. 78,No. 5 2000, S. 533-534 (Information overload).

BALLWIESER, WOLFGANG, Möglichkeiten der Komplexitätsreduktion bei einer prognose-orientierten Unternehmensbewertung, in: zfbf 1980, S. 50-73 (Komplexitätsreduktion bei einer prognose-orientierten Unternehmensbewertung).

BALLWIESER, WOLFGANG, Informationsökonomie, Rechnungslegungstheorie und Bilanzrichtlinien-Gesetz, in: zfbf 1985, S. 47-66 (Informationsökonomie).

BALLWIESER, WOLFGANG, Aggregation, Komplexion und Komplexitätsreduktion, in: WALDEMAR WITTMANN, WERNER KERN, RICHARD KÖHLER, HANS-ULRICH KÜPPER und KLAUS V. WYSOCKI (Hrsg.), Handwörterbuch der Betriebswirtschaft, 5. Aufl., S. 49-57, Stuttgart 1993 (Aggregation, Komplexion und Komplexitätsreduktion).

BALLWIESER, WOLFGANG, Unternehmensbewertung – Prozeß, Methoden und Probleme, 2. Aufl., Stuttgart 2007 (Unternehmensbewertung).

BALLWIESER, WOLFGANG, IFRS-Rechnungslegung – Konzept, Regeln und Wirkungen, 2. Aufl., München 2009 (IFRS-Rechnungslegung).

BALLWIESER, WOLFGANG/KUHNER, CHRISTOPH, Rechnungslegungsvorschriften und wirtschaftliche Stabilität, Bergisch Gladbach 1994 (Rechnungslegungsvorschriften).

BALLWIESER, WOLFGANG/KÜTING, KARLHEINZ/SCHILDBACH, THOMAS, Fair value – erstrebenswerter Wertansatz im Rahmen einer Reform der handelsrechtlichen Rechnungslegung?, in: BFuP 2004, S. 529-549 (Fair Value).

BANDTE, HENNING, Komplexität in Organisationen – Organisationstheoretische Betrachtung und agentenbasierte Simulation, Wiesbaden 2007 (Komplexität).

BARCKOW, ANDREAS, Bilanzierung derivativer Finanzinstrumente – Internationale Entwicklungen, in: BBK 1997, S. 557-568 (Bilanzierung derivativer Finanzinstrumente).

BARCKOW, ANDREAS, Die Bilanzierung von derivativen Finanzinstrumenten und Sicherungsbeziehungen – Eine Gegenüberstellung des deutschen Bilanzrechts mit SFAS 133 und IAS 32/39, Düsseldorf 2004 (Bilanzierung von derivativen Finanzinstrumenten und Sicherungsbeziehungen).

BARCKOW, ANDREAS, ED Fair Value Option – Der Entwurf des IASB zur Einschränkung der Fair-Value-Option in IAS 39 (rev. 2003) –, in: WPg 2004, S. 793-798 (ED Fair Value Option).

BARCKOW, ANDREAS/ROSE, SIMONE, Die Bilanzierung von Derivaten und Hedge-Strategien – Konzeption, Anwendungsbereich und Inhalte des zukünftigen US-amerikanischen Standards SFAS 13X, in: WPg 1997, S. 789-801 (Bilanzierung von Derivaten und Hedge-Strategien).

BARRETT, MICHAEL/BEAVER, WILLIAM/COOPER, WILLIAM/MILBURN, ALES/SOLOMONS, DAVID/TWEEDIE, DAVID SIR, American Accounting Association Committee on Accounting and Auditing Measurement, 1989-90, in: Accounting Horizons, Vol. 5, Issue 3 1991, S. 81-105 (Measurement).

BARTH, ANDREAS/KLEIN, JOCHEN, Spielregeln: Die Grundstruktur von Asset-Backed-Securities Transaktionen, in: BankInformation 2002, S. 2-3 (Asset-Backed-Securities Transaktionen).

BARTH, MARY/LANDSMAN, WAYNE, Fundamental Issues Related to Using Fair Value Accounting for Financial Reporting, in: Accounting Horizons, Vol. 9,No. 4 1995, S. 97-107 (Fair Value Accounting).

BAUR, FRITZ/BAUR, JÜRGEN/STÜRNER, ROLF, Sachenrecht, 18. Aufl., München 2009 (Sachenrecht).

BEAVER, WILLIAM, Perspectives on Recent Capital Market Research, in: The Accounting Review, Vol. 77, Issue 2 2002, S. 453-474 (Perspectives).

BECHT, MARCO/RÖELL, AILSA, Blockholdings in Europe – An international comparison, in: European Accounting Review, Vol. 43, Issue 4-6 1999, S. 1049-1056 (Blockholdings).

BECKER, JÖRG/ROSEMANN, MICHAEL, Informationsmanagement – ein Beitrag zur Beherrschung von Komplexität, in: DIETRICH ADAM (Hrsg.), Komplexitätsmanagement, S. 111-124, Wiesbaden 1998 (Informationsmanagement).

BERENS, WOLFGANG/SCHMITTING, WALTER, Controllinginstrumente für das Komplexitätsmanagement: Potentiale des internen Rechnungswesens, in: DIETRICH ADAM (Hrsg.), Komplexitätsmanagement, S. 97-110, Wiesbaden 1998 (Controllinginstrumente für das Komplexitätsmanagement).

BERGER, JENS/KACZMARSKA, KAROLINA, ED Derecognition – Darstellung der vorgeschlagenen Änderungen zur Ausbuchung von Finanzinstrumenten, in: KoR 2009, S. 316-328 (ED Derecognition).

BEYER, STEPHANIE, IFRS: Finanzinstrumente – Bilanzierung, Darstellung, Ausweis, Berlin 2008 (IFRS: Finanzinstrumente).

BIEG, HARTMUT/BOFINGER, PETER/KÜTING, KARLHEINZ/KUßMAUL, HEINZ/WASCHBUSCH, GERD/WEBER, CLAUS-PETER, Die Saarbrücker Initiative gegen den Fair Value, in: DB 2008, S. 2543-2546 (Saarbrücker Initiative gegen den Fair Value).

BIER, NICOLE/LOPATTA, KERSTIN, Die Bilanzierung strukturierter Produkte und eingebetteter Derivate im Kontext der IFRS, in: KoR 2008, S. 304-314 (Bilanzierung strukturierter Produkte).

BLEICHER, KNUT, Das Konzept integriertes Management – Visionen – Missionen – Programme 7. Aufl., Frankfurt am Main, New York 2004 (Konzept integriertes Management).

BÖCKING, HANS-JOACHIM, Zum Verhältnis von Rechnungslegung und Kapitalmarkt: Vom „financial accounting" zum „business reporting" – Tagung des Ausschusses Unternehmensrechnung im Verein für Socialpolitik am 9. und 10. Mai 1997 in Evelle/Frankreich, in: WOLFGANG BALLWIESER und THOMAS SCHILDBACH (Hrsg.), Rechnungslegung und Steuern international, S. 17-53, Düsseldorf 1998 (Rechnungslegung und Kapitalmarkt).

BÖCKING, HANS-JOACHIM/DREISBACH, MARIUS/GROS, MARIUS, Der fair value als Wertmaßstab im Handelsbilanzrecht und den IFRS - eine Diskussion vor dem Hintergrund des Referentenentwurfs des BilMoG, in: Der Konzern 2008, S. 207-214 (Der fair value als Wertmaßstab im Handelsbilanzrecht un den IFRS).

BOGAJEWSKAJA, JANINA, Reporting Financial Performance – Konzeption und Darstellung der Erfolgsrechnung nach Vorschriften des ASB, FASB und IASB, Wiesbaden 2007 (Reporting Financial Performance).

BÖHMER, MARTINE, Asset-Backed Securities, in: ROLAND ELLER, WALTER GRUBER und MARKUS REIF (Hrsg.), Handbuch Strukturierte Kapitalmarktprodukte, S. 161-184, Stuttgart 1999 (ABS).

BRAKENSIEK, SONJA, Bilanzneutrale Finanzierungsinstrumente in der internationalen und nationalen Rechnungslegung – Die Abbildung von Leasing, Asset-Backet-Securities-Transaktionen und special purpose entities im Konzernabschluss, Herne u. a. 2001 (Bilanzneutrale Finanzierungsinstrumente).

BREKER, NORBERT, Rechenschaftsfunktion und Verlässlichkeit von Abschlussinformationen – Zwei zentrale Aspekte des IASB-Framework, in: WPg 2007, S. I-I (Rechenschaftsfunktion und Verlässlichkeit).

BREKER, NORBERT/GEBHARDT, GÜNTHER/PAPE, JOCHEN, Das Fair-Value-Projekt für Finanzinstrumente – Stand der Erörterungen der Joint Working Group of Standard Setters im Juli 2000 –, in: WPg 2000, S. 729-744 (Das Fair-Value-Projekt für Finanzinstrumente).

BRINKMANN, JÜRGEN, Zweckadäquanz der Rechnungslegung nach IFRS, Berlin 2006 (Zweckadäquanz).

BRINKMANN, JÜRGEN, Die Informationsfunktion der Rechnungslegung nach IFRS – Anspruch und Wirklichkeit – Teil I: Anforderungen an informationsvermittelnde Rechenwerke, in: ZCG 2007, S. 228-232 (Informationsfunktion).

BRÖTZMANN, INGO, Bilanzierung von güterwirtschaftlichen Sicherungsbeziehungen nach IAS 39 zum Hedge Accounting, Düsseldorf 2004 (Güterwirtschaftliche Sicherungsbeziehungen nach IAS 39).

BUNDESVERBAND DEUTSCHER BANKEN (Hrsg.), Lehren aus den Finanzmarktturbulenzen, Berlin 2008 (Lehren aus den Finanzmarktturbulenzen).

BUSSE VON COLBE, WALTHER, Die Entwicklung des Jahresabschlusses als Informationsinstrument, in: zfbf Sonderheft 32 1993, S. 11-29 (Jahresabschluss als Informationsinstrument).

BUSSE VON COLBE, WALTHER, Unternehmenskontrolle durch Rechnungslegung, in: OTTO SANDROCK und WILHELM JÄGER (Hrsg.), Internationale Unternehmenskontrolle und Unternehmenskultur – Beiträge zu einem Symposium, S. 37-57, Tübingen 1994 (Unternehmenskontrolle durch Rechnungslegung).

BUSSE VON COLBE, WALTHER, Das Rechnungswesen im Dienste einer kapitalmarktorientierten Unternehmensführung, in: WPg 1995, S. 713-720 (Rechnungswesen).

CASTEDELLO, MARC, Fair Value Measurement – Der neue Exposure Draft 2009/5, in: WPg 2009, S. 914-917 (Fair Value Measurement).

CESR (Hrsg.), CESR Statement: Application of and Disclosures related to the reclassification of financial instruments, Paris 2009 (CESR Statement Reclassification).

CHRISTIAN, DIETER, IFRS 9 – Finanzinstrumente und Folgeänderungen anderer Standards, in: PiR 2009, S. 364-370 (IFRS 9).

COASE, RONALD, The Problem of Social Costs, in: The Journal of Law and Economics, Vol. 3, Issue 1 1960, S. 1-44 (The Problem of Social Costs).

COENENBERG, ADOLF G./STRAUB, BARBARA, Rechenschaft versus Entscheidungsunterstützung: Harmonie oder Disharmonie der Rechnungszwecke?, in: KoR 2008, S. 17-26 (Rechenschaft versus Entscheidungsunterstützung).

COPELAND, THOMAS/WESTON, JOHN/SHASTRI, KULDEEP, Finanzierungstheorie und Unternehmenspolitik – Konzepte der kapitalmarktorientierten Unternehmensfinanzierung, 4. Aufl., München 2008 (Finanzierungstheorie).

DELOITTE (Hrsg.), IAS Plus: August 2008 – Special Edition, o. O. 2008 (IAS Plus: August 2008 – Special Edition).

DELOITTE (Hrsg.), IASB Issues Exposure Draft and FASB Initiates Deliberations on New Classification and Measurement Requirements for Financial Assets and Financial Liabilities, in: Heads Up, Vol. 16, Issue 26 2009, S. 1-11 (Heads Up).

DELOITTE (Hrsg.), iGAAP 2009 - Financial Instruments: IAS 32, IAS 39 and IFRS 7 explained, Reigate 2009 (iGAAP 2009).

DEUTSCHE BANK (Hrsg.), Comment Letter: Exposure Draft: Derecognition – ED 2009/3, Frankfurt am Main 2009 (CL: Derecognition).

DOBLER, MICHAEL/HETTICH, SLYVIA, Geplante Änderungen der Rahmenkonzepte von IASB und FASB – Konzeptionen, Vergleich, Würdigung, in: IRZ 2007, S. 29-36 (Geplante Änderungen).

DOBLER, MICHAEL/KUHNER, CHRISTOPH, Die internationale Rechnungslegung in der subprime-Krise, in: WPg 2009, S. 24-33 (Subprime-Krise).

DOHRN, MATTHIAS, Entscheidungsrelevanz des Fair Value-Accounting am Beispiel von IAS 39 und IAS 40, Lohmar 2004 (Entscheidungsrelevanz des Fair Value-Accounting).

DOLECZIK, GÜNTER/FÄRBER, MICHÈLE, ED Derecognition: Änderungsvorschlag zu IAS 39 und IFRS 7, in: DB 2009, S. 1193-1199 (ED: Derecognition).

DRSC (Hrsg.), Comment Letter: Exposure Draft: Classification and Measurement – ED 2009/7, Berlin 2009 (CL: Classification and Measurement).

DRSC (Hrsg.), Comment Letter: Exposure Draft: Fair Value Measurement – ED 2009/5, Berlin 2009 (CL: Fair Value Measurement).

ECKES, BURKHARD/WEIGEL, WOLFGANG, Zusätzliche Möglichkeiten der Umkategorisierung von finanziellen Vermögenswerten, in: IRZ 2009, S. 373-380 (Umkategorisierung).

EFRAG (Hrsg.), Comment Letter: Exposure Draft: Classification and Measurement – ED 2009/7, Brüssel 2009 (CL: Classification and Measurement).

EFRAG (Hrsg.), Comment Letter: Exposure Draft: Derecognition – ED 2009/3, Brüssel 2009 (CL: Derecognition).

EFRAG (Hrsg.), The EU endorsement status report – Position as at 25 June 2009, Brüssel 2009 (Status Endorsement Report June 2009).

EFRAG (Hrsg.), The EU endorsement status report – Position as at 27 November 2009, Brüssel 2009 (Status Endorsement Report November 2009).

EFRAG und CNDLC (Hrsg.), Elements of the Framework Debate – The Needs of Users of Financial Information – a User Survey, Brüssel u. a. 2009 (The Needs of Users).

EIERLE, BRIGITTE, Die Entwicklung der Differenzierung der Unternehmensberichterstattung in Deutschland und Großbritannien – Ansatzpunkte für die Diskussion der zukünftigen Gestaltung der Abschlusserstellung nicht kapitalmarktorientierter Unternehmen in Deutschland, Frankfurt am Main 2004 (Differenzierung).

EMSE, CORDULA, Verbriefungstransaktionen deutscher Kreditinstitute – Eine Analyse alternativer Strukturvarianten und deren regulatorischer Erfassung nach Grundsatz I und Basel II, Wiesbaden 2005 (Verbriefungstransaktionen).

EPSTEIN, MARC/PAVA, MOSES, The Shareholders Use of Corporate Annual Reports, in: MARC EPSTEIN (Hrsg.), Studies in Managerial and Financial Accounting, S. 1-176, Boston 1993 (Shareholders Use).

ERCHINGER, HOLGER/MELCHER, WINFRIED, Geplante Neuerungen der Phase 1 bei der Bilanzierung von Finanzinstrumenten nach IFRS (Teil 1), in: 2009, S. 2165-2172 (Geplante Neuerungen der Phase 1 (Teil 1)).

ERCHINGER, HOLGER/MELCHER, WINFRIED, Geplante Neuerungen der Phase 1 bei der Bilanzierung von Finanzinstrumenten nach IFRS (Teil 2), in: 2009, S. 2221-2228 (Geplante Neuerungen der Phase 1 (Teil 2)).

ERLEI, MATHIAS/LESCHKE, MARTIN/SAUERLAND, DIRK, Neue Institutionenökonomik, 2. Aufl., Stuttgart 2007 (Neue Institutionenökonomik).

ERNST, EDGAR/GASSEN, JOACHIM/PELLENS, BERNHARD, Verhalten und Präferenzen deutscher Aktionäre – Eine Befragung privater und institutioneller Anleger zu Informationsverhalten, Dividendenpräferenz und Wahrnehmung von Stimmrechten, in: Studien des Deutschen Aktieninstituts, Heft 29 2005, S. 1-113 (Verhalten und Präferenzen deutscher Aktionäre).

ERNST & YOUNG (Hrsg.), How fair is fair value?, London 2005 (How fair is fair value?).

ERNST & YOUNG (Hrsg.), International GAAP 2008 – Generally Accepted Accounting Practice under International Financial Reporting Standards, Chichester 2008 (International GAAP 2008).

ERNST & YOUNG (Hrsg.), Comment Letter: Exposure Draft: Derecognition – ED 2009/3, London 2009 (CL: Derecognition).

ERNST & YOUNG (Hrsg.), International GAAP 2010 – Generally Accepted Accounting Practice under International Financial Reporting Standards, Chichester 2010 (International GAAP 2010).

FASB (Hrsg.), Statement of Financial Accounting StandardsNo. 157: Fair Value Measurements, Norwalk 2006 (SFAS 157).

FASB (Hrsg.), Discussion Paper Reducing Complexity in Reporting Financial Instruments, Norwalk 2008 (DP: Reducing Complexity in Reporting Financial Instruments).

FCAG (Hrsg.), Report of the Financial Crisis Advisory Group, o. O. 2009 (Report of the FCAG).

FELDHOFF, MICHAEL, Staat und Rechnungslegung – eine regulierungstheoretische Perspektive –, in: WPg 1994, S. 529-536 (Staat und Rechnungslegung).

FIECHTER, PETER, Fair Value Option – Eine empirische Untersuchung zur Auswirkung der Fair Value Option gemäss IAS 39 auf die Gewinnvolatilität von Banken, Zürich u. a. 2009 (Fair Value Option).

FISCHER, DANIEL, Der Standardentwurf „Derecognition (ED/2009/3)“ des IASB zur Ausbuchung finanzieller Vermögenswerte gemäß IAS 39, in: PiR 2009, S. 208-210 (ED: Derecognition).

FISCHER, DANIEL, Der Standardentwurf „Fair Value Measurement“ (ED/2009/5), in: PiR 2009, S. 341-342 (Fair Value Measurement).

FLICK, PETER/GEHRER, JUDITH/MEYER, SVEN, Wertberichtigung von Finanzinstrumenten nach IFRS – Der Expected Cash Flow Approach des ED/2009/12, in: IRZ 2010, S. 221-229 (ED: Impairment).

FÖRSTER, ANDREAS, Kreditderivate und Finanzmarktstabilität – Instrumente für den Kreditrisikotransfer, Saarbrücken 2007 (Kreditderivate und Finanzmarktstabilität – Instrumente für den Kreditrisikotransfer).

FRANK, MURRAY/JAGANNATHAN, RAVI, Why do stock prices drop by less than the value of the dividend? Evidence from a country without taxes, in: Journal of Financial Economics, Vol. 47, Issue 2 1998, S. 161-188 (Why do stock prices).

FRANKE, GÜNTER/HAX, HERBERT, Finanzwirtschaft des Unternehmens und Kapitalmarkt, 6. Aufl., Stuttgart 2009 (Finanzwirtschaft).

FRANKE, GÜNTER/LAUX, HELMUT, Der Wert betrieblicher Informationen für Aktionäre, in: Neue Betriebswirtschaft 1970, S. 1-8 (Wert betrieblicher Informationen).

FREEMAN, EDWARD, Strategic Management – A Stakeholder Approach, Marshfield 1984 (Strategic Management).

FRIEND, IRWIN/PUCKETT, MARSHALL, Dividends and Stock Prices, in: The American Economic Review, Vol. 54, Issue 5 1964, S. 656-682 (Dividends and Stock Prices).

FRITSCH, MICHAEL/WEIN, THOMAS/EWERS, HANS-JÜRGEN, Marktversagen und Wirtschaftspolitik – mikroökonomische Grundlagen staatlichen Handelns, 7. Aufl., München 2007 (Marktversagen und Wirtschaftspolitik).

FURUBOTN, EIRIK/PEJOVICH, SVETOZAR, Property Rights and Economic Theory: A Survey of Recent Literature, in: Journal of Economic Literature, Vol. 10, Issue 4 1972, S. 1137-1162 (Property Rights and Economic Theory).

G20 (Hrsg.), Declaration: Summit on Financial Markets and the World Economy, London 2009 (Declaration G20 Summit).

GABER, CHRISTIAN/GORNY, JOACHIM, Bilanzierung strukturierter Zinsprodukte mit multiplen eingebetteten Derivaten nach IAS 39, in: KoR 2007, S. 323-331 (Bilanzierung strukturierter Zinsprodukte).

GASSEN, JOACHIM/FISCHKIN, MICHAEL/HILL, VERENA, Das Rahmenkonzept-Projekt des IASB und des FASB: Eine normendeskriptive Analyse des aktuellen Stands, in: WPg 2008, S. 874-882 (Das Rahmenkonzept-Projekt des IASB und des FASB).

GELL-MANN, MURRAY, What is Complexity?, in: Complexity, Vol. 1,No. 1 1995, S. 16-19 (What is Complexity?).

GILGENBERG, BERNHARD/WEISS, JOCHEN, Die „Zeitwertfalle“ – Bilanzierung von Finanzinstrumenten im Spannungsfeld der gegenwärtigen Finanzmarktkrise, in: KoR 2009, S. 182-186 (Bilanzierung von Finanzinstrumenten).

GLAUM, MARTIN, Die Internationalisierung der deutschen Rechnungslegung, in: KoR 2001, S. 124-134 (Internationalisierung der deutschen Rechnungslegung).

GOLDMAN SACHS (Hrsg.), Comment Letter: Exposure Draft: Derecognition – ED 2009/3, Jersey City 2009 (CL: Derecognition).

HACHMEISTER, DIRK, Reporting Financial Performance und Fair Value, in: HARTMUT BIEG und REINHARD HEYD (Hrsg.), Fair Value – Bewertung in Rechnungswesen, Controlling und Finanzwirtschaft, S. 371-389, München 2005 (Reporting Financial Performance).

HACKHAUSEN, JÖRG/IWERSEN, SÖNKE/KOLF, FLORIAN/DRESCHER, RALF/AFHÜPPE, SVEN, VW verzerrt den Markt – Börse ändert Regeln, in: Handelsblatt vom 29.10.2008 – Onlineausgabe, URL: http://www.handelsblatt.com/finanzen/boerse-inside/vw-verzerrt-den-markt-boerse-aendert-regeln;2074565, Abrufdatum: 08.04.2010, S. 1-2 (VW verzerrt den Markt).

HALLAUER, PHILIPP/SCHMID, THOMAS, Das IASB im Banne der Finanzkrise – Die wichtigsten Auswirkungen der Finanzkrise, in: Der Schweizer Treuhänder 2009, S. 792-799 (IASB im Banne der Finanzkrise).

HARTMANN-WENDELS, THOMAS/PFINGSTEN, ANDREAS/WEBER, MARTIN, Bankbetriebslehre, 4. Aufl., Berlin, u. a. 2007 (Bankbetriebslehre).

HÄUSELMANN, HOLGER, Bewertungsalternativen für Wertpapiere in Folge der Finanzmarktkrise?, in: BB 2008, S. 2617-2621 (Bewertungsalternativen).

HAX, HERBERT, Rechnungslegungsvorschriften – Notwendige Rahmenbedingungen für den Kapitalmarkt?, in: MICHEL DOMSCH, FRANZ EISENFÜHR, DIETER ORDELHEIDE und MANFRED PERLITZ (Hrsg.), Unternehmungserfolg – Planung – Ermittlung – Kontrolle; Walther Busse von Colbe zum 60. Geburtstag, S. 187-201, Wiesbaden 1988 (Rechnungslegungsvorschriften).

HAYEK, FRIEDRICH VON, Recht, Gesetzgebung und Freiheit – eine neue Darstellung der liberalen Prinzipien der Gerechtigkeit und der politischen Ökonomie. Band I: Regeln und Ordnung, München 1980 (Recht, Gesetzgebung und Freiheit).

HEIDORN, THOMAS, Finanzmathematik in der Bankpraxis – Vom Zins zur Option, 6. Aufl., Wiesbaden 2009 (Finanzmathematik).

HELLER, SYLVIA, Die Bilanzierung von Versicherungsverträgen nach IFRS – Eine ökonomische Analyse, Lohmar 2009 (Bilanzierung von Versicherungsverträgen).

HELLERFORTH, MICHAELA, Die globale Finanzmarktkrise – Ursachen und Auswirkungen auf die Immobilien- und Realwirtschaft, Hamburg 2009 (Finanzmarktkrise).

HEPERS, LARS, Entscheidungsnützlichkeit der Bilanzierung von Intangible Assets in den IFRS – Analyse der Regelungen des IAS 38 unter besonderer Berücksichtigung der ergänzenden Regelungen des IAS 36 sowie des IFRS 3, Lohmar 2005 (Entscheidungsnützlichkeit).

HEUMANN, RAINER, Value Reporting in IFRS-Abschlüssen und Lageberichten, Düsseldorf 2005 (Value Reporting in IFRS-Abschlüssen und Lageberichten).

HILLEBRANDT, FRANCA, Entflechtung der „Deutschland AG" durch Steuerfreiheit von Veräußerungsgewinnen, in: Die Betriebswirtschaft 2001, S. 711-726 (Entflechtung).

HITZ, JÖRG-MARKUS, The Decision Usefulness of Fair Value Accounting – A Theoretical Perspective, in: European Accounting Review 2007, S. 323-362 (Fair Value Accounting).

HOEHNE, FELIX, Veräußerung von Anteilen an Tochterunternehmen im IFRS-Konzernabschluss – End- und Übergangskonsolidierung, Wiesbaden 2009 (Veräußerung von Anteilen).

HORTON, JOANNE/MACVE, RICHARD, 'Fair value' for financial instruments: how erasing theory is leading to unworkable global accounting standards for performance reporting, in: The Australian Accounting Review, Vol. 11, Issue 21 2000, S. 26-39 (Fair Value).

HULL, JOHN, Options, Futures, and other Derivatives, 7. Aufl., Upper Saddle River 2009 (Options, Futures, and other Derivatives).

IASB (Hrsg.), Amendments to IAS 39 Financial Instruments: Recognition and Measurement, The Fair Value Option, London 2004 (The Fair Value Option).

IASB (Hrsg.), IFRIC Update November 2007, London 2007 (IFRIC Update November 2007).

IASB (Hrsg.), Comment Letter Summary: Objectives and Qualitative Characteristics (Agenda paper 2A), London 2008 (Comment Letter Summary Conceptual Framework).

IASB (Hrsg.), Discussion Paper Reducing Complexity in Reporting Financial Instruments London 2008 (DP: Reducing Complexity).

IASB (Hrsg.), Exposure Draft: An improved Conceptual Framework for Financial Reporting, London 2008 (ED: Conceptual Framework).

IASB (Hrsg.), Exposure Draft: Embedded Derivatives: Proposed amendments to IFRIS 9 and IAS 39, London 2008 (ED: Embedded Derivatives).

IASB (Hrsg.), Exposure Draft: Improvements to IFRSs, London 2008 (ED: Improvements 2008).

IASB (Hrsg.), Exposure Draft: Improving Disclosures about Financial Instruments, London 2008 (ED: Improving Disclosures about Financial Instruments).

IASB (Hrsg.), Exposure Draft: Investments in Debt Instruments, London 2008 (ED: Investments in Debt Instruments).

IASB (Hrsg.), IFRIC 9: Reassessment of Embedded Derivatives, London 2008 (IFRIC 9).

IASB (Hrsg.), Press Release 7 August 2008, London 2008 (Press Release 7/2008).

IASB (Hrsg.), Reclassification of Financial Assets – Amendments to IAS 39 Financial Instruments: Recognition and Measurement and IFRS 7 Financial Instruments: Disclosures, London 2008 (Reclassification of Financial Assets).

IASB (Hrsg.), Comment Letter Summary: Exposure Draft: Classification and Measurement – ED 2009/7, London 2009 (Comment Letter Summary Classification and Measurement).

IASB (Hrsg.), Exposure Draft: Derecognition: Proposed Amendments to IAS 39 and IFRS 7 – ED 2009/3, London 2009 (ED: Derecognition).

IASB (Hrsg.), Exposure Draft: Fair Value Measurement – ED 2009/5, London 2009 (ED: Fair Value Measurement).

IASB (Hrsg.), Exposure Draft: Financial Instruments: Amortised Cost and Impairment – ED 2009/12, London 2009 (ED: Impairment).

IASB (Hrsg.), Exposure Draft: Financial Instruments: Classification and Measurement – ED 2009/7, London 2009 (ED: Classification and Measurement).

IASB (Hrsg.), Financial Instruments Recognition and Measurement – Replacement of IAS 39 – Project update, Webcast des IASB 11.06.09 (Replacement of IAS 39).

IASB (Hrsg.), IFRS 9 Financial Instruments, London 2009 (IFRS 9).

IASB (Hrsg.), IFRS for SME, London 2009 (IFRS for SME).

IASB (Hrsg.), Letter from the IASC Foundation Chairman to the Monitoring Board detailing the IASB's response to the G20 and the organisation's initial assessment of the recent US FASB changes, London 2009 (Letter in response to the G20 requirements).

IASB (Hrsg.), Near final Draft IFRS 9: Financial Instruments London 2009 (Near final Draft IFRS 9).

IASB (Hrsg.), Press Release 16 April 2009, London 2009 (Press Release 4/2009).

IASB (Hrsg.), Project Summary: Improving Disclosures about Financial Instruments (amendments to IFRS 7 Financial Instruments: Disclosures), London 2009 (Project Summary Improving Disclosures).

IASB (Hrsg.), International Financial Reporting Standards 2010, London 2010 (IFRS 2010).

IASB EXPERT ADVISORY PANEL (Hrsg.), Measuring and disclosing the fair value of financial instruments in markets that are no longer active, London 2008 (Measuring Fair Value in inactive Markets).

IASB/FASB (Hrsg.), A Roadmap for Convergence between IFRSs and US GAAP – 2006-2008 Memorandum of Understanding between the FASB and the IASB 27. February 2006, Norwalk 2006 (Norwalk Agreement).

IDW (Hrsg.), Brief des IDW an das BMJ: Endorsement von IFRS 9 und Zukunft der internationalen Rechnungslegung für kapitalmarktorientierte Unternehmen, Düsseldorf 2009 (Brief des IDW an das BMJ).

IDW (Hrsg.), Brief des IDW an die Europäische Kommission: The Endorsement of IFRS 9 and the future of international financial reporting of entities using capital markets, Düsseldorf 2009 (Brief des IDW an die Europäische Kommission).

IDW (Hrsg.), Comment Letter: Exposure Draft 2009/7 Financial Instruments: Classification and Measurement – ED 2009/7, Düsseldorf 2009 (CL: Classification and Measurement).

HFA DES IDW (Hrsg.), IDW Stellungnahme zur Rechnungslegung: Einzelfragen zur Bilanzierung von Finanzinstrumenten nach IFRS (IDW RS HFA 9), in: IDW Fachnachrichten 2007, S. 326-400 (IDW RS HFA 9).

HFA DES IDW (Hrsg.), IDW Stellungnahme zur Rechnungslegung: Einzelfragen zur Bilanzierung von Verträgen über den Kauf oder Verkauf von nicht-finanziellen Posten nach IAS 39 (IDW RS HFA 25), in: IDW Fachnachrichten 2009, S. 255-262 (IDW RS HFA 25).

HFA DES IDW (Hrsg.), IDW Stellungnahme zur Rechnungslegung: Einzelfragen zur Umkategorisierung finanzieller Vermögenswerte gemäß den Änderungen von IAS 39 und IFRS 7 – Amendments vom Oktober/November 2008 und März 2009 – (IDW RS HFA 26), in: IDW Fachnachrichten 2009, S. 570-573 (IDW RS HFA 26).

IJIRI, YUJI/JAEDICKE, ROBERT, Reliability and Objectivity of Accounting Measurements, in: The Accounting Review, Vol. 41, Issue 3 1966, S. 474-483 (Reliability).

JENSEN-NISSEN, LARS, IAS 32/IAS 39 und steuerliche Gewinnermittlung, 2007 (IAS 32/IAS 39).

JOINT WORKING GROUP OF STANDARD SETTERS (Hrsg.), Financial Instruments and Similar Items, o. O. 2000 (Financial Instruments).

JORTZIK, STEPHAN, Synthetische Collateralized Debt Obligations – Bewertung und Kreditrisikomessung mit Unternehmenswertmodellorientierung, Norderstedt 2006 (Synthetische CDOs).

JOST, PETER-JÜRGEN, Die Prinzipal-Agenten-Theorie im Unternehmenskontext, in: PETER-JÜRGEN JOST (Hrsg.), Die Prinzipal-Agenten-Theorie in der Betriebswirtschaftslehre, S. 11-43, Stuttgart 2001 (PAT).

JUNG, UDO, Average Prudent Investor, in: WOLFGANG LÜCK (Hrsg.), Lexikon der Rechnungslegung und Abschlußprüfung, 4. Aufl., S. 68-68, München 1998 (Average Prudent Investor).

KAHLE, HOLGER, Informationsversorgung des Kapitalmarkts über internationale Rechnungslegungsstandards, in: KoR 2002, S. 95-107 (Informationsversorgung).

KAJÜTER, PETER, Proaktives Kostenmanagement – Konzeptionen und Realprofile, Wiesbaden 2000 (Kostenmanagement).

KAJÜTER, PETER, Eigenkapitalveränderungsrechnung, in: DBW 2003, S. 109-113 (Eigenkapitalveränderungsrechnung).

KAJÜTER, PETER, Möglichkeiten und Grenzen der Bilanzierung von Kundenbeziehungen, in: BERND GÜNTER und SABRINA HELM (Hrsg.), Kundenwert, S. 563-592, Wiesbaden 2003 (Bilanzierung von Kundenbeziehungen).

KAJÜTER, PETER, Harmonisierung des Rechnungswesens: Ein Ansatz zur Vereinfachung des Controllings?, in: JAN VOM BROCKE und JÖRG BECKER (Hrsg.), Einfachheit in Wirtschaftsinformatik und Controlling – Festschrift für Heinz Lothar Grob, S. 347-364, München 2008 (Vereinfachung des Controllings).

KAJÜTER, PETER/BACHERT, KRISTIAN/BLAESING, DANIEL, Die Resonanz auf das Management Commentary-Projekt des IASB in Deutschland, in: KoR 2010, S. 183-190 (Management Commentary-Projekt).

KAJÜTER, PETER/BARTH, DANIELA/DICKMANN, TOBIAS, Rechnungslegung nach IFRS im deutschen Mittelstand – Der Standardentwurf „IFRS für kleine und mittelgroße Unternehmen" im Licht empirischer Befunde –, in: DB 2007, S. 1877-2884 (IFRS im deutschen Mittelstand).

KAJÜTER, PETER/SCHOBERTH, JOERG/ZAPP, PIERRE/LÜBBIG, MAIKE, IFRS im Mittelstand – Eine Beurteilung des ED IFRS for SMEs aus Sicht von sechs europäischen Ländern, in: KoR 2008, S. 589-601 (IFRS im Mittelstand).

KAMPMANN, HELGA/SCHWEDLER, KRISTINA, Zum Entwurf eines gemeinsamen Rahmenkonzepts von FASB und IASB – Rechnungslegungsziele und qualitative Anforderungen –, in: KoR 2006, S. 521-530 (Rahmenkonzept).

KANE, GREGORY, Accounting for transfers of financial assets under SFASNo. 125, in: CPA Journal, Vol. 66, Issue 3 1997, S. 14-20 (Accounting for Transfers).

KÄUFER, ANKE, Übertragung finanzieller Vermögenswerte nach HGB und IAS 39 – Factoring, Pensionsgeschäfte und Wertpapierleihen im Vergleich, Berlin 2009 (Übertragung finanzieller Vermögenswerte).

KAWLATH, ARNOLD, IFRS versus HGB – Polemik eines Betroffenen, in: HANS-JÜRGEN KIRSCH und STEFAN THIELE (Hrsg.), Rechnungslegung und Wirtschaftsprüfung – Festschrift zum 70. Geburtstag von Jörg Baetge, S. 303-319, Düsseldorf 2007 (IFRS versus HGB).

KESSLER, HARALD, Ist der Fair Value fair?, in: HARTMUT BIEG und REINHARD HEYD (Hrsg.), Fair Value – Bewertung in Rechnungswesen, Controlling und Finanzwirtschaft, S. 57-81, München 2005 (Ist der Fair Value fair?).

KIESER, ALFRED/KUBICEK, HERBERT, Organisation, 2. Aufl., Berlin u. a. 1983 (Organisation 2. Aufl.).

KING, ALFRED, Why Fair Value Accounting Can't Work, in: Financial Executive, Vol. 15, Issue 4 1999, S. 53-55 (Why Fair Value Accounting Can't Work).

KING, RONALD/WAYMIRE, GREGORY, Accounting Standard-Setting Institutions and the Governance of Incomplete Contracts, in: Journal of Accounting, Auditing & Finance, Vol. 9, Issue 3 1994, S. 579-605 (Accounting Standard-Setting Institutions).

KIRCHNER, CHRISTIAN, Bilanzrecht und neue Institutionenökonomik: Interdisziplinäre Überlegungen, in: WOLFGANG DIETER BUDDE, ADOLF MOXTER und KLAUS OFFERHAUS (Hrsg.), Handelsbilanzen und Steuerbilanzen – Festschrift zum 70. Geburtstag von Prof. Dr. h. c. Heinrich Beisse, S. 267-283, Düsseldorf 1997 (Bilanzrecht und neue Institutionenökonomik).

KIRCHNER, CHRISTIAN, Der Wettbewerbsfaktor „Entscheidungsnützlichkeit von Rechnungslegungsinformationen": eine institutionenökonomische Analyse, in: THOMAS SCHILDBACH und ALFRED WAGENHOFER (Hrsg.), Wettbewerb und Unternehmensrechnung – Tagung des Ausschusses Unternehmensrechnung im Verein für Socialpolitik am 7. und 8. Juli 2000 in Bochum, Zfbf Sonderheft, Nr. 45 S. 41-68, Düsseldorf u. a. 2000 (Wettbewerbsfaktor Entscheidungsnützlichkeit).

KIRSCH, HANNO, Exposure Draft des Conceptual Frameworks Phase A – Zielsetzung der Finanzberichterstattung und qualitative Anforderungen an die Rechnungslegung, in: DStZ 2008, S. 511-517 (Conceptual Framework Phase A).

KIRSCH, HANS-JÜRGEN, Die Equity-Methode im Konzernabschluß – Der Charakter der deutschen Regelungen vor dem Hintergrund der internationalen Entwicklung –, Düsseldorf 1990 (Equity-Methode).

KIRSCH, HANS-JÜRGEN, Die „Anwendung" von International Accounting Standards in Konzernabschlüssen deutscher Mutterunternehmen, in: DB 1995, S. 1773-1778 (IAS in Konzernabschlüssen).

KIRSCH, HANS-JÜRGEN, International Accounting Standards, in: WiSt 1996, S. 581-582 (IAS).

KIRSCH, HANS-JÜRGEN, Erwartungslücke und Bestädigungsvermerk, in: THOMAS FISCHER und REINHOLD HÖMBERG (Hrsg.), Jahresabschluß und Jahresabschlußprüfung – Festschrift zum 60. Geburtstag von Jörg Baetge, S. 955-980, 1997 (Erwartungslücke).

KIRSCH, HANS-JÜRGEN, Zur Frage der Umsetzung der Mitgliedsstaatenwahlrechte der EU-Verordnung zur Anwendung der IAS/IFRS, in: WPg 2003, S. 275-278 (Mitgliedsstaatenwahlrechte).

KIRSCH, HANS-JÜRGEN, Die Objektivierung künftiger Zahlungsströme bei einer Bewertung nach IFRS, in: HANS-JÜRGEN KIRSCH und STEFAN THIELE (Hrsg.), Rechnungslegung und Wirtschaftsprüfung – Festschrift zum 70. Geburtstag von Jörg Baetge, S. 359-380, Düsseldorf 2007 (Objektivierung künftiger Zahlungsströme).

KIRSCH, HANS-JÜRGEN, Fair Value – quo vadis?, in: WPg 2009, S. I-I (Fair Value – quo vadis?).

KIRSCH, HANS-JÜRGEN/DOHRN, MATTHIAS, Aktuelle Entwicklungen der internationalen Rechnungslegung – Implikationen für das Corporate Finance –, in: KLAUS-PETER WIEDMANN und CARSTEN HECKMÜLLER (Hrsg.), Ganzheitliches Corporate Finance Management – Konzept – Anwendungsfelder – Praxisbeispiele, S. 157-176, Wiesbaden 2003 (Internationale Rechnungslegung).

KIRSCH, HANS-JÜRGEN/DOHRN, MATTHIAS, Umsetzung der Fair Value-Richtlinie in Deutschland, in: HARTMUT BIEG und REINHARD HEYD (Hrsg.), Fair Value – Bewertung in Rechnungswesen, Controlling und Finanzwirtschaft, S. 129-154, München 2005 (Umsetzung der Fair Value-Richtlinie in Deutschland).

KIRSCH, HANS-JÜRGEN/EWELT, CORINNA, Die Konvergenz von internem und externem Rechnungswesen: Vereinfachung und Qualitätssteigerung durch Vereinheitlichung, in: JAN VOM BROCKE und JÖRG BECKER (Hrsg.), Einfachheit in Wirtschaftsinformatik und Controlling – Festschrift für Heinz Lothar Grob, S. 307-320, München 2008 (Konvergenz).

KIRSCH, HANS-JÜRGEN/KOELEN, PETER, IFRS-Rechnungslegung und Unternehmensbewertung – Möglichkeiten und Grenzen für Ersteller und Analysten, in: REINHARD HEYD und ISABEL VON KEITZ (Hrsg.), IFRS-Management – Interessenschutz auf dem Prüfstand – treffsichere Unternehmensbeurteilung – Konsequenzen für das Management, S. 279-301, München 2007 (IFRS-Rechnungslegung und Unternehmensbewertung).

KIRSCH, HANS-JÜRGEN/KRAUSE, CLEMENS, Kritische Überlegungen zur Discounted Cash Flow-Methode, in: ZfB 1996, S. 793-812 (Kritische Überlegungen zur DCF-Methode).

KIRSCH, HANS-JÜRGEN/KURZ, LÜDER, Pensionsrückstellungen nach IFRS – Eine kritische Analyse der Bilanzierung versicherungsmathematischer Gewinne und Verluste, in: CARL-CHRISTIAN FREIDANK, STEFAN MÜLLER und INGE WULF (Hrsg.), Controlling und Rechnungslegung, S. 439-453, Wiesbaden 2008 (Pensionsrückstellungen).

KIRSCH, HANS-JÜRGEN/METH, DIRK, Adressaten einer IFRS-Rechnungslegung für mittelständische Unternehmen, in: BB-Special 6 2007, S. 7-12 (Adressaten).

KIRSCH, HANS-JÜRGEN/STEINHAUER, LEIF, Zum Einfluss der internationalen Rechnungslegung auf das Controlling, in: Zeitschrift für Planung & Unternehmenssteuerung 2003, S. 415-435 (Rechnungslegung und Controlling).

KIRSCH, HANS-JÜRGEN/KOELEN, PETER/KÖHLING, KATHRIN, Möglichkeiten und Grenzen des management approach, in: KoR 2010, S. 200-207 (Möglichkeiten und Grenzen).

KIRSCH, HANS-JÜRGEN/KOELEN, PETER/TINZ, OLIVER, Die Berichterstattung der DAX-30-Unternehmen in Bezug auf die Neuregelung des impairment only approach des IASB (Teil 1), in: KoR 2008, S. 88-97 (Berichterstattung (Teil 1)).

KIRSCH, HANS-JÜRGEN/KOELEN, PETER/TINZ, OLIVER, Die Berichterstattung der DAX-30-Unternehmen in Bezug auf die Neuregelung des impairment only approach des IASB (Teil 2), in: KoR 2008, S. 188-193 (Berichterstattung (Teil 2)).

KIRSCH, WERNER, Unternehmenspolitik und strategische Unternehmensführung, 2. Aufl., Herrsching 1991 (Unternehmenspolitik).

KIRSCH, WERNER, Die Handhabung von Entscheidungsproblemen – Einführung in die Theorie der Entscheidungsprozesse, 5. Aufl., Herrsching 1998 (Handhabung von Entscheidungsproblemen).

KLAHOLZ, THOMAS, Rückbau- und Wiederherstellungsverpflichtungen im IFRS-Abschluss, Düsseldorf 2005 (Rückbau- und Wiederherstellungsverpflichtungen).

KLINKER, PHILIPP, Einschränkung des Rechts auf Vorsteuerabzug von Kreditinstituten infolge der Umsatzbesteuerung von Finanzdienstleistungen, Lohmar 2010 (Recht auf Vorsteuerabzug).

KOELEN, PETER, Investitionstheoretische Bewertungskalküle in der IFRS-Rechnungslegung – Möglichkeiten und Grenzen einer unternehmenswertorientierteren Berichterstattung, Lohmar 2009 (Investitionstheoretische Bewertungskalküle).

KÖHRMANN, HANNES, Die Rechnungslegung kommunaler Gebietskörperschaften – Eine Analyse des NKF und der IPSAS, Lohmar 2009 (NKF und IPSAS).

KÖNIG-SCHICHTEL, SUSANNE, Die Fair Value-Bewertung von Termingeschäften, in: HARTMUT BIEG und REINHARD HEYD (Hrsg.), Fair Value – Bewertung in Rechnungswesen, Controlling und Finanzwirtschaft, S. 741-762, München 2005 (Die Fair Value-Bewertung von Termingeschäften).

KÖSTER, OLIVER, Impairment von Finanzinstrumenten nach IFRS und US-GAAP, in: BB 2009, S. 97-98 (Impairment von Finanzinstrumenten).

KPMG (Hrsg.), Insights into IFRS – KPMG's practical guide to International Financial Reporting Standards, 6. Aufl., Mason, Ohio 2009 (Insights into IFRS).

KREHER, MARKUS, Komplexität und Dynamik der Rechnungslegung – Optimierung der Kapitalmarkttransparenz oder zuviel des Guten?, in: REINHARD HEYD und ISABEL VON KEITZ (Hrsg.), IFRS-Management – Interessenschutz auf dem Prüfstand – treffsichere Unternehmensbeurteilung – Konsequenzen für das Management, S. 215-232, München 2007 (Komplexität und Dynamik der Rechnungslegung).

KRÖNERT, BJÖRN, Grundsätze informationsorientierter Rechnungslegung – Eine Untersuchung über die Erfüllung der Informationsfunktion von Jahresabschlüssen durch die US-GAAP, Sternenfels 2001 (Grundsätze informationsorientierter Rechnungslegung).

KUHN, STEFFEN, Die bilanzielle Abbildung von Finanzinstrumenten in der Rechnungslegung nach IFRS – Vergleich des Mixed-Model-Ansatzes (IASB) mit dem Fair Value-Model-Ansatz (JWG), Düsseldorf 2007 (Bilanzielle Abbildung von Finanzinstrumenten).

KUHN, STEFFEN, Neuregelung der Bilanzierung von Finanzinstrumenten: Welche Änderungen ergeben sich aus IFRS 9?, in: IRZ 2010, S. 103-111 (IFRS 9).

KUHN, STEFFEN/SCHABER, MATHIAS, Transparenz bei Spezialfonds durch IAS 39, in: DB 2001, S. 2661-2666 (Transparenz bei Spezialfonds durch IAS 39).

KUHN, STEFFEN/SCHARPF, PAUL, Rechnungslegung von Financial Instruments nach IFRS, 3. Aufl., Stuttgart 2006 (Rechnungslegung von Financial Instruments).

KÜMMEL, JENS, Grundsätze für die Fair Value-Ermittlung mit Barwertkalkülen – Eine Untersuchung auf der Grundlage des 'Statement of Financial Accounting ConceptsNo. 7, Düsseldorf 2002 (Fair Value-Ermittlung).

KURZ, KATHINKA, IAS 39 – Accounting for Financial Instruments, Saarbrücken 2006 (IAS 39).

KURZ, LÜDER, Bilanzierung von Klimaschutzprojekten nach IFRS – Clean Development Mechanism und Joint Implementation unter dem Protokoll von Kyoto, Lohmar 2010 (Bilanzierung von Klimaschutzprojekten).

KUßMAUL, HEINZ, Fair Value-Bewertung und Maßgeblichkeit, in: HARTMUT BIEG und REINHARD HEYD (Hrsg.), Fair Value – Bewertung in Rechnungswesen, Controlling und Finanzwirtschaft, S. 179-202, München 2005 (Fair Value-Bewertung).

KÜTING, PETER/DÖGE, BURKHARDT/PFINGSTEN, ANDREAS, Neukonzeption der Fair Value-Option nach IAS 39, in: KoR 2006, S. 597-612 (Neukonzeption der Fair Value-Option nach IAS 39).

LA PORTE, TODD, Complexity and Uncertainty: Challenge and Action, in: TODD LA PORTE (Hrsg.), Organized Social Complexity – Challenge to Politics and Policy, S. 332-356, Princeton 1975 (Complexity and uncertainty).

LA PORTE, TODD, Organized Social Complexity: Explications of a Concept, in: TODD LA PORTE (Hrsg.), Organized Social Complexity – Challenge to Politics and Policy, S. 3-39, Princeton 1975 (Organized social complexity).

LEFFSON, ULRICH, Wesentlichkeit, in: ULRICH LEFFSON, DIETER RÜCKLE und BERNHARD GROßFELD (Hrsg.), Handwörterbuch unbestimmter Rechtsbegriffe im Bilanzrecht des HGB, S. 434-447, Köln 1986 (Wesentlichkeit).

LEFFSON, ULRICH, Die Grundsätze ordnungsmäßiger Buchführung, 7. Aufl., Düsseldorf 1987 (GoB).

LENNARD, ANDREW, Stewardship and the Objectives of Financial Statements: A Comment on IASB's Preliminary Views on an Improved Conceptual Framework for Financial Reporting: The Objective of Financial Reporting and Qualitative Characteristics of Decision-Useful Financial Reporting Information, in: Accounting in Europe, Vol. 4, Issue 1 2007, S. 51-66 (Stewardship).

LENZ, HANSRUDI/BAUER, MICHAEL, Die Durchsetzung von Rechnungslegungsnormen bei kapitalmarktorientierten Unternehmen, in: BFuP 2002, S. 246-262 (Durchsetzung).

LIEBFRIED, PETER/JASKOLSKI, TORSTEN, Der neue Vorschlag des IASB zur Klassifizierung von Finanzinstrumenten - Schnellschuss oder dauerhafte Lösung?, in: IRZ 2009, S. 469-474 (Klassifizierung von Finanzinstrumenten).

LORCHHEIM, ULRICH, Die Zuverlässigkeit als grundlegende qualitative Eigenschaft von Jahresabschlüssen nach den International Accounting Standards – Eine Analyse auf der Basis des Framework for the Preparation and Presentation of Financial Statements des IASC, in: Recht der internationalen Wirtschaft 1997, S. 124-133 (Zuverlässigkeit als qualitative Eigenschaft).

LORSON, PETER/GATTUNG, ANDREAS, Die Forderung nach einer „faithful representation“, in: KoR 2008, S. 556-565 (Faithful Representation).

LÖW, EDGAR/LORENZ, KARSTEN, Ansatz und Bewertung von Finanzinstrumenten, in: EDGAR LÖW (Hrsg.), Rechnungslegung für Banken nach IFRS – Praxisorientierte Einzeldarstellungen, 2. Aufl., S. 420-660, Wiesbaden 2006 (Ansatz und Bewertung).

LÜDENBACH, NORBERT, Erfolgsneutrage vs. erfolgswirksame Wertänderungen bei available-for-sale Zerobond, in: PiR 2009, S. 148-150 (Erfolgsneutrage vs. erfolgswirksame Wertänderungen bei available-for-sale Zerobond).

LÜDENBACH, NORBERT/FREIBERG, JENS, Zweifelhafter Objektivierungsbeitrag des Fair Value Measurements-Projekts für die IFRS-Bilanz, in: KoR 2006, S. 437-445 (Zweifelhafter Objektivierungsbeitrag).

LÜDENBACH, NORBERT/FREIBERG, JENS, Wie die Finanzkrise den fair value vom Helden zum Schurken macht, in: PiR 2008, S. 370-375 (Finanzkrise).

LUHMANN, NIKLAS, Rechtssoziologie, 1. Aufl., Reinbek 1972 (Rechtssoziologie 1. Aufl.).

LUHMANN, NIKLAS, Soziologische Aufklärung: Aufsätze zur Theorie sozialer Systeme, 7. Aufl., Heidelberg 2005 (Soziologische Aufklärung).

LUHMANN, NIKLAS, Rechtssoziologie, 4. Aufl., Wiesbaden 2008 (Rechtssoziologie).

MALIK, FREDMUND, Strategie des Managements komplexer Systeme – Ein Beitrag zur Management-Kybernetik evolutionärer Systeme, 10. Aufl., Bern u. a. 2008 (Management komplexer Systeme).

MÄRKL, HELMUT/SCHABER, MATHIAS, Zur Nachfolgeregelung des IAS 39: Inhalt und kritische Würdigung des ED „Classification and Measurement“, in: KoR 2009, S. 533-544 (Nachfolgeregelung des IAS 39).

MÄRKL, HELMUT/SCHABER, MATHIAS, IFRS 9 Financial Instruments: Neue Vorschriften zur Kategorisierung und Bewertung von finanziellen Vermögenswerten, in: KoR 2010, S. 65-74 (IFRS 9).

MARTEN, KAI-UWE/QUICK, REINER/RUHNKE, KLAUS, Wirtschaftsprüfung – Grundlagen des betriebswirtschaftlichen Prüfungswesens nach nationalen und internationalen Normen, 3. Aufl., Stuttgart 2007 (Wirtschaftsprüfung).

MATENA, SONJA, Bilanzielle Vermögenszurechnung nach IFRS – Konzept und Analyse der Zurechnung von Vermögenswerten zum bilanziellen Vermögen von Unternehmen, Düsseldorf 2004 (Bilanzielle Vermögenszurechnung).

MCFARLAND, ANDREW, Power and Leadership in Pluralist Systems, Stanford 1969 (Power and leadership).

MEIER, MATTHIAS, Finanzinstrumente nach IAS 39 – Eine kritische Analyse des Hedge Accountings sowie der Fair Value Option in Bezug auf eine erfolgsneutrale Risikoabsicherung, Saarbrücken 2008 (Finanzinstrumente).

METH, DIRK, Die IFRS als Grundlage der Rechnungslegung mittelständischer Unternehmen – Eine Analyse der Eignung der IFRS für mittelständische Unternehmen unter Berücksichtigung des IASB-Projektes „Accounting Standards for Small and Medium-sized Entities“, Lohmar 2007 (IFRS for SME).

MEYER, HERBERT, Komplexität der International Financial Reporting Standards – Weniger wäre mehr, in: BB 2009, S. M1-M1 (Komplexität der IFRS).

MEYER, HERBERT/BRAUN, ROBERT, Fair Value als Treiber der Komplexität von IFRS, in: BB 2010, S. 1779-1782 (Fair Value als Treiber der Komplexität).

MILLING, PETER, Systemtheoretische Grundlagen zur Planung der Unternehmenspolitik, Berlin 1981 (Systemtheoretische Grundlagen).

MOXTER, ADOLF, Präferenzstruktur und Aktivitätsfunktion des Unternehmers, in: zfbf 1964, S. 6-35 (Präferenzstruktur).

MOXTER, ADOLF, Die Grundsätze ordnungsmäßiger Bilanzierung und der Stand der Bilanztheorie, in: ZfbF 1966, S. 28-59 (Stand der Bilanztheorie).

MOXTER, ADOLF, Fundamentalgrundsätze ordnungsmäßiger Rechenschaft, in: JÖRG BAETGE, ADOLF MOXTER und DIETER SCHNEIDER (Hrsg.), Bilanzfragen – Festschrift zum 65. Geburtstag von Prof. Dr. Ulrich Leffson, S. 87-100, Düsseldorf 1976 (Fundamentalgrundsätze).

MOXTER, ADOLF, Bilanzlehre, 3. Aufl., Wiesbaden 1984 (Bilanzlehre).

MOXTER, ADOLF, Grundsätze ordnungsgemäßer Rechnungslegung, Düsseldorf 2003 (GoR).

MUJKANOVIC, ROBIN, Fair Value im Financial Statement nach International Accounting Standards, Stuttgart 2002 (Fair Value).

NAUMANN, KLAUS-PETER, Neue Regeln zur Bilanzierung, in: Financial Times Deutschland am 04.08.2009 (Neue Regeln).

NAUMANN, KLAUS-PETER, IFRS 9 und die Zukunft der internationalen Rechnungslegung, in: WPg 2010, S. I-I (IFRS 9).

NIEHAUS, MARCO, Auswirkungen der Subprime-Krise auf die Finanzierung öffentlicher Übernahmeangebote – Renaissance sekundärer Finanzierungsinstrumente?, in: M&A Review 2008, S. 457-462 (Subprime-Krise).

NIEMEYER, KAI, Bilanzierung von Finanzinstrumenten nach International Accounting Standards (IAS): eine kritische Analyse aus kapitalmarktorientierter Sicht, Düsseldorf 2003 (Bilanzierung von Finanzinstrumenten nach IAS).

NIMWEGEN, SEBASTIAN, Vermeidung und Aufdeckung von Fraud – Möglichkeiten der internen Corporate Governance-Elemente, Lohmar 2009 (Vermeidung und Aufdeckung von Fraud).

OBERDÖRSTER, TATJANA, Finanzberichterstattung und Prognosefehler von Finanzanalysten, Wiesbaden 2009 (Finanzberichterstattung und Prognosefehler).

OBERMAIER, ROBERT, Fair Value-Bilanzierung nach IFRS auf der Basis von Barwertkalkülen – Ermittlung und Wirkungen kapitalmarktorientierter Basiszinssätze – in: KoR 2009, S. 545-554 (Fair Value-Bilanzierung nach IFRS auf der Basis von Barwertkalkülen).

PAAINE (Hrsg.), Stewardship/Accountability as an Objective of Financial Reporting – A comment on the IASB/FASB Conceptual Framework Project, Brüssel 2007 (Stewardship).

PAARZ, MICHAEL, Investororientierte Bankrechnungslegung nach IFRS – Eine Analyse des IFRS 7 unter Berücksichtigung des Konzepts der Marktdisziplin nach Basel II, Düsseldorf 2007 (Investororientierte Bankrechnungslegung).

PAPE, JOCHEN, Financial Instruments: Standard der Joint Working Group of Standard Setters – Entwurf eines Rechnungslegungsstandards zur Zeitwertbilanzierung von Finanzinstrumenten –, in: WPg 2001, S. 1458-1467 (Standard der Joint Working Group).

PAPE, JOCHEN/BREKER, NORBERT, Financial Instruments – Joint Working Group – Aktueller Stand der Erörterungen im Oktober 1998, in: WPg 1999, S. 1-12 (Financial Instruments).

PAPE, JOCHEN/BOGAJEWSKAJA, JANINA/BORCHMANN, THOMAS, Der Standardentwurf des IASB zur Änderung von IAS 32 und IAS 39 – Darstellung und kritische Würdigung –, in: KoR 2002, S. 219-234 (Der Standardentwurf des IASB zur Änderung von IAS 32 und IAS 39).

PELGER, CHRISTOPH, Entscheidungsnützlichkeit in neuem Gewand: Der Exposure Draft zur Phase A des Conceptual Framework-Projekts, in: KoR 2009, S. 156-163 (Entscheidungsnützlichkeit).

PELLENS, BERNHARD/FÜLBIER, ROLF UWE, Differenzierung der Rechnungslegungsregulierung nach Börsenzulassung, in: ZGR 2000, S. 572-593 (Rechnungslegungsregulierung).

PELLENS, BERNHARD/FÜLBIER, ROLF UWE/GASSEN, JOACHIM/SELLHORN, THROSTEN, Internationale Rechnungslegung, 7. Aufl., Stuttgart 2008 (Internationale Rechnungslegung).

PERRIDON, LOUIS/STEINER, MANFRED/RATHGEBER, ANDREAS, Finanzwirtschaft der Unternehmung, 15. Aufl., München 2009 (Finanzwirtschaft).

PETERS, SÖREN, Entscheidungsnützlichkeit der Leasingbilanzierung nach IFRS und US-GAAP, Lohmar 2009 (Leasingbilanzierung).

PETERSEN, KARL/ZWIRNER, CHRISTIAN, Auswirkungen der aktuellen Änderungen in IAS 39 – Dargestellt an ausgewählten empirischen Beispielen aus der Bank- und Versicherungswirtschaft, in: IRZ 2009, S. 65-70 (Aktuelle Änderungen).

PFERDEHIRT, HENRIK, Die Leasingbilanzierung nach IFRS – eine theoretische und empirische Analyse der Reformbestrebungen, Wiesbaden 2007 (Die Leasingbilanzierung).

PICOT, ARNOLD/FREUDENBERG, HEINO, Neue organisatorische Ansätze zum Umgang mit Komplexität, in: DIETRICH ADAM (Hrsg.), Komplexitätsmanagement, S. 69-86, Wiesbaden 1998 (Organisatorische Ansätze).

PIETSCH, HOLGER, Ansatz und Bewertung von Financial Instruments und Hedge Accounting nach IAS 39 und HGB – Unter Beachtung steuerlicher Aspekte, Saarbrücken 2007 (Ansatz und Bewertung von Financial Instruments).

PLOCK, MARCUS, Ertragsrealisation nach International Financial Reporting Standards (IFRS), Düsseldorf 2004 (Ertragsrealisation).

POPPER, KARL, Logik der Forschung, 11. Aufl., Tübingen 2005 (Logik der Forschung).

PRÄTSCH, JOACHIM/LUDWIG, EBERHARD/SCHIKORRA, UWE, Finanzmanagement, 3. Aufl., Berlin u. a. 2007 (Finanzmanagement).

PRICEWATERHOUSECOOPERS (Hrsg.), Measuring Assets and Liabilities – Investment Professionals' View, 2007 (Measuring Assets and Liabilities).

PRICEWATERHOUSECOOPERS (Hrsg.), IAS 39 – Derecognition of financial assets in practice, o. O. 2008 (Derecognition).

PRICEWATERHOUSECOOPERS (Hrsg.), IFRS manual of accounting 2009, London 2008 (IFRS manual).

RAPPAPORT, ALFRED, Creating Shareholder Value: A Guide for Managers and Investors, 2. Aufl., New York u. a. 1998 (Shareholder Value).

REILAND, MICHAEL, Derecognition – Ausbuchung finanzieller Vermögenswerte – Eine Analyse der Regelungen in IAS 39, SFAS 140 und FRS 5, Düsseldorf 2006 (Derecognition).

REIß, MICHAEL, Komplexitätsmanagement (I), in: WISU 1993, S. 54-60 (Komplexitätsmanagement (I)).

REIß, MICHAEL, Komplexitätsmanagement (II), in: WISU 1993, S. 132-137 (Komplexitätsmanagement (II)).

RICHTER, MICHAEL, Die Bewertung des Goodwill nach SFAS Nr. 142 – Eine kritische Analyse des impairment only-Ansatzes, Düsseldorf 2004 (Bewertung des Goodwill).

RICHTER, RUDOLF/FURUBOTN, EIRIK, Neue Institutionenökonomik – Eine Einführung und kritische Würdigung, 3. Aufl., Tübingen 2003 (Neue Institutionenökonomik).

RIEDL, RUPERT, Strukturen der Komplexität – Eine Morphologie des Erkennens und Erklärens, Berlin u. a. 2000 (Strukturen der Komplexität).

ROESE, BERND, Neubeurteilung eingebetteter derivativer Finanzinstrumente – IFRIC D15: Reassessment of Embedded Derivatives –, in: WPg 2005, S. 656-658 (Neubeurteilung eingebetteter derivativer Finanzinstrumente).

ROESE, BERND/TREPTE, FOLKER/VIELMEYER, UWE, IFRIC Interpretation 9: Neubeurteilung der Abspaltungspflicht eingebetteter Derivate, in: WPg 2006, S. 1089-1095 (Neubeurteilung der Abspaltungspflicht eingebetteter Derivate).

RUHNKE, KLAUS/SCHMIDT, MARTIN, Fair Value und Wirtschaftsprüfung, in: HARTMUT BIEG und REINHARD HEYD (Hrsg.), Fair Value – Bewertung in Rechnungswesen, Controlling und Finanzwirtschaft, S. 575-597, München 2005 (Fair Value und Wirtschaftsprüfung).

RUHWEDEL, FRANCA, Eigentümerstruktur und Unternehmenserfolg – Eine theoretische und empirische Analyse deutscher börsennotierter Unternehmen, Frankfurt am Main 2003 (Eigentümerstruktur).

SAGMEISTER, EVA-MARIA, Die Bewertung von Finanzinstrumenten nach IAS 39 – Grundlagen, Konzepte, Methoden, Saarbrücken 2006 (Bewertung von Finanzinstrumenten).

SCHABER, MATHIAS/MÄRKL, HELMUT/KROH, TANJA, IFRS 9 Financial Instruments: Exposure Draft zu fortgeführten Anschaffungskosten und Impairment, in: KoR 2010, S. 241-246 (Impairment).

SCHÄFER, DOROTHEA, Agenda für eine neue Finanzmarktarchitektur, in: DIW 2008, S. 808-817 (Neue Finanzmarktarchitektur).

SCHARPF, PAUL/KUHN, STEFFEN, Erfassung von Aufwendungen und Erträgen im Zusammenhang mit Finanzinstrumenten nach IFRS, in: KoR 2005, S. 154-165 (Finanzinstrumente).

SCHARPF, PAUL/KUHN, STEFFEN, Fair Value-Bewertung von Finanzinstrumenten nach IAS 39, in: HARTMUT BIEG und REINHARD HEYD (Hrsg.), Fair Value – Bewertung in Rechnungswesen, Controlling und Finanzwirtschaft, S. 205-238, München 2005 (Fair Value-Bewertung).

SCHARPF, PAUL/SCHABER, MATHIAS, Handbuch Bankbilanz, 3. Aufl., Düsseldorf 2009 (Handbuch Bankbilanz).

SCHEELE, ALEXANDER, Strategieorientierte Lageberichterstattung – Eine kritische Analyse internationaler Entwicklungen vor dem Hintergrund des Management Commentary des IASB, Lohmar 2007 (Strategieorientierte Lageberichterstattung).

SCHIEFER, DIRK, Collateralized Debt Obligations (CDOs) – Eine empirische Analyse der Bonitätsrisikoprämie auf Finanzmärkten, Bad Soden 2008 (CDOs).

SCHILDBACH, THOMAS, Analyse des betrieblichen Rechnungswesen aus der Sicht der Unternehmungsbeteiligten – Dargestellt am Beispiel der Aktiengesellschaft, Wiesbaden 1975 (Analyse des betrieblichen Rechnungswesen).

SCHILDBACH, THOMAS, Zeitwertbilanzierung in USA und nach IAS, in: BFuP 1998, S. 580-592 (Zeitwertbilanzierung).

SCHILDBACH, THOMAS, IFRS – Irre Führendes Rechnungslegungs-System – Teil 1, in: IRZ 2007, S. 9-16 (IFRS – Irre Führendes Rechnungslegungs-System Teil 1).

SCHILDBACH, THOMAS, Fair value-Statik und Information des Kapitalmarktes, in: BFuP 2009, S. 581-598 (Fair value-Statik).

SCHMIDT, FRITZ, Die organische Tageswertbilanz, 3. Aufl., Leipzig 1929 (Tageswertbilanz 1929).

SCHMIDT, MARTIN, Rechnungslegung von Finanzinstrumenten – Abbildungskonzeptionen aus Sicht der Bilanztheorie, der empirischen Kapitalmarktforschung und der Abschlussprüfung, Berlin 2005 (Rechnungslegung von Finanzinstrumenten).

SCHMIDT, MARTIN, Das IASB-Diskussionspapier „Reducing Complexity in Reporting Financial Instruments“, in: WPg 2008, S. 643-650 (Das IASB Diskussionspapier).

SCHMIDT, MARTIN, Entwurf des IASB zu Änderungen an IAS 39 „Finanzinstrumente: Ansatz und Bewertung“ – Identification of Exposures Qualifying for Hedge Accounting, in: WPg 2008, S. 63-66 (ED: Identification of Exposures Qualifying for Hedge Accounting).

SCHNEIDER, DIETER, „Freimütige, lustige und ernsthafte, jedoch vernunft- und gesetzmäßige Gedanken“ (Thomasius) über die Entwicklung der Lehre vom gerechten Preis und fair value, in: CHRISTIAN TIETJE, GERHARD KRAFT und ROLF SETHE (Hrsg.), Beiträge zum Transnationalen Wirtschaftsrecht, Heft 16, S. 1-18, Halle 2003 (Lehre vom gerechten Preis und Fair Value).

SCHREDELSEKER, KLAUS, Grundlagen der Finanzwirtschaft – Ein informationsökonomischer Zugang, München u. a. 2002 (Grundlagen der Finanzwirtschaft).

SCHRUFF, LOTHAR/BUSSE, JAN SIMON/HOFFMANN, TIM, Zur Weiterentwicklung der Rechnungslegung Spenden sammelnder Organisationen – Neufassung des Entwurfs einer IDW Stellungnahme zur Rechnungslegung (IDW ERS HFA 21 n. F.), in: WPg 2009, S. 812-820 (Rechnungslegung Spenden sammelnder Organisationen).

SCHRUFF, WIENAND, Herausforderungen aus der Subprime Krise an die Rechnungslegung, in: BFuP 2009, S. 568-580 (Subprime Krise).

SCHRUFF, WIENAND/ROTHENBURGER, MANUEL, Zur Konsolidierung von Special Purpose Entities im Konzernabschluss nach US-GAAP, IAS und HGB, in: WPg 2002, S. 755-765 (Konsolidierung von SPEs).

SCHULTZ, FLORIAN, Das Special Purpose Vehicle – wirtschaftliche Besonderheiten und offene Rechtsfragen, in: PETER HOMMELHOFF, ROGER ZÄTZSCH und BERND ERLE (Hrsg.), Gesellschaftsrecht Rechnungslegung Steuerrecht – Festschrift für Welf Müller zum 65. Geburtstag, S. 705-730, München 2001 (Special Purpose Vehicle).

SCHULZ, ROLAND, Größenabhängige Risikoanpassungen in der Unternehmensbewertung, Düsseldorf 2009 (Größenabhängige Risikoanpassungen).

SCHUMANN, JOCHEN/MEYER, ULRICH/STRÖBELE, WOLFGANG, Grundzüge der mikroökonomischen Theorie, 8. Aufl., Berlin u. a. 2007 (Grundzüge der mikroökonomischen Theorie).

SCHWARZ, CHRISTIAN, Derivative Finanzinstrumente und hedge accounting, Saarbrücken 2006 (Finanzinstrumente).

SEC (Hrsg.), Report and Recommendations Pursuant to Section 133 of the Emergency Economic Stabilization Act of 2008: Study on Mark-To-Market Accounting, Washington 2008 (Report).

SHIM, EUNSUP/LARKIN, JOSEPH, Towards Relevancy in Financial Reporting: Mark-to-Market Accounting, in: Journal of Applied Business Research, Vol. 14 Issue 2 1998, S. 33-43 (Relevancy).

SIEGEL, STANLEY, The Coming Revolution in Accounting: The Emergence of Fair Value as the Fundamental Principle of GAAP, in: WPK-Mitteilungen, Sonderheft Juni 1997, S. 81-90 (Emergence of Fair Value).

SMITH, JOHN/FRANCIS, GAVIN, Onlinepräsentation zum DP: Reducing complexity in reporting financial instruments, präsentiert auf: Webdiscussion IASB, London 2008 (Onlinepräsentation DP: Reducing complexity).

SOCIETÉ GENERALE (Hrsg.), Comment Letter: Exposure Draft: Financial Instruments Classification and Measurement – ED 2009/7, Paris 2009 (CL: Classification and Measurement).

SOLMECKE, HENRIK, Auswirkungen des Bilanzrechtsmodernisierungsgesetzes (BilMoG) auf die handelsrechtlichen Grundsätze ordnungsmäßiger Buchführung, Düsseldorf 2009 (Auswirkungen des BilMoG).

SPERL, ANDREAS, Prüfungsplanung, Düsseldorf 1978 (Prüfungsplanung).

STREIM, HANNES, Die Vermittlung von entscheidungsnützlichen Informationen durch Bilanz und GuV – Ein nicht einlösbares Versprechen der internationalen Standardsetter, in: BFuP 2000, S. 111-131 (Entscheidungsnützliche Informationen).

STREIM, HANNES/BIEKER, MARCUS/ESSER, MAIK, Vermittlung entscheidungsnützlicher Informationen durch Fair Values – Sackgasse oder Licht am Horizont?, in: BFuP 2003, S. 457-479 (Entscheidungsnützliche Informationen durch Fair Values).

STREIM, HANNES/BIEKER, MARCUS/LEIPPE, BRITTA, Anmerkungen zur theoretischen Fundierung der Rechnungslegung nach International Accounting Standards, in: HARTMUT SCHMIDT, EBERHART KETZEL und STEFAN PRIGGE (Hrsg.), Wolfgang Stützel – Moderne Konzepte für Finanzmärkte, Beschäftigung und Wirtschaftsverfassung, S. 177-206, Tübingen 2001 (Theoretische Fundierung der Rechnungslegung).

STRUFFERT, RALF, Asset Backed Securities-Transaktionen und Kreditderivate nach IFRS und HGB, Wiesbaden 2006 (ABS).

STRUFFERT, RALF/WOLFGARTEN, WILHELM, Aktuelle Fragen der Bilanzierung von Verbriefungstransaktionen – Stellung von Credit Enhancements durch den Originator sowie

Nutzung von Verbriefungen für Offenmarktgeschäfte, in: WPg 2010, S. 371-380 (Verbriefungstransaktionen).

SWISS LIFE (Hrsg.), Comment Letter: Exposure Draft: Classification and Measurement – ED 2009/7, Zürich 2009 (CL: Classification and Measurement).

TANSKI, JOACHIM, Bilanzpolitik und Bilanzanalyse nach IFRS – Instrumentarium, Spielräume, Gestaltung, München 2006 (Bilanzpolitik und Bilanzanalyse).

THEILE, CARSTEN, Fair value oder Renaissance des Anschaffungskostenmodells – Wie aus der Finanzmarktkrise (auch) eine Krise der Rechnungslegung wurde, in: BBK 2009, S. 21-24 (Finanzmarktkrise).

THOENES, BETTINA, Staatsanwaltschaft ermittelt gegen Spendensammler in Clownskostümen, URL: http://www.newsclick.de/index.jsp/menuid/2048/artid/8318533, Abrufdatum: 28.05.09 (Spendensammler in Clownskostümen).

TINZ, OLIVER, Die Abbildung von Wachstum in den Grundsätzen des IDW zur Durchführung ordnungsmäßiger Unternehmensbewertungen – Eine kritische Analyse der Wachstumsannahmen von IDW S1 zum Zweck der Objektivierung des Bewertungskalküls unter Berücksichtigung empirischer Befunde zum Wachstum börsennotierter Unternehmen in Deutschland, Lohmar 2010 (Abbildung von Wachstum).

TÖDTER, KARL-HEINZ, Zur Alchemie strukturierter Finanzprodukte, in: WiSt 2009, S. 519-525 (Alchemie strukturierter Finanzprodukte).

TWEEDIE, DAVID SIR, IASCF Trustees and Monitoring Board Meeting, London 2009 (IASCF Trustees and Monitoring Board Meeting).

ULRICH, HANS/PROBST, GILBERT, Anleitung zum ganzheitlichen Denken und Handeln, 4. Aufl., Bern 1995 (Anleitung zum ganzheitlichen Denken und Handeln).

VATER, HENDRIK, Funktionsweise und Einsatzzweck von Collaterized Debt Obligations, in: M&A Review 2004, S. 434-434 (Funktionsweise von CDOs).

WAGENHOFER, ALFRED, Rechnungslegung, in: PETER-JÜRGEN JOST (Hrsg.), Die Prinzipal-Agenten-Theorie in der Betriebswirtschaftslehre, S. 439-486, Stuttgart 2001 (PAT und Rechnungslegung).

WAGENHOFER, ALFRED/EWERT, RALF, Unternehmensrechnung und ökonomische Theorie, in: ANDREAS PFINGSTEN (Hrsg.), Betriebs- und Volkswirtschaftslehre: Geschwisterliebe und Familienzwist, S. 31-62, München 1997 (Unternehmensrechnung und ökonomische Theorie).

WAGENHOFER, ALFRED/EWERT, RALF, Externe Unternehmensrechnung, 2. Aufl., Berlin u. a. 2007 (Externe Unternehmensrechnung).

WAGNER, CLAUS-PETER, Die Subprime-Krise – vom "Credit Hype" zur "Risk Mania", in: IRZ 2008, S. 163-170 (Die Subprime-Krise).

WAGNER, SEBASTIAN, Das Finanzmarktstabilisierungsergänzungsgesetz – Ein Rettungspaket geht in die zweite Runde, in: FB 2009, S. 255-262 (Das Finanzmarktstabilisierungsergänzungsgesetz).

WATRIN, CHRISTOPH, Internationale Rechnungslegung und Regulierungstheorie, Wiesbaden 2001 (Internationale Rechnungslegung).

WATRIN, CHRISTOPH/POTT, CHRISTIANE, Einfachheit versus Komplexität von Rechnungslegungsinformationen: Empirische Befunde, in: JAN VOM BROCKE und JÖRG BECKER (Hrsg.), Einfachheit in Wirtschaftsinformatik und Controlling – Festschrift für Heinz Lothar Grob, S. 437-448, München 2008 (Komplexität von Rechnungslegungsinformationen).

WATRIN, CHRISTOPH/SCHOLZ, ALEXANDRA, Bilanzrecht und Kapitalschutz: Experimentelle Befunde zur Wirksamkeit des Solvenztests, in: Steuer und Wirtschaft 2008, S. 348-358 (Bilanzrecht und Kapitalschutz).

WATRIN, CHRISTOPH/STROHM, CHRISTIANE, Principles-Based Accounting Standards – Paradigmenwechsel der US-Rechnungslegung?, in: KoR 2006, S. 123-127 (Principles-Based Accounting).

WATRIN, CHRISTOPH/STRUFFERT, RALF, Probleme der Ausbuchungsregeln in IAS 39 – Anmerkung zum Entwurf einer Fortsetzung des IDW RS HFA 9 –, in: WPg 2007, S. 237-345 (Ausbuchungsregeln).

WATRIN, CHRISTOPH/STRUFFERT, RALF, Verbesserung der Berichterstattung über den Transfer von Kreditrisiken – Vorschlag eines Kreditrisikospiegels, in: FB 2007, S. 29-40 (Kreditrisiko).

WELTBANK (Hrsg.), Comment Letter: Exposure Draft: Classification and Measurement – ED 2009/7, Washington 2009 (CL: Classification and Measurement).

WENK, MARC OLIVER, IFRS 9 – Verbesserung des „true and fair view“?, in: IRZ 2010, S. 205-206 (IFRS 9).

WIEDMANN, HARALD/SCHWEDLER, KRISTINA, Die Rahmenkonzepte von IASB und FASB: Konzeption, Vergleich und Entwicklungstendenzen, in: HANS-JÜRGEN KIRSCH und STEFAN THIELE (Hrsg.), Rechnungslegung und Wirtschaftsprüfung – Festschrift zum 70. Geburtstag von Jörg Baetge, S. 679-716, Düsseldorf 2007 (Die Rahmenkonzepte von IASB und FASB).

WIENER, NORBERT, Cybernetics in History, in: WALTHER BUCKLEY (Hrsg.), Modern systems research for the behavioral scientist, 5. Aufl., S. 31-36, Chicago 1976 (Cybernetics in History).

WILDEMANN, HORST, Komplexitätsmanagement durch Prozeß- und Produktgestaltung, in: DIETRICH ADAM (Hrsg.), Komplexitätsmanagement, S. 47-68, Wiesbaden 1998 (Komplexitätsmanagement durch Prozeß- und Produktgestaltung).

WILLIAMSON, OLIVER, Markets and Hierarchies: Analysis and Antitrust Implications, New York 1975 (Marktes and Hierarchies).

WILLIAMSON, OLIVER, Transaction Cost Economics: How it works; where it is headed, in: DE Economist 146,No. 1 1998, S. 23-58 (Transaction Cost).

WILLIS, DIANA, Financial Assets and Liabilities – Fair Value or Historical Cost?, in: WPg 1998, S. 854-860 (Fair Value or Historical Cost?).

WITTMANN, WALDEMAR, Unternehmung und unvollkommene Information – unternehmerische Voraussicht, Ungewißheit und Planung Köln u. a. 1959 (Unternehmung und unvollkommene Information).

WÖHE, GÜNTER/DÖRING, ULRICH, Einführung in die Allgemeine Betriebswirtschaftslehre, 23. Aufl., München 2008 (Allgemeine BWL).

WOLLMERT, PETER/ACHLEITNER, ANN-KRISTIN, Konzeptionelle Grundlagen der IAS-Rechnungslegung (Teil II), in: WPg 1997, S. 245-256 (Konzeptionelle Grundlagen (Teil II)).

WÜSTEMANN, JENS/DUHR, ANDREAS, Entspricht die Full Fair Value-Bewertung nach den Vorschlägen der Joint Working Group of Standard Setters den Informationsbedürfnissen der Bilanzadressaten?, in: HARTMUT BIEG und REINHARD HEYD (Hrsg.), Fair Value – Bewertung in Rechnungswesen, Controlling und Finanzwirtschaft, S. 107-127, München 2005 (Entspricht die Fair Value-Bewertung den Informationsbedürfnissen?).

WÜSTEMANN, JENS/KIERZEK, SONJA, IFRS als neues Bilanzrecht für den Mittelstand? – Bilanztheoretische Erkenntnisse und Würdigung der IFRS in ihrem Lichte, in: BFuP 2007, S. 358-375 (IFRS für den Mittelstand?).

ZIMMERMANN, JOCHEN/PROKOP, JÖRG, Rechnungswesenorientierte Unternehmensbewertung und Clean Surplus Accounting – Konzeptionelle Bewertungseignung der Konzernabschlüsse deutscher Aktiengesellschaften –, in: KoR 2003, S. 134-142 (Clean Surplus Accounting).

ZÜLCH, HENNING/GEBHARDT, RONNY, Anmerkungen zum Entwurf eines überarbeiteten Conceptual Framework für die Finanzberichterstattung, in: PiR 2006, S. 203-204 (Anmerkungen zum Entwurf).

## Verzeichnis der Rechtsquellen der EG/EU

Verordnung (EG) Nr. 1606/2002 des Europäischen Parlaments und des Rates vom 19. Juli 2002 betreffend die Anwendung internationaler Rechnungslegungsstandards, in: Amtsblatt der Europäischen Union Nr. L 243 vom 11.09.2002, S. 1-4.

Verordnung (EG) Nr. 1126/2008 der Europäischen Kommission vom 3. November 2008 zur Übernahme bestimmter internationaler Rechnungslegungsstandards gemäß der Verordnung (EG) Nr. 1606/2002 des Europäischen Parlaments und des Rates, in: Amtsblatt der Europäischen Union Nr. L 320 vom 29.11.2008, S. 1-481.

## Gesetzesverzeichnis

Aktiengesetz (AktG) vom 06.09.1965, BGBl. I S. 1089-1184, zuletzt geändert durch Gesetz vom 31.07.2009, BGBl. I S. 2509-2511.

Gesetz über das Kreditwesen (Kreditwesengesetz – KWG) in der Fassung der Bekanntmachung vom 09.09.1998, BGBl I S. 2776-2819, zuletzt geändert durch Gesetz vom 19.12.2008, BGBl I S. 2794-2845.

Handelsgesetzbuch (HGB) vom 10.05.1897, RGBl. 1897, S. 219-436, zuletzt geändert durch Gesetz vom 31.07.2009, BGBl. I 2009, S. 2512-2520.

# Rechnungslegung und Wirtschaftsprüfung

Herausgegeben von Prof. (em.) Dr. Dr. h. c. Jörg Baetge, Münster, Prof. Dr. Hans-Jürgen Kirsch, Münster, und Prof. Dr. Stefan Thiele, Wuppertal

Band 19
Hannes Köhrmann
**Die Rechnungslegung kommunaler Gebietskörperschaften** – Eine Analyse der Regelungen des NKF und der IPSAS
Lohmar – Köln 2009 • 288 S. • € 58,- (D) • ISBN 978-3-89936-844-4

Band 20
Thomas Lenz
**Die Bilanzierung von Immobilien nach IFRS** – Eine ökonomische Analyse vor dem Hintergrund des REIT-Gesetzes
Lohmar – Köln 2009 • 460 S. • € 69,- (D) • ISBN 978-3-89936-856-7

Band 21
Sören Peters
**Entscheidungsnützlichkeit der Leasingbilanzierung nach IFRS und US-GAAP** – Eine Analyse der aktuellen Reformbestrebungen
Lohmar – Köln 2009 • 360 S. • € 64,- (D) • ISBN 978-3-89936-866-6

Band 22
Lüder Kurz
**Bilanzierung von Klimaschutzprojekten nach IFRS** – Clean Development Mechanism und Joint Implementation unter dem Protokoll von Kyoto
Lohmar – Köln 2010 • 304 S. • € 59,- (D) • ISBN 978-3-89936-901-4

Band 23
Christoph Berentzen
**Die Bilanzierung von finanziellen Vermögenswerten im IFRS-Abschluss nach IAS 39 und nach IFRS 9** – Eine vergleichende Untersuchung der Entscheidungsnützlichkeit unter besonderer Berücksichtigung des Komplexitätsgrads
Lohmar – Köln 2010 • 284 S. • € 58,- (D) • ISBN 978-3-89936-950-2

JOSEF EUL VERLAG